MIKROELEKTRONIK

Herausgegeben von

Walter Engl

Hans Friedrich

Hans Weinerth

Joachim Eggers (Hrsg.)

Entwurf Kundenspezifischer Integrierter MOS-Schaltungen

Mit 146 Abbildungen

Springer-Verlag Berlin Heidelberg New York
London Paris Tokyo Hong Kong 1990

Dipl.-Ing Joachim EGGERS
Philips GmbH
Röhren- und Halbleiterwerke
Postfach 54 02 40
2000 Hamburg 54

Herausgeber der Reihe:

Prof. Dr. rer. nat. Walter L. ENGL
Institut für Theoretische Elektrotechnik
RWTH Aachen
Kopernikusstraße 16
D-5100 Aachen

Dr.-Ing. Hans FRIEDRICH
Siemens AG, HL BA
Balanstraße 73
D-8000 München 80

Dr.-Ing. Hans WEINERTH
Gesellschaft für Silicium-Anwendungen
und CAD/CAT Niedersachsen GmbH (Sican)
Vahrenwalder Straße 7
3000 Hannover 1

ISBN-13: 978-3-540-51684-2 e-ISBN-13: 978-3-642-95601-0
DOI: 10.1007/978-3-642-95601-0

CIP-Titelaufnahme der Deutschen Bibliothek
Entwurf kundenspezifischer integrierter MOS-Schaltungen / Joachim Eggers (Hrsg.).
Berlin ; Heidelberg ; New York ; London ; Paris ; Tokyo ; Hong Kong : Springer, 1990
(Mikroelektronik)
ISBN-13: 978-3-540-51684-2

NE: Eggers, Joachim [Hrsg.]

2068/3020-543210 – Gedruckt auf säurefreiem Papier

Geleitwort der Herausgeber

Mikroelektronik entscheidet als Schlüsseltechnologie über den Fortschritt auf vielen Feldern moderner Technik und beeinflußt damit weite Bereiche von Produktion und Dienstleistung. Indem sie Informations- und Kommunikationstechnik, Automatisierungstechnik und Datenverarbeitungstechnik als Grundlage dient, ist sie gleichzeitig die Basis einer Informationsgesellschaft, in der neben Kapital und Arbeit die Verarbeitung von Daten eine zentrale Rolle einnimmt.

Angesichts der zentralen technischen und wirtschaftlichen Bedeutung der Mikroelektronik muß es vorrangiges Anliegen sein, die vorhandenen Kenntnisse und Fähigkeiten auf diesem Gebiet zu verbessern, weiterzuentwickeln und zu publizieren, um sie einem möglichst großen Kreis Interessierten zugänglich zu machen.

Diesem Ziel dient die Buchreihe »Mikroelektronik«. Die Herausgeber haben sich bemüht, für dieses umfassende Vorhaben ein für die deutsche Mikroelektroniklandschaft repräsentatives Autorenteam zu gewinnen, in dem Hochschulen, Forschungsinstitute und die Industrie gleichermaßen vertreten sind.

Die Reihe behandelt aktuell und praxisnah nahezu alle Aspekte der Mikroelektronik, wobei neben den Grundlagen sowohl Entwurf, Fertigung und Test Integrierter Schaltungen als auch Produkte und Anwendungen die Themenschwerpunkte sind. Jeder Band ist einem bestimmten Einzelthema der Mikroelektronik gewidmet, wobei Aspekte des Anwenders von Integrierten Schaltungen besonders berücksichtigt werden.

Walter Engl, Aachen
Hans Friedrich, München
Hans Weinerth, Hamburg

Autoren

Dr.-Ing. Walter Anheier

Dipl.Phys. Holger Brechtel

Dipl.Ing. Wolfgang Dörner

Manfred Dreifke

Dipl.Ing. Joachim Eggers

Dipl.Math. Thomas Fischer

Dipl.Ing. Herbert Grimm

Dipl.Ing. Claus Grzyb

Dipl.Ing. Kurt Johannes

Dipl.Ing. Dieter Hagedorn

Dipl.Ing. Friedrich Hapke

Dr.rer.nat. Harro Höpken

Dipl.Ing. Jürgen Käker

Prof.Dr.-Ing. Rainer Laur

Drs. Hans Okel

Dipl.Ing. Armin Otterbach

Dipl.Ing. Manfred Plidschun

Matthias Stampe

Dipl.Phys. Hans-Peter Tödter

Herr Prof.Dr.R.Laur ist Leiter des Instituts für Grundlagen der Elektrotechnik und Mikroelektronik der Universität Bremen. Herr Dipl.Ing.A.Otterbach war z.Zt. der Manuskripterstellung Mitarbeiter der Philips GmbH, RHW, und ist jetzt bei Olympus Optical Co (Europa) GmbH tätig. Die anderen Autoren sind Mitarbeiter der Philips GmbH, Röhren- und Halbleiterwerke, Hamburg.

Vorwort

Das vorliegende Buch entstand auf Anregung der Herausgeber der Reihe "Mikroelektronik", und es konnte ein größeres Autorenteam aus der Praxis für seine Realisierung gewonnen werden. Das Konzept wurde in etlichen Diskussionen entwickelt mit der Zielsetzung, den Entwurf von Integrierten Schaltungen aus möglichst großer Praxisnähe zu beschreiben.

Diese Zielsetzung neben der täglichen Arbeit in einem Halbleiterwerk zu verwirklichen, führte zwangsläufig zu einer größeren Zeitspanne, bis das Manuskript fertiggestellt werden konnte. Ferner bedurfte es einigen Koordinationsaufwandes, um aus den einzelnen Teilen ein Ganzes werden zu lassen, ohne daß die Stileigenarten der einzelnen Autoren ganz unterdrückt wurden. Inwieweit dieses im einzelnen gelungen ist, möge der Leser selbst entscheiden.

Besonders danken möchte ich den Damen und Herren, die sich mit den Tücken der Textverarbeitungsprogramme, der Bilderstellung und mit den Änderungswünschen der Autoren auseinandergesetzt haben, Herrn Dipl.Ing. Egon Mathes für die Zusammenstellung des Glossar und Literaturverzeichnisses sowie dem Springer-Verlag für die wertvollen Hinweise und die gute Zusammenarbeit bei der Erstellung dieses Bandes.

Halstenbek, im Dezember 1989 Joachim Eggers

Inhaltsverzeichnis

1 Einleitung (J.Eggers) **1**

2 Design Flow (J.Eggers) **5**

3 Systementwurf (K.Johannes) **8**

3.1 Analyse des Systems 11
3.2 Konzeptfindung 18
3.3 Systementwicklung 22
3.4 Revision 25
3.5 Zusammenfassung 25

4 Chip Design System (CDS) **26**

4.1 Chip Design Flow (J.Eggers/H.Grimm) 26
4.2 Floorplanning und Layout-Entwurf (H.Brechtel/D.Hagedorn) . . . 28
4.2.1 Entwicklung der Design-Methoden 28
4.2.2 Manuelle Design-Methode 29
4.2.3 Rechnergestütztes Design-Verfahren ASC 37
4.3 Logiksimulation (W.Anheier/A.Otterbach) 42
4.3.1 Anwendung der Simulation im IC-Entwurf 42
4.3.2 Modellbildung 48
4.3.3 Simulation 59
4.3.4 Auswertung der Ergebnisse 61
4.3.5 Benutzeroberfläche 62
4.4 Testen (F.Hapke/M.Stampe) 66
4.4.1 Die Chip Hardware aus der Testperspektive 66
4.4.2 Ablauf der Test-Programm-Erzeugung 71
4.4.3 Die Softwareprogramme im CDS 73
4.4.4 Das User-Interface im CDS 79

5 Block Design System (BDS) **80**

5.1 Block Design Flow (H.Grimm) 80
5.1.1 Design Flow für Zellen konstanter Höhe 80
5.1.2 Design Flow für Blöcke beliebiger fester Größe 82
5.1.3 Design Flow parametrisierbarer Blöcke 84

5.2 Aufbau einer Bibliothek (H.Grimm) 87
5.2.1 Zellen konstanter Höhe 87
5.2.2 Blöcke beliebiger fester Größe 87
5.2.3 Parametrisierbare Blöcke 88
5.3 Design Rule Check (C.Grzyb) 93
5.3.1 Generierung der Checklayer 93
5.3.2 Einfache Dimensionschecks 96
5.3.3 Checks für komplexe Design Rules 103
5.3.4 Fehlerreport 106
5.3.5 Statistische Daten 108
5.4 Layout Versus Schematic Check (C.Grzyb) 109
5.4.1 Behandlung des Schaltplanteils 109
5.4.2 Behandlung des Layoutteils 112
5.4.3 Durchführung des Vergleichs 114
5.4.4 Fehlerreport 114
5.4.5 Statistische Daten 117
5.5 Layout-Extraktion (H.Okel) 117
5.5.1 Begriffsdefinition und Überblick 117
5.5.2 Für Layout-Extraktion erforderliche Input-Daten 120
5.5.3 Anwendungsmöglichkeiten eines Layout-Extraktors 134
5.5.4 Standard Technologie-Files; Schlußbemerkungen 137
5.6 Circuit-Simulation (W.Anheier/H.Höpken/R.Laur) 139
5.6.1 Einleitung 139
5.6.2 Das Schaltungssimulationsprogramm ESPICE 140
5.6.3 Ein-/Ausgabe-Simulationsumgebung (ASC-BDS) 163
5.6.4 Neue Verfahren der Schaltungssimulation 173

6 Layoutverarbeitung zur Maskenherstellung (T.Fischer/J.Käker) **175**
6.1 Einleitung 175
6.2 Ablauf der Bearbeitung 176
6.3 Die Bearbeitungsprozesse 178
6.3.1 Darstellung geometrischer Layouts 178
6.3.2 Vervollständigung des Layouts mit Sägerand und Meßzellen 180
6.3.3 Von Designebenen zu Maskenebenen 180
6.3.4 Zerlegen der geometrischen Maskendaten in Grundfiguren . 183

7 Masken (W.Dörner) **189**
7.1 Voraussetzungen 191
7.1.1 Maskenmaterial 191
7.1.2 Reinraum und Medien 192
7.1.3 Aufbereiten der Daten 193
7.1.4 Auftragsbearbeitung und -steuerung 194
7.1.5 Qualitätssicherung 195

7.2 Strukturerzeugung 196
7.2.1 Elektronenstrahllithographie 196
7.2.2 Einspeisen der Steuerdaten und Job Preparation 200
7.2.3 Belichten und Prozessieren 203
7.3 Strippen und Reinigen 205
7.4 Maskeninspektion und -reparatur 207
7.4.1 Vorkontrolle 207
7.4.2 Linienbreiten 207
7.4.3 Passung 208
7.4.4 Defekte 209
7.4.5 Reparatur 211
7.5 Finishing 212
7.5.1 Endreinigung 212
7.5.2 Pellicles 213
7.6 Trends 215
7.6.1 Lithographieverfahren 215
7.6.2 Inspektion und Reparatur 216
7.6.3 Materialien und Prozesse 217

8 Verifikation und Charakterisierung des Produktes (M.Plidschun) **219**
8.1 Verifikation 220
8.1.1 Nachweis der Funktionalität 220
8.1.2 Testschaltung 224
8.2 Charakterisierung 226
8.2.1 Funktionsbereich 226
8.2.2 DC-Parameter 227
8.2.3 AC-Parameter 228
8.2.4 Latch-Up-Untersuchungen 229
8.2.5 ESD (Electro Static Discharge) -Untersuchungen 231

9 Physikalische Analyseverfahren (H.P.Tödter) **237**
9.1 Verlauf einer Analyse 238
9.1.1 Analyse auf dem Wafer 238
9.1.2 Analyse am montierten IC 239
9.2 Das Lichtmikroskop 240
9.2.1 Lichtoptische Instrumente 241
9.2.2 Der Spitzennadelmeßplatz 242
9.2.3 Liquid-Crystal-Verfahren 243
9.3 Das Rasterelektronenmikroskop 244
9.3.1 Grundlagen, Aufbau und Funktionsweise 244
9.3.2 Der E-Beam-Tester 248
9.4 Das Laser-Scan-Mikroskop 253
9.4.1 Aufbau und Eigenschaften 253
9.4.2 Anwendungen 253

10 Design Information Management (M.Dreifke) **256**
10.1 Die Aufgaben 256
10.2 Begriffsklärung 257
10.3 Die Hauptprobleme 260
10.4 Mögliche Konzepte 262
10.5 Die Architektur 263

Literaturverzeichnis 270

Glossar 276

Sachwortverzeichnis 283

1 Einleitung

Mit dem Vordringen der Mikroelektronik in Bereiche, die in der Vergangenheit keinen Bezug zu dieser Technik hatten, wächst das Informationsbedürfnis über die Möglichkeiten der Realisierung von Systemen oder Teilkomponenten in Form von integrierten Schaltungen. Dem Anwender stehen grundsätzlich drei Wege offen, um die geeigneten Schaltungen für seine Applikationen zu erhalten, sich für

- Standardschaltungen vom Lager,
- Semi-Custom-Schaltungen oder
- Full-Custom-Schaltungen

zu entscheiden.

Der sich abzeichnende Trend, zunehmend komplexere Schaltungen zu konzipieren - die technologischen Möglichkeiten zu ihrer Realisierung vorausgesetzt - beinhaltet jedoch auch, daß zunehmend kundenspezifisches System-Know-How in die Schaltungen einfließt. Dies wirft zwei Aspekte auf:

- Einmal die Informationsweitergabe an den IC-Hersteller oder
- zum anderen, daß der IC-Hersteller nicht in der Lage ist, aufgrund fehlenden Systemwissens geeignete Schaltungen dem Kunden anzubieten.

Aus dieser Situation heraus zeichnet sich immer stärker die Notwendigkeit ab, den Anwender von Mikroelektronik in die Lage zu versetzen, selbst System- und Schaltungsentwürfe so zu erstellen, daß sie herstellgerecht sind.

Das vorliegende Buch soll einen Überblick über den Entwurfsweg für eine integrierte Schaltung der dritten Art geben: nämlich **Full-Custom**. Dabei liegt der Unterschied zu Semi-Custom darin, daß keine vorgefertigten Schaltungsteile in Form von Halbfabrikaten auf Silizium oder stark standardisierten Bibliotheken benutzt werden.

Als roter Faden liegt dem Buch ein neues Entwurfsverfahren zugrunde, das bei Philips entwickelt wurde und sowohl die Entwicklungszeiten als auch -kosten für komplexere Schaltungen erheblich senken soll. Diese Entwurfsstrategie benutzt moderne Workstations mit leistungsfähigen Rechnern im Hintergrund für die rechenzeitintensiven Läufe. Um die Entwurfszeiten zu verkürzen, ist ein hoher Automatisierungsgrad erforderlich.

Am Horizont absehbare Möglichkeiten des Einsatzes von Expertensystemen für Entwurfsaufgaben sind nicht berücksichtigt worden, da diese Verfahren noch zu sehr in der Diskussion befindlich sind.

Der Entwurf von komplexen Schaltungen in Zusammenarbeit mit dem Anwender stellt hohe Anforderungen an das Marketing, die Logistik und die Qualitätssicherung, sowohl bei der Verfolgung der Termine als auch bei der Realisierung der einzelnen Herstellschritte und der Prüfung des fertigen Bauelementes.

Der Anwender muß mit dem Entwurfsverfahren und seinen Möglichkeiten wie auch den technologischen Randdaten vertraut sein, um für sich optimale Systeme entwerfen zu können. Nur dann lassen sich Entwurfsaufgaben erfolgreich in Systemhäuser verlagern.

Das Buch ist in seinen Kapiteln so gegliedert, daß ein chronologischer Abriß entsteht. Dies läßt sich an einigen Stellen nicht ganz konsequent einhalten, da bestimmte Aktivitäten durchaus parallel laufen können. Bild 1.1 soll ein Wegweiser sein und dem Leser darstellen, wie die einzelnen Kapitel einzuordnen sind.

Das Autorenteam hat sich bemüht, die Kapitel so zu gestalten,daß sie auch separat gelesen werden können. Allerdings läßt sich dann nicht vermeiden, daß der eine oder andere Zusammenhang in bezug auf den Gesamtablauf des Entwurfes einer integrierten Schaltung an Deutlichkeit verliert.

Neben einem Abschnitt über die besondere Bedeutung des Testens einer Schaltung sind auch bewußt Kapitel über die Maskenherstellung und Fehleranalyse mit aufgenommen worden, um Rückwirkungen auf den Schaltungsentwurf aber evtl. auch zusätzliche Möglichkeiten mit aufzuzeigen.

Die im Buch verwendeten Beispiele basieren auf der CMOS-Technologie [1.1]. Mit den beschriebenen Entwurfswerkzeugen lassen sich aber ebenso NMOS-Schaltungen entwerfen.

Ein besonderes Problem stellt die Verwendung der technischen Begriffe dar, die sich mittlerweile mehr oder weniger eingebürgert haben und überwiegend englisch/amerikanischen Ursprungs sind. Durch ein Glossar im Anhang haben die Autoren versucht, die verwendeten Begriffe kurz zu erläutern in der Bedeutung, wie sie im Buch benutzt werden. Wir sind uns durchaus bewußt, daß dies keinen Anspruch auf Vollständigkeit erhebt.

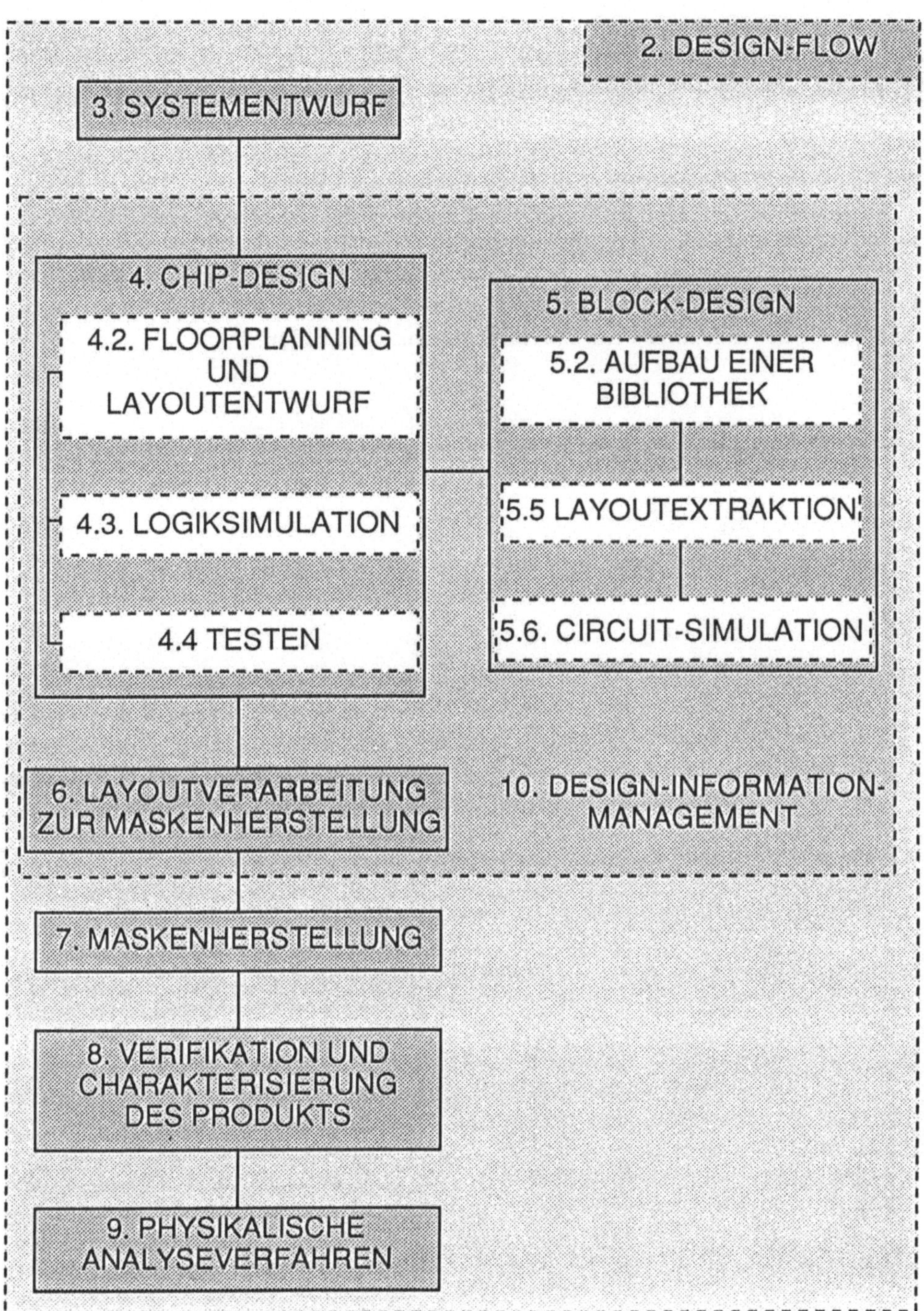

Bild 1.1. Wegweiser durch das Buch

Der Versuch, die englischen Begriffe ins Deutsche zu übersetzen, wurde fallengelassen, da dies das Verständnis nicht verbessert hätte, zumal der größte Teil der Literatur auf diesem Gebiet englischsprachig ist.

Ein Literaturverzeichnis am Schluß des Buches gibt Hinweise auf weiterführende Veröffentlichungen. Mit diesem Buch soll Ingenieuren, die die Mikroelektronik als neues Element für die Realisierung ihrer Aufgaben sehen, ein Einstieg in die Aufgabenstellung und den Ablauf beim Entwurf einer integrierten Schaltung gegeben werden. Es wendet sich auch an Studenten der Mikroelektronik und an diejenigen, die sich über dieses Gebiet informieren wollen.

2 Design Flow

Am Anfang steht die Idee (Bild 2.1). Sie ist die Geburtsstunde für ein neues System. Es werden die Anforderungen gesammelt, die an das zu entwickelnde System gestellt werden sollen; es muß für den Anwender in einer ihm verständlichen Weise geschrieben werden, es muß aber auch eine deutliche Grenzlinie gezogen werden zwischen dem neu zu generierenden System und seiner Umwelt, was beinhaltet, daß alle Signale oder Informationen, die diese Grenze passieren sollen, ebenso klar zu definieren sind wie die systeminternen Informationsflüsse.

Selten besteht ein System nur aus einer integrierten Schaltung. Nach Festlegung der Gesamtfunktion und der Analyse ihrer Realisierbarkeit ist eine Aufteilung in einzelne integrierte Schaltungen erforderlich. Jede davon benötigt ihrerseits wieder eine detaillierte Beschreibung dessen, was sie leisten soll, d.h. auch wieder eine Spezifikation, die IC-Spezifikation.

Auf der Basis der IC-Spezifikation beginnt die eigentliche Chip-Entwicklung. Die Umsetzung einer Spezifikation in eine Schaltungsfunktion erfordert Ingenieursarbeit, während bei der Überprüfung eines Entwurfs auf Fehlerfreiheit und für seine Umsetzung in einen topologischen Entwurf (Layout) zur Realisierung in Silizium es heute schon umfangreiche Softwarepakete gibt, die diesen Schritt in der Entwicklung unterstützen.

In der Phase der Chip-Entwicklung - und dies heißt eigentlich bereits in der IC-Spezifikation - ist ein wesentliches Augenmerk auf die spätere Testbarkeit der Schaltung in der Produktion zu werfen. Der Schwerpunkt liegt hier auf dem wirtschaftlichen Test, d.h. die gesamte Funktion muß in einer kostenmäßig vertretbaren Zeit getestet werden können.

Um das Chip-Design zu beschleunigen, wird von umfangreichen Bibliotheken Gebrauch gemacht. Die Handhabbarkeit einer Bibliothek hängt jedoch von ihrer Übersichtlichkeit ab. Es wird deshalb angestrebt, Varianten eines Grundelementes erst bei Bedarf auf Basis einer einfachen Beschreibung zu generieren (Block Design). Ein weiterer Aspekt einer guten Bibliothek ist der Kompromiß zwischen Flexibilität des Einzelelementes für die verschiedensten Schaltungs-

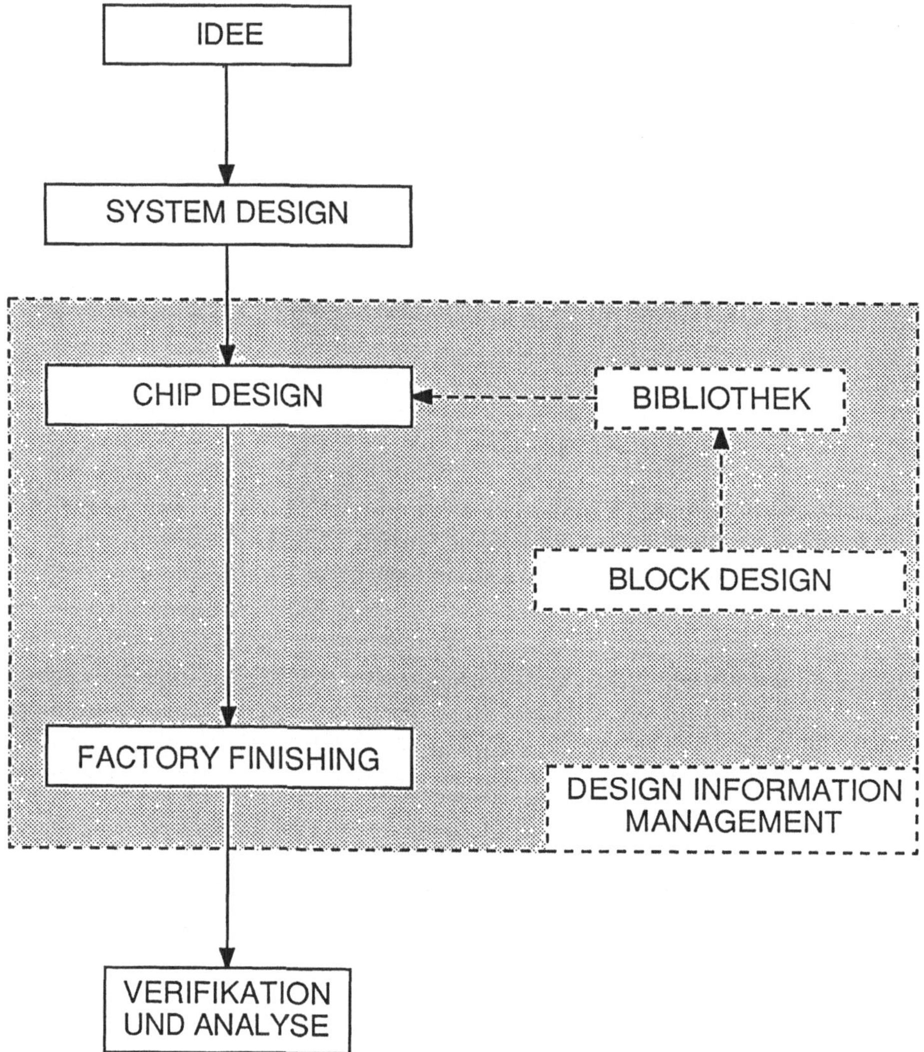

Bild 2.1. Übersicht Design-Flow

architekturen und dem Mehrbedarf an Fläche gegenüber einer auf den speziellen Anwendungsfall zugeschnittenen Zelle.

Das Ergebnis des Chip-Entwurfes ist ein Datenträger, auf dem sich sämtliche Informationen für die Archivierung, die Produktion und das Testen der Schaltung befinden.

Der geometrische Entwurf der Schaltung erfolgt in den Abmessungen, wie sie später auf dem Silizium wiederzufinden sind (*dimension on silicon*). Bevor je-

doch ein Elektronstrahlschreiber zur Erzeugung einer Maske angesteuert werden kann, sind noch die Sägebahn, die Justiermasken für den Herstellprozeß und das automatische Montieren der Schaltung als auch die Typennummer und die Kennung für die einzelnen Maskenebenen anzubringen (*Factory Finishing*). Danach werden die einzelnen geometrischen Figuren der Schaltungen so geändert, daß die durch das Belichten, Entwickeln der Fotoschichten und Ätzen verursachten Maßänderungen kompensiert und am Ende auf der Scheibe wieder das Originalmaß entsteht.
Elektronenstrahlschreiber verarbeiten die einzelnen Figuren einer Ebene nicht in ihrer Gesamtheit, sondern benötigen sie in Trapeze aufgespalten und vielfach auch nach kleineren Flächeneinheiten sortiert, d.h. über die Gesamtfläche einer Schaltung wird ein Netz gelegt und ein Quadrant nach dem anderen geschrieben.

Während der Arbeit am Entwurf einer integrierten Schaltung fallen eine Reihe von Daten an, die übergeordneter Natur sind und die zu einem großen Teil später archiviert werden müssen. Dies sind unter anderem Angaben über den Prozeß, für den die Schaltung entworfen wurde, die verwendeten Entwurfsregeln, die benutzten Software-Versionen, die eingesetzten Bibliothekselemente oder Bibliotheksversionen, um nur einige Daten zu nennen. Das Design-Informations-System verwaltet diese Daten und stellt sie auf Anforderung dem Benutzer zur Verfügung.

Liegt die realisierte Schaltung in Form von Silizium vor, so muß sie getestet und analysiert werden. Neben dem Test mit dem späteren Fabrikationstestprogramm sind umfangreiche Messungen und Analysen erforderlich, um zu gewährleisten, daß das Produkt die Spezifikation erfüllt und daß ausreichende Sicherheitsmargen vorhanden sind, die eine Produktion mit vorgegebenen Streuungen erlauben.

Nicht immer jedoch liefert das Ergebnis einer Entwicklung allseitige Zufriedenheit. Trotz aller Kontrollen schleichen sich Fehler ein. Hier gibt es eine Reihe von Verfahren zur Analyse und Verifikation von Schaltungen.

Erst ein Entwurf, der alle Qualitätstests bestanden hat, kann zur Produktion freigegeben werden.

3 Systementwurf

In diesem Kapitel wird beschrieben, wie ausgehend von der in der Regel recht vage formulierten Idee ein konkretes, realisierbares System entworfen werden kann. Die auf diesem Wege anwendbaren Methoden und Werkzeuge werden skizziert.

Mit den heute zur Verfügung stehenden technischen Möglichkeiten können große komplexe Systeme realisiert werden. Der Komplexitätsgrad ist so hoch, daß die auf einem Baustein integrierten Schaltungen von einem Menschen nicht mehr erfaßt werden können. Die hier beschriebene Arbeitsweise soll helfen, die Betrachtung eines Systemes schrittweise soweit zu verfeinern, bis ein Komplexitätsgrad erreicht ist, daß das System mit Hilfe der zur Verfügung stehenden CAD-Werkzeuge direkt in eine oder mehrere integrierte Schaltungen überführt werden kann.

Die Systementwicklung läßt sich in verschiedene Phasen gliedern (Bild 3.1). In der ersten Phase wird das System analysiert, das Ergebnis ist ein Anforderungskatalog (Pflichtenheft). Anschließend sind für deren Lösung Konzepte zu entwerfen. Hat man sich für ein Lösungskonzept entschieden, wird das System schließlich in Form einer oder mehrerer realisierbarer Schaltungen entwickelt. Das Ergebnis der Systementwicklung ist kein Produkt, sondern die Beschreibung eines Produktes, die System-Spezifikation. Diese ist die Voraussetzung für die Arbeit der Produktentwickler (IC-Designer), deren Arbeitsweise in den folgenden Kapiteln beschrieben ist. In jeder dieser Phasen werden verschiedene Methoden angewandt. Die Methoden unterscheiden sich unter anderem im Abstraktionsgrad ihrer Systembeschreibung. Ausgehend von einer allgemeinen (informellen) und damit sehr abstrakten Beschreibung, wird diese immer konkreter (formaler), bis die Ebene erreicht ist, in der die technische Realisierbarkeit des Systems nachgewiesen werden kann.

Auf den folgenden Seiten soll eine Abgrenzung der verschiedenen Abstraktionsniveaus versucht werden. Wesentliches Unterscheidungskriterium ist die verwendete Sprache und die zur Darstellung der Struktur genutzten Symbole, die ebenfalls unterschiedliche Abstraktionsgrade repräsentieren (informelle Symbole - formale, genormte Symbole). Zunächst wird das System allgemein, umgangssprachlich beschrieben; die Symbole sind beliebig (Wolken, geometri-

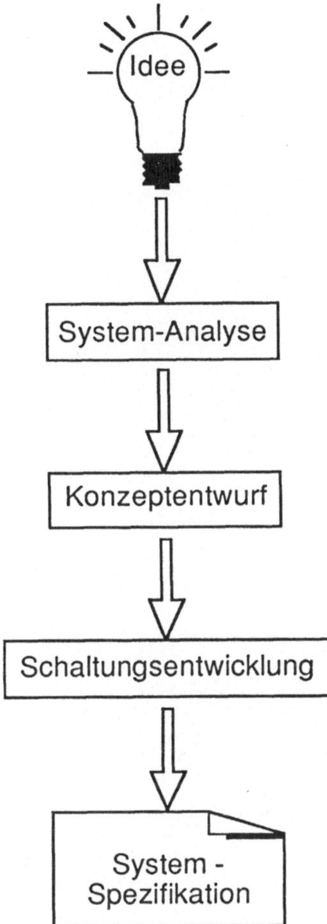

Bild 3.1. Phasenplan System-Entwurf

sche Symbole, Zeichnungen der äußeren Gestalt) und werden in der Regel mit erläuternden Text gefüllt. Je konkreter eine Beschreibung wird, desto eingeschränkter wird die verwendete Sprache bis ausschließlich fachspezifische Ausdrücke genutzt werden. Auch die Symbole ändern ihr Aussehen; für konkrete Realisierungen werden die in der Fachrichtung üblichen, meistens genormten Symbole angewendet.

In Bild 3.2 sind die diesem Kapitel zugrundeliegenden **Abstraktionsebenen** dargestellt. Die höchste Ebene **System-Umwelt** behandelt die Beschreibung der Schnittstellen zwischen dem System und seiner Umwelt und die Definition der von den Anwendern geforderten Funktionen des Systems (*Was* soll das System tun?). Zur Beschreibung werden informelle Sprachen und Symbole verwendet.

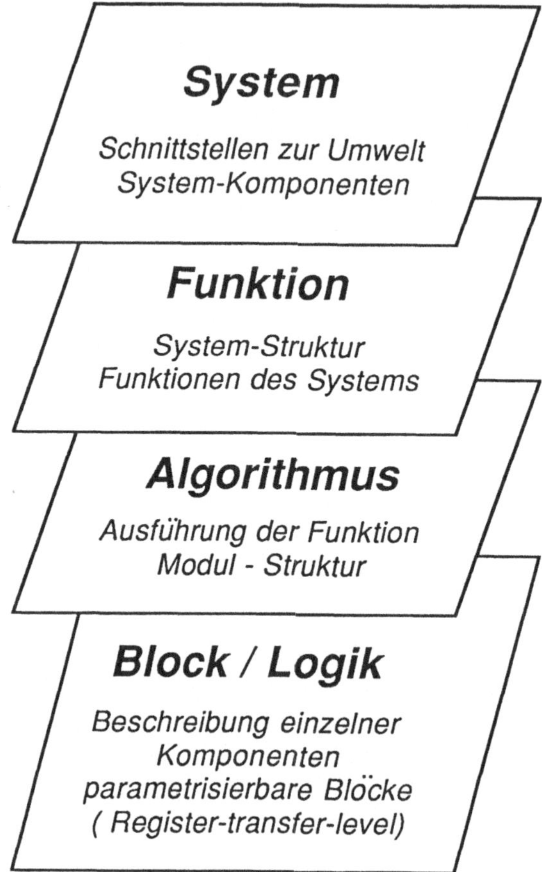

Bild 3.2. Abstraktionsebenen

Die zweite Ebene **Funktion** behandelt die Zerlegung des Systems in Objekte und die dazwischen liegenden Informationskanäle. Beschrieben werden die Eigenschaften der Objekte, welche nach außen in Erscheinung treten. Hier werden neben informellen Beschreibungselementen auch formale Sprachen (Mathematik, höhere Programmiersprachen) eingesetzt.
Ab der dritten Ebene **Algorithmus** wird die Beschreibung konkret, es werden vorwiegend formale Sprachen und formale Symbole zur Beschreibung eingesetzt. Es gilt festzulegen, *Wie* die Funktionen realisiert werden sollen. Algorithmen können sowohl Maschinenprogramme als auch logische Beschreibungen sein. Wichtig ist, daß sie nicht mehr interpretierbar sind. Zur Zeit gibt es in der Literatur keinen allgemein akzeptierten Standard von Abstraktionsebenen für die Entwicklung komplexer Systeme. Lediglich ausgehend von einer System-Spezifikation (Algorithmusniveau) existieren in [3.1], [3.17] und [3.18] einige Ansätze zur Formulierung von Beschreibungsebenen.

Eine entscheidene Hilfe bei der Entwicklung ist die Möglichkeit der **System-Simulation**. Um das Verhalten eines Systems simulieren zu können, muß das System als formales Modell beschrieben werden. Entsprechend dem verwendeten Abstraktionsgrad ändern sich die zur Modellierung des Systems eingesetzten **Programmiersprachen**. Inwieweit es gelingen wird, in Zukunft formale Sprachen auf möglichst abstraktem Niveau für Modellbeschreibungen einzusetzen (z.B. Programmiersprachen der 4. oder 5. Generation), bleibt abzuwarten. Jedoch wird es von diesen abhängen, ob es gelingt, große komplexe Systeme zu modellieren und so einer Simulation zugänglich zu machen.

Um diese theoretische Betrachtung anschaulicher zu gestalten, werden anhand eines Beispiels die für die Entwicklung einer Fernsehschaltung anwendbaren Abstraktionsniveaus beschrieben.

3.1 Analyse des Systems

Im folgenden wird gezeigt, mit Hilfe welcher Ansätze eine Ermittlung, Formulierung und Analyse von Aufgaben und Anforderungen an ein System durchgeführt werden kann. Diese Phase der Entwicklung eines Systems wird auch als "Requirements Engineering" bezeichnet, wobei über die Inhalte dieser Arbeitsphase in der Literatur keine Einigung besteht [3.9].

Häufig wird die Tätigkeit der Analyse bei der Entwicklung von Systemen unterschätzt. Abzulesen ist dieses unter anderem auch an den Ausbildungsplänen der Hochschulen, in denen die zu dieser Arbeit benötigten Fähigkeiten in der Regel gar nicht oder nur mit geringer Stundenzahl vermittelt werden.

In dieser Phase der Systementwicklung werden alle Informationen gesammelt, die zur Beschreibung eines Systems notwendig sind. Die Systemanalyse ist gekennzeichnet durch eine intensive Abstimmung mit dem Auftraggeber, denn es gilt, dessen Idee umzusetzen.

Gefordert ist hier neben der Fähigkeit, Systeme abstrakt zu beschreiben, vor allem auch die Fähigkeit, Systeme aus verschiedenen Perspektiven zu beschreiben. Das System muß zum einen aus der Sicht des Anwenders (des Kunden), und damit auch in seiner Sprache, dargestellt werden, denn der Entwickler muß davon ausgehen, daß beim Auftraggeber das notwendige Systemwissen fehlt. Diese Sicht fällt den meisten Entwicklern oftmals schwer. Zum anderen muß das System aus der Perspektive der Produktion beschrieben werden. Diese Interpretationsleistung ist die wesentliche Aufgabe der Systementwicklung.

Wie wird vorgegangen ?

Zunächst ist das zu entwickelnde **System** von seiner **Umwelt** abzugrenzen. Die Umwelt ist Obermenge aller Gebilde, von denen das System eine Teilmenge ist, sowie alle auf das System einwirkenden Prozesse. Sinnvollerweise betrachtet man dabei das System zunächst als eine leere Hülle, die die Aufgabe enthält, und analysiert alle seine Verbindungen zur Umwelt (Bild 3.3). Das hört sich einfach an, wie aber in dem weiter unten folgenden Beispiel gezeigt wird, treten die Systemgrenzen in der Regel nicht klar zu Tage, sondern müssen erst durch eine funktionale Gliederung des Systems und seiner Umwelt geschaffen werden. Dabei sollte ein Gliederung in sinnvolle Funktionen stattfinden, sinnvoll sind z.B. jene Funktionen, die nach außen in Erscheinung treten und von dem Anwender als Funktion erkannt werden können. Ein Problem bei der Analyse der System-Schnittstellen ist, daß bereits in dieser Betrachtung oft Vereinfachungen vorgenommen werden. Es werden einige Einflüsse als unwesentlich abgetan oder, weil sie selbstverständlich sind, vergessen (wie z.B. die Stromversorgung eines integrierten Schaltkreises). Auch Temperatureinflüsse oder Einwirkungen naher Magnetfelder werden oft übersehen. Diese Einflüsse machen sich später, oft erst in der Applikationsphase, bemerkbar und führen nicht selten zu einem Redesign des Systems.

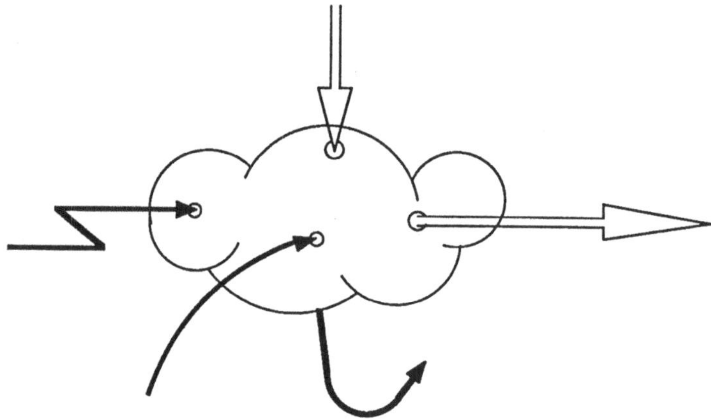

Bild 3.3. System-Schnittstellen

Die Schnittstellen des Systems mit seiner Umwelt sind in ihren Eigenschaften so genau wie möglich zu beschreiben.

Anschließend wird das zu untersuchende System in sinnvolle **Objekte** (auch als Elemente oder **Subsysteme** bezeichnet; Bild 3.4) gegliedert. Sinnvolle Objekte sind jene, denen zu diesem Zeitpunkt konkrete Aufgaben (Funktionen) zugewiesen werden können. Den Objekten werden die Eigenschaften als Attribute zugewiesen, die zu diesem Zeitpunkt von dem zu entwickelnden System bekannt sind.

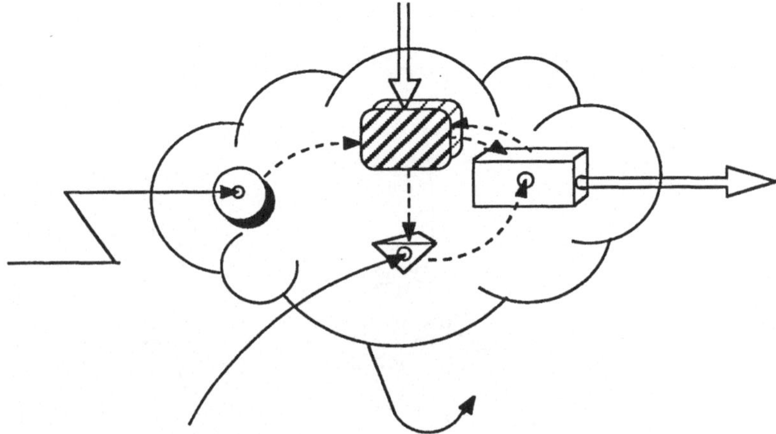

Bild 3.4. Systemstruktur

Erforderlich ist weiterhin eine Definition der im System stattfindenden bzw. geforderten Prozesse (Zeitreihen von Attributen), sowie bestimmte Zustände (Beschreibungen der Objekte, Attribute und Prozesse zu einem Zeitpunkt). Der Erfolg dieser Tätigkeit ist wesentlich von der Erfahrung des Entwicklers abhängig.

In dem folgenden Beispiel besteht die Aufgabe in der Entwicklung einer Signalverarbeitungsschaltung eines Fernsehers. Zunächst ist das System von seiner Umwelt abzugrenzen. Bei einem Fernseher böte es sich an, die natürliche Grenze des Gerätes, das Gehäuse, als Systemgrenze anzunehmen . Die natürlichen Schnittstellen zur Umwelt wären dann:

- Antenne, Stromversorgung und Bedienung als Eingangskanal
- Bild und Ton als Ausgangskanal.

Das System "Signalverarbeitung" (hier soll nur die Bild-Signalverarbeitung betrachtet werden) ist jedoch nur ein Teil der Funktionen eines Fernsehgerätes. Die Abgrenzung des Systems von seiner Umwelt fällt schwerer und ist deshalb Nicht-Fachleuten nicht so einfach vermittelbar (Bild 3.5). Hier hilft eine Aufteilung des Fernsehgerätes in Funktionen. Sinnvolle Funktionen, die bei einem Fernsehgerät dem Anwender zur Verfügung stehen, sind z.B. Lautstärke, Helligkeit, Kontrast und Senderwahl. Meistens wird jedoch nach der Erfahrung und Fachsprache der Systementwickler gegliedert, d.h. der Fernseher wird in jene Baugruppen aufgeteilt, die durch die Art des Produktionsablaufes vorgegeben sind: die Bildröhre, das Gehäuse (mechanisches Layout) und die verschiedenen elektrischen Schaltungsteile.

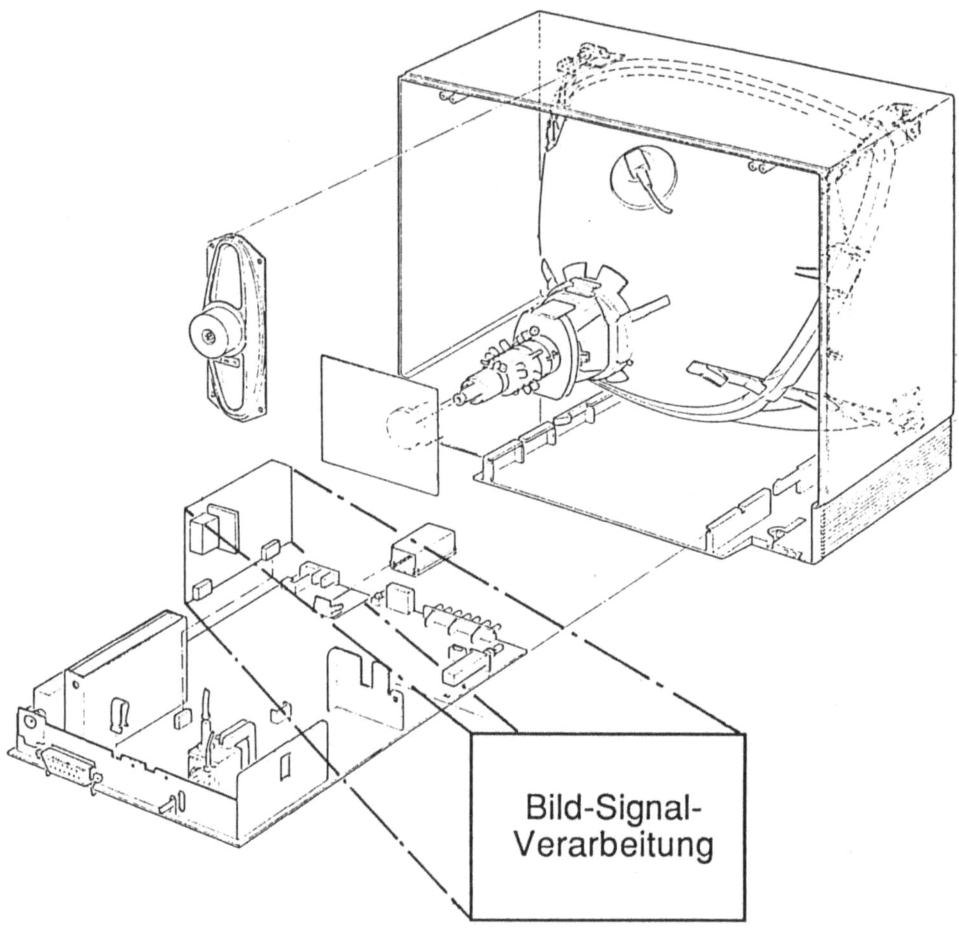

Bild 3.5. Das Beispiel "System"

In Bild 3.6 sind die wichtigsten Signalverarbeitungsschaltungen eines Fernsehers dargestellt. Jene Funktionen, die das Untersuchungsgebiet darstellen, sind dann zu definieren (die Punktlinie in Bild 3.6) und ihre Schnittstellen zu beschreiben. Hier sind es (Bild 3.7):

- Eingangsignale
  - FBAS (Farb-Bild-Austast-Synchron-Signal)
  - IIC-Bus (Steuer-Bus)
  - Stromversorgung
  - Wärmeeinflüsse
  - Störstrahlungseinflüsse

- Ausgangssignale
  - RGB-Signal (Rot-Grün-Blau-Signal)
  - Horizontal- und Vertikalablenkungsimpulse
  - Radiation (Störstrahlung)
  - Wärme

Die Signale sind in ihren Eigenschaften so genau wie möglich zu beschreiben.

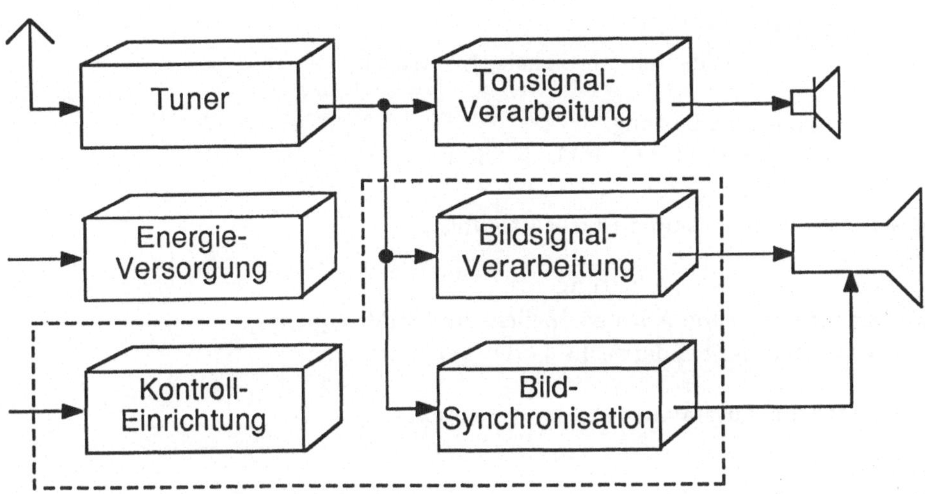

Bild 3.6. Signalverarbeitung

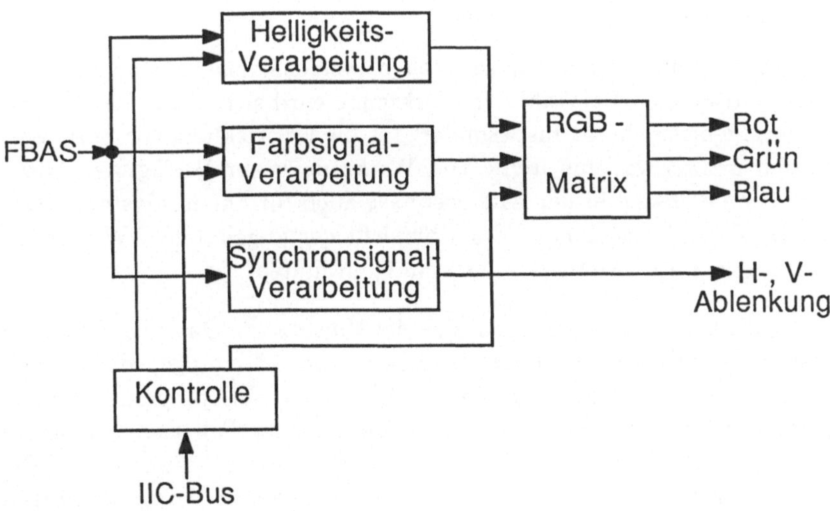

Bild 3.7. Bildsignalverarbeitung

Anschließend wird das Untersuchungsgebiet in Objekte gegliedert. Grundlage hierfür können die durchzuführenden Aufgaben bei der Bildsignalverarbeitung sein. Sinnvolle Funktionsblöcke sind in Bild 3.7 dargestellt. Die in diesen Objekten oder Subsystemen durchzuführenden Aufgaben (Eigenschaften) sind so konkret wie möglich zu beschreiben. Für die oben angeführten Funktionseinheiten kann z.B. angegeben werden:

- Helligkeitssignal-Verarbeitung
  - Bandbreite;
  - Sprungantwort;
  - Einstellmöglichkeiten (Helligkeit, Kontrast);
- Farbsignal-Verarbeitung
  - Farbnormen (SECAM, PAL, NTSC);
  - Bandbreite;
  - Einstellmöglichkeiten (Farbsättigung);
- Synchronsignal-Verarbeitung
  - zu verarbeitende Normen (Zeilen- und Bildfrequenz);
  - Verhalten bei Senderwechsel oder bei Störungen;
- zusätzliche Ausstattungen, wie Videotext

Eine detailierte Aufzählung der Attribute und der Prozesse des Beispiels würde den Rahmen dieses Kapitels sprengen. Bei der Beschreibung ist besonders darauf zu achten, daß die Eigenschaften nicht nur in der Sprache der Experten dargestellt werden, sondern auch aus der Sicht der Anwender, in diesem Fall wären das der Gerätehersteller und auch der Konsument.

Zur Durchführung der Systemanalyse stehen verschiedene Methoden und Werkzeuge zur Verfügung. Die Wahl der Werkzeuge wird sich in der Regel nach dem Entwicklungsgebiet richten. Insbesondere für die Entwicklung von Software-Systemen stehen inzwischen eine Reihe von Werkzeugen zur Verfügung. Diese Werkzeuge sind in der Regel in der Analysephase auch für andere Systeme (Organisationen, Hardware) einsetzbar. Ein Übersicht der angebotenen Werkzeuge und die darin angewandten Methoden ist in [3.7] enthalten.

Erleichtert wird die Systemanalyse, wenn sich der Einsatz von Datenbanken auch im naturwissenschaftlichen Bereich auf der Ebene von Abteilungen durchsetzt. So könnte die bei der Entwicklung gemachte Erfahrung bei späteren Entwicklungen genutzt werden, was heute nur zu einem Teil der Fall ist. Vor allem liegt das an den "urväterlichen" Ablagesystemen, die heute genutzt werden, die aber in der Regel nicht das leisten, was sie leisten müßten: **Informationen zur Verfügung zu stellen.** Auch der Einsatz der jetzt in der Entwicklung befindlichen Expertensysteme wird die Systemanalyse erleichtern.

Die heute über internationale Rechnerverbindungen zur Verfügung stehenden Literatur-Datenbanken leisten wertvolle Hilfe bei den in dieser Phase notwendigen Literaturrecherchen wie auch bei der Überprüfung von Patenten (eine Übersicht der in Deutschland zur Verfügung stehenden Datenbanken ist in [3.8] enthalten).

An dieser Stelle sei auf eine weitere Perspektive bei der Entwicklung neuer Systeme eingegangen. Während man die obige Beschreibung als **Produktsicht** bezeichnen kann, gibt es auch noch eine **Projektsicht**, sie läßt sich auch als erweiterte Systemumwelt charakterisieren. Die Projektsicht beschreibt die Bedingungen, unter denen das Projekt entwickelt werden soll:

- die Konkurrenz, das Unternehmen, die Abteilung, das Personal und die Geräteausstattung.

Zur Unterstützung des Projektmanagements stehen auf dem Markt unterschiedliche Methoden und computergestützte Werkzeuge zur Verfügung (Project Management Tools). Eine Übersicht ist z.B. in [3.20] enthalten.

Zusammengefaßt die wichtigsten Ergebnisse der Systemanalyse:

- Zusammenstellen der Benutzeranforderungen - Definition, *was* das System tun soll (Benutzermaschine)
- Erstellen des Anforderungskataloges (Pflichtenheft) - Beschreibung der Struktur des Systems (Anwendersicht) - Beschreibung der System-Komponenten
- Beschreiben der Schnittstellen
- Definieren der Qualtätsmerkmale (Wartbarkeit, Fehlertoleranz, ...)
- Beschreiben der Benutzeroberfläche
- Festlegen der Prüfanforderungen

Weitere Systemumwelt:

- Beschreibung des strategischen Zieles und der Bedingungen (zeitlich, personell, materiell), unter denen die Entwicklung stattfinden soll
- Definition der Prioritäten, nach denen innerhalb der Entwicklung entschieden werden soll
- Festlegung der Verantwortlichkeiten
- Abnahme der Anforderungen durch den Auftraggeber

und falls es gefordert ist:

- Anforderungen an die Realisierungsart (Hardware, Software)
- Anwendung bestimmter Methoden oder Werkzeuge
- Benötigte Resourcen
- Anwendbare Vorschriften oder Normen
- Dokumentationsart

Das Ergebnis dieser Phase ist eine **Modellbeschreibung**, in der das Verhalten des zu modellierenden Systems dargestellt wird, ohne unbedingt die innere Struktur des Systems äquivalent nachzubilden. Diese Beschreibung wird auch als Objekt (- orientierte) - Beschreibung bezeichnet. Das Abstraktionsniveau ist gekennzeichnet durch informelle Sprache und Symbolik. Die Inhalte der Ein- und Ausgangskanäle werden qualitativ beschrieben. Die Sicht ist die des Anwenders.

Wer sich im allgemeinen Sinne mit systemtheoretischen Aspekten auseinandersetzen möchte, sei auf die Literatur [3.10 - 3.12] verwiesen.

3.2 Konzeptfindung

Diese Phase des Entwurfs läßt sich auch als Kreativitätsphase bezeichnen. Es kommt darauf an, die in der Analysephase gesammelten und im Pflichtenheft formulierten Anforderungen an das System in Lösungskonzepte einzubringen. Es sollten möglichst mehrere alternative Konzepte entworfen werden, um dann, zusammen mit dem Auftraggeber, die *beste* Lösung herauszufinden.

Zur Erarbeitung des Konzeptes haben sich neben Intuition, Intellekt und Erfahrung des Entwicklers auch einige Methoden zur Ideenfindung als erfolgreich erwiesen. Die bekanntesten sind wohl:

- Diskussion, "Brainstorming", Metaplantechnik und Ideen-Laufzettel.

Weitere methodische Vorschläge sind z.B. in [3.13] und [3.14] enthalten.

Die gesammelten Ideen, Vorschläge werden zur Diskussion gestellt und Konzepte entwickelt. Zunächst wird die technologische Struktur des Systems entworfen. Hierzu werden die Funktionen des Systems aus der Sicht des Anwenders (etwa so, wie es später im Datenblatt steht) beschrieben. Die funktionale Gliederung führt zu Funktionsbausteinen oder Modulen. Die Module beschreiben nur die nach außen bemerkbaren Eigenschaften (beschreiben, *was* getan wird). Die

Module sollen autonom sein. Die Kommunikation zwischen ihnen findet auf Übertragungskanälen unter Verwendung abstrakter Datentypen statt. Zusammenhänge, die nicht als mathematische Funktion darstellbar sind, werden in Wahrheitstabellen beschrieben.

Die entworfenen Konzepte ergeben jeweils eine Modellbeschreibung des Systems. Die Modelle stellen Prototypen des zu entwickelnden Systems dar, jedoch auf einem relativ abstraktem Niveau, welche zwar die geforderten Funktionen beschreiben, jedoch mit den in der geforderten Technologie tatsächlich realisierbaren Schaltungen noch nichts gemein haben. Zur Beschreibung dienen objektorientierte, prädikative oder funktionale Programmiersprachen. Auch höhere imperative Programmiersprachen werden eingesetzt. Die Signalinhalte werden mehr qualitativ dargestellt. Je nach der zu verarbeitenden Informationsmenge oder anderen Anforderungen, wie die nach Echtzeitverarbeitung, wird das System als Software-Modell oder Hardware-Modell (z.B. als TTL- Schaltung) realisiert.

Zur Bewertung der alternativen Konzepte können nun mit Hilfe der Modelle erste Systemsimulationen durchgeführt werden. Kriterien für die Bewertung der Konzepte können sein:

- Aufwand (bezogen auf die Funktionen), benötigte Resourcen, Entwicklungszeit und Effizienz.

Oftmals zeigt sich hier, daß einige Anforderungen an das System nicht in Übereinstimmung zu bringen sind. Zum Beispiel kann aus Kostengründen die maximale Anzahl der integrierten Schaltungen festgelegt sein; dann zeigt es sich jedoch, daß mit dieser Anzahl eine ebenfalls gefordete Funktion nicht realisierbar ist. Die Folge ist, daß mit dem Auftraggeber die Anforderungen an das System nochmals diskutiert werden müssen und das Pflichtenheft geändert wird. Dieser Vorgang wiederholt sich mehrmals.

Das abschließend beschriebene Konzept stellt dann das zu entwickelnde System mit seinen Qualitätsmerkmalen dar.

An unserem Fernseher wird in der weiteren Betrachtung nur noch die in Bild 3.7 als Block dargestellte Funktion der Verarbeitung des Helligkeitssignals behandelt. Übliche Forderungen an das Helligkeitssignal (im folgenden Luminanzsignal genannt) sind die Trennung von Luminanz- und Farbartsignal (im folgenden Chrominanz genannt), die zu übertragene Bandbreite (Bild 3.8) und die Steilheit von Sprüngen (Bild 3.9, der Sprung entspricht einem Schwarz-Weiß-Übergang im Bild).

Im Fernsehbild sind diese Forderungen für den Schärfeeindruck verantwortlich. Die Umsetzung der Forderungen ergeben mehrere Funktionen (Bild 3.10).

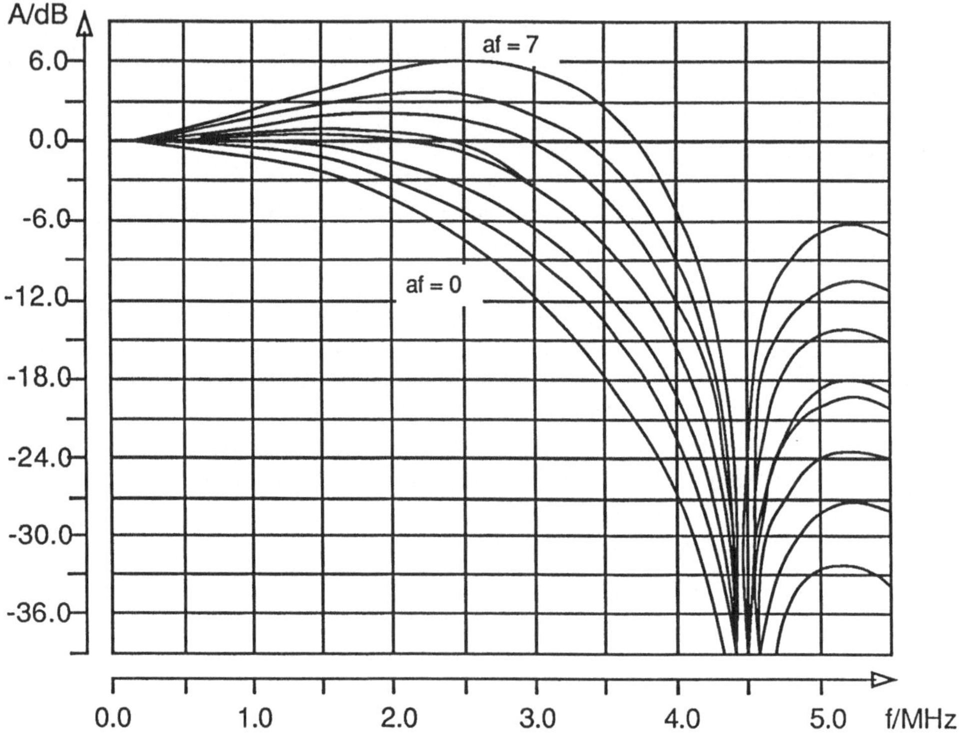

Bild 3.8. Übertragungsfunktion "Luminanz"

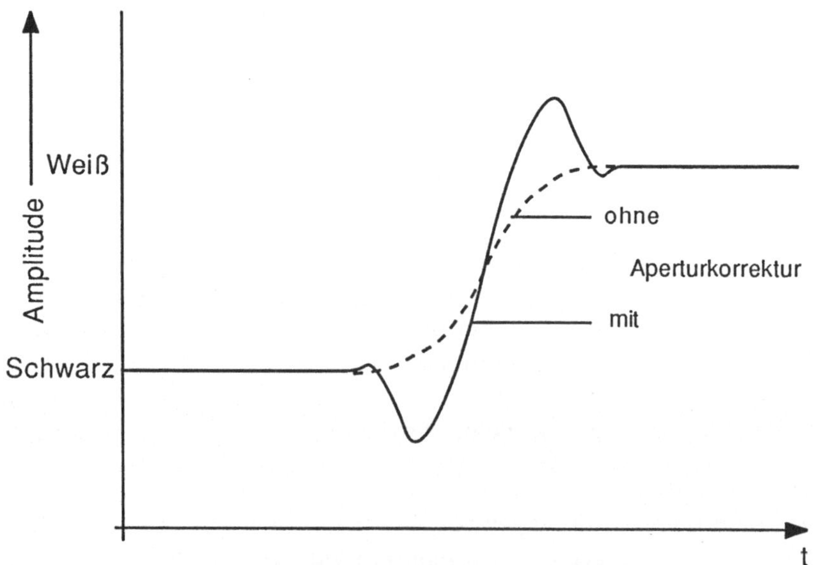

Bild 3.9. Sprungantwort "Luminanz"

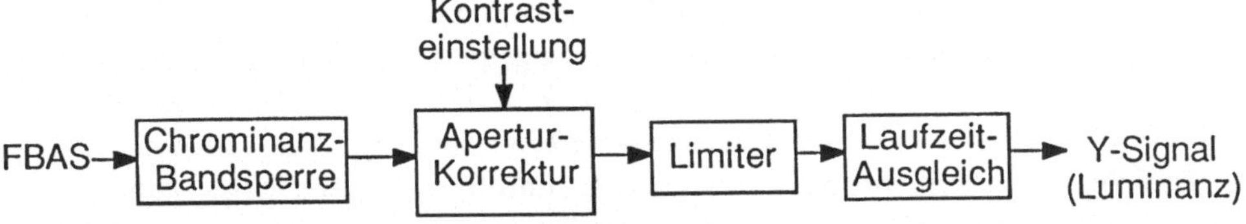

Bild 3.10. Luminanzsignalverarbeitung

Die erste Funktion filtert das Chrominanzsignal heraus. Werden konventionelle Filter vorgeshen, reduziert sich dabei auch die Bandbreite des Luminanzsignals, was zu einem Verlust des Schärfeeindruckes führt. Die anschließende Apertur-Korrekturschaltung gleicht diesen Verlust wieder aus (Bild 3.9). Die beiden folgenden Funktionen passen die Signalamplitude und die Laufzeit des Luminanzsignals an die des Chrominanzsignales an (die Chrominanzsignalverarbeitung benötigt mehr Funktionen und hat dadurch eine längere Laufzeit). Der Entwickler setzt diese Forderungen in entsprechende Filterfunktionen um. Hier gibt es eine Vielzahl von möglichen Lösungswegen, die nach den oben angeführten Kriterien bewertet werden müssen. Ist, wie im vorliegenden Beispiel, die Entscheidung gefällt worden, die Signalverarbeitung digital durchzuführen, werden diese Filter als Übertragungsfunktion in $H_{(z)}$ dargestellt (Einführung in digitale Filter: siehe [3.15] und [3.16]).

Ein Teil der Chrominanzbandsperre (Bild 3.10) kann als Filter wie folgt dargestellt werden:

$$H_{(z)} = (1 + z^{-1})^2.$$

Die Filterfunktionen werden in der Regel mit Hilfe von Simulationen bestimmt, indem das Verhalten des Filters auf verschiedene Eingangssignale untersucht wird. Die Realisierung dieser Teilfunktion ist im folgenden Abschnitt beschrieben.

Es ist abzusehen, daß der Anteil der Software-Simulationen sehr stark ansteigen wird. Selbst für bildverarbeitende Systeme lassen sich mit Hilfe einer Bildsequenzanlage (die Fernsehbilder in Echtzeit lesen und schreiben kann) die meisten Untersuchungen an Software-Modellen durchführen. Das größte Problem sind zur Zeit die zur Simulation eingesetzten Sprachen und damit die benötigten Rechenzeiten. Im Augenblick gibt es auf dem Markt keine CAD-Werkzeuge, die vollständige Systeme (die später vielleicht 200 000 Transistorfunktionen enthalten) beschreiben und die bei der Bildverarbeitung zur Beurteilung notwendigen Datenmengen (bis 1 GByte) in akzeptabler Zeit simulieren können. In der Regel hilft man sich, indem lediglich Systemteile simuliert werden.

Zur Zeit werden ständig neue Werkzeuge zur Unterstützung dieser Phase angeboten. Je nach den Anforderungen, z.B. an die zu bearbeitende Systemgröße, können Werkzeuge auf PC oder auf größeren Workstations genutzt werden. Eine sinnvolle Übersicht kann an dieser Stelle nicht gegeben werden, da sie schon bei Erscheinen dieses Buches veraltet wäre. In Zukunft ist eine Verbesserung der Benutzeroberflächen der CAD-Werkzeuge zu erwarten, so daß in absehbarer Zeit ein Entwickler die ihm vertrauten Methoden und Symbole einsetzten kann. Das Umsetzen in entsprechende Verhaltensmodelle übernimmt dann die Maschine.

3.3 Systementwicklung

Haben sich alle Beteiligten auf die Realisierung eines Konzeptes geeinigt, wird das System als technisch realisierbare Einheit entwickelt. Die im Konzept beschriebenen Funktionen werden in Algorithmen umgewandelt (die Lösung der Frage nach dem *wie*).

Die Systemstruktur wird als Modulentwurf, wie er als Konzept definiert war, dargestellt. Die Eigenschaften der Module, ihre Verbindungen und die darauf zu übertragenden Botschaften sind exakt zu beschreiben. Die Module enthalten Kontrollstrukturen, Schaltungselemente und Datenflüsse. In Prozessorstrukturen werden die Maschineninstruktionen beschrieben.

Die Simulation nimmt einen breiten Raum ein, denn es kommt darauf an, die spätere Realisierung (im IC) möglichst genau zu modellieren. Bei der Modellbeschreibung muß daher evtl. auch auf die Eigenschaften des späteren Produktionsprozesses eingegangen werden. Je nach den Anforderungen des Systems wird das Modell als Software-Prototyp oder als Hardware-Prototyp (bei Echtzeitanforderungen) erstellt.

Zu untersuchen und zu definieren sind Teststrategien und die Optimierung in Hinsicht auf Funktionalität (Performance) und Aufwand (Chip-Fläche). Weiterhin muß festgelegt werden, ob ein Algorithmus in Hardware oder in Software realisiert werden soll.

Das System ist fertig entwickelt, wenn gezeigt wird, mit welchen technischen Funkionen die Anforderungen erfüllt werden können. Oftmals zeigt es sich hier, daß Teile von Konzepten mit der zur Verfügung stehenden Technologie nicht herzustellen sind. Dann sind neue Konzepte zu entwickeln, evtl. auch das Anforderungsprofil des Systems zu ändern. Es kann sich auch zeigen, daß das System gar nicht fertigbar ist (dieser Fall kommt vor, wenn wenig erfahrene Entwickler die Konzepte erarbeiten).

Es wird eine letzte Absprache mit dem Auftraggeber stattfinden. Alle vom System zu erbringenen Leistungen sind bekannt und werden als **Qualitätsmerkmale** definiert.

In dem Beispiel der Luminanzverarbeitung wird hier die Realisierung eines digitalen Filters beschrieben. Die in Abschnitt 3.2 beschriebene Filterfunktion (Bild 3.10) eines Tiefpasses 2. Ordnung wird als eine allgemeine Struktur dargestellt (Bild 3.11). Aus dem Bild ist zu ersehen, daß die Umsetzung einer Filterfunkion $H_{(z)}$ in eine entsprechende digitale Schaltung relativ einfach ist.

Anschließend sind die Funktionsblöcke von Bild 3.11 in genormte Bauelement-Darstellungen wie Flip-Flop, Addierer oder RAM-Tabellen umzusetzen (Bild 3.12). In dieser Darstellung finden dann auch jene Schaltungsteile Eingang, die zur Realisierung der Filterfunktion nicht benötigt werden, jedoch in einer echten Schaltung aus anderen Gründen notwendig sind. In Bild 3.12 sind das z.B. die D-Flip-Flops hinter den Addierern, die lediglich der Synchronisierung der Daten dienen.

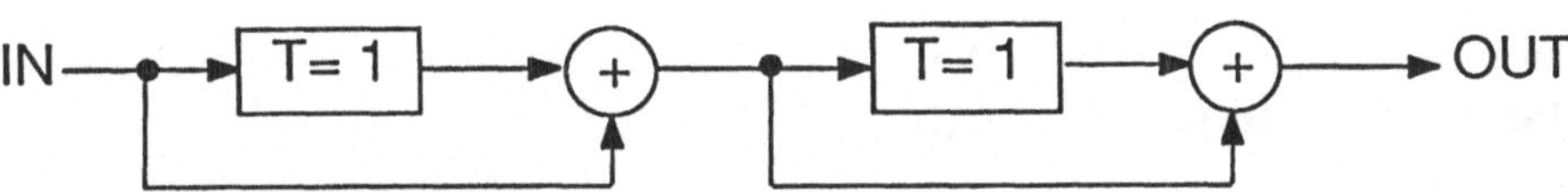

Bild 3.11. Tiefpaß 2.Ordnung

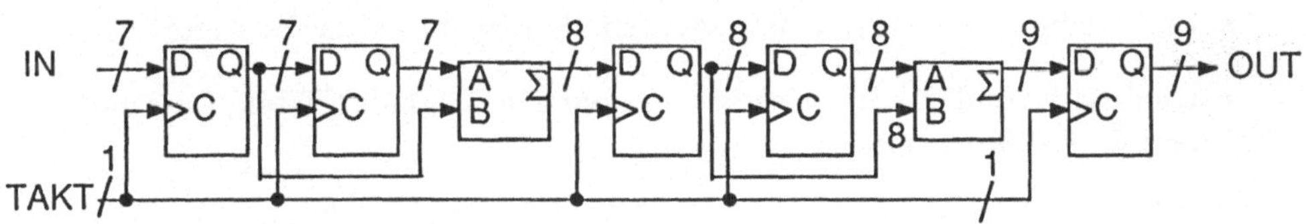

Bild 3.12. Schaltung Tiefpaß

Auf dieser Ebene ist oftmals eine Simulation eines vollständigen Systems in Software nicht mehr möglich, so z.B., wenn die Anzahl der durchzuführenden Algorithmen bei der zur Verfügung stehenden Rechenkapazität des Computers zu unakzeptablen Rechenzeiten führt, wie es bei der Bilddatenverarbeitung der Fall ist. Hier würde dann ein Hardware-Modell, z.B. als TTL-Schaltung, erstellt werden. In diesem Modell werden die Algorithmen einzeln aufgebaut und können so den Datenstrom parallel abarbeiten. In den Simulationsläufen wird die bestmögliche Umsetzung der gestellten Anforderungen gesucht. Ein wesentliches Kriterium in der digitalen Signalverarbeitung ist dabei die verwendete Wortbreite, da sie für das Signal-Rauschverhältnis mitentscheidend ist.

Ist das gesamte System als Echtzeitmodell vorhanden, wird es einem Systemtest unterworfen (Folterkammertest). Die Testverfahren werden oftmals von den Auftraggebern vorgeschrieben.

Die Schaltungsentwicklung wird durch eine Anzahl guter CAD-Werkzeuge unterstützt (einen aktuellen Überblick liefert die jährliche Fachmesse SYSTEMS in München). Auf diesen Werkzeugen werden komplette Bibliotheken von Verhaltensmodellen (z.B. TTL- und CMOS-Bauelemente) angeboten. Auch die Realisierung anderer Technologien könnte leicht als Modell in diese Werkzeuge eingebracht werden, wozu spezielle Modellierungssprachen implementiert sind. Mit Hilfe von CAD-Werkzeugen kann die Schaltungsentwicklung vom Labor auf den Schreibtisch (ans Terminal) verlegt werden. Die für ein evtl. notwendiges Hardware-Modell benötigten Verdrahtungslisten oder auch Platinen-Layouts lassen sich automatisch erstellen.

Die abschließend zu erstellende Dokumentation stellt die **Systemspezifikation** dar, die die Grundlage für die Entwicklung eines integrierten Schaltkreises ist. Sie enthält:

- Beschreibung der relativen Abhängigkeiten der Module in ganzen Systemtakten (diskrete Verarbeitung).
- Beschreibung der relativen Abhängigkeiten der einzelnen logischen Schaltungen in kontinuierlichen Zeiteinheiten.
- Laufzeiten logischer Funktionen.
- Beschreibung einzelner Komponenten als Register-Transfer-Algorithmus.
- Qualitative und quantitative Beschreibung der Signale (Daten, Botschaften) und deren Wortbreite.
- Festlegung der Qualitätsmerkmale und der Testverfahren mit denen sie überprüft werden können. Es sind IC-Systemtests vorzubereiten und, wenn das Produkt zur Verfügung steht, durchzuführen.

Es ist die Summe aller während der Entwicklung in allen Phasen festgelegten Eigenschaften des Systems in einer überprüfbaren Form zu beschreiben.

Weiterhin sind Datenblätter der Bauelemente und evtl. zusätzliche Anwenderhandbücher anzufertigen. Es ist zu festzulegen, wie sich der "Knowhow-Transfer" zu den nachfolgenden Entwicklern realisieren läßt. Auch die Frage des "Application Support" beim Kunden ist zu klären. In der Regel wird von dem Auftraggeber erwartet, daß das entwickelte System in die vom Kunden vorgesehene Umwelt (in unserem Beispiel das Fernsehgerät) implementiert wird.

3.4 Revision

Beendet wird die Entwicklung eines neuen Systems mit der Revision, die als Ergebnis den **Projektabschlußbericht** ergibt.

Hier sollte mit dem nun vorhandenen Wissen eine funktionale Bewertung des Konzeptes durchgeführt werden. Weiterhin ist das System auf Wiederverwendbarkeit und/oder Standardisierung zu überprüfen. Auch schon bekannte Verbesserungsvorschläge für spätere Systemversionen sind zu notieren. Der Projektablauf sollte hier kritisch beleuchtet werden. Probleme (falsche Einschätzungen) wie Erfolge (richtige Einschätzungen) sind aufzuzeigen, evtl. noch genauer zu analysieren.

Die Revision soll helfen, gleiche Fehler bei der nächsten Entwicklung zu vermeiden und die erarbeitete Erfahrung für weitere Projekte zu nutzen.

3.5 Zusammenfassung

Ein Hauptproblem bei der Entwicklung großer integrierter Schaltungen ist der Wissenstransfer zwischen den beteiligten Entwicklern. An einem System, wie es hier im Beispiel behandelt worden ist, sind bis zur Erstellung des IC-Layouts über einen Zeitraum von mehreren Jahren bis zu 20 Personen beteiligt. Es müssen jene hinzugezählt werden, die nicht direkt an der Entwicklung des Systems beteiligt sind, jedoch über den Stand der Entwicklung informiert sein wollen oder deren Wissen man bei der Entwicklung einbringen möchte.

Selbst wenn alle Personen die gleiche Landessprache sprechen würden, so sprächen sie doch ihre eigene fachspezifische Sprache. Auch innerhalb eines Fachbereiches werden die gleichen Begriffe je nach der Erfahrung der Entwickler unterschiedlich interpretiert.

Beispielsweise bedeutet der Begriff "Latch" für einen mehr signaltheoretisch arbeitenden Ingenieur (hier ist das Latch ein Verzögerungsbaustein, der zur Realisierung von Filtern benötigt wird) etwas ganz anderes als für einen Computerentwickler (der diesen Baustein als Speicher einsetzt), obwohl das gleiche Bauelement verwendet wird.

Um die Anzahl der Fehlinterpretationen zu reduzieren, erscheint es sinnvoll, zunächst einmal alle an einem Gespräch beteiligten Personen auf das gleiche Abstraktionsniveau zu synchronisieren. Dieses Kapitel ist ein Versuch, einen Teil der Entwicklung in Abstraktionsniveaus zu gliedern, um die Komplexität bei der Betrachtung eines Systems zu reduzieren.

4 Chip Design System (CDS)

4.1 Chip Design Flow

Am Anfang steht die Spezifikation, die aus dem Systementwurf entstanden ist bzw. abgeleitet wurde (Bild 4.1). Dieser sich so einfach anhörende Satz beinhaltet jedoch, daß mit der Güte dieser Spezifikation schon wesentliche Weichen für eine integrierte Schaltung gestellt sind. Eine nicht ausreichend detaillierte Spezifikation führt im allgemeinen zu längeren Entwicklungszeiten und höheren Entwicklungskosten.

Bei der Strategie für den Entwurf einer integrierten Schaltung konkurriert das Verfahren des Top-Down- mit dem des Bottom-Up-Entwurfs, abhängig davon, ob man von der obersten oder von der untersten Hierarchie-Ebene beginnt. In der Praxis schält sich dann meist ein Mittelweg, das *Meet-In-The-Middle*-Verfahren heraus, d.h. neben der Strategie von der obersten Ebene aus wird parallel von der untersten, der Transistorebene, aus gearbeitet, um Funktionsblöcke zu entwerfen, die für mehr als nur einen Entwurf nutzbar sind.

Ausgehend von der Spezifikation wird eine Funktionsbeschreibung der gesamten integrierten Schaltung des gesamten Chips erstellt. Diese Beschreibung auf *Behavioural*-Ebene wird simuliert und auf ihre Richtigkeit überprüft. In dieser Konzept-Phase wird der *floorplanner* zur ersten Orientierung für eine mögliche spätere Anordnung der Schaltungsblöcke auf dem Kristall eingesetzt.

In der Definitionsphase wird die komplette Beschreibung in funktionelle Teilschaltungen aufgespalten und diese in Form einer strukturellen Simulation überprüft, d.h. jede dieser Teilschaltungen oder Blöcke wird anhand eines Verhaltensmodells simuliert. Soweit es hier schon überschaubar ist, werden Elemente aus der Bibliothek herangezogen, zwingend erforderlich ist es jedoch noch nicht. Ebenfalls ist die Teststrategie festzulegen. Die Elemente der Bibliothek enthalten entsprechende Testmöglichkeiten.

In der Design-Phase wird entschieden, welche Bibliothekselemente eingesetzt werden sollen, ob alle Funktionen durch existierende Elemente beschrieben werden können oder ob Funktionsteile neu entwickelt werden müssen. Nach

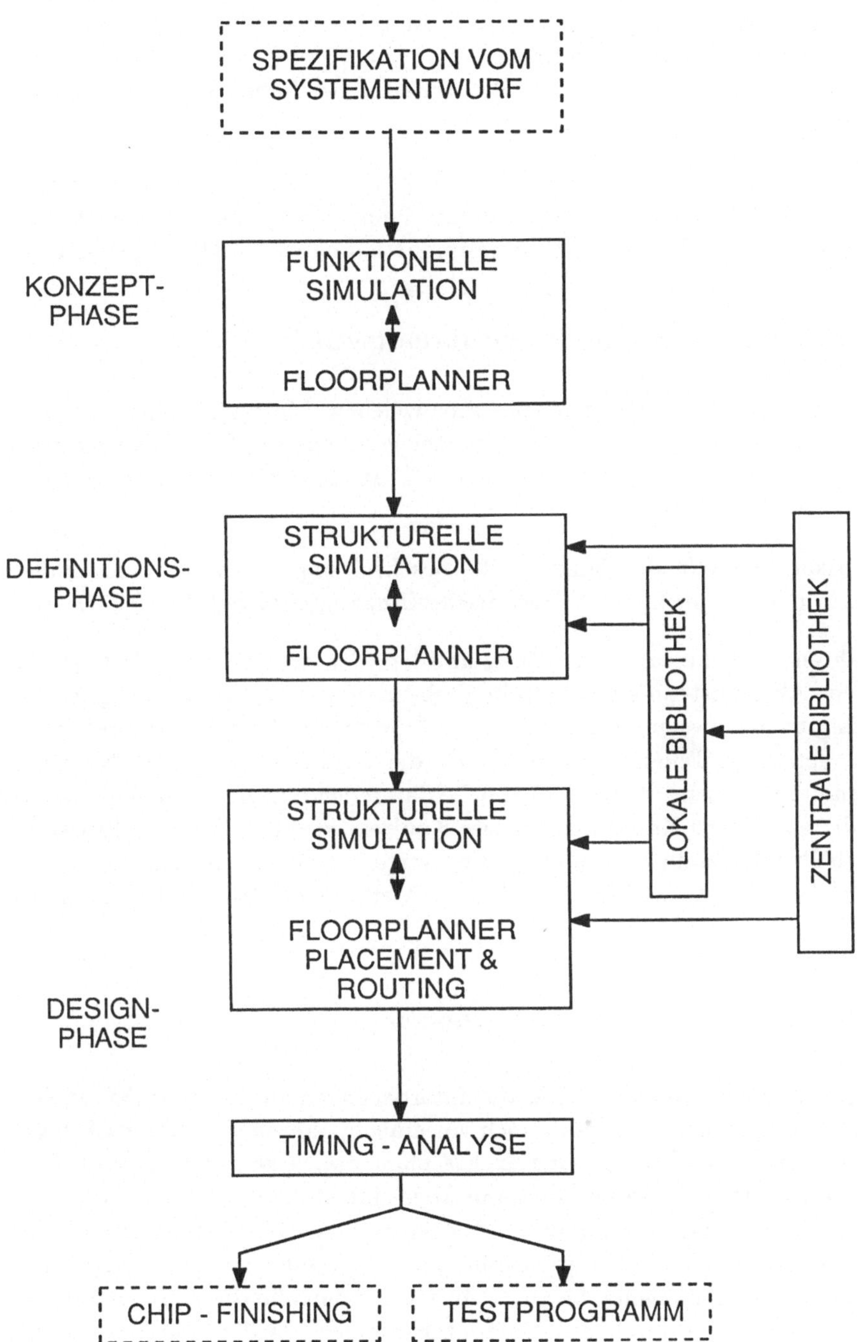

Bild 4.1. Chip Design Flow

dem *placement* und *routing* der Blöcke kann mit einer Timing-Analyse das zeitliche Verhalten der Schaltung überprüft werden, wobei das Ergebnis durchaus Rückwirkungen auf die Struktur der Schaltungen haben kann. Der Test-Access-Checker liefert der Schaltung die Information, ob die Schaltung testbar ist.

Das fertige Design wird weiter benutzt beim Chip-Finishing, und die entsprechenden Daten für die Testprogrammerstellung werden bereitgestellt.

4.2 Floorplanning und Layout-Entwurf

In diesem Kapitel wird beschrieben, mit welchen Methoden eine kundenspezifische integrierte MOS-Schaltung von der gegebenen Spezifikation bis zum Layout - der geometrischen Anordnung der Transistoren und Leiterbahnen - fertiggestellt wird.

Die Spezifikation stellt die funktionelle Beschreibung der zu entwickelnden Schaltung in natürlicher Sprache (technische Umgangssprache) dar.

Das Verfahren zur Schaltungsgestaltung und letztlich des Chips gliedert sich in verschiedene Abschnitte, die wir grob in Vorbereitung und Ausführung gliedern wollen. Es gibt auf diesem Weg sogenannte Milestones, die Schnittpunkte zwischen den einzelnen Teilen. Wir werden - die teilweise in anderen Kapiteln ausführlich behandelten - Aufgabenbereiche darstellen und ihre Abhängigkeiten voneinander aufzeigen. Kernpunkte dieses Kapitels wird das Design selbst sein, wobei auch Problemstellungen und Lösungswege betrachtet werden. Zunächst jedoch wird kurz die Entwicklung der Design-Methode der letzten Jahre behandelt.

4.2.1 Entwicklung der Design-Methoden

In den letzten Jahren zwingen die Marktanforderungen an die Produkte zu immer schnelleren Layouts. Während noch vor einigen Jahren eine Handvoll Ingenieure mit Bleistift und Papier eine exakte maßstäblich vergrößerte Zeichnung des Layouts anfertigen konnten, die dann über eine alphanumerische Datenstation in den Rechner zur Darstellung und Weiterverarbeitung eingetippt wurde, so lassen die wachsenden Transistorzahlen pro Chip heute nur noch graphische bzw. automatische Dateneingabe zu. Selbst die Kontrolle dieser Layoutergebnisse muß automatisch durch den Computer erfolgen, da die Komplexität der Schaltungen das sichere Kontrollverhalten des Menschen überfordert.

In der Entwicklung solch komplexer Schaltungen wie etwa Microcontrollern ging man dazu über, eine Bibliothek fertig entwickelter Funktionsblöcke, z.B. Zähler, anzulegen und wie bei der Platinenherstellung zu verdrahten.

Die Grenze solcher Verfahren liegt darin, daß erst eine Bibliothek in einem IC-Herstellungsprozeß erstellt werden muß, bevor ein Chip damit entwickelt werden kann. Die technologische Entwicklung schreitet jedoch ebenfalls voran - zu immer kleineren Strukturen -, so daß die Bibliothek in aller Regel nicht von langer Lebensdauer ist. Zudem kommt bei solchen Blocklayoutmethoden hinzu, daß oft sehr viel Raum "verschenkt" wird, da fest vorgegebene Teile nicht platzoptimal zusammenpassen.

In neuester Zeit macht sich eine Layout-"Revolution" bemerkbar, die softwarebeschriebene Design-Methoden anbietet. Hierbei werden in der höchsten Stufe herstellungsprozeßunabhängige Funktionsbeschreibungen der Schaltung durch Anfügen einer Bibliothek und technologiebezogenen Daten zu realen Layouts.

Die folgenden Abschnitte zeigen die derzeit konventionelle Methode auf, deren Kenntnis für das Verständnis der automatischen Methode unerläßlich ist. Danach werden wir die zukunftsorientierte Vorgehensweise anreißen.

4.2.2 Manuelle Design-Methode

Zum Entwurf eines Layouts ist eine sorgfältige Aufbereitung der angegebenen Spezifikation notwendig.

4.2.2.1 Schaltplanerstellung

Zunächst wird die Funktion der Schaltung in Funktionsteile gegliedert und deren Zusammenhang graphisch dargestellt. Hierzu wird die Spezifikation Kapitel für Kapitel in Blöcken erfaßt (Bild 4.2).

Durch weitere Unterteilung der Funktionsblöcke erhält man überschaubare Einzelfunktionen und gleichzeitig eine hierarchische Struktur der gesamten Schaltung. Man erhält den Blockschaltplan, der als erster dieser Milestones eine Arbeitsstufe bildet.

Jeder dieser Funktionsblöcke wird nun aus der geschriebenen Spezifikation in Boolesche Funktionen umgesetzt. Diese werden unter dem Gesichtspunkt optimiert, ein herstellungsprozeßunabhängiges Layout zu erstellen. Diese Optimierung kann zugunsten des elektrischen Verhaltens der Schaltung noch mehrfach geändert werden. Der aus diesen Gleichungen entstehende Schaltplan eines Blocks wird - mit Signalnamen für die Eingangs-/ Ausgangsleitungen versehen - abgelegt. Gemäß der Blockaufteilung - des Blockschaltplanes - werden nun alle Einzelschaltpläne zusammengefügt und ergeben einen gut strukturierten

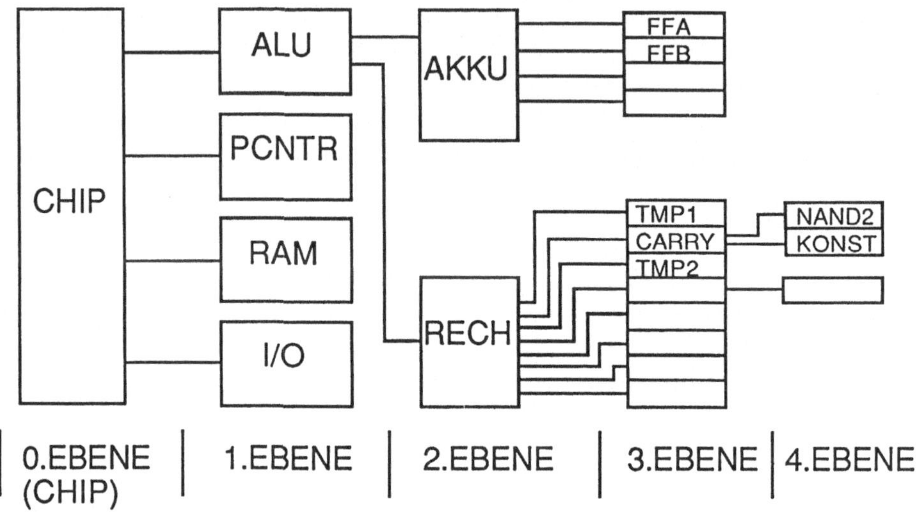

Bild 4.2. Blockschaltplan

Gesamtschaltplan, auf dem jede Leitung und jedes Bauelement detalliert gezeigt wird. Dieser Schaltplan ist die Grundlage für alle weiteren Arbeiten.

Das beinhaltet eine sorgfältige Verifikation des in der Spezifikation vorgegebenen Verhaltens der Schaltung. Insbesondere treten hier die Parameter Versorgungsspannung, Verlustleistung, Temperaturbereich der Funktionsgarantie, Schaltgeschwindigkeitsverhalten und deren vorgegebene Toleranzen hervor.

4.2.2.2 Logische Simulation

Zum Funktionsverhalten zählt im wesentlichen die logische Funktion der Schaltung. Im Vergleich zur Spezifikation können hier Integrationsprobleme aufgedeckt werden.

Den Schaltplan selbst kann man mit sogenannten Logik-Simulationsprogrammen auf sein logisches Verhalten inkl. Durchlaufzeiten überprüfen (siehe Abschnitt 4.3). Durch die in der Spezifikation gegebenen Verhaltensmuster (sog. Stimuli) erzeugt die zu prüfende Schaltung spezifische Ausgangsmuster, die wiederum den Sollwerten entsprechen müssen. Diese Logiksimulationen haben in aller Regel iterativen Charakter, so daß erst nach mehreren Programmläufen die endgültige Schaltung in ihrem logischen Verhalten festgeschrieben werden kann.

4.2.2.3 Elektrische Simulation

Das elektrische Verhalten dieser Schaltung wird durch den Herstellungsprozeß des Silizium-Chips bestimmt. Die Auswahl dieses Prozesses wird nicht zuletzt durch die angeführten Parameter vorbestimmt, so daß z.B. der altbekannte Widerspruch Verlustleistung gegen Geschwindigkeit durch die Wahl des Prozesses entschärft werden kann.

Zur elektrischen Simulation gibt es verschiedene Rechenprogramme, die alle von üblichen Ersatzschaltbildern von Transistoren, Dioden etc. ausgehen und in unterschiedlichen Modellbeschreibungen versuchen, der Realität so nahe wie möglich zu kommen (siehe Abschnitt 5.6).

Diese Modellbeschreibungen fußen auf den direkten Parametern des ausgewählten Herstellungsprozesses. Mit diesen Programmen kann aufgrund der großen Anzahl von Bauelementen nicht die gesamte Schaltung simuliert werden. So muß zunächst das typische Schaltelement (z.B. Inverter, 2-fach NAND etc.) in seinen Abmessungen bestimmt und optimiert werden. Dann müssen die laufzeitkritischen Teile der Schaltung erkannt und durch Simulation optimiert werden.

Diese "Erstsimulationen" zeigen nach mehreren iterativen Schritten das ideale elektrische Verhalten der Schaltung. Dabei erhalten wir keine echten Aussagen über Laufzeiten von Signalen oder absoluten Verlustleistungen, da die geometrischen Randbedingungen des realen Layouts noch nicht bekannt sind.

Auf Grund der Ergebnisse werden die Dimensionierungen der Bauelemente vorgenommen und als Layout-Grundlage festgeschrieben. Hier sollte ein weiterer Milestone sein, damit eine Basis für die nachfolgende Arbeit gelegt wird.

4.2.2.4 Vorgehensweise zum Erstellen des Floorplanes

Nach der Festschreibung der Blockschaltpläne und des detaillierten Gesamtschaltplanes sind wir nun in der Lage, die Topologie des Layouts zu entwickeln.

Hierzu setzen wir für jeden Block der letzten Ebene ein "Kästchen" mit allen Ein- und Ausgängen fest. Diese plazieren wir mit dem Ziel der elektrisch optimalen Anordnung und verbinden die Signale miteinander (Bild 4.3).

Diese nullte Version des Floorplanes zeigt die prinzipielle topologische Struktur des Layouts. Ist der Gesamtschaltplan mit einem elektronischen Schematic-Entry-Programm (z.B. MENTOR) eingegeben worden, so ergibt der Vergleich durch symbolische Darstellung der Einzelblöcke mit dem Floorplan eine Rückkopplung zur Fehlererkennung. Mit der Fertigstellung dieses nullten Floorplanes setzt eine Parallelisierung der Aufgaben zum Entwurf einer integrierten Schaltung ein.

Nachdem in aller Regel bereits in der Spezifikation der Herstellungsprozeß des Chips festgelegt worden ist, sollten spätestens jetzt die Entwurfsregeln für

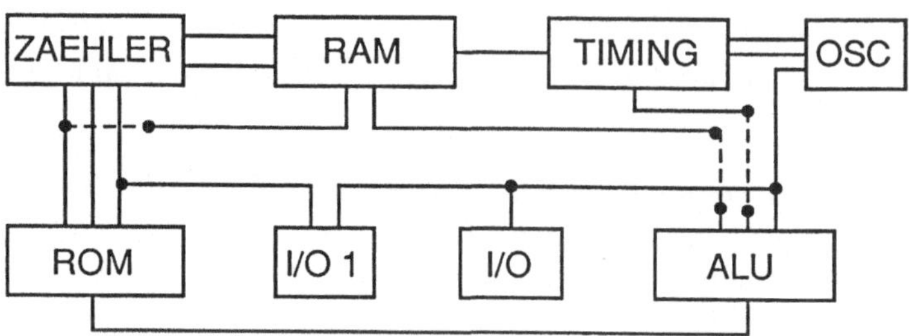

Bild 4.3. Floorplanentwurf

die geometrischen Strukturen festliegen und gegebenenfalls Variationen (sog. Shrinkpfade) vordefiniert sein. Diese Regeln sind technologiespezifisch.

Nun werden unter Verwendung dieser Entwurfsregeln geometrische Größenabschätzungen der einzelnen Blöcke vorgenommen. Während durchaus die ersten Blöcke layoutet werden, wächst der Floorplan in der iterativen Weise zu einem realen "Patternplan", indem jeder fertiggestellte Block in einem festen Maßstab quasi als Puzzle eingepaßt wird.

Hieraus können sich sowohl Änderungen der Topologie als auch bestimmte geometrische Formvorgaben der einzelnen Blöcke ergeben. Wenn der Floorplan zum endgültigen "Pattern-Plan" geworden ist, ist das Layout fertig.

4.2.2.5 Layout-Entwurf

Durch die Definition des Herstellungsprozesses sind die Entwurfsregeln und Randbedingungen festgelegt. Nun ist aus der nullten Version des Floorplanes zu ersehen, welche Funktionsteile häufig benutzt werden. Hier sollten sogenannte Basiszellen erstellt werden. Diese können sowohl einfache Gatter als auch komplexe Funktionsblöcke sein, die auch andere Basiszellen enthalten können. Das Layout dieser Zellen sollte möglichst universell oder projektbezogen vielseitig verwendbar realisiert werden. Diese Basiszellen können in einer Bibliothek abgelegt werden, von der sie bei Bedarf abzurufen sind (Bilder 4.4 bis 4.6).

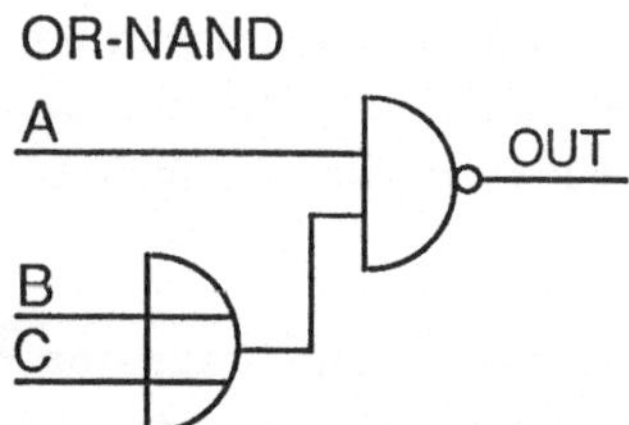

Bild 4.4. Basiszelle Schaltplan

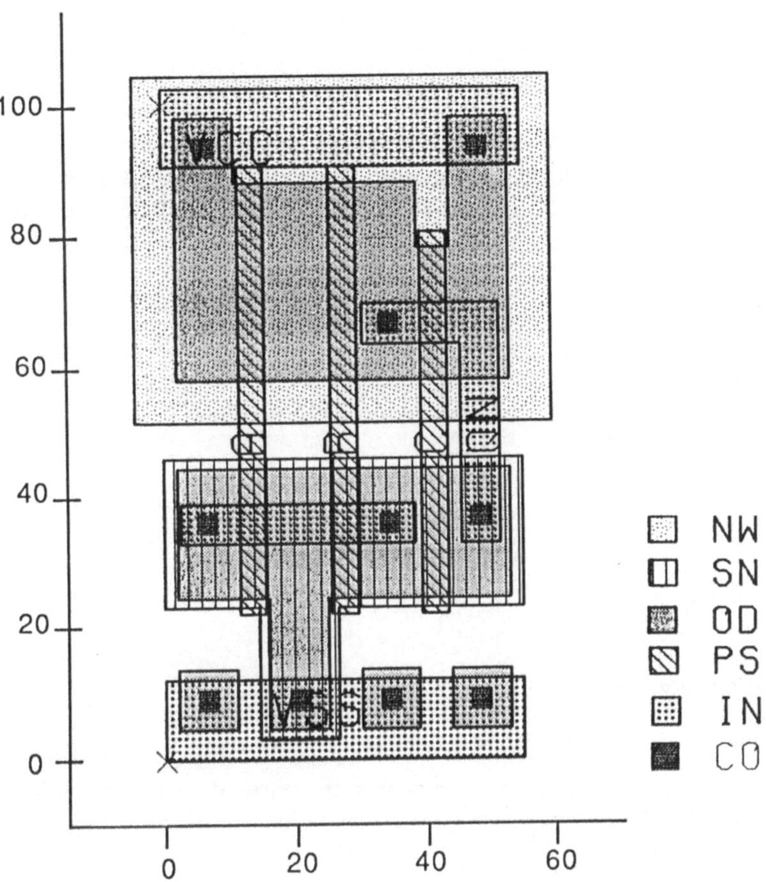

Bild 4.5. Basiszelle Layout

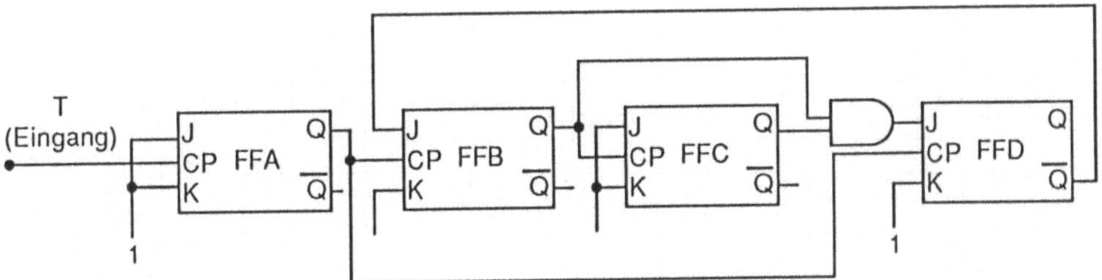

Bild 4.6. Schaltplan eines Zählers

Normalerweise bleibt die Basiszelle während der Layout-Phase unverändert. Sollten jedoch kleinere Korrekturen auf Grund von neuen Erkenntnissen aus anderen Entwicklungsbereichen (z.B. Prozeß-Entwicklung) notwendig werden, so kann die Basiszelle geändert werden, ohne daß die Blöcke, in denen diese Zellen aufgerufen werden, grundlegend überarbeitet werden müssen.

4.2.2.6 Entwurf einer neuen Layout-Struktur

Um ein reales Layout zu entwerfen, ist es notwendig den vorgegebenen Schaltplanblock topologisch in seinen kleinsten Elementen optimal zu arrangieren. Hierzu werden die Schaltsymbole in ihre realen Bestandteile zerlegt (z.B. C-MOS-Inverter in je einen P-MOS- und einen N-MOS-Transistor) und für die neue Struktur ein Transistorschaltbild erstellt (Bild 4.7).

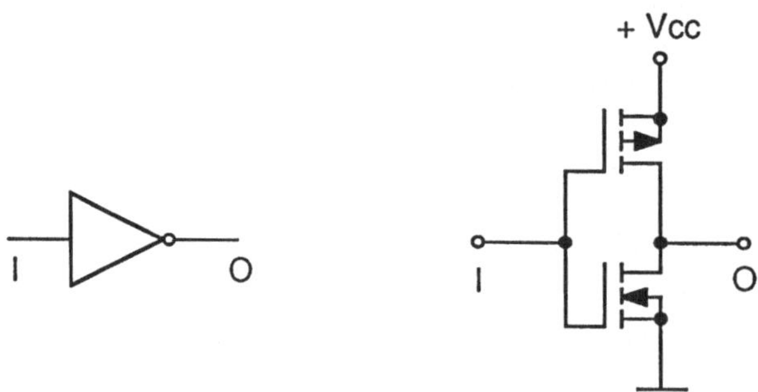

Bild 4.7. Transistorschaltbild eines Inverters

Unter Zuhilfenahme einer symbolischen Zeichenweise wird ein sog. Stickdiagramm erstellt, das sich leicht so arrangieren läßt, daß die elektrischen und geometrischen Anforderungen optimal erfüllt sind (Bild 4.8).

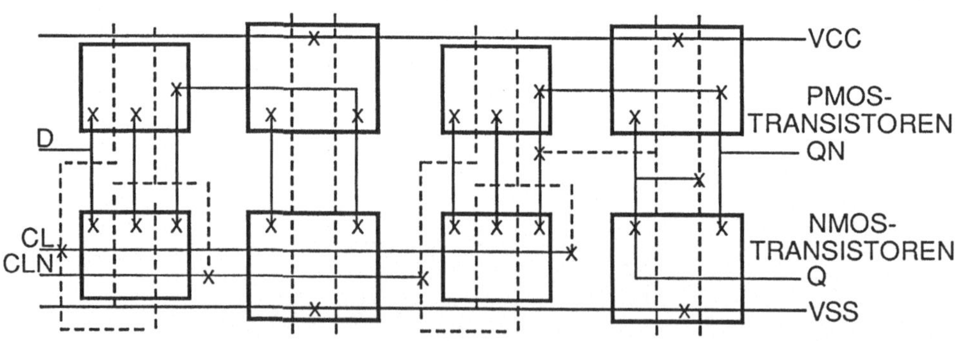

Bild 4.8. Stickdiagramm eines Flip-Flops

Diese so gewonnene Topologie eines Layout-Teils wird mit Umsetzung des Stickdiagramms zum Layout unter Berücksichtigung der Entwurfregeln interaktiv über Datenstationen in den Rechner gegeben. Hier kann das Layout noch platzoptimierend verändert werden (Bild 4.9).

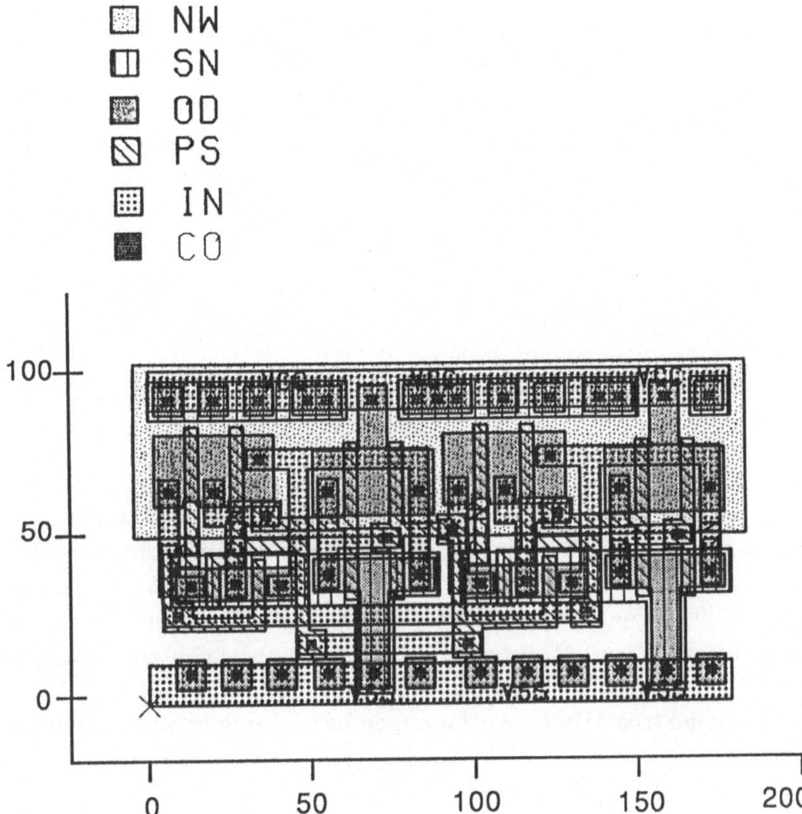

Bild 4.9. Layout eines Flip-Flops

Nun werden die einzelnen Blöcke gemäß dem parallel weiterentwickelten Floorplan an einem graphischen Datensichtgerät plaziert und die Signalleitungen von Block zu Block verbunden.

4.2.2.7 Problemstellungen zum Layout

Generell ist die Forderung zur optimalen Chipflächenausnutzung gegeben. Daher ist eines der Hauptmerkmale das Ausnutzen der festgelegten Regeln.

Die Prozeßabhängigkeit des elektrischen Verhaltens einer Schaltung sei an einem Beispiel aufgezeigt:
Die elektrische Leitfähigkeit von Polysilizium und Metall (Aluminium) ist signifikant unterschiedlich. Für laufzeitkritische Signale und für Versorgungsleitungen sind also besondere Vorkehrungen zu treffen, die bereits im Floorplan berücksichtigt werden müssen (Bild 4.10).

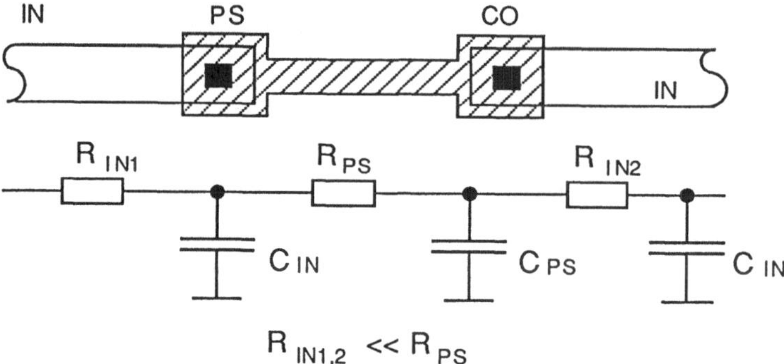

Bild 4.10. Darstellung der Leiterbahnstruktur

Außerdem sind die Besonderheiten bzw. Regeln und Vorschriften für die spätere Verpackung und Montage des Chips in der Design-Phase zu berücksichtigen. Hierbei sollte z.B. das Seitenverhältnis des Chips einen bestimmten Faktor nicht überschreiten und die Lage der Bondpads so gewählt werden, daß bei dem zu verwendenden Gehäuse keine Bondprobleme auftreten. Bei den Input-/ Output-Stufen sind besondere Layout-Strukturen notwendig, sog. Schutzschaltungen, die besonders bei CMOS-Prozessen erforderlich werden, damit die internen Transistoren nicht durch elektrostatische Aufladungen bzw. durch hohe Spannungen zerstört werden.

4.2.2.8 Überprüfen und Verifizieren des Layouts

Entwurfsregelüberprüfung
Nachdem das reale Layout festgeschrieben ist, muß es auf Einhaltung der Entwurfsregeln überprüft werden. Hierzu dient das DESIGN RULE CHECK (DRC)-Programm (siehe DRC), das Verletzungen der geometrischen Regeln unter Angabe der Ortskoordinaten in Form einer Fehlerliste ausgibt. Diese Fehler im Layout sind leider auch bei sorgfältigster Arbeit nicht immer zu vermeiden.

Nach iterativem Ausbau der Verletzungen ergibt sich ein Design-Rule-fehlerfreies Layout. Es erleichtert die Fehlersuche sehr, wenn der Check nicht erst am Ende des Gesamt-Layouts vorgenommen wird, sondern jeder fertiggestellte Block zunächst einzeln überprüft wird.

Layout-Schaltplan-Überprüfung
Die Überprüfung des fertigen Layouts mit dem Schaltplan wird ebenfalls per Programm (LVS = Layout versus Schematics) durchgeführt (siehe LVS). Die elektronisch gespeicherten Schaltpläne erlauben eine spezielle Form der Darstellung als Netzwerkliste (ESPICE), mit der unter Verwendung der aufbereiteten Layout-Daten dieser LVS-Check durchgeführt werden kann.

Hier gilt der gleiche Arbeitsvorgang wie bei dem DRC, nur sollten hier größere Teile des Gesamt-Layouts zusammengefaßt werden. Da mit diesem Check auch Signalverbindungen überprüft werden, sollte das Layout wie auch der Schaltplan mit den blockübergreifenden Signalnamen auf den Leitungen versehen sein.

Elektrische-Verbindungs-Überprüfung
Mit dem Electrical Rule Check (ERC) wird die korrekte elektrische Verbindung der Schaltelemente überprüft und Abweichungen vom Standardfall unter Angabe der Ortskoordinaten (z.B. Anschluß der Schaltelemente an die Versorgungsleitungen) ausgewiesen.

Hier trifft der Entwickler die Korrektur unter Berücksichtigung der möglichen schaltungsbedingten Besonderheiten. Alle Check-Ergebnisse lassen sich durch ein Modul der Checkprogramme auf dem Datensichtgerät detailliert darstellen.

Elektrische Nachsimulation
Zur Verifizierung des elektrischen Verhaltens des Layouts gegen die vorgegebene Spezifikation bedarf es einer Nachsimulation der bekannten laufzeitkritischen Pfade sowie der aus dem Layout erkennbaren Problemstellen. Hierzu gibt es die Möglichkeit, die Layout-Daten mit Hilfe eines Programmes so aufzubereiten, daß sie ESPICE-simulationsfähig werden. (LOCAL45, DRACULA-LPE).

Mit diesen Programmen werden die tatsächlichen Kapazitätsverhältnisse der zu simulierenden Schaltung erfaßt, und aus den anfänglich gemachten Annahmen der idealen Erstsimulation wird ein reales elektrisches Verhalten. Die Realitätsnähe dieser Nachsimulation hängt dann nur noch von der programmspezifischen Adaption ab.

4.2.2.9 Übergabe des Layouts an FFS

Der entscheidene Milestone wird nach Erhalt eines einwandfreien Layouts erreicht. Mit der Übergabe an das FFS (Factory Finishing System) eines solchen Layouts endet die Entwurfstätigkeit der Entwicklungsabteilung, jedoch ist der projektleitende Ingenieur weiterhin für das gesamte weiterführende Programm verantwortlich.

Die Übergabe des Layouts findet in einer bestimmten dokumentarischen Form statt, die neben den persönlichen Kontakten die Funktionsfähigkeit des Layouts belegt.

4.2.3 Rechnergestütztes Design-Verfahren ASC

Ausgangspunkt für ein Design nach ASC ist nicht mehr die Spezifikation allein, sondern auch zusätzlich eine Verhaltensbeschreibung (BLM = Behaviour Language Module) in einer pascalähnlichen Sprache (HELIX). Diese BLM kann sowohl direkt vom Kunden vorgegeben werden, als auch vom Designer aus der Spezifikation erstellt werden. Somit erhält man eine informelle Betrachtung, die das Verhalten der Schaltung an ihren Ein- und Ausgängen beschreibt, die also genau die Anforderungen aus der Spezifikation wiedergibt.

4.2.3.1 Floorplaning nach ASC

Das Floorplaning in ASC bedeutet nicht einen Verdrahtungs- und Anordnungsplan wie in der klassischen Design-Methode, sondern eine graphisch dargestellte Funktionsbeschreibung der Gesamtschaltung in Form von Funktionsblöcken.

Hierarchische Funktionsblockdarstellung
Um eine Funktionsblockdarstellung zu erhalten, wird in folgender Weise vorgegangen:
Die in Hauptfunktionsblöcke aufgeteilte Schaltung wird interaktiv in das Designsystem übertragen. Für jeden dieser Blöcke wird eine separate Verhaltensbeschreibung erstellt (siehe Abschnitt 4.3). Das Zusammenspiel dieser Funktionsblöcke soll die Verhaltensbeschreibung der Gesamtschaltung widerspiegeln. Dazu muß sowohl das Verhalten der einzelnen Blöcke selbst mit dem diesbezüglichen Teil der Gesamtbeschreibung übereinstimmen, als auch die Verbindungen der Blöcke untereinander den vorgegebenen Anforderungen entsprechen (Bild 4.11).

Die gezeichneten Verbindungen der einzelnen Blöcke stellen nur logische Verbindungen dar und geben - im Gegensatz zur klassischen Methode - die

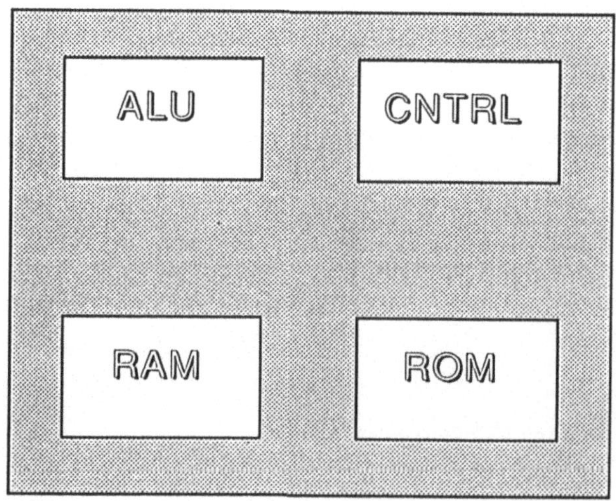

Bild 4.11. Oberste Ebene Funktionsblockdarstellung

informelle Verknüpfung wieder. Ebenso stellen die Blöcke nicht die reale Form und Größe dar, sondern sind Platzhalter für das spätere Layout.

Zur detallierten Erfassung der gesamten Schaltung ist es notwendig - wie bei der klassischen Methode - tiefer in die Blöcke einzudringen. Dieses geschieht interaktiv in der gleichen Weise wie in der obersten Ebene. Als Beispiel zeigen wir die Aufteilung des Blocks ALU in hierarchischer Staffelung (Bild 4.12).

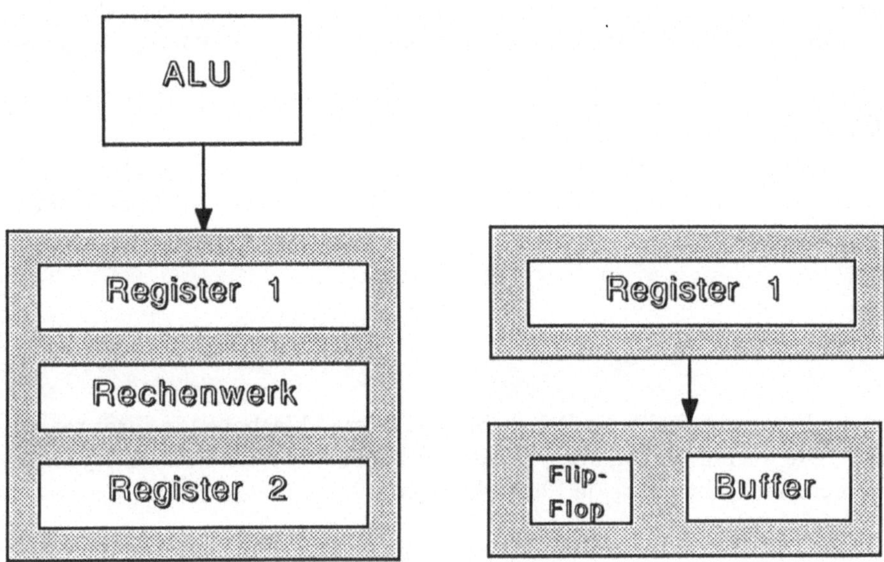

Bild 4.12. Beispiel einer Blockaufteilung in hierarchischer Staffelung

Auch hier sind die gezeichneten Verbindungen nur informeller und logischer Natur. Die unterste Ebene ist dann erreicht, wenn sich die geforderte Funktion aus Zugriffen auf eine Bibliothek darstellen läßt.

Die Art einer solchen Bibliothek richtet sich nach der Aufgabenstellung innerhalb eines Projektes. So kann man entweder auf vorgefertigte Bibliotheken zurückgreifen, die allgemeingültig sind, als auch lokale oder projektspezifische Bibliotheken benutzen. Inhalt solcher Bibliotheken sind üblicherweise alle Standardgatterformen sowie Speicherelemente bis zu RAM und ROM als Funktionsblöcke, die sowohl in fest vorgegebener Form als auch programmierbar in Abhängigkeit der Anwendung vorliegen können (siehe Kapitel 5).

Beim Zugriff auf Gatter oder Funktionsblöcke aus der Bibliothek wird dem Chip-Designer eine komplette Verhaltensbeschreibung eines jeden Blocks mitgegeben; ebenso wird die informelle Blockdarstellung inklusive aller Input/Output-Signale und Versorgungsleitungen bereitgestellt.

Informeller Floorplan und logische Simulation
Die Gesamtheit der hierarchischen Funktionsblockdarstellung stellt den informellen Floorplan dar. Während wir bei der Erstellung des Floorplans von der obersten Ebene ins Detail gingen, so kehrt sich der Kontrollweg um. Die logische Simulation zur Kontrolle des Verhaltens beginnt in der untersten Ebene. Die Simulation der obersten Ebene zeigt dann, daß die Gesamtschaltung mit ihren Ein- und Ausgängen des Chips die Spezifikation erfüllt. Diese Kontrolle beweist, daß die Schaltung der vorgegebenen BLM entspricht, und daß der Kunde als Systementwickler in seinem System von der gesicherten Funktion dieser Schaltung ausgehen kann und mit der Verhaltensbeschreibung in seinem System arbeiten kann.

Alle folgenden Schritte des Chip-Designers gehen ursächlich von diesem informellen Floorplan aus, so daß logische Design-Fehler, die in der klassischen Methode erst in der Überprüfung (LVS-Check) erkannt wurden, nicht entstehen können.

4.2.3.2 Formeller Floorplan

Der formelle Floorplan stellt die Blöcke in allen Hierarchieebenen in ihrer realen Größe dar. Die Verbindungen zwischen den Blöcken sind nach wie vor logischer Natur und stellen nicht die reale Verdrahtung dar.

Formalisierung des informellen Floorplans
Die Formalisierung beginnt damit, daß die informelle Darstellung eines Blockes direkt durch die formelle Darstellung in realer Größe und Form ersetzt wird. Beginnend auf der untersten Ebene werden nun die in der Beschreibung der Bibliothekszellen neben der informellen Darstellung vorhanden realen Werte und Größen sowie Anschlußmöglichkeiten der formellen Darstellung über den Befehl "FORMALIZE" des Design-Systems abgerufen. Hierbei werden die logischen Verbindungen an die realen Ein- und Ausgänge verschoben, so daß durchaus zunächst ein unübersichtliches Bild entstehen kann (Bild 4.13).

Nun werden die formalisierten Zellen so plaziert, daß keinerlei Überlappung entsteht und daß wenig Freiraum zwischen den einzelnen Zellen verbleibt. Die logischen Verbindungen werden dann in eine klassische Verdrahtung verwandelt. Diese Aufgabe übernimmt in diesem Design-System ein sogenannter ROUTER, ein automatisches Verdrahtungsprogramm. So erhalten wir einen optimalen formellen Floorplan für jeden Block.

Die Verschiebungen der einzelnen Zellen bzw. Blöcke sollten im informellen Floorplan nachvollzogen werden, um einen direkten Bezug zwischen formellem und informellem Floorplan zu behalten. Dieses Verfahren wendet man wiederholt für alle Blöcke und alle Hierarchieebenen an, bis ein Gesamtfloorplan ent-

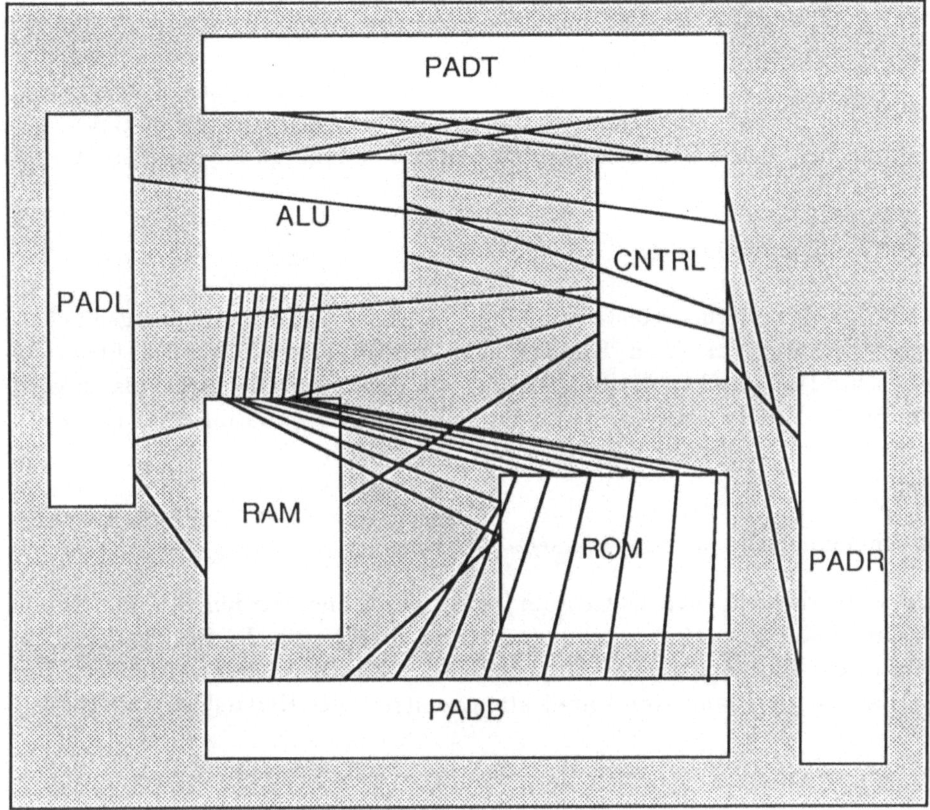

Bild 4.13. Formalisierter Floorplan

standen ist, der sowohl im formellen Teil als auch im informellen Teil ein Optimum darstellt.

4.2.3.3 Timing Check

Abschließend wird das zeitliche Ablaufverhalten der realen Schaltung überprüft. Aus dem formellen Floorplan werden unter Heranziehung der Daten für Leitungskapazitäten und -widerstände aus dem Herstellungsprozeß das reale Zeitverhalten (RC-Verhalten) der Leitungsverbindungen ermittelt. Ebenso werden die den Bibliothekszellen beigegebenen Daten (Fan in/Fan out etc.) berücksichtigt. Dieses Ablaufverhalten wird mit den in der Spezifikation und der Verhaltensbeschreibung vorgegebenen Daten verglichen.

Bei Unstimmigkeiten muß das Design durch Optimierung - z.B. Vergrößern der Ausgangstreiber - oder durch Änderung der logischen Schaltung der Anforderung angepaßt werden.

4.2.3.4 Übergabe an FFS

Der formelle Floorplan wird dem FFS (Factory Finishing System) übergeben. Hier werden nun die ebenfalls in der Bibliothek enthaltenen Layout-Daten der benutzten Zellen und Blöcke abgerufen und das endgültige Layout erstellt.

4.2.3.5 Custom Design

Die ASC-Design-Methode bietet die Möglichkeit der prozeßunabhängigen Schaltungsentwicklung, die dem Kunden sehr schnell einen Überblick über das gewünschte Design gibt. Als Realisierung aus den Simulationsergebnissen wird dann durch Anfügen einer herstellungsspezifischen Layout-Bibliothek ein reales Layout, das zur Fertigung des Chips verwendet wird.

Hier zeigt sich der Vorteil der neuen Methode: Es können Floorplan-Entwürfe sehr schnell in reale Layouts übersetzt werden.

Diese Methode kann auch als Custom Design bezeichnet werden, d.h. ein Kunde kann unabhängig vom Herstellungszentrum direkt sein IC-Design erstellen, indem er die Blöcke aus einer Bibliothek des Chip-Herstellers verwendet. Das reale Layout wird dann vom Entwicklungszentrum des Herstellers erzeugt.

4.3 Logiksimulation

4.3.1 Anwendung der Simulation im IC-Entwurf

Simulation wird als Werkzeug benutzt, um bei der Analyse und dem Entwurf von Systemen aller Art die zunehmende Komplexität zu bewältigen und die Evaluation des Systemverhaltens ohne tatsächliche Realisation zu ermöglichen. Ein Simulator findet daher ebenfalls Anwendung (neben weiteren CAE-Softwarewerkzeugen) im Entwurf elektrischer Schaltungen, insbesondere auch zur Herstellung kundenspezifischer Schaltungen, da so dem Kunden sofort eine Überprüfung der Korrektheit seines Entwurfs noch vor der kostspieligen Realisierung ermöglicht wird.

Darüber hinaus wird die Zeit, in der eine Schaltung am Markt plaziert sein muß, mit zunehmender Standardisierung gerade im Bereich der kundenspezifischen Schaltungen so gering (bis hin zu wenigen Wochen), daß eine Evaluation des Systemverhaltens nur noch mit Hilfe effizienter Logiksimulation möglich wird.

Simulation dient zur Auffindung von Fehlern im Entwurfsprozeß, und zwar in allen Phasen von der Systemanalyse bis hin zum abschließenden Test.

Simulation auf Schaltkreisebene wird für größere Schaltungen zu rechenintensiv (Rechenzeiten bis hin zu einigen Tagen) und daher zu kostenintensiv; eine weitere Abstraktion - **Logiksimulation** - wird erforderlich. Logiksimulation wird insbesondere im Entwurf digitaler Schaltungen eingesetzt.

4.3.1.1 Entwurfsmethode Simulation

Simulation dient der Validation eines Entwurfs im Gegensatz zur Verifikation. Eine Simulation beantwortet die Frage, ob eine gegebene oder geplante Lösung eines Problems mit den Anforderungen übereinstimmt, während eine Verifikation einen Beweis der Korrektheit liefert.

Die Anforderungen sind in einer Spezifikation, die in Zusammenarbeit mit dem Kunden erstellt wurde, festgehalten, während eine Lösung als Simulationsmodell beschrieben wird. Dieses Modell des realen Systems stellt implizit eine Abstraktion des Systems dar. Unterschiedliche Ebenen der Abstraktion ermöglichen eine unterschiedlich genaue Simulation: die an anderer Stelle beschriebene "elektrische Simulation" bietet im Bereich elektrischer Schaltungen die größtmögliche Genauigkeit. Mit zunehmenden Anforderungen durch formale Entwurfsmethoden steigen die Anforderungen zur Abstraktionsfähigkeit an Simulatoren. Logiksimulation eröffnet die Möglichkeit, mehrere und höhere Abstraktionsebenen zu benutzen. Ein wesentliches Problem der Logiksimulation besteht darin, den "richtigen" Abstraktionsgrad zu finden und ein dafür hinreichend genaues Modell zu erzeugen. Die Formulierung des Modells geschieht in einer vom Simulationssystem vorgegebenen Notation, in Standardsimulationssystemen existiert hierzu eine in Syntax und Semantik vollständig definierte Beschreibungssprache (HDL, *hardware description language*). Innerhalb der durch diese Sprache begrenzten Regeln kann das Modell formuliert werden. Die grundlegenden Prinzipien (z.B. parallele Algorithmen) sind jedoch unabhängig von einer gegebenen Sprache; ihre Anwendung hängt entscheidend vom Implementationsumfang einer Sprache ab.

Die zur Simulation erforderlichen Schritte werden in Bild 4.14 dargestellt. Das Verhalten des Modells wird in der ebenfalls als Modell dargestellten Umgebung mit Hilfe des Simulators während eines bestimmten Zeitraumes betrachtet. Schließlich werden nach erfolgter Simulation die Ergebnisse mit vorgegebenen Erwartungswerten verglichen: Abweichungen vom erwarteten Verhalten führen zur Feststellung von Fehlern.

Es ist zu beachten, daß in diesem Prozeß nicht nur tatsächliche Entwurfsfehler auftreten, sondern auch Fehler in der Modellbildung. Die Benutzung fehlerhafter Modelle soll daher weitgehend ausgeschlossen werden; dies wird durch eine vom Schaltungsentwurf getrennte Entwicklung von Modellbibliotheken durch Spezialisten erreicht.

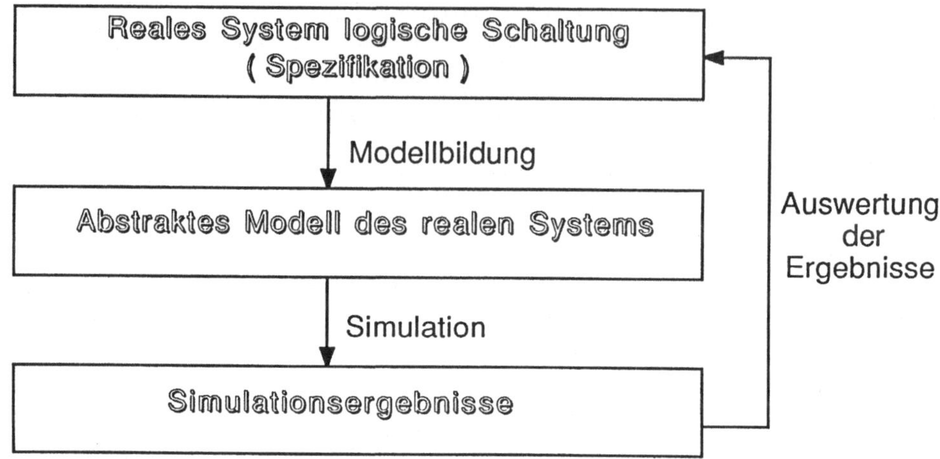

Bild 4.14. Methode der Simulation

4.3.1.2 Schaltungssimulation und Logiksimulation

Eine Simulation elektrischer Schaltungen stellt den Zustand der Schaltung durch Werte dar (z.B. Strom, logischer Pegel), die in Abhängigkeit des Parameters Zeit ermittelt werden. Die abhängigen Parameter und der unabhängige Parameter Zeit können sowohl kontinuierlich als auch diskret mit einer unterschiedlichen Anzahl möglicher Werte dargestellt werden. So entsteht eine mehr oder minder genaue Simulation, wobei der Rechenaufwand mit zunehmender Genauigkeit steigt.

Zur Beschreibung logischer Schaltungen, die in ihrem Verhalten jedoch im wesentlichen durch eine diskrete Wertemenge bestimmt werden (z.B. null, eins, hochohmig) ist die numerische Lösung von Differentialgleichungen, wie sie zur Berechnung kontinuierlicher Wertemengen in der elektrischen Simulation (z.B. Spannung, Strom) erforderlich ist, ein zu hoher Aufwand.

Auf der Ebene der Logiksimulation läßt sich das Systemverhalten durch die Werte einzelner Variablen, die Leitungen oder speichernde Elemente der Schaltung beschreiben, betrachten. Ihre Darstellung ist z.B. als Impulsdiagramm möglich. Die Gesamtheit dieser Werte stellt den Zustand des betrachteten Systems zu einer bestimmten Zeit dar.

Die Logiksimulation erstreckt sich daher auf diskrete Wertemengen, die in diskreten Zeitschritten berechnet werden (Bild 4.15) Die Zustände einer Schaltung werden nur zu diesen Zeitpunkten jeweils aus dem gegebenen Zustand und den von außen vorgegebenen Zustandsänderungen (Stimuli) neu ermittelt.

Die Beschreibung des Verhaltens erfolgt durch die Ermittlung des Zustandes für alle Zeitpunkte innerhalb eines vorgegebenen Zeitraumes.

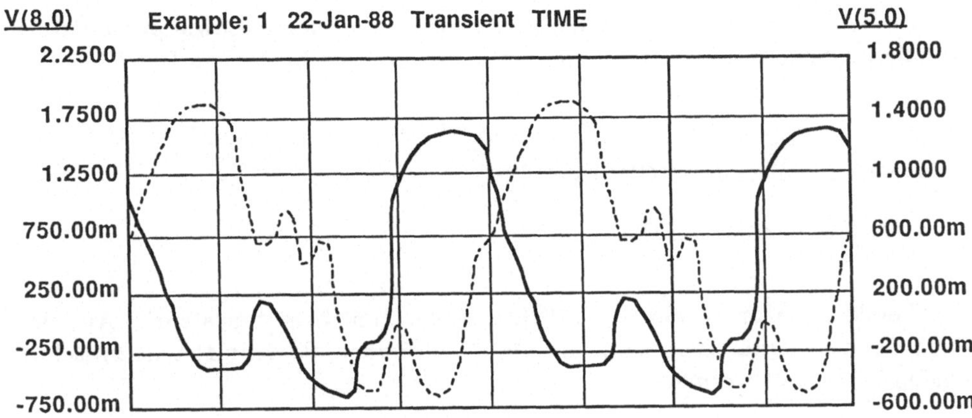

SIM Title : FLIP-FLOP, WORST CASE, TEMP=95 VDD=4.5 L=2.6!! TR=TF=1NS
Username : Tree : TR 1
GAP Title :

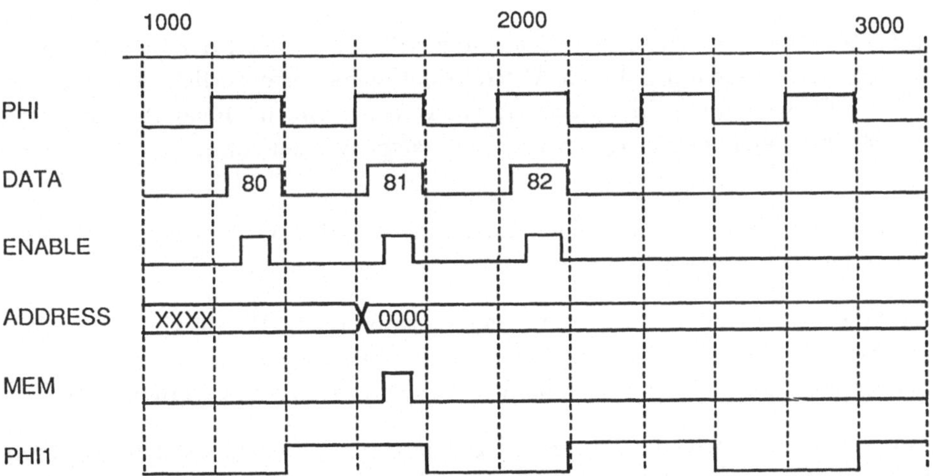

Bild 4.15. Ausgabe eines Schaltungs- und eines Logiksimulators

Grundsätzlich werden Berechnungen nur für diejenigen Zeitpunkte erforderlich, zu denen Zustandsänderungen stattfinden (Ereignisse), so daß ein Logiksimulator ereignisgesteuert arbeitet.

4.3.1.3 Logiksimulation in der ASC-Umgebung

Das ASC-Entwicklungssystem stellt ein formalisiertes Entwurfssystem zur Steigerung der Effizienz dar. Es ist im Abschnitt 4.2.3 näher beschrieben. Der

Entwurf von Standardzellen und -blöcken (*building blocks*) sowie der Entwurf kompletter Schaltungen (*chips*) werden in zwei unterschiedlichen Bereichen des ASC-Systems betrachtet; im

- *chip design system* (CDS) und im
- *block design system* (BDS).

Ein Logiksimulator ist ein wesentlicher Bestandteil beider Systeme. Aus der Sicht der Logiksimulation kann die Modellbibliothek als Schnittstelle zwischen beiden betrachtet werden.

BDS: Zur Blockbeschreibung ist ein detailliertes und effizientes Verhaltensmodell erforderlich, das hinreichend überprüft worden ist, so daß es wiederholt im CDS Anwendung finden kann. Ein solches Modell beschreibt jeweils einen *building block.*

CDS: Zur Modellierung ganzer Schaltungen ist ein Modell der Struktur oder des Verhaltens auf höheren Abstraktionsebenen erforderlich, das während der Entwicklung schrittweise verfeinert wird, und im Idealfall durch eine Struktur aus vorgefertigten Blöcken ersetzt werden kann.

Neben diesen Simulationsmodellen existieren im BDS/CDS weitere Beschreibungen der Blöcke wie z.B. *Layout.*

Damit das System effizient eingesetzt werden kann, ist die Wiederverwendbarkeit der einzelnen Blöcke von hoher Bedeutung, so daß ein einmal erstelltes Modell auch für funktional ähnliche Applikationen ebenso eingesetzt werden kann.

Ansätze der strukturierten Entwicklung (*top down approach*) werden besonders im CDS unterstützt. Das BDS beinhaltet jedoch auch die pragmatische Entwicklung und Optimierung der einzelnen Blöcke (*bottom up approach*).

Im ASC-System wird zur Zeit das von der Firma Silvar-Lisco angebotene Multi-Level Simulationssystem HELIX mit der Beschreibungssprache HHDL (*hierarchical hardware description language*) benutzt. Dieses System stellt eine Weiterentwicklung des an der Stanford University entwickelten SABLE (*structure and behaviour linking environment*) dar, das die Beschreibungssprache ADLIB (*a design language for indicating behaviour*) enthält [4.3].

BDS: Modellierung und Simulation von Bibliotheksblöcken
Die Erstellung von Verhaltensbeschreibungen für Bibliotheken weist folgende wesentlichen Aspekte der Modellbildung auf:

Sicherheit des Modells muß gewährleistet sein: nur hinreichend getestete Modelle werden zur Benutzung in Bibliotheken freigegeben, um die Akzeptanz sicherzustellen und unnötige Fehlersuche zu vermeiden.

Effizienz ist besonders bei Bibliotheken wichtig, da diese Modelle mehrfach zur Anwendung kommen.

Parametrisierbarkeit stellt die Flexibilität einer Modellbibliothek sicher: innerhalb sinnvoller Grenzen muß eine Parametrisierung eines aktuellen Modells möglich sein, um das Modell auch für unterschiedliche Anwendungen (z.B. verschiedene Technologien, Anpassung der Schnittstellen) benutzen zu können.

CDS: Modellierung und Simulation einer Schaltung
Die Erstellung von Verhaltensbeschreibungen zur Schaltungsentwicklung weist folgende Schwerpunkte auf:

Beschreibungsumfang: Der Beschreibungsumfang einer HDL muß für den speziellen Anwendungsfall eine ausreichende Breite an Konstrukten bieten, die sowohl eine schnelle als auch eine realitätsnahe Modellbildung erlauben.

Abstraktionsebenen: Eine Beschreibung von mehreren Abstraktionsebenen muß ermöglicht werden. Insbesondere zur Systemanalyse sind sehr abstrakte Verfahren üblich.

Simulationsumgebung für verschiedene Simulatoren
Die Schnittstelle zwischen Mensch und Maschine besteht bei einem Simulator aus folgenden Bestandteilen:

- aus der zugehörigen HDL zur Beschreibung von Struktur und Verhalten des Entwurfs;
- aus der Summe der Möglichkeiten zur Einflußnahme während einer Simulation (Simulationskontrolle);
- aus der Präsentation und der Auswertung der Ergebnisse.

Diese Schnittstellen sind insbesondere auch unter dem Aspekt der Ergonomie zu beurteilen. Allgemeine Standards sind in diesem Bereich nicht vorhanden; innerhalb eines in sich geschlossenen Entwurfssystems, wie es das ASC-System darstellt, wird jedoch Einheitlichkeit angestrebt.

Zu diesem Zweck stellt sich die Simulationsumgebung im ASC-System für den Benutzer als unabhängig von einem speziellen Simulator dar. Simulationskontrolle und Darstellung der Ergebnisse erfolgen simulatorunabhängig unter Zuhilfenahme einer einheitlichen Schnittstelle. Die Modellbildung in einer speziellen HDL wird im ASC-System ebenfalls weitgehend vom Benutzer ferngehalten:

- Möglichst vollständige Bibliotheken von Bausteinen (Standardzellen, *building blocks*) werden von Spezialisten (*block designers*) erstellt.
- Aus diesen fertig modellierten Blöcken baut der Schaltungsentwickler mit Hilfe eines graphischen Eingabewerkzeugs (*schematic entry*) die Struktur der kundenspezifischen Schaltung auf.
- Diese wird wiederum vom System in eine Strukturbeschreibung für den Simulator übersetzt und kann damit zur Simulation gelangen.

Für den Fall, daß ein *chip designer* von einer abstrakten funktionalen Beschreibung ausgeht, um diese dann schrittweise zu verfeinern, ist jedoch eine Beschreibung in der HDL erforderlich.

4.3.2 Modellbildung

Die Modellbildung weist viele Parallelen zur Erstellung von Programmen auf. Viele der in diesem Bereich entwickelten Techniken (z.B. strukturierte Programmierung) lassen sich daher analog anwenden; vollständige Techniken zur Simulation und insbesondere zur effizienten und genauen Modellbildung existieren jedoch noch nicht. Eine Standardisierung wird angestrebt. Gelegentlich sind Simulationsmodelle heute bereits im Lieferumfang integrierter Schaltungen enthalten.

4.3.2.1 Beispiel: ALU

Die im ASC-System verwendete HELIX HHDL wird hier am Beispiel einer (sehr einfachen) ALU (*arithmetical and logical unit*) beschrieben [4.3]:

```
COMPTYPE alu;

  INWARD  func: alufunction;
          r, s: datapath;
          cin: boolean;
  OUTWARD y: datapath;
          cout: boolean;

  VAR result: integer;
```

```
SUBPROCESS
  calculate: UPON true CHECK func, r, s, cin DO
    CASE func OF
      fadd: BEGIN
              IF cin THEN
                result := r + s + 1
              ELSE
                result := r + s;
      fsub: BEGIN
              IF cin THEN
                result := s - r - 1
              ELSE
                result := s - r;
    END;  (* case *)
  values: UPON true CHECK result DO
    BEGIN
      ASSIGN (result > 15) TO cout;
      ASSIGN result MOD 15 TO y;
    END;

BEGIN
  ASSIGN 0 TO y;
  ASSIGN false TO cout;
END;  (* alu *)
```

Ein funktionaler Block einer logischen Schaltung wird in dieser HDL als *COMPTYPE* beschrieben. Es folgen die Beschreibungen der Ein- und Ausgänge und ihrer Datentypen (die vorher definiert wurden). In diesem Fall handelt es sich um den *carry* Ein- und Ausgang, der einen auftretenden Übertrag bezeichnet; außerdem um zwei Datenein- und einen Ausgang, die hier als ganze Zahlen modelliert werden; sowie um einen Funktionseingang, der die Funktionen Addition oder Subtraktion selektiert. Die Funktion der ALU wird als *SUBPROCESS* beschrieben. Bei einer Änderung eines Einganges wird ein neues Ergebnis berechnet, und bei einer Änderung dieses Ergebnisses werden die Ausgänge neu berechnet. Schließlich wird die vor Beginn der Simulation auszuführende Initialisierung beschrieben.

4.3.2.2 Abstraktion des realen Systems "IC"

Zur Simulation ist eine Beschreibung des betrachteten realen Systems erforderlich, ein **Modell**. Von der Genauigkeit dieser Modellbildung und den Erwartungen an das Ergebnis hängt es ab, ob eine Simulation erfolgreich angewendet werden kann.

Formale Entwurfstechniken (*top down* Entwurf), die durch das ASC-System unterstützt werden, verlangen die Dekomposition (Partitionierung) einer Schaltung ausgehend von einer Beschreibung auf einer abstrakten Ebene im CDS-System. Diese Entwurfsmethode gilt allgemein für komplexe Systeme; es besteht daher ein enger Bezug zwischen der Schaltungsentwicklung und der Programmentwicklung.

Detaillierte Blöcke (*building blocks*), aus denen eine Schaltung zusammengesetzt wird, werden im BDS-System entworfen und durch ein Verhaltensmodell vollständig beschrieben, oder aber eine weitere Zerlegung in Untereinheiten wird erforderlich. Solche Simulationsmodelle (bis Register-Transferebene) sollten in engem Bezug zu anderen Formen der Beschreibung (z.B. Datenblätter) zu erzeugen sein, um allzu großen Aufwand zu vermeiden. Diese Anforderung wird durch eine HDL unterstützt, die es erlaubt, bekannte Beschreibungsarten (z.B. Wahrheitstabellen, Tabellen für Verzögerungszeiten, Impulsdiagramme) schnell umzusetzen.

Je nach erforderlichem Abstraktionsgrad ist eine Beschreibung des Zeitverhaltens eines Blockes möglich: ein sehr abstraktes Modell betrachtet einzelne Werteänderungen als um eine konstante Zeit verzögert (*unit delay*), während dagegen weitere Details durch Betrachtung von unterschiedlichen Verzögerungen für fallende und steigende Flanken (*rise/fall delay*) usw. betrachtet werden.

Bei der Entwicklung des für eine Anwendung "sinnvollen" Modells ist immer die Effizienz zu berücksichtigen, d.h. die Relation von erbrachtem Aufwand zum erzielten Ergebnis. Eine abstraktere Modellbeschreibung wird normalerweise schneller zu simulieren sein als eine detaillierte. Alle diese Punkte werden bei der Berücksichtigung von Methoden der strukturierten Analyse und Entwicklung implizit beachtet. Es ist nicht sinnvoll, bereits am Anfang einer Entwicklung eine zu genaue Detaillierung vorzunehmen.

Die in Bild 4.16 dargestellten verschiedenen Abstraktionsebenen können innerhalb des Bereichs der Logiksimulation unterschieden werden (vgl. [4.7]):

Systemanalyse: Diese Ebene stellt die am weitesten abstrakte Betrachtung einer Schaltung (eines Systems) dar. Es werden einzelne "semi-autonome" Blöcke mit unabhängigem Verhalten betrachtet. Typisch für diese Ebene sind Betrachtungen von Prozessoren oder Informationskanälen.

Algorithmen: Auf der algorithmischen Ebene hat eine Beschreibung des Verhaltens eines Blockes bereits stattgefunden. Es werden Variablen und Signale betrachtet, die bereits ihre Entsprechung in einer realen Implementation finden, z.B. ALUs oder ganzzahlige Datenpfade.

Register-Transfer-Ebene (RT-Ebene):
Die Register-Transfer-Ebene ist eine Betrachtung einzelner funktionaler Bestandteile wie Register, Multiplexer, Addierer usw. und struktureller Elemente wie Bitvektoren.

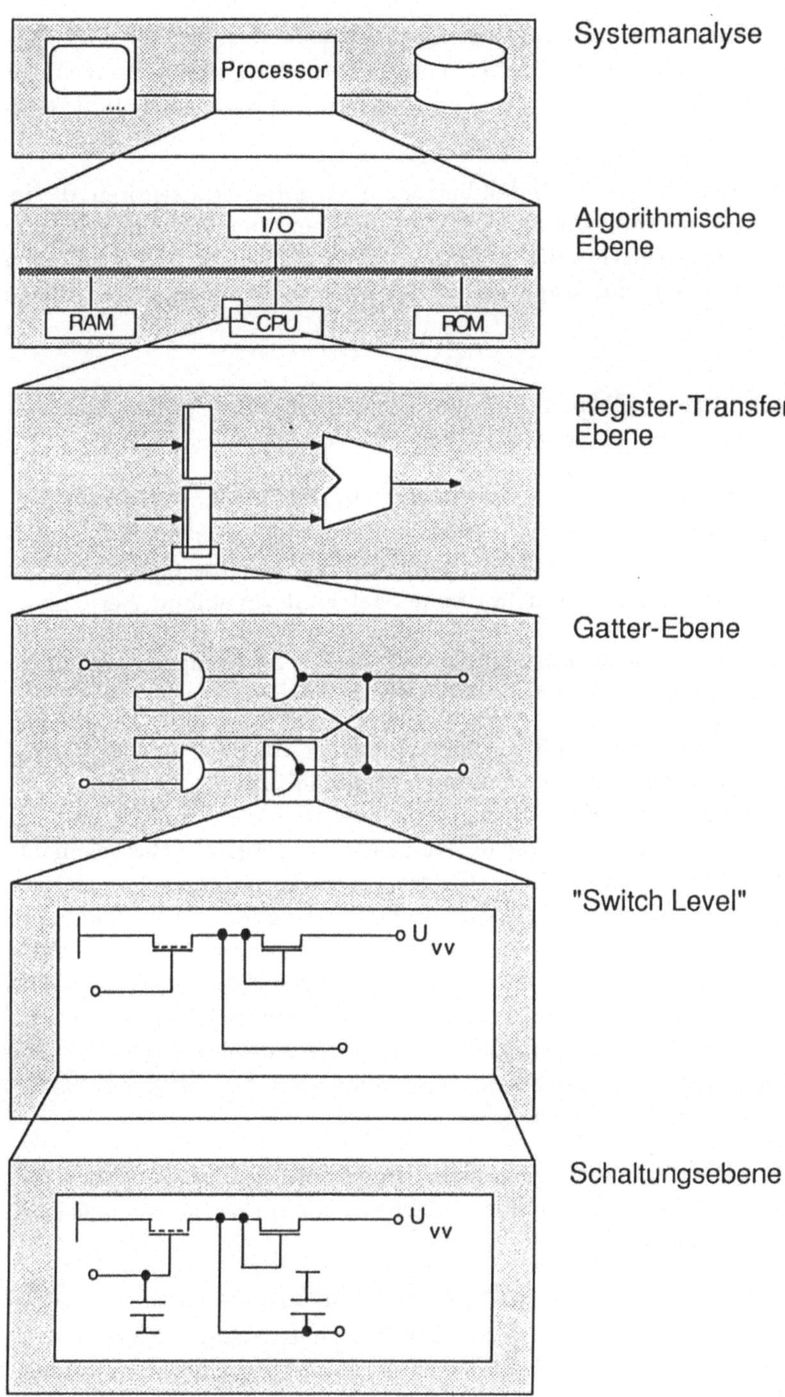

Systemanalyse

Algorithmische Ebene

Register-Transfer Ebene

Gatter-Ebene

"Switch Level"

Schaltungsebene

Bild 4.16. Abstraktionsebenen der Simulation

Gatter-Ebene: Eine Beschreibung auf Gatter-Ebene besteht aus logischen Verknüpfungen wie UND, ODER usw. sowie einzelnen Leitungen zur Verbindung. Betrachtete Werte sind logische Zustände (z.B. null, eins, hochohmig).

Switch Level: Ein *switch level* Modell betrachtet einzelne Transistoren, die jedoch als Schalter verallgemeinert werden. Darüber hinaus ist eine genauere Betrachtung des Zeitverhaltens durch Berücksichtigung von Ladungen (MOS-Technologie) und Kapazitäten der Verbindungen in dieser Ebene angesiedelt.

Überschneidungen dieser Ebenen und unterschiedliche Interpretationen der einzelnen Bereiche sind bei einer solchen Unterscheidung unvermeidbar.

Es ist zu beachten, daß mit der Betrachtung unterschiedlicher Abstraktionsebenen noch keine Aussage über die Unterscheidung von Struktur und Verhalten gemacht wurde [4.9]. Abstraktionen dieser beiden Aspekte einer logischen Schaltung und damit auch des Modells können getrennt voneinander erfolgen.

Bisherige Logiksimulatoren deckten häufig nur untere Abstraktionsebenen ab und können daher die Anforderungen des VLSI-Entwurfs nicht mehr erfüllen.

So wird für den bisher angewandten Logiksimulator SIMON eine Schaltung bestehend aus synchronen und asynchronen Teilschaltungen, "Makros" und Modulen dargestellt. Zur Beschreibung der Netzwerke, der Module und der Stimuli existiert jeweils eine Teilsprache (NDL, MDL, SCL). Als Basiselemente sind verschiedene Flip-Flops, logische Gatter, *open-drain* MOS-Transistoren, Transfergatter, Speicherelemente (RAM, ROM) verfügbar. Das Verhalten einer Schaltung kann mit Hilfe von logischen und ganzzahligen Variablen und Ausdrücken beschrieben werden. Mit Hilfe eines "Array"-Konstruktes sind Zusammenfassungen einzelner Variablen zu Feldern möglich. Unterprogramme, konditionale Anweisungen und eine Schleifenanweisung erlauben die Formulierung sequentieller Algorithmen. Beschreibungen des Zeitverhaltens erfolgen mit Hilfe von Verzögerungen.

Der SIMON-Simulator ist ausreichend zur Beschreibung von Modellen der Gatter-Ebene, der RT-Ebene, sowie sehr einfacher algorithmischer Modelle (z.B. ohne paralleles Verhalten).

Im ASC-System wird zur Zeit der HELIX Simulator benutzt [4.3]. In diesem Simulator wird eine Schaltung in der aus Pascal entwickelten Sprache HELIX HHDL (*HELIX hierarchical hardware description language*) beschrieben. In HHDL wird nur das Verhalten einer Schaltung beschrieben; zur Beschreibung der Struktur dient eine graphische Eingabe (*floorplanner*). HHDL umfaßt Spracherweiterungen zu Pascal insbesondere zur Beschreibung von einzelnen Blöcken und deren Schnittstellen. Hierzu dienen besondere Datentypen ("*net-*

type") zur Beschreibung von Signalen neben den bereits in Pascal vorgesehenen. Die Pascal-üblichen Kontrollmechanismen sind ergänzt um parallele Prozesse. Vielfältige Möglichkeiten zu deren Kontrolle sind vorgesehen. Weitere Konstrukte zur Schaltungsbeschreibung sind vorgesehen zur Angabe von Verzögerungen, Takten, Zeiteinheiten usw. Besondere Sammlungen von Unterprogrammen (*"packages"*) ermöglichen die Beschreibung logischer Verknüpfungen.

Der Helix-Simulator ist geeignet zur Beschreibung auf sehr abstrakter Ebene. Im Bereich der Gatter-Ebene bestehen Mängel, da hier eine Beschreibung nur mit Hilfe umfangreicher Funktionsaufrufe möglich ist.

Mit beiden genannten Simulatoren ist eine *switch level*-Beschreibung nicht möglich.

4.3.2.3 Hardware-Beschreibungssprachen

Trotz der zunehmenden Bedeutung von Hardware-Beschreibungssprachen hat sich noch kein einheitlicher Standard etablieren können. Mit der auch im IC-Entwurf zunehmenden Formalisierung steigen auch die Anforderungen an formale Sprachen, die möglichst alle Ebenen des Entwurfs abdecken können.

Es existiert eine große Vielfalt von Beschreibungssprachen, die vor allem von Anbietern kompletter CAD/CAE-Arbeitsplätze unterstützt werden. Unterschiede liegen vor allem im Beschreibungsumfang der einzelnen Sprache und in der Form ihrer Implementierung: einige Sprachen sind eng an Programmiersprachen angelehnt und erzeugen Programme in diesen Sprachen, die dann ihrerseits weiterverarbeitet werden; andere Sprachen sind vollständig als Entwicklungssystem implementiert und erzeugen direkt ausführbare Programme.

Als Ansätze zur Standardisierung stellen sich zur Zeit EDIF *(engineering design interchange format)* und VHDL *(VHSIC HDL; very high speed integrated circuit HDL)* dar.

EDIF ist als Beschreibungssprache zum Austausch von Entwurfsdaten von verschiedenen Halbleiterherstellern konzipiert.

Innerhalb der Sprache werden unterschiedliche Teilaspekte (*views*) unterschieden (z.B. *masklayout*); es sind *views* sowohl zur Verhaltensbeschreibung als auch zur Strukturbeschreibung vorgesehen (*behaviour, netlist*), so daß die Beschreibung einer Schaltungshierarchie möglich ist. Die Beschreibung eines funktionalen Blockes (*view behaviour*) ist in EDIF noch nicht standardisiert.

Im ASC-System wird dieses Format zum Austausch von Struktur- und Geometriedaten verwendet.

VHDL , geplant als Industriestandard zur logischen Beschreibung integrierter Schaltungen und unterstützt durch das IEEE (IEEE Standard 1076), befindet sich als Sprachdefinition im Prozeß der Standardisierung. VHDL basiert auf der Programmiersprache ADA. Diese Sprache ermöglicht eine vollständige Modellbildung.

HDLs zur abstrakten Beschreibung von Schaltungen ("Hochsprachen") sind oft an moderne Programmiersprachen angelehnt, wobei diese durch spezielle Konstrukte zur Schaltungsbeschreibung (z.B. parallele Prozesse, Zeitabhängigkeit) erweitert wurden.

Aus der Auswahl einer bestimmten Programmiersprache ergibt sich eine Übernahme von deren Vor- und Nachteilen: Pascal, entwickelt als Lehrsprache für Ausbildungszwecke, hat den Vorteil der guten Lesbarkeit und der strukturierten Programmierung; was wiederum bewirkt, daß bestimmte Benutzergruppen diese Sprache als zu akademisch ablehnen. C, entwickelt als systemnahe Sprache, ist geeignet zur zügigen Entwicklung auch komplexerer Programme und wird oft als geeignet zur objektorientierten Beschreibung angesehen; als Nachteil wird die nicht strenge Typorientierung der Sprache angesehen. Die im ASC-System verwendete Sprache HELIX HHDL basiert auf der Programmiersprache Pascal.

Aus konzeptioneller Sicht fallen insbesondere sehr abstrakte Sprachen eher in Felder der Systemanalyse oder Informatik; da sie jedoch auch ihre Anwendung im Bereich der klassischen Schaltungsentwicklung finden, ist der Aspekt der Erlernbarkeit für deren Akzeptanz von hoher Bedeutung.

4.3.2.4 Mixed Level Simulation

Der Begriff Mixed Level Simulation ist im Bereich der Logiksimulation in einem engen Zusammenhang zum Begriff Hierarchie zu sehen. Die Komplexität einer VLSI-Schaltung mit einigen 100.000 Gatteräquivalenten läßt sich nur durch hierarchische Entwurfsmethoden bewältigen. Diese sollten eine Auflösung von Schaltungsdetails bis hin zu einer für die jeweilige Entwurfsphase sinnvollen Stufe erlauben.

Unterschiedliche Teile einer Schaltung befinden sich während der Phasen des Entwurfs in unterschiedlichen Stadien der Beschreibung; oder es werden nur Teile einer Schaltung im Detail betrachtet, während andere Teile bereits als fertige Blöcke benutzt werden (Bild 4.17). Um dennoch eine komplette Schaltung - auch mit unterschiedlich abstrakter Beschreibung - simulieren zu können, ist ein Logiksimulator erforderlich, der einen möglichst breiten Bereich von Abstraktionsebenen umfaßt.

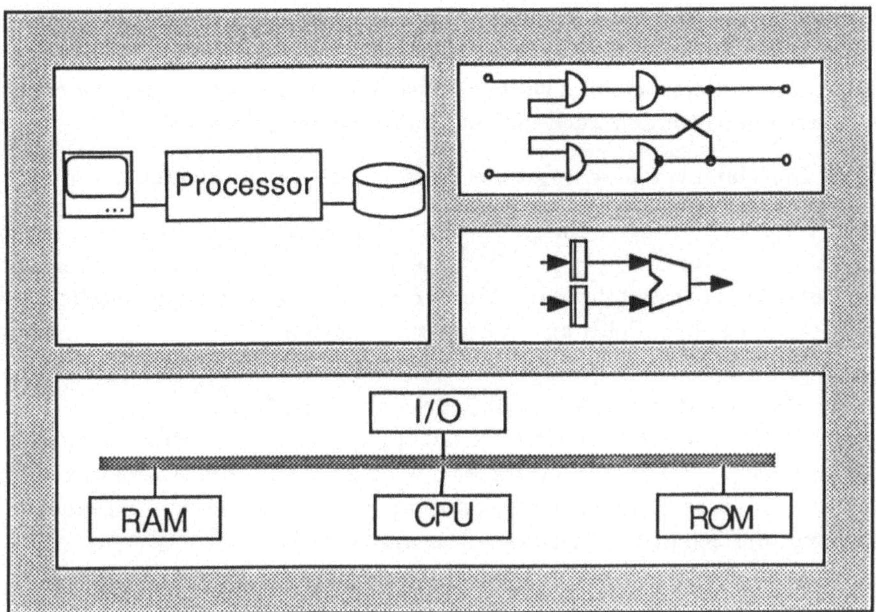

Bild 4.17. Mixed-Level-Beschreibung

Zur Logiksimulation wird ein System als eine Zusammensetzung unterschiedlich abstrakt beschriebener Teile angesehen. Bei der Wahl einer geeigneten Abstraktionsebene ist zu berücksichtigen, daß grundsätzlich sowohl die Funktion als auch die Struktur einer Schaltung abstrahiert werden können [4.9].

4.3.2.5 Modellierung der Struktur einer Schaltung

Die Struktur einer Schaltung wird als eine Anordnung von Teilblöcken und deren Schnittstellen beschrieben.

Blöcke und Schnittstellen
Ein Block auf einer bestimmten Abstraktionsebene kann sowohl aus weiteren Blöcken (strukturelle Beschreibung) bestehen als auch durch eine Verhaltensbeschreibung charakterisiert werden. Die Kommunikation nach außen erfolgt nur durch definierte Schnittstellen. Für alle Ausgänge muß innerhalb des Blocks jeweils ein neuer Wert ermittelt werden.

Die Schnittstellen zwischen einzelnen Blöcken sind unabhängig vom gewählten Abstraktionsgrad als fest zu betrachten. Ihre Beschreibung bereits am Anfang einer Modellbildung macht einen Block bereits zur Bildung von Strukturen nutzbar.

Zur Beschreibung der Schnittstellen sind folgende Kriterien wesentlich:

Richtung: Man unterscheidet zwischen Ein- und Ausgängen eines Blockes. Darüber hinaus werden auch bidirektionale Signale betrachtet.

Datentyp: Der Datentyp beschreibt die Wertemenge der betrachteten Signale.

Parameter: Parameter legen einerseits bestimmte Modellvarianten (z.B. Verzögerungszeit, Busbreite usw.) fest; stellen andererseits aber auch einen Teil der Blockschnittstelle dar. Werden sie als Teil der Schnittstelle betrachtet, so ist ihre Richtung als Eingang festgelegt.

Extraktion der Struktur aus graphischer Beschreibung
Im ASC CDS wird die Struktur einer Schaltung graphisch mit Hilfe des *floorplanner* eingegeben. Mit diesem Werkzeug werden sowohl die Aufteilung der Schaltung in Teilblöcke als auch ihre Verbindungen untereinander eingegeben, somit wird hier die Schaltungshierarchie beschrieben.

Aus der internen Darstellung dieses *floorplanner* wird in der Simulationsumgebung automatisch das für die Helix-Simulation erforderliche Simulationsmodell generiert. Die tatsächliche Abstraktionsebene wird ebenfalls in der Simulationsumgebung festgelegt.

CAD-System-Schnittstelle
Aus der internen Strukturbeschreibung läßt sich mit Hilfe spezieller Extraktoren eine Transformation einer einmal beschriebenen Schaltungsstruktur in ein anderes Datenformat erzeugen.

Diese Methode kommt im ASC-System für das Standardformat EDIF zur Anwendung, um sowohl Kommunikation zwischen unterschiedlichen Applikationen im ASC-System (z.B. zur Testgenerierung) als auch den Transfer von und zu externen Formaten zu ermöglichen. So können von Kunden erstellte Beschreibungen verwendet oder im ASC-System erstellte Beschreibungen an Kunden übergeben werden.

4.3.2.6 Modellierung der Funktion eines Blockes

Die Funktion eines Blockes wird in ähnlicher Weise wie in einer Programmiersprache dargestellt, indem Ausgangsvariablen des Blockes als abhängige Variable aus den unabhängigen Eingangsvariablen und dem aktuellen Modellzustand berechnet werden. Dieser Zustand wird durch interne Variable und die aktuelle Position im Kontrollfluß dargestellt.

Einige in einer HDL auftretende Besonderheiten der Kontrollstrukturen und Datentypen werden im folgenden erläutert.

Sequentielles und paralleles Verhalten
Zur Beschreibung einer Schaltung sind im Gegensatz zu algorithmischen Programmiersprachen auch parallele Konstrukte erforderlich, um unabhängig voneinander ablaufende Prozesse zu beschreiben. Als Beispiel dient ein System aus Mikroprozessor und mehreren Peripherie-Bausteinen:

```
SUBPROCESS processor;

SUBPROCESS alu;

SUBPROCESS bus_interface;

SUBPROCESS io_interface;
```

In einem solchen System werden die Beschreibungen aller Bestandteile gleichzeitig aktiviert und laufen danach als selbständige Prozesse ab. Erforderliche Kommunikation zwischen diesen Prozessen kann dabei z.B. über globale Variable oder spezielle Signale stattfinden.

Sequentielles Verhalten wird - wie in Programmiersprachen - durch eine Folge von Anweisungen beschrieben. Als Beispiel dient die Befehlsausführung in einem Mikroprozessor:

```
SUBPROCESS instruction:
  UPON cycle CHECK cycle DO
    fetch_instruction;
    decode_instruction;
```

Diese Anweisungen werden jeweils nacheinander ausgeführt; eine Anweisung beginnt erst nach Ende der vorherigen.

Synchrones und asynchrones Verhalten
Eine HDL muß Konzepte zur Beschreibung von synchronen (d.h. taktgesteuerten) und asynchronen (d.h. zustandsgesteuerten) Systemen bieten.

Die Beschreibung von synchronen Systemen erfordert die Beschreibung von Ereignissen (z.B. Signalflanken) und davon abhängiger Aktionen.

```
UPON true CHECK result DO
  calculate;
```

In diesem Beispiel wird nur bei einer Änderung eines Wertes eine Aktion ausgeführt.

Datentypen
Wie in Programmiersprachen werden auch in einer HDL unterschiedliche Datentypen verwendet. In HELIX HHDL stehen u.a. folgende grundlegende Typen zur Verfügung:

integer Typen werden benutzt, um ganze Zahlen darzustellen;

real wird für reelle Zahlen benutzt;

boolean repräsentiert binäre Signale;

register steht für Vektoren von binären Werten (*bitstrings*) zur Verfügung;

loglevel beschreibt logische Werte, die auch undefiniert oder hochohmig sein können.

Auf höheren Abstraktionsebenen dienen komplexere und strukturierte Datentypen zur Darstellung von Kombinationen aus den Grundtypen:

set bezeichnet eine Menge mit beliebig vielen Elementen;

record bezeichnet einen Verbund von Elementen;

array bezeichnet ein Feld gleichartiger Elemente;

pointer bezeichnet einen Zeiger auf ein Element.

Modellierung des Zeitverhaltens
Im Gegensatz zur elektrischen Simulation wird bei der Logiksimulation nur eine diskrete Menge von Zeitwerten betrachtet. Die Beschreibung des Zeitverhaltens eines Systems reduziert sich daher zur Logiksimulation auf die Angabe von Verzögerungszeiten *(propagation delays)*. Dennoch bestehen unterschiedlich genaue Möglichkeiten der Angabe von Verzögerungszeiten: in Abhängigkeit vom Wert einer Variablen können unterschiedliche Zeiten angegeben werden.

So werden in einer Logiksimulation unterschiedliche Zeiten für steigende oder fallende Signalflanken benutzt, oder aber es besteht die Möglichkeit, Unsicherheitsbereiche anzugeben, in denen eine Werteänderung erfolgt.

```
IF (result = high) THEN
  ASSIGN true TO output DELAY 5
ELSE
  ASSIGN false TO output DELAY 3;
```

4.3.3 Simulation

Die Durchführung eines aktuellen Simulationslaufes erfolgt in unterschiedlicher Weise: in jedem Fall ist eine Transformation des eingebenen Modells in eine für den ausführenden Rechner verständliche Form erforderlich. Dies kann in der Weise geschehen, daß das Modell zusammen mit zur Ausführung erforderlichen Programmteilen in für die Zielmaschine ausführbaren Programmcode übersetzt wird (*compiled code* Simulator, vgl. Bild 4.18). Eine andere Form eines Logiksimulators benutzt einen *Interpreter* zur Ausführung des in einer internen Datenstruktur gespeicherten Modells.

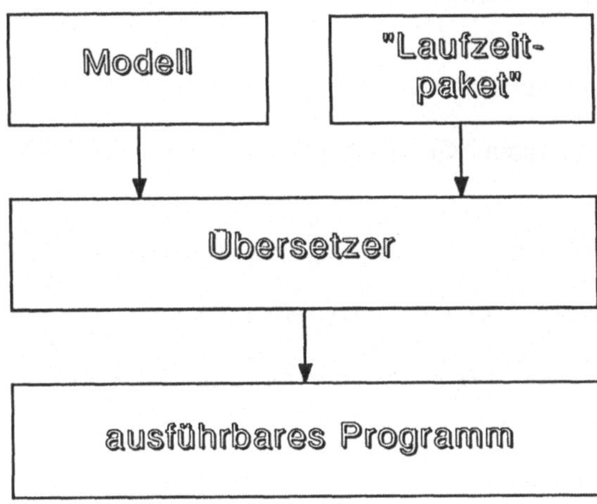

Bild 4.18.
Compiled-Code-Simulator

Ein *compiled code* Simulator wird im Normalfall längere Zeit zur Vorbereitung der eigentlichen Simulation benötigen, während diese dann relativ schnell abläuft. Details sind jedoch stark modell- und implementierungsabhängig. HELIX stellt einen *compiled code* Simulator dar, bei dem die Bildung eines ablauffähigen Programms durch automatische Generation eines Pascal-Programmes erreicht wird.

4.3.3.1 Beschreibung der Modellumgebung

Signale, die die Auswirkungen der Modellumgebung auf das zu betrachtende Modell beschreiben, bezeichnet man als Stimuli.

Zur Simulation eines Modells in der Umgebung wird entweder die Schnittstelle zur Umgebung (die Stimuli) beschrieben oder aber die Umgebung durch eine Beschreibung des Verhaltens als Teil eines übergreifenden Modells in der zugehörigen HDL dargestellt.

Neben der in allen Simulationssystemen ohne besonderen zusätzlichen Aufwand (im Simulationssystem) verfügbaren zweiten Möglichkeit bietet das ASC-System zur Beschreibung der Stimuli eine einheitliche Schnittstelle an.

4.3.3.2 Interaktive Simulation

Die Ausführung der Simulation in modernen Simulationssystemen erfolgt interaktiv, d.h. der Benutzer hat die Möglichkeit, den Ablauf weitestgehend zu beeinflussen. Nur extrem lange Simulationsläufe werden im Hintergrund (batch mode) ohne Benutzereingriffsmöglichkeit berechnet.

Möglichkeiten der Beeinflussung in Helix sind:

- Ausführung eines oder mehrerer Simulationsschritte (STEP);
- Absichern (Laden) des derzeitigen Simulations-Zustandes (DUMP, RESTART);
- Beenden der Simulation unter vorgebenen Bedingungen (BREAKPOINT);
- Verändern der Simulationszeit (SET TIME, TIMEUNIT);
- Ausgabe (setzen) eines Wertes einer Variablen oder Leitung (EXAMINE, ASSIGN);
- Beobachten vorgebener Werte (TRACE).

4.3.3.3 Effizienz der Simulation

Zur Steigerung der Geschwindigkeit berechnen Logiksimulatoren neue Zustände für Variablen oder Leitungen nur bei Änderungen von Werten (Ereignisse), die in Bezug zu diesen Variablen oder Leitungen stehen (*selective trace*). Ein Beispiel: die Berechnung eines neuen Wertes der Ausgänge der bereits dargestellten ALU erfolgt nur dann, wenn sich der interne Wert ändert. Berechnungen im Simulator erfolgen also nur für bestimmte Zeitpunkte, an denen Änderungen stattfinden.

Ob eine Simulation effizient ist, d.h. sowohl hinreichende Resultate liefert als auch diese in minimaler Zeit liefert, wird durch folgende Faktoren beeinflußt:

- die Modellbildung;
- die Leistungsfähigkeit (insbesondere Ausführungsgeschwindigkeit) des Simulators;
- zur weiteren Bearbeitung hinreichende Ergebnisse.

Die Ausführungsgeschwindigkeit wird sehr stark durch die Modellbildung beeinflußt (z.B. den Abstraktionsgrad), ebenso die Qualität der Ergebnisse.

Die Modellbildung wird also zum wesentlichen Faktor, die die Zykluszeit einer Simulation ganz entscheidend beeinflußt. Auf die Modellbildung wiederum einen starken Einfluß haben

- die ausführenden Personen;
- die zur Verfügung stehenden Möglichkeiten (der HDL).

Die Modellbildung gewinnt damit im Bereich der Simulation eine ähnliche Bedeutung wie die Programmierung im Bereich der Software-Entwicklung. Sie besteht aus dem Umsetzen von Spezifikationen in lauffähige Programme.

Modellbibliotheken mit ausreichend vielen Modellen von häufig benutzten Schaltungen, die wiederum ständig gewartet und verbessert werden, sind somit ein wesentliches Hilfsmittel zur effizienten Benutzung eines Simulators.

4.3.4 Auswertung der Ergebnisse

Die Betrachtung der Simulationsergebnisse dient zwei Zwecken:

1. der Validierung des Modells;
2. der Validierung des Entwurfs.

Die für die Bewertung eines Werkzeugs wesentliche Mensch-Maschine-Schnittstelle umfaßt in einem Logiksimulator auf der Ausgabeseite die Präsentation der Ergebnisse. Diese Ergebnisse stellen sich als eine Folge von Werten (bzw. Werteänderungen) der betrachteten Variablen innerhalb eines Zeitraumes dar. Je nach Datentyp dieser Variablen kann ein Ergebnis als Zahlenwert in binärer, dezimaler, hexadezimaler usw. Form dargestellt werden.

Es besteht sowohl die Möglichkeit einer textorientierten Ausgabe als auch die einer graphischen Darstellung. Die Verfügbarkeit und die Ausstattung dieser beiden prinzipiellen Varianten wird nicht allein durch das Software-Werkzeug bestimmt, sondern auch durch die Hardware, auf der es zum Einsatz kommt.

4.3.4.1 Graphische Darstellung der Simulationsergebnisse

Die graphische Darstellung der Simulationsergebnisse bietet sich als eine geeignete Form zur Visualisierung an und ist in der ASC-Entwicklungsumgebung realisiert.

Bei einer Logiksimulation werden logische Werte betrachtet. Um diese sinnvoll zu visualisieren, bietet sich eine graphische Darstellung als Impulsdiagramm an. Zur Darstellung anderer Datentypen (z.B. auf höheren Abstraktionsebenen) kommen auch andere Formen der graphischen Darstellung in Frage, wie folgende Beispiele belegen:

- Zur Darstellung der aktuellen Länge einer Warteschlange in einem Kommunikationsnetzwerk geeignet ist ein Balkendiagramm.
- Register- und Speicherinhalte einer Computerarchitektur lassen sich in einer Tabelle darstellen.

4.3.4.2 Vergleich mit Erwartungswerten

Um die Gültigkeit der Simulationsergebnisse zu validieren, werden diese mit vorgegeben Erwartungswerten verglichen. Dies kann durch eine manuelle Auswertung der Ergebnisse beim Entwurf geschehen.

Im ASC-System ist jedoch darüber hinaus eine Möglichkeit zum automatischen Vergleich der Ergebnisse mit Erwartungswerten vorgesehen. Hierzu ist es erforderlich, auch diese innerhalb der Simulation zu beschreiben; dann können verschiedene vergleichende Funktionen auf diese Variablen angewandt werden:

- Ein oder zwei Signalverläufe können ausgewählt werden, um neue Signale mittels arithmetischer oder logischer Funktionen zu erzeugen.
- Ein Signalverlauf kann an anderer Stelle des Bildschirms plaziert werden.
- Zwei Signalverläufe können am Bildschirm überlagert werden.
- Vorhandene Information (z.B. Zeitpunkt, Name, Wert) eines Signals kann ausgegeben werden.
- Aus einem Signalverlauf können Stimuli, die als Eingabe wiederverwendet werden sollen, automatisch generiert werden.
- Stimuli können als Signalverläufe dargestellt werden.
- Ein Ausdruck des Bildschirms kann erstellt werden.

4.3.5 Benutzeroberfläche

Die Bedeutung einer benutzerorientierten Oberfläche eines Werkzeuges, wie es ein Logiksimulator darstellt, wird oft unterschätzt.

Der Begriff Oberfläche umfaßt dabei die Gesamtheit aller Ein- und Ausgaben, die der Benutzer unmittelbar "sieht". Bei einem Logiksimulator sind hierunter z.B. folgende Aspekte zu verstehen:

- Programmaufruf und Menüs;
- HDL;
- Editiermöglichkeiten;
- Ergebnisausgabe.

Informelle Anforderungen an eine solche Oberfläche lassen sich nur schwer quantifizieren; ihr Einfluß auf die Akzeptanz und Effizienz als zentrale Kriterien ist jedoch unbestritten. Solche Anforderungen sind z.B. [4.2]:

- Graphik anstelle von Text;
- Lesbarkeit (von Beschreibungen, Systemmeldungen usw.);
- einfache Erlernbarkeit;
- Kompatibilität zu bekannten Werkzeugen.

4.3.5.1 Simulator im CAD/CAE-Arbeitsplatz

Innerhalb eines CAD/CAE-Arbeitsplatzes (*work station*) stellt sich ein Logiksimulator als ein Werkzeug unter mehreren dar (Bild 4.19). Die meisten dieser Entwurfswerkzeuge wurden ursprünglich als einzelne Werkzeuge konzipiert. Erst Zug um Zug setzt eine zunehmende Integration ein, oft nur durch Einfügen von Übersetzerprogrammen zur Anpassung von Ein- und Ausgabe an eine allgemeine Form [4.2]. Auch im ASC-System sind bestehende Progamme auf diese Weise eingebunden.

Von großer Bedeutung ist eine möglichst weitgehende Integration aller dieser Einzel-Werkzeuge, so daß der reibungslose Datenaustausch gewährleistet ist.

4.3.5.2 Simulatorumgebung in ASC

Im ASC-System liegen vor der Simulation die entweder vom Benutzer erstellten oder aus der Bibliothek verfügbaren Verhaltensbeschreibungen und die graphische Beschreibung der Struktur (im *floorplanner*) der Schaltung vor. In der

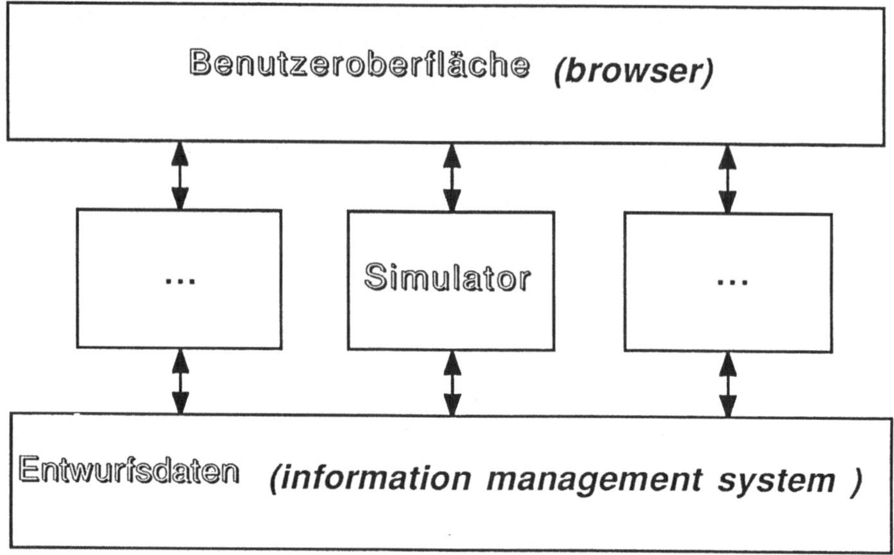

Bild 4.19. Simulator im CAD/CAE-Arbeitsplatz

Simulationsumgebung wird nun aus diesen Eingaben das vollständige Simulationsmodell automatisch erstellt.

Hierzu wählt der Benutzer die zur Simulation gewünschte Schaltungshierarchie aus. Für jeden Block der Schaltung ist anzugeben, ob für diesen eine Verhaltensbeschreibung verwendet wird oder aber, ob dieser Block weiter aus Teilblöcken zusammengesetzt wird. Im System wird daraufhin ein sogenannter *path file* erstellt, der die aktuelle Beschreibungstiefe enthält. In Zusammenarbeit mit dem *information management system* wird in der Simulationsumgebung überprüft, ob für alle spezifizierten Blöcke Verhaltensbeschreibungen vorliegen.

Folgende Arbeitsschritte sind im einzelnen erforderlich:

1. Zusammenstellung der Verhaltensbeschreibungen;
2. Extraktion der Schaltungsstruktur;
3. Aufruf des *compiler* und *linker*, um ein lauffähiges Simulationsmodell zu erzeugen;
4. im Fehlerfall Wiederholung der entsprechenden Schritte;
5. Ausführung der Simulation;
6. Ausgabe der Ergebnisse.

Weitere Aufgaben der Simulationsumgebung sind:

- Eingabe der Stimuli und der Simulationskontrolle in einem simulatorunabhängigen Format;
- Auswahl der darzustellenden Werte aus der Schaltungsstruktur und des Darstellungsformats (z.B. Zustandsdiagramm oder Text);
- Aufruf des Simulators im Hintergrund;
- Beenden einer Simulationssitzung.

Ein Beispiel, wie die Simulationsumgebung am Bildschirm als Menü dargestellt wird, befindet sich in Bild 4.20.

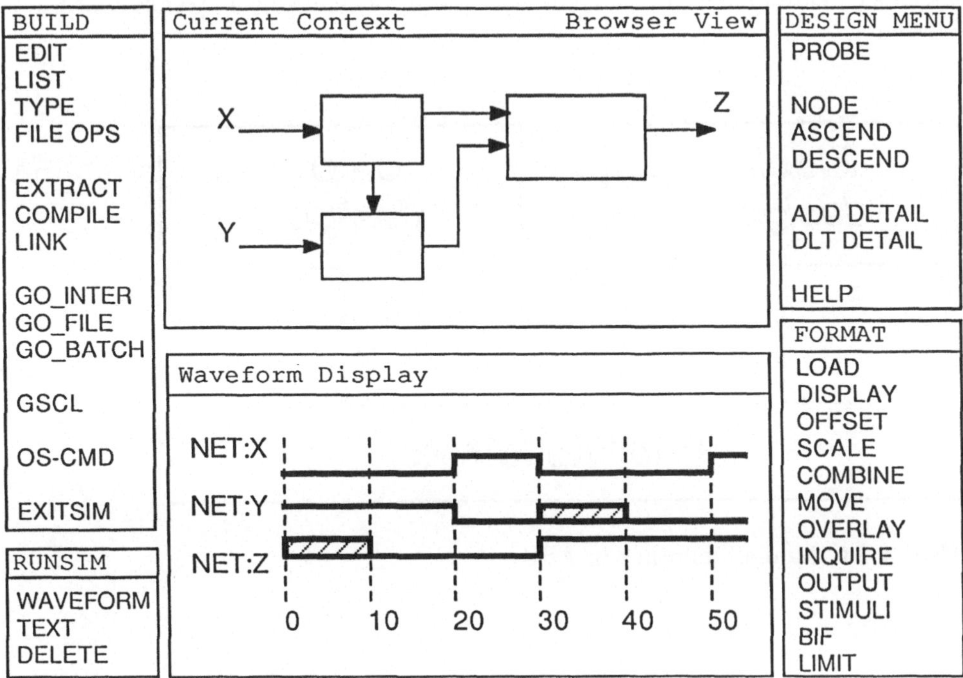

Bild 4.20. ASC-Simulationsumgebung

4.3.5.3 Modellbibliotheken

Neben der Sprache sind zur effizienten Benutzung eines Logiksimulators bereits vorhandene und wiederverwendbare Modelle wesentlich. In einer höheren

Beschreibungssprache wie Helix HHDL sind keine Modelle von Grundfunktionen (z.B. einfache Gatter, Flip-Flops), sogenannte *primitives* enthalten.

Im ASC-System werden daher einmal im BDS erstellte Verhaltensbeschreibungen in Bibliotheken zur späteren Wiederverwendung bereit gehalten. Diese *building blocks*, also Bausteine, werden von Spezialisten erstellt und getestet, so daß eine kundenspezifische Schaltung auf effiziente Weise aus diesen Blöcken zusammengesetzt werden kann. Die Bibliotheksmodelle sind bereits erprobt und getestet und ersparen somit erheblichen Aufwand bei ähnlichen Applikationen.

Die Modellbibliothek als gemeinsamen Bestandteil von BDS und CDS veranschaulicht Bild 4.21.

Um einmal erstellte Blöcke für eine Wiederverwendung geeignet bereit zu halten, werden Parameter festgelegt, die diese an den jeweiligen Einsatzzweck anpassen. Solche Parameter sind z.B. Busweiten, Verzögerungszeiten usw. Auf diese Weise lassen sich einmal erstellte Modelle leicht an unterschiedliche Technologien anpassen.

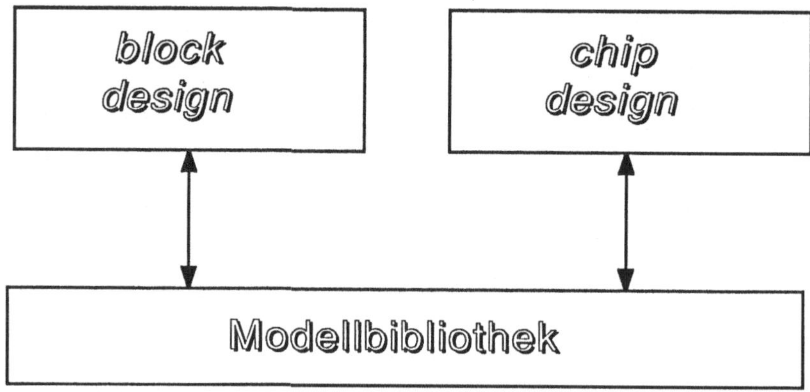

Bild 4.21. Modellbibliothek in ASC

4.4 Testen

4.4.1 Die Chip-Hardware aus der Testperspektive

Für den Test wird eine Schaltung in mehrere Blöcke unterteilt. Diese Blöcke sind unabhängig von ihrer Umgebung testbar, d.h. die Test-Stimuli können angelegt und die Test-Responsen können beobachtet werden. Diese Blöcke werden mit dem Namen Definitive Test Block (**DTB**) bezeichnet. Um diese DTBs nun nacheinander und unabhängig von einander zu testen, wird ein zusätzlicher Block (nur für den Test der Schaltung) benötigt. Dieser Block wird Test Control Block (**TCB**) genannt. Falls Bus-Systeme vorhanden sind, wird noch ein weiterer Block, der sogenannte Bus Control Block (**BCB**) benötigt. Außer den genannten Blöcken gibt es noch die Clock Control Blocks, den Direct Clock Block (**DCB**), den Indirect Clock Block (**ICB**) und die verschiedenen Input, Output und IO Padcells (**IPC, OPC, IOPC**). Bild 4.22 zeigt einen Chip aus der Testperspektive.

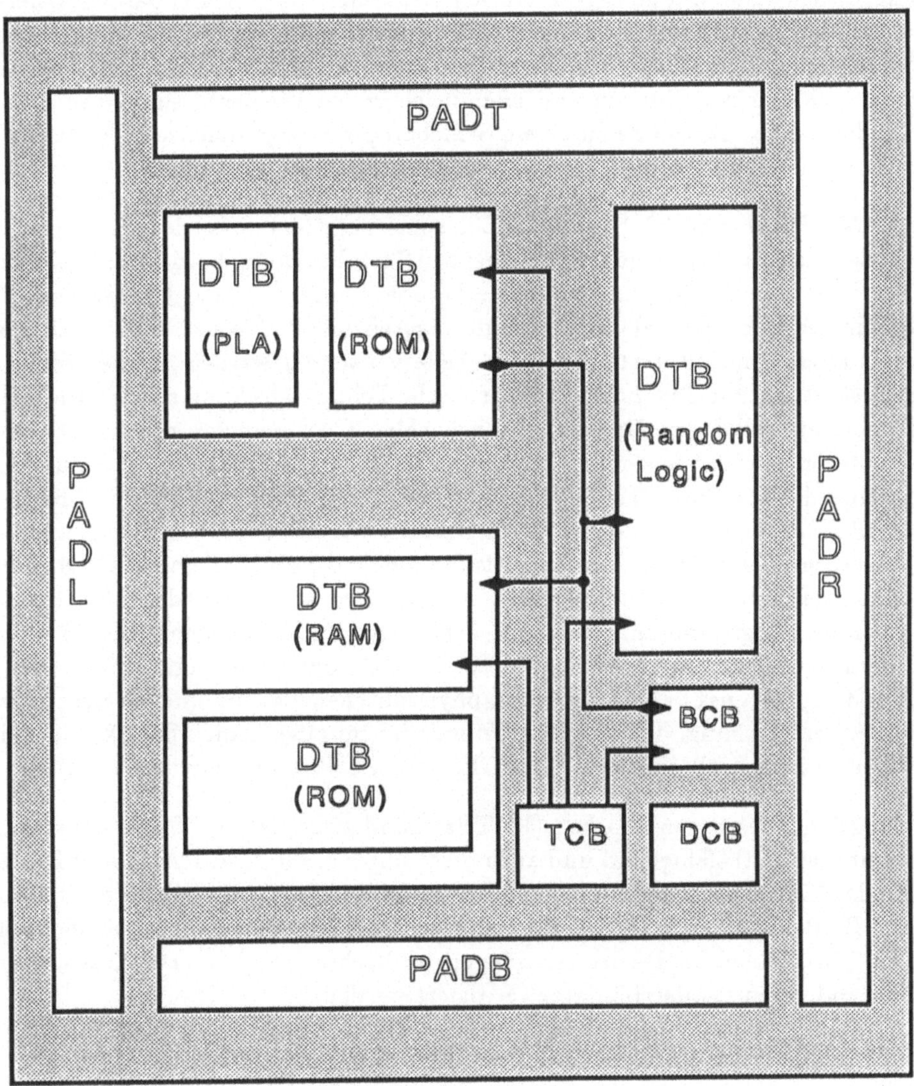

Bild 4.22. Ein Chip aus der Testperspektive.

4.4.1.1 Die Definitive Test Blocks (DTBs)

Bei den DTBs handelt es sich um Blöcke, für die Testpattern erzeugt werden müssen. Um eine hohe Fehlerabdeckung für die DTBs zu erreichen, sieht das Chip Design System unterschiedliche Konzepte zum Generieren der Testpattern vor. Aus diesem Grund werden die DTBs nochmal in drei verschiedene Arten unterteilt. Hierbei handelt es sich um die Random Scan Blocks, Blöcke wie ROM, RAM, PLA und die Functional DTBs.

Unter die Random Scan Blocks fallen alle vom Designer selbst entwickelten Blöcke, die entweder nur aus Fixed Library Cells oder aus größeren parametrisierbaren Bibliotheksblöcken bestehen. Die Zugriffsmethode ist bei dieser Art grundsätzlich SCAN [4.10], d.h. der Block ist scan-path-fähig: er enthält keine asynchronen Rückkopplungen und alle speichernden Elemente sind Scan Flip-Flops, die sich im Testmode zu einem Schieberegister zusammenschalten lassen. Das verwendete Fehlermodell ist das Stuck At Model.

Für RAMs, ROMs und PLAs gibt es einen speziellen Generator, der verschiedene Methoden zum Erreichen einer ausreichenden Testabdeckung berücksichtigt. Für RAMs wird die Generierung von Checkerboard und "inverse Checkerboard" sowie ein Dekoder-Test als ausreichend angesehen. Wahlweise kann auch ein anderes Modell mit 13 Tests pro RAM Zelle verwendet werden. Dieses Fehlermodell stellt die zur Zeit höchste theoretische Fehlerabdeckung sicher. Die Zugriffsmethode sollte nur für sehr kleine RAMs SCAN sein, da die Anzahl der Testvektoren sehr hoch werden kann. Bei zu großer Anzahl von Testmustern sollte eine direkte Zugriffsmöglichkeit - etwa durch Umschalten von Pins im Testmode - geschaffen werden. Bei ROMs ist die angewendete Testmethode das Auslesen aller Wörter. Die Zugriffsmethode ist im allgemeinen SCAN, nur bei sehr großen ROMs sollte DIRECT ACCESS verwendet werden. Bei PLAs wird von dem sogenannten Crosspoint-Fehlermodell ausgegangen. Hierbei wird für jeden Crosspoint in der PLA-Matrix ein Testmuster erzeugt. Dieses Verfahren [4.11] ist unabhängig von dem physikalischen Layout und erreicht eine hohe Fehlerabdeckung. Die Zugriffsmethode ist im allgemeinen SCAN, nur bei sehr großen PLAs sollte DIRECT ACCESS oder Selbsttest verwendet werden.

Bei funktional testbaren Blöcken (FDTBs) handelt es sich um Schaltungsteile, die nicht scan-path-fähig sind und auch nicht unter die ROMs, RAMs und PLAs fallen. Die Zugriffsmethode für diese Blöcke ist DIRECT, d.h. die Test-Stimuli eines FDTB können an Device-Pins angelegt werden und die Test-Responsen des FDTBs können an Device-Ausgängen beobachtet werden. Die Testmuster müssen mit einem Fehlersimulator verifiziert werden.

4.4.1.2 Der Test Control Block (TCB)

Beim TCB handelt es sich um einen speziellen Block, der nur zum Testen der Schaltung benötigt wird. Dieser Block erzeugt alle nötigen Kontrollsignale, die im wesentlichen zu den DTBs und den Padcells der Schaltung führen. Der TCB besteht aus einem (statischen) Zähler, dessen Zustand von zwei Testpins (SHIFT und ACTION) gesteuert wird und einem PLA, welches die eben genannten Kontrollsignale erzeugt. Der TCB wird mit Hilfe eines Blockgenerators automatisch erzeugt. Bild 4.23 zeigt einen TCB mit allen möglichen Ausgängen.

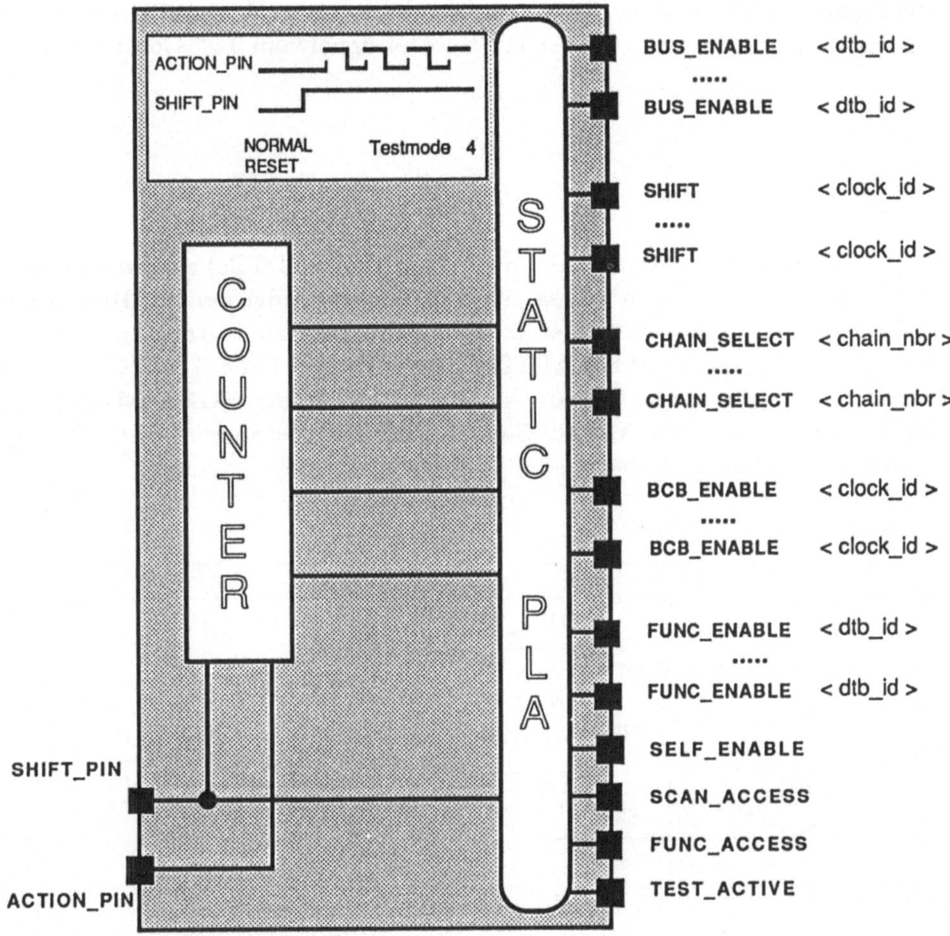

Bild 4.23. Test-Control-Block

Die notwendigen Daten, um den TCB generieren zu können, werden durch den Test Access Checker (TAC) geliefert. Dieser untersucht sämtliche DTBs, BCBs, Padcells, DCBs, ICBs und deren Verbindungen untereinander.

Außerdem legt der TAC auch die Ordnung der einzelnen Tests pro Block fest, d.h. er weist jedem Zählerstand des TCB einen Testmode für einen bestimmten Block zu.

4.4.1.3 Die Clock Control Blocks

Der Direct Clock Block (DCB) generiert zwei interne Clockphasen, PHI 1 und PHI 2 und muß direkt von außen über einen Eingang kontrollierbar sein.

Der Indirect Clock Block (ICB) generiert ebenfalls zwei Phasen. Im Normalzustand ist die Quelle irgendein internes Signal, während für Testzwecke ein zweiter Eingang zur Verfügung steht, der von außen über einen *pad* kontrollierbar ist. Die Umschaltung im ICB erfolgt durch ein Kontrollsignal vom Test Control Block.

4.4.1.4 Die Padcells

Um den unabhängigen Test der Definitive Test Blocks (DTBs) zu gewährleisten, müssen von der Funktion her bekannte Padcells verwendet werden. Hierfür stehen dem Designer mehrere Typen in einer Bibliothek zur Verfügung. Die vier wichtigsten sind eine Input Padcell (**IPC**), eine Output Padcell (**OPC**), eine IO Padcell (**IOPC**) und eine Output Padcell mit Multiplexer (**OPC-MUX**) zum Multiplexen von normalen Output-Signalen und Test-Responsen. Bild 4.24 zeigt die vier wichtigsten Padcells.

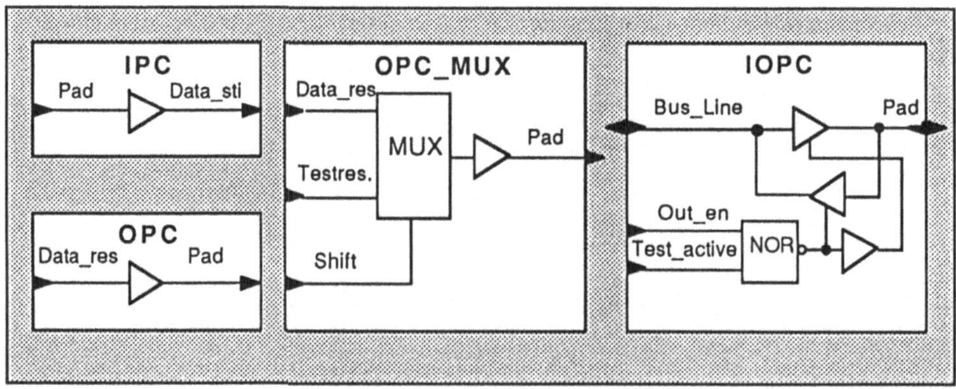

Bild 4.24. Die vier wichtigsten PAD-Zellen

4.4.1.5 Der Bus Control Block (BCB)

Der BCB dient zum Beobachten bzw. Stimulieren der internen Busleitungen. Während des Tests für einen DTB wird der Bus entweder vom DTB oder vom BCB bestimmt, alle übrigen DTBs sind nicht aktiv. Bild 4.25 zeigt einen BCB für zwei Busleitungen. Der BCB besteht pro Busleitung aus zwei Scan Flip-

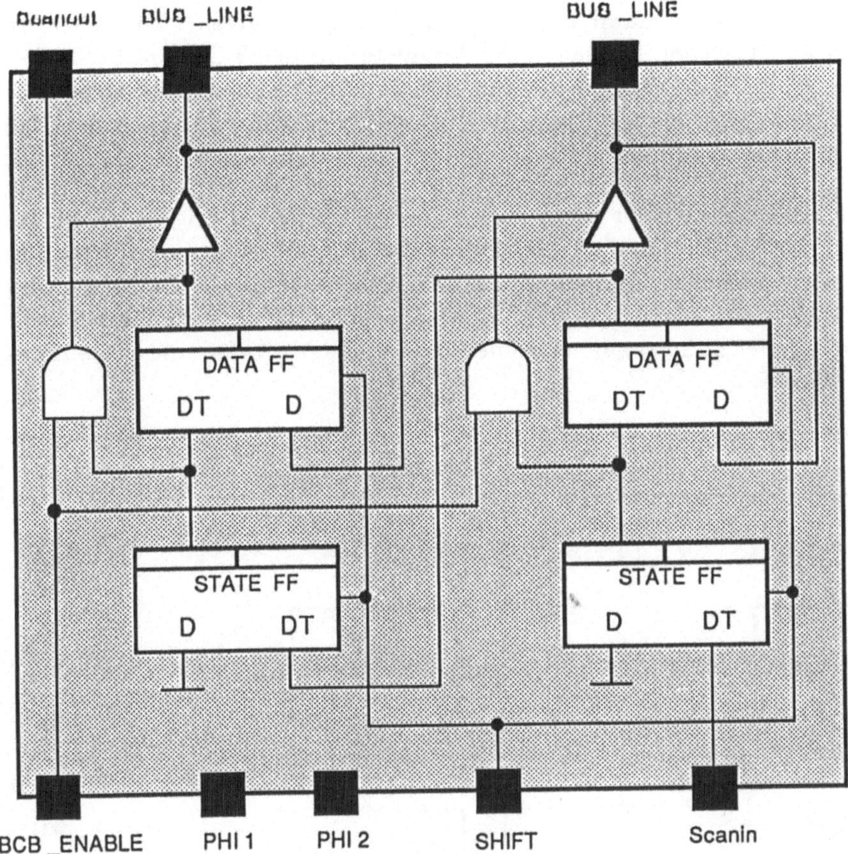

Bild 4.25. Bus-Control-Block für 2 Busleitungen

Flops, die mit beliebigen anderen Flip-Flops zu einer Scan-Kette verbunden werden können. Das eine Flip-Flop kontrolliert den Zustand der Busleitung, das andere bestimmt den logischen Zustand, bzw. liest den logischen Zustand der Busleitung.

4.4.2 Ablauf der Test Program-Erzeugung

Die Test Program-Erzeugung erfolgt in mehreren Schritten. Bereits während des Floor Planning wird die Einteilung in DTBs vorgenommen. Dadurch kann schon sehr früh während der Design-Phase eine Testbarkeitsanalyse auf Blockebene vorgenommen werden. Zu dieser Zeit muß das "Innenleben" der DTBs noch nicht definiert sein. Der Chip-Designer definiert lediglich die verschiedenen Blockarten und deren Terminaltypen.

Diese Information reicht dann aus, um den TAC zu benutzen. Zusätzlich zu den Checks, ermittelt der TAC auch die Parameter für den TCB und BCB. Das Layout des TCB und des BCB wird dann automatisch von einem Blockgenerator erzeugt. Die Verdrahtung des TCB und BCB wird vom Chip-Designer mit Hilfe des Floorplanners ausgeführt.

Sofern der TAC keine Fehler mehr anzeigt, kann der Chip-Designer damit beginnen, die Testpattern für die einzelnen Blöcke zu generieren. Hierfür muß er als erstes mit Hilfe des Floorplanners das Innenleben der Blöcke definieren, das heißt, er erstellt einen sogenannten Informal Floorplan. Dieser enthält noch nicht das Layout, aber er definiert die einzelnen Blöcke und beinhaltet die Verbindungen dieser Blöcke.

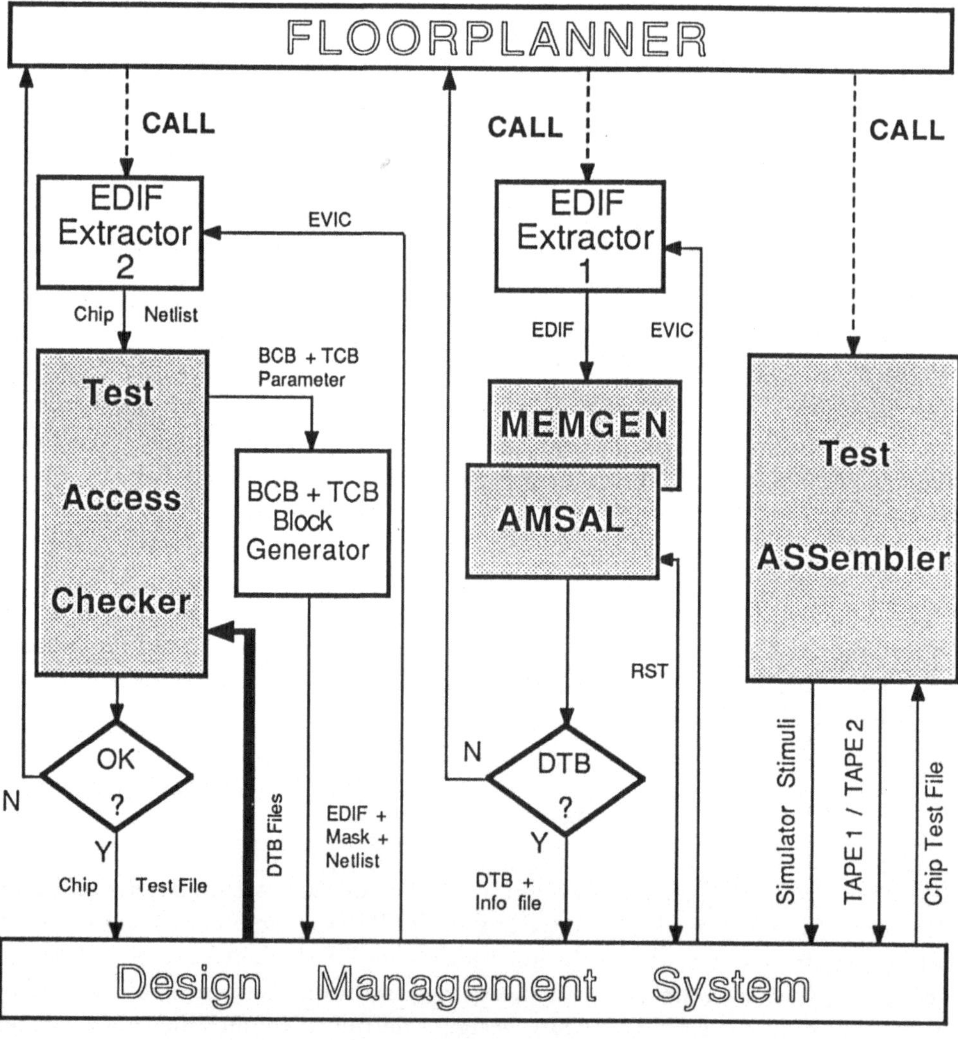

Bild 4.26. Programme zur Testpatternerzeugung im CDS

Sofern der Informal Floorplan für einen Block definiert ist, können auch die Testpattern für diesen Block generiert werden. Dafür stehen dem Chip-Designer zwei verschiedene Generatoren (**AMSAL** und **MEMGEN**) zur Verfügung. MEMGEN ist ein spezieller Generator für strukturierte Blöcke, wie ROMs, RAMs und PLAs. AMSAL ist ein Generator für die sogenannte Random Scan Logic. Beide Generatoren erzeugen die Testpattern für einen Block und legen diese in einem Output-File, dem DTB-File, ab. Diese Patterngeneration wird nun für jeden Block durchgeführt, bis für jeden Block ein DTB-File erstellt ist.

Nachdem für alle Blöcke Testpattern generiert wurden, wird der TAC noch einmal gestartet, dabei werden jetzt alle Testpattern (alle DTB-Files) zu einem sogenannten Chip Test-File (**CTF**) zusammenkopiert.

Der Testassembler (**TASS**) wird gestartet, wenn das gesamte Layout des Chips fertiggestellt ist. Als Eingabe erhält der TASS nur das CTF und einen Parameter für die gewünschte Ausgabe. Der TASS erzeugt dann für jeden DTB eine Testpattern-Sequenz zur Testmodeanwahl und die eigentlichen Testpattern für den DTB. Die gesamten Testpattern werden dann im Philips TAPE1/ TAPE2-Format abgelegt. Zusätzlich kann der TASS auch Simulator-Stimuli erzeugen, womit eine Simulation des gesamten Chips mit den aktuellen Testpattern erfolgen kann.

Der Tester-Postprocessor CONMAN erzeugt dann den gewünschten Source-Code für den entsprechenden VLSI-Tester, der auf dem entsprechenden Testsystem direkt compiliert werden kann. Dieser letzte Schritt wird nicht mehr im CDS, sondern in den einzelnen Testabteilungen durchgeführt.

Bild 4.26 zeigt den Datenfluß zwischen den einzelnen Programmen zur Testpatternerzeugung.

4.4.3 Die Softwareprogramme im CDS

Das CDS enthält vier Test-Softwareprogramme. Mit deren Hilfe wird die Schaltung auf Testbarkeit überprüft und die Testpattern für die Schaltung automatisch erzeugt. Die Programme sind als Computer Aided Test (**CAT**)-Package im CDS enthalten.

4.4.3.1 Der Test Access Checker (TAC)

Der TAC hat die Aufgabe, die Testbarkeit der Schaltung auf Blockebene zu überprüfen. Mit Hilfe eines Extraktors wird aus dem Design Management System (DMS) eine Chip Net List im EDIF-Format erzeugt, welche eine Art Blockdiagramm des Chips darstellt. Zur weiteren Unterscheidung der einzelnen

Blöcke sind diese in verschiedene Typen unterteilt. U.a. gibt es die sogenannten Scanable Definitive Testblocks (**SDTBs**), die Functional Definitive Testblocks (**FDTBs**), den TCB usw..

Jeder dieser Blocktypen hat ganz bestimmte Regeln, die vom TAC überprüft werden müssen. Ferner gibt es Regeln über die Verbindungen zwischen den einzelnen Blocktypen. Da der TAC zu jedem Zeitpunkt des Chip-Designs gestartet werden kann, können zu Beginn der Design-Phase nur die Block- und Verbindungschecks durchgeführt werden. Zur späteren Design-Phase kommen dann noch andere Checks bzw. Berechnungen hinzu. Zur weiteren Erklärung der TAC-Aufgaben soll Bild 4.27 dienen.

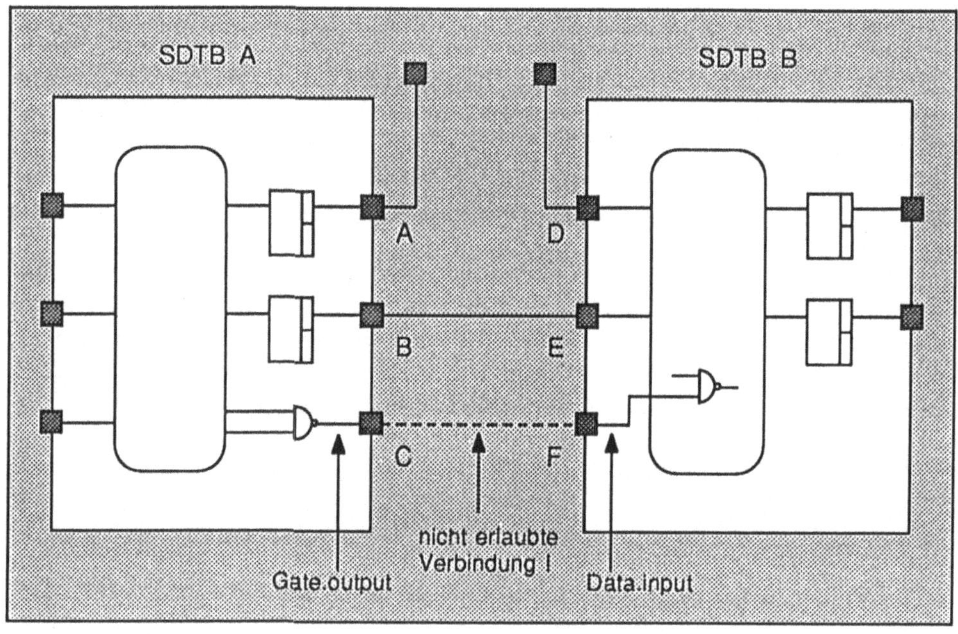

Bild 4.27. Beispiel des Test Access Checker

In dem hier gezeigten Beispiel muß der TAC die Verbindung vom SDTB A Terminal C zum SDTB B Terminal F als nicht erlaubte Verbindung kennzeichnen. Eine Verbindung von einem GATE OUTPUT zu einem DATA INPUT ist nicht erlaubt. Insgesamt kennt der TAC eine Vielzahl solcher Regeln, die alle überprüft werden.

Bild 4.28 zeigt die interne TAC-Struktur mit den wesentlichen Aktionen des Test Access Checkers. Aktion 3 (der Konsistenz-Check) wird nur ausgeführt, falls schon Testpattern für den aktuellen Block generiert wurden. Aktion 5 (Check BCB/ TCB Implementation) wird nur ausgeführt, wenn die entsprechenden

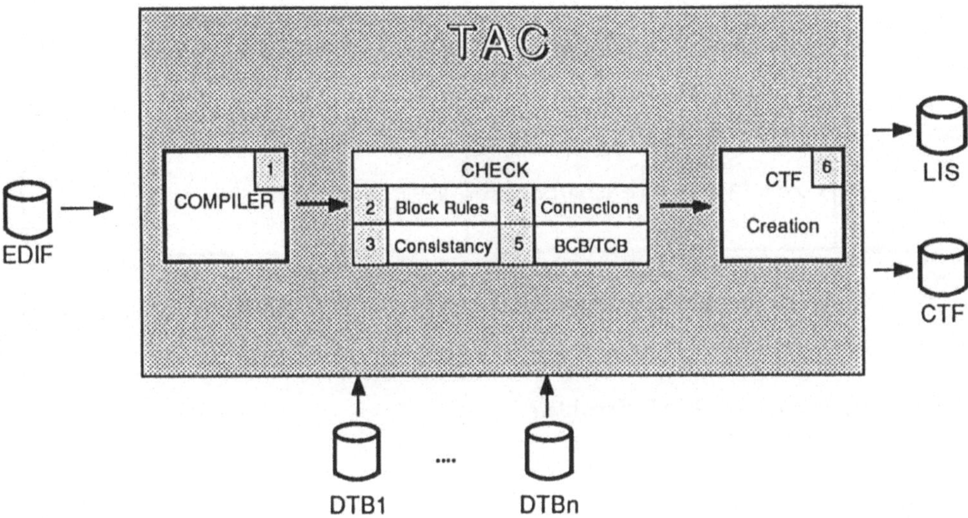

Bild 4.28. Interne TAC-Struktur

den Hardware-Blöcke schon implementiert wurden. Aktion 6 wird nur ausgeführt, falls der TAC vorher keine Fehler festgestellt hat und für alle Blöcke Testpattern generiert wurden.

Aufgrund seiner frühen Einsatzmöglichkeiten kann der Chip-Designer schon zu Beginn der Design-Phase eine Testbarkeitsanalyse auf Blockebene durchführen. Ferner unterstützt der TAC ein modulares Chip-Design, indem zu Beginn eine Aufteilung in einzelne Module und deren Interface-Signale erfolgt, und später von verschiedenen Designern die Implementierung der Module vorgenommen werden kann.

4.4.3.2 Der Test Pattern Generator

Als Test Pattern Generator stehen dem Chip-Designer zwei Generatoren zur Verfügung. Im folgenden wird als erstes der Generator AMSAL für die Random Scan Logic erläutert.

Nachdem der Chip-Designer den Informal Floorplan für einen DTB erstellt hat, kann er den Test Pattern Generator AMSAL [4.12] starten. Hierfür wird als erstes eine Netzwerkliste im EDIF-Format automatisch aus dem DMS (Design Management System) extrahiert. Anschließend compiliert AMSAL diese EDIF-Netzliste. Hierbei wird überprüft, ob die DTB-Regeln für diesen einen Block eingehalten worden sind. Sofern keine Design-Verstöße vorliegen, wird der iterative Pattern-Generations-Prozeß in AMSAL aktiviert. Zur weiteren Erklärung der Arbeitsweise von AMSAL sei hier auf Bild 4.29 hingewiesen.

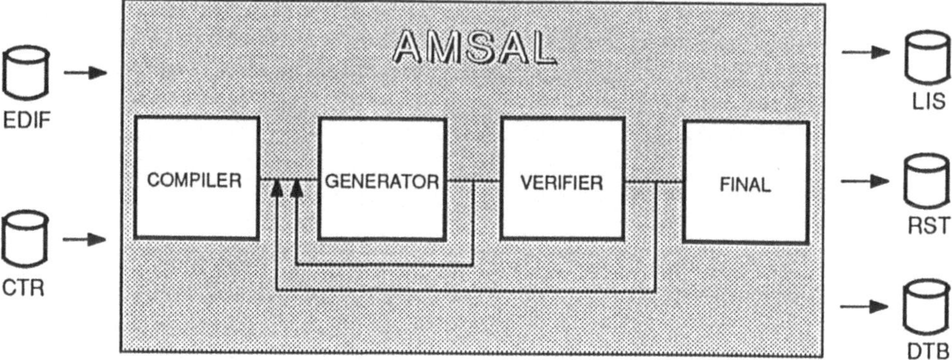

Bild 4.29. Interne AMSAL-Struktur

Aufgrund des iterativen Verfahrens und einem sehr leistungsfähigen Fehlersimulator (Verifier) kann AMSAL Schaltungen mit bis zu 100 000 Gatter-Funktionen behandeln. Die Laufzeiten von AMSAL verhalten sich relativ linear in Abhängigkeit zur Gatteranzahl. Für DTBs in der Größenordung von 1000 bis 10 000 Gattern liegen die Laufzeiten auf einer Apollo DN 3000 bei 5 bis 30 Minuten CPU-Zeit. Für die Anwendung von AMSAL innerhalb des Chip Design System ist das wesentliche Output-File das DTB-File. Dieses File enthält Informationen über die DTB-Terminals, Scanpath-Flip-Flop-Ketten und die Testpattern für diesen Block. Dieses DTB-File wird dann im DMS abgelegt, so daß der TAC später für den Konsistenz-Check darauf zugreifen kann.

Im CDS werden nicht alle AMSAL-Funktionen ausgenutzt. Der **FINAL**-Prozessor kann jedoch viel mehr leisten, als im CDS benötigt wird. So kann z.B. eine Fehlerbibliothek erzeugt werden, die zu einer sehr schnellen Fehlerlokalisation mit dem Postprozessor FALOC verwendet werden kann. Ferner kann der FINAL-Prozessor auch einen Plot-File erzeugen, auf das ein weiterer Postprozessor APLOT zugreifen kann. Mit APLOT kann man sich dann interaktiv alle internen Signalzustände sowie Netzwerk-Logik-Diagramme ausgeben lassen.

Für strukturierte Blöcke, wie ROMs, RAMs und PLAs, wird nicht AMSAL, sondern der Generator MEMGEN verwendet (siehe Bild 4.30). Wie bei AMSAL wird auch für MEMGEN eine Netzliste aus dem DMS extrahiert und im EDIF-Format abgelegt. Hierbei handelt es sich im wesentlichen um eine Interface-Beschreibung von einem Block, denn für die genannten Blöcke wird keine Gate-Level-Beschreibung benötigt. Bei ROMs und PLAs wird lediglich der Inhalt in einer sehr komprimierten Form abgelegt. Das wesentliche Output-File ist, wie bei AMSAL, das DTB-File. Es wird ebenfalls im DMS abgelegt, so daß der TAC darauf zugreifen kann. Für jeden Blocktyp ist ein spezieller Testpattern-Generator implementiert, wodurch MEMGEN sehr viel effektiver als AMSAL die Testpattern für diese Blocktypen generieren kann.

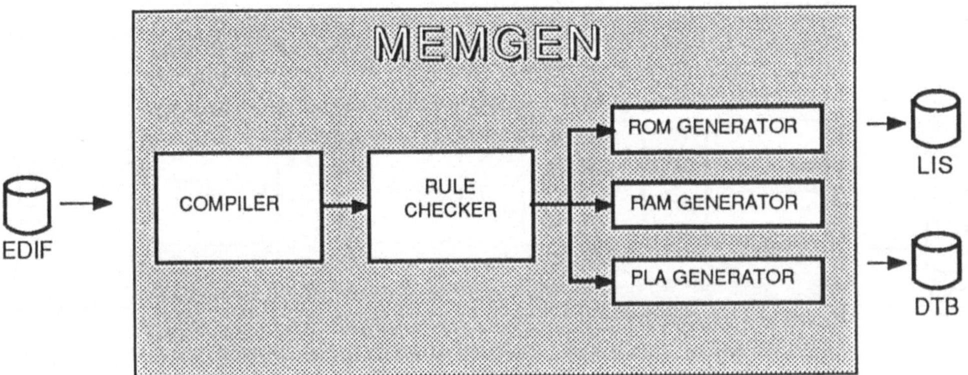

Bild 4.30. Interne MEMGEN-Struktur

4.4.3.3 Der Test Assembler (TASS)

Der TASS assembliert die für jeden Block separat erzeugten Testpattern zu einem gemeinsamen Chip Test. Ein Chip Test kann vom TASS durchgeführt werden, wenn alle zum Chip-Design gehörigen DTBs, TCB, BCBs, DCBs, ICBs und PADBLOCKS erzeugt wurden, die Verbindungen der Blöcke vom TAC überprüft und die Testpattern für jeden einzelnen DTB erzeugt wurden. Die DTBs können nicht nur einer, sondern auch unterschiedlichen Teststrategien (Scan-,Self- und Functional-Test) zugeordnet werden. Als Input-Files dienen das vom TAC erzeugte Chip Test-File **(CTF)** und ein vom CDS automatisch generiertes Control-File. In dem Control-File wird definiert, welche Ausgaben vom TASS erzeugt werden sollen. Ein List-File wird vom TASS stets generiert. Zusätzlich besteht die Möglichkeit mit Hilfe einer Control-Sprache die "DEFAULT"-Werte des TASS zu überschreiben bzw. die Assemblierung der einzelnen Pattern zu beeinflussen.

Diese Anwendung des TASS sollte aber nur den erfahrenen Anwender vorbehalten sein. Der TASS benötigt Informationen über die vollständige Kettenstruktur des Chip-Designs. Die globalen Scanin/ Scanout Pins müssen bekannt sein. Eine korrekte Berechnung aller Invertierungen muß gewährleistet sein. Für jeden DTB müssen Testpattern-Sequenzen erzeugt werden, die den TCB aktivieren und den aktuellen DTB adressieren. Es muß sichergestellt werden, daß die Stimulus Pattern an den einzelnen DTBs angelegt und die Response Pattern an den Ausgängen beobachtet werden können. Falls DTBs mit Bus-Systemen verbunden sind, müssen die Data/ State Flip-Flops in den dazugehörigen BCBs mit berücksichtigt werden. Die einzelnen Teststrategien werden genauso mit integriert, wie Verbindungen von DTBs, die unterschiedlichen Clocksystemen zugeordnet sind. Diese Anforderungen haben zur Folge, daß der TASS (siehe Bild 4.31) neben einem Compiler, der das Control-File compiliert, auch einen Analyzer benötigt, der den Netzwerkcode analysiert. Der Compiler und der

TASS
CTF
CTR
COMPILER
ANALYSER
LINKER
EXECUTER
LIS
TAP
STI

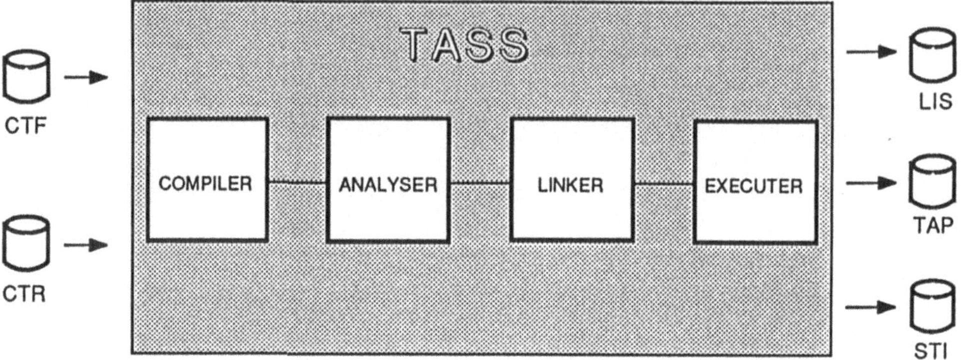

Bild 4.31. Interne TASS-Struktur

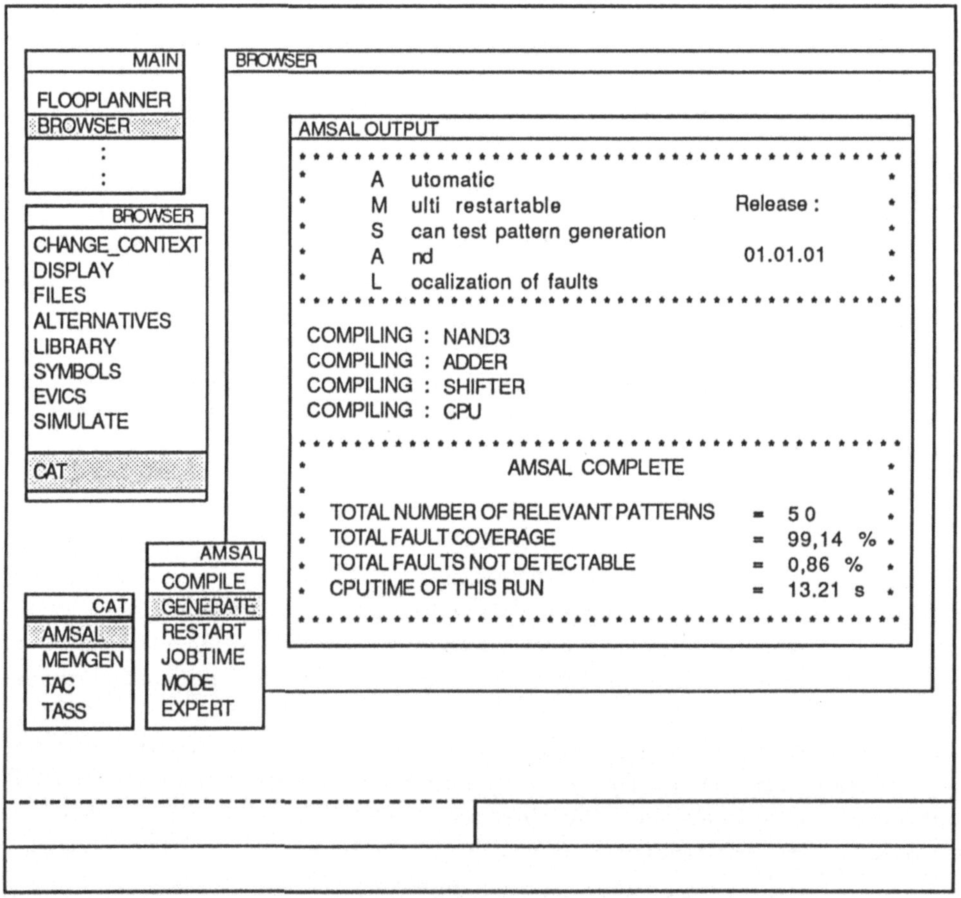

MAIN
FLOOPLANNER
BROWSER
BROWSER
CHANGE_CONTEXT
DISPLAY
FILES
ALTERNATIVES
LIBRARY
SYMBOLS
EVICS
SIMULATE
CAT
CAT
AMSAL
MEMGEN
TAC
TASS
AMSAL
COMPILE
GENERATE
RESTART
JOBTIME
MODE
EXPERT
BROWSER
AMSAL OUTPUT
A utomatic
M ulti restartable
S can test pattern generation
A nd
L ocalization of faults
Release :
01.01.01
COMPILING : NAND3
COMPILING : ADDER
COMPILING : SHIFTER
COMPILING : CPU
AMSAL COMPLETE
TOTAL NUMBER OF RELEVANT PATTERNS = 50
TOTAL FAULT COVERAGE = 99,14 %
TOTAL FAULTS NOT DETECTABLE = 0,86 %
CPUTIME OF THIS RUN = 13.21 s

Bild 4.32. User-Interface im Chip Design System (ein AMSAL Aufruf)

Analyzer liefern einen Code, der in Sektionen abgelegt ist. Alle Sektionen werden vom Linker zu einem effizienten und kompakten Image zusammengefügt. Das Image wird vom Executer abgearbeitet und ermöglicht sehr schnelle TASS Ausführungszeiten.

4.4.4 Das User Interface im CDS

Das User Interface ist wie im gesamten CDS Menue gesteuert. Die Computer Aided Test (CAT)-Programme können über den BROWSER (das Viewing Tool im CDS) gestartet werden. Als Beispiel ist in Bild 4.32 ein Aufruf von AMSAL gezeigt.

Mit Hilfe der Maus hat der Chip-Designer in dem oben gezeigten Systemplaner-Auszug einen AMSAL-Lauf gestartet. Hierfür hatte er keinerlei Files zu erstellen. Alle Steuerungen der einzelnen Programme, wie auch AMSAL selbst, werden automatisch vorgenommen. Nach dem Start von AMSAL wird ein Fenster erzeugt, in dem der AMSAL-Output bei foreground-Läufen erscheint. Insgesamt ist das User Interface sehr anwenderfreundlich, denn der Chip-Designer kann schnell und einfach alle Aktionen über die Menüs steuern.

5 Block Design System (BDS)

Der Entwicklungsablauf einer Integrierten Schaltung, der in Kapitel 2 und Abschnitt 4.1 dargestellt ist, setzt voraus, daß eine Bibliothek mit grundlegenden Elementen vorhanden ist. Es hängt von der Art und Komplexität der Elemente ab, in welcher Hierarchieebene der Design-Phase sie aufgerufen werden. Die Entwicklung dieser Bibliothekselemente wird im Block Design System durchgeführt. Zum Entwickeln von Bibliothekselementen ist ein anderer Design Flow notwendig als für das Design von Gesamtschaltungen. Dieser Ablauf muß die spezifischen Bibliotheksanforderungen berücksichtigen. Für diese Entwicklung kommt ein Design Flow zur Anwendung, der die detaillierte Entwicklung bis auf die Transistorebene zuläßt.

Ausgehend von den Anforderungen in der Spezifikation bestehen drei verschiedene Wege für die Entwicklung von Zellen und Blöcken:

- Zellen konstanter Höhe (Abschnitt 5.2.1)
- Blöcke beliebiger fester Größe (Abschnitt 5.2.2)
- Parametrisierbare Blöcke (Abschnitt 5.2.3)

5.1 Block Design Flow

Der Design Flow für die Entwicklung von Elementen für Bibliotheksanwendungen wird ebenfalls in die drei Arten unterteilt, er ist in den Abschnitten 5.1.1 bis 5.1.3 beschrieben.

Bild 5.1 stellt den vereinfachten Design Flow für Bibliothekselemente dar.

5.1.1 Design Flow für Zellen konstanter Höhe

Da die Komplexität dieser Zellen gering ist, können die spezifischen Anforderungen an jede Zelle sehr einfach definiert werden. Sie sind ein wesentlicher Bestandteil des späteren Datenblattes.

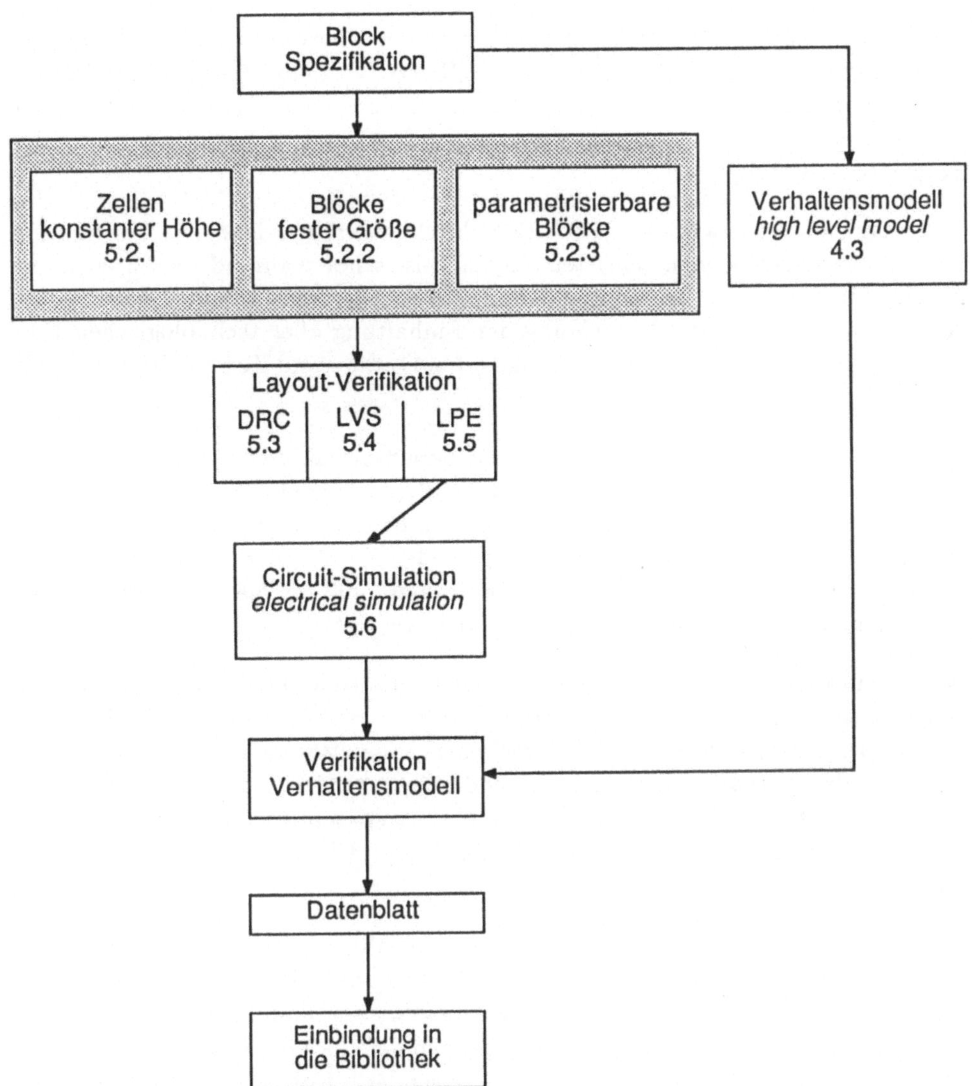

Bild 5.1. Block Design Flow

Entsprechend den allgemeinen Vorgaben, wie *Design Rules*, Höhe der Zellen, Lage der Versorgungsleitungen und Lage der *Layer* der Signalanschlüsse, wird das Layout an einem grafischen *Layout Editor* entwickelt. Von dem erzeugten Layout wird ein Netzwerk zur elektrischen Simulation extrahiert. Dieses Netzwerk wird dann mit dem Programm **ESPICE** (Abschnitt 5.6) simuliert, um Aufschlüsse über Funktion, Zeitverhalten, Treiberverhalten und Leistungsverbrauch zu erhalten. Die Schaltung wird solange modifiziert, bis das geforderte Verhalten erreicht ist. Dabei hängt es von der Erfahrung des Entwicklers ab, wie oft dieser Zyklus durchlaufen werden muß, bis das spezifizierte Ziel erreicht ist.

Danach muß ein Layout für die Beschreibung der Umrandung (*outline*) und der Anschlüsse (*terminals*) entwickelt werden. Hierzu wird derselbe grafische Layout Editor verwendet wie für das eigentliche Layout (*content*). Die Beschreibung der Outline und Terminals ist für die Plazierung (*place*) und Verdrahtung (*route*) der Elemente notwendig.

Jetzt kann die vollständige Verifikation durchgeführt werden. Die Verifikation besteht aus verschiedenen Schritten, die teilweise schon während der Entwicklung durchgeführt werden. Die erste Maßnahme ist der *Design Rule Check* (DRC, Abschnitt 5.3), der zur Überprüfung der Einhaltung aller technologischen Entwurfsregeln, inklusive der Entwurfsregeln für Outline und Terminals, notwendig ist.

Ein weiterer Schritt der Verifikation ist die bereits erwähnte Extraktion des Netzwerks, inklusive der parasitären Effekte (LPE = *layout parameter extraction*, Abschnitt 5.5), für eine elektrische Simulation bzw. für eine Charakterisierungssimulation (*circuit simulation*, Abschnitt 5.6), die aus dem Zeitverhalten der Schaltung alle notwendigen Parameter extrahiert, die für die später notwendige Logiksimulation innerhalb des Chip-Designs benötigt werden.

Außerdem muß eine Verhaltensbeschreibung (*behaviour model*) für den Logiksimulator (Abschnitt 4.3) des Chip Design System erstellt werden. Die Resultate aus der Logiksimulation und der elektrischen Simulation müssen verglichen werden und das Verhaltensmodell muß modifiziert werden, bis Übereinstimmung erzielt ist. Da der Benutzer dieser Bibliothek später nur die Logiksimulation für seine Zusammenschaltung benutzt, muß eine Charakterisierungssimulation durchgeführt werden.

Diese Charakterisierung besteht aus einer Anzahl von elektrischen Simulationen des extrahierten Netzwerkes mit dem Programm ESPICE unter Verwendung von *worst case* - Parametern. Die Ergebnisse dieser Simulationen liefern Parameter wie *setup*-, *hold*- und *delay*-Zeiten, die in der späteren Logiksimulation, der *Timing-Verifikation* und im Datenblatt verwendet werden.

Am Ende des Design-Ablaufes erfolgt die Fertigstellung eines Datenblattes, das dem Anwender als Grundlage für die Auswahl der Elemente dient. Das Datenblatt beinhaltet Angaben zur Funktion, Größe und Charakteristik des Bibliothekselements.

5.1.2 Design Flow für Blöcke beliebiger fester Größe

Ausgehend von einer Spezifikation wird die Funktion in Unterfunktionen aufgegliedert und ein Schaltplan entwickelt. Dieser Schaltplan wird auf einer

Workstation gezeichnet (*schematic entry*) und ist hierarchisch aufgebaut. Er stellt die vollständige Netzwerkbeschreibung für die Logiksimulation dar.

Es folgt eine Phase der Logiksimulation dieses Netzwerkes, um das Verhalten der Schaltung zu untersuchen. Dabei ist es wichtig, die geeigneten Stimuli entsprechend des spezifizierten Verhaltens zu verwenden, sodaß die Funktion und eventuelle Nebenwirkungen vollständig untersucht werden können.

Das Wechselspiel zwischen Modifikation des Schaltplans und Logiksimulation wird solange wiederholt, bis die Schaltung die vorgegebene Spezifikation erfüllt.

Da die Logiksimulation nicht eigenständig in der Lage ist, das Zeitverhalten nachzubilden, werden Teile der Schaltung elektrisch simuliert. Die Ergebnisse dieser ESPICE-Simulation werden der Logiksimulation in Form von Verzögerungszeiten mitgegeben, sodaß eine genauere Simulation des Verhaltens möglich ist. Eine elektrische Simulation des gesamten Blocks ist oftmals nicht durchführbar, da sie zu lange Rechenzeiten benötigt.

Jetzt kann das Layout erstellt werden. Hierzu kann der gleiche grafische Layout Editor verwendet werden, wie für einfache Zellen. Üblicherweise wird beim Zeichnen des Layouts dieselbe hierarchische Struktur wie für den Schaltplan verwendet, dies erleichtert die anschließende Verifikation.

Zum Abschluß der eigentlichen Entwicklungsarbeit muß noch die Beschreibung der Outline und der Terminals entwickelt werden. Hierzu wird derselbe grafische Layout Editor verwendet wie für das eigentliche Layout (*content*). Wenn Outline- und Terminal-Positionen auf einem festgelegten Raster (*grid*) liegen sollen, muß der Entwickler diese natürlich bereits beim Erstellen des Layouts berücksichtigen. Die Beschreibung der Outline und Terminals ist für die Plazierung (*place*) und Verdrahtung (*route*) der Elemente notwendig.

Auch hier wird eine umfangreiche Verifikation durchgeführt, dabei werden die gleichen Schritte durchgeführt, wie sie in Abschnitt 5.1.1 bereits erläutert sind (DRC, LPE, *simulation*).

Da hierbei der Schaltplan bzw. das Netzwerk und das Layout unabhängig voneinander entstehen, ist ein weiterer Verifikationsschritt durchzuführen, der *Layout Versus Schematic Check* (LVS, Abschnitt 5.4). Bei diesem Check wird aus dem Layout ein Transistornetzwerk extrahiert und mit dem simulierten Netzwerk (Schaltbild, *schematics*) verglichen. Abweichungen müssen korrigiert werden und die Verifikation muß erneut durchgeführt werden.

Um diese Schaltung als Teil einer Bibliothek benutzen zu können, muß eine Verhaltensbeschreibung für den Simulator, der im System für die übergeordnete Schaltungsentwicklung verwendet wird, geschrieben werden. Das Verhaltensmodell sollte in einer "höheren Beschreibungsform" vorliegen, um die Rechenzeiten bei den späteren Simulationen der Gesamtschaltung oder von Teilschaltungen aus mehreren Bibliotheksblöcken zu reduzieren. Die Resultate der Simulationen mit der Beschreibung auf Gatterebene und mit der Verhaltensbeschreibung müssen verifiziert und verglichen werden. Letztere muß modifiziert werden, bis das Verhalten der beiden Simulationen übereinstimmt.

Da der Benutzer dieser Bibliothek nur das Verhaltensmodell in seiner Simulation der Zusammenschaltung verwendet, muß eine Charakterisierungssimulation (Abschnitt 5.1.1) durchgeführt werden.

Da diese Art von Bibliothekselementen im allgemeinen zu viele Transistorelemente beinhalten, um eine Charakterisierungssimulation der gesamten Schaltung in angemessener Rechenzeit durchführen zu können, muß in vielen Fällen eine *Critical-Path*-Simulation angewendet werden. Es wird bei dieser Simulationsform ein reduziertes Netzwerk verwendet, das nur aus solchen Elementen und parasitären Elementen besteht, die zum Zeitverhalten entlang eines ausgewählten zeitkritischen Datenpfades (*critical path*) der Schaltung beitragen. Es kann in einer Schaltung mehrere Critical Paths geben, aus deren Simulationen die Parameter zu ermitteln sind.

Am Ende des Design-Ablaufs erfolgt die Fertigstellung eines Datenblattes, das dem Anwender als Grundlage für die Auswahl der Elemente dient. Das Datenblatt beinhaltet Angaben zur Funktion, Größe und Charakteristik des Bibliothekselementes.

5.1.3 Design Flow parametrisierbarer Blöcke

Ausgehend von der Spezifikation wird die Funktion in Unterfunktionen aufgegliedert. Diese Aufgliederung macht man auf Papier, um zu erkennen, welche grundlegenden Zellen benötigt werden und welche Hierarchien man verwenden will.

Der eigentliche Entwicklungsablauf verläuft nach dem *bottom up*-Verfahren, das heißt man entwickelt erst die unterste Ebene der Hierarchie, dann die darüberliegende usw., bis die gesamte Funktion erstellt ist.

Parametrisierbare Blöcke unterscheiden sich erheblich von den vorgenannten Elementen. Es handelt sich hierbei nicht um festgelegte Schaltungen, sondern um **Generatoren**, die Schaltungen, entsprechend den aufrufenden Parametern, erzeugen.

Man nennt diese Form **prozedurale Beschreibung**, da die Generatoren aus Prozeduren bestehen, die Integrierte Schaltungen erstellen.

Der Aufruf dieser Generatoren liefert eine Verhaltensbeschreibung, ein Netzwerk, das Layout und die dazugehörigen Outline- und Terminal-Informationen, so daß sie für die Simulation mit der Umgebung und für das Plazieren und Verdrahten zur Verfügung stehen. Diese Beschreibungen berücksichtigen die aktuellen Aufrufparameter. Die Entwicklung von parametrisierbaren Blöcken für eine Bibliothek besteht in der Entwicklung und Verifikation dieser Generatoren und zugehöriger Verhaltensbeschreibungen für den Systemsimulator.

Die Generierung der verschiedenartigen Blöcke wird von den Anwendern der Bibliothek durchgeführt, d.h. die Generatoren müssen im System gestartet werden können. Aus diesem Grund muß man sich auf eine prozedurale Beschreibungssprache festlegen.

In diesem Design System wird die Sprache "L" der Firma **Silicon-Compiler-Systems** (SCS) verwendet, da sie speziell für die Entwicklung von Generatoren für Integrierte Schaltungen entwickelt ist. Außerdem werden eine Anzahl Hilfsmittel (*generator development tools* = GDT) mitgeliefert, die das Entwickeln von Schaltungen in der Sprache L unterstützen (Compiler, Simulator, Display Editor, Router, Checker).

Die Sprache L ist elementorientiert, im Technologie-File gibt es die Definition der grundlegenden Elemente, die zur Verfügung stehen (Transistoren, Leitungen, Kontakte etc.).

Die Sprache L ist sehr flexibel, sie erlaubt neben der Erzeugung von festen Layouts auch die Verwendung von Hierarchien der Generatoren. Die Verwendung von Variablen für die Design Rules erlaubt auch eine weitgehende Unabhängigkeit von den absoluten Werten für die verschiedenen Prozesse.

Für die Entwicklung von festen Layouts gibt es grundsätzlich zwei Möglichkeiten. Man kann die Schaltung als normales L-File mit einem Texteditor erstellen oder mit dem grafischen Editor **Led**. Led ist in der Lage, L-Files zu lesen und zu schreiben, sodaß das Editieren entweder grafisch mit Led oder textual mit einem Texteditor durchgeführt werden kann. Die Datenbasis ist immer das L-File. Das Editieren in Led hat jedoch zur Folge, daß absolute Koordinaten eingesetzt werden. Dies bedeutet, man muß Generatoren immer als L-Files editieren, die man dann mit Led inspiziert.

Die grundlegenden Zellen werden als L-Files entwickelt und mit Led kontrolliert. Dabei wird auch gleich ein Design Rule Check durchgeführt. Die Funktion der Zellen wird mit dem *mixed level*-Simulator **Lsim** verifiziert. Die Netzwerkbeschreibung für die Simulation erhält man durch Übersetzen des L-Files mit dem L-Compiler **Lc**. Lsim erlaubt eine logische und elektrische Simulation. Die Modifikationen der Schaltungen werden immer am L-File durchgeführt.

Wenn die notwendigen Zellen fertiggestellt sind, kann mit der nächsten Hierarchieebene begonnen werden, indem das L-File mit den Aufrufen der Zellen und der Verdrahtung editiert wird. Sofern ein Generator erstellt werden soll, werden für die Parameter zunächst Variablen mit festen Werten verwendet. Inspektion, Design Rule Check und Simulation werden wieder mit Led und Lsim durchgeführt. Ist diese Entwicklung soweit abgeschlossen, werden die Werte der Parameter variiert und weitere Inspektionen, Checks und funktionelle Simulationen durchgeführt. Ist dieser Schritt beendet werden die Variablen zu Aufrufparametern umgestellt und der fertiggestellte Generator wird mit verschiedenen Parameterwerten probeweise aufgerufen und überprüft.

Dieser Ablauf zur Entwicklung von Generatoren wird für jede neue Schaltung der verschiedenen Ebenen wiederholt, bis alle notwendigen Generatoren bzw. alle Hierarchieebenen fertiggestellt sind. Es ist natürlich möglich, Generatoren, die bereits für andere Schaltungen entwickelt wurden, wiederzuverwenden.

Anschließend muß in der obersten Ebene des Generators eine Routine eingebunden werden, die in der Lage ist, korrekte Outline- und die Terminal-Beschreibungen in Abhängigkeit von den aufrufenden Parametern zu generieren.

Die abschließende Verifikation muß mit einer Anzahl von Testimplementationen, beruhend auf verschiedenen Parametern, durchgeführt werden. Es muß ein Design Rule Check (Abschnitt 5.3) durchgeführt werden.

Da die L-Beschreibung sowohl Layout als auch Netzwerk in konsistenter Form beinhaltet, ist ein Layout Versus Schematic Check (LVS) nicht erforderlich.

Auch die elektrische Simulation zur Charakterisierung muß bei den Generatoren an einigen repräsentativen Beispielimplementationen durchgeführt werden. Das Zeitverhalten muß dann in Abhängigkeit von den Aufrufparametern beschrieben werden, sodaß das Chip Design System dem Anwender Werte, entsprechend seinem Aufruf, zur Verfügung stellt.

Dem Anwender der Bibliothek muß eine Simulationsbeschreibung (Verhaltensmodell) zur Verfügung gestellt werden. Diese Verhaltensbeschreibung muß in der Beschreibungssprache des Zielsimulators vorliegen und sollte so abstrakt wie nur möglich sein, damit Rechenzeit für den Simulator eingespart wird. Das Verhalten der Simulationsbeschreibung in CDS (Abschnitt 4.3) muß mit dem Verhalten der Logiksimulation in Lsim überprüft werden, bis eine Übereinstimmung gegeben ist.

Am Ende des Design-Ablaufs erfolgt die Fertigstellung eines Datenblattes, das dem Anwender als Grundlage für die Auswahl der Elemente dient. Das Datenblatt beinhaltet Angaben zur Funktion, Parameter, Größe und Charakteristik des Bibliothekelements. Sofern erforderlich werden die Angaben in Abhängigkeit der Parameter angegeben.

5.2 Aufbau einer Bibliothek

Zum Aufbau einer Bibliothek gibt es eine Anzahl von Restriktionen, Kriterien und Randbedingungen, die eingehalten werden müssen, damit alle Elemente in beliebiger Kombination miteinander verwendet werden können. Alle Elemente einer Bibliothek müssen mit demselben Satz einheitlicher Design Rules für einen Prozeß erstellt werden. Die Betriebsspannung inklusive Toleranzband muß festgelegt sein, und die Referenzwerte für die Zeitparameter müssen definiert sein.

Die Eingänge der Bibliothekselemente sollten hochohmig sein, das heißt, sie sollten nur einen kurzzeitigen Ladestrom der Eingangskapazität aufnehmen.

Das verwendete Taktsystem für die getakteten Elemente muß einheitlich aufgebaut sein. Diese Definition muß Anzahl der Phasen, deren Verwendung, den Spannungsverlauf der Phasen und den Frequenzbereich beinhalten.

Einige Randbedingungen werden auch durch die verwendeten Softwarewerkzeuge vorgegeben, z.B. Form der Outline, Ebenen, die für die Verdrahtung der Anschlüsse zur Verfügung stehen, Lage der Anschlüsse auf einem Raster, Lage der Versorgungsanschlüsse.

5.2.1 Zellen konstanter Höhe

Die Zellen konstanter Höhe haben im allgemeinen nur einen geringen Komplexitätsgrad, es sind überwiegend Gatter, Treiber, Flip-Flops usw. Alle Zellen dieser Bibliothek haben die gleiche, für einen Prozeß festgelegte, konstante Höhe, und die Anschlüsse für die Versorgung sind so angeordnet, daß die Zellen aneinander aufgereiht werden können. Die Signalanschlüsse werden so herausgeführt, daß ober- bzw. unterhalb der Zellenreihen Kanäle für die Signalverdrahtung (*routing channels*) gelegt werden können.

Zellen konstanter Höhe werden mit *auto place-* und *auto route-*Werkzeugen wie AUTOCELL verwendet. Es entstehen damit Schaltungen, die aus einer Anzahl von Reihen dieser Zellen mit dazwischenliegenden Verdrahtungskanälen entsprechend den Benutzervorgaben automatisch plaziert und verdrahtet werden. Diese komplexeren Schaltungen werden mit einer Outline und mit Terminals versehen damit sie, wie alle anderen Blöcke, dem *global router* zur Verfügung gestellt werden können. Bild 5.2 zeigt den Plot von Outlines, Terminals und Verdrahtung von zwei Reihen aus Zellen konstanter Höhe.

5.2.2 Blöcke beliebiger fester Größe

Bei Blöcken fester Größe handelt es sich um Schaltungen mit fest vorgegebener Funktion, die unabhängig von der Anwendung nie verändert wird. Schaltungen

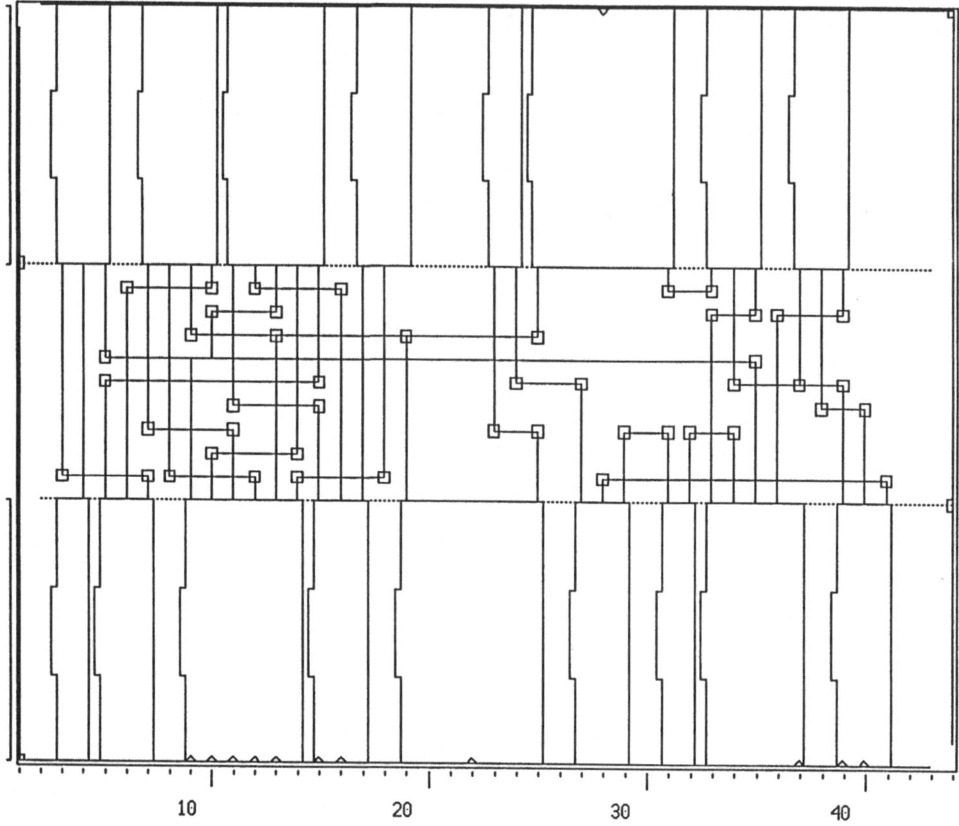

Bild 5.2. Plot von Reihen mit Zellen konstanter Höhe

dieser Art sind im allgemeinen von höherem Komplexitätsgrad als die in Abschnitt 5.2.1 beschriebenen mit Zellen konstanter Höhe. Beispiele für diese Blöcke sind serielle Schnittstellen. Die Entwicklung dieser Schaltungen kann sehr unterschiedlich erfolgen, so können sie zum Beispiel mit dem Programm AUTOCELL aus Zellen konstanter Höhe erzeugt sein.

Um den Flächenbedarf dieser Elemente einer Bibliothek gering zu halten, sind sie jedoch in den meisten Fällen vollständig bis auf Transistorebene "durchentwickelt" und verwenden nur speziell angepaßte Zellen.

5.2.3 Parametrisierbare Blöcke

Parametrisierbare Blöcke haben die Besonderheit, daß die Schaltung bzw. das Layout erst generiert wird, wenn der Anwender diese Elemente mit seinen aktuellen Parametern aufruft (Abschnitt 5.1.3).

In der Bibliothek existieren nur Prozeduren, die es erlauben, bestimmte Funktionen zu generieren.

Für parametrisierbare Generatoren eignen sich besonders Schaltungen mit regelmäßigen Strukturen, die vom Anwendungsfall abhängig variiert werden sollen. Beispiele hierfür sind Speicher, Multiplizierer, Addierer, Verzögerungsleitungen, Schieberegister usw.

```
L:: TECH c3dmasc

CELL del7 ()
{
  NUM lang = 7;

  CALL delay CELL delay (lang);

  INST delay del AT (0,0);

  OUT INF output    AT del.output;
  IN  INF input     AT del.input;
  GND INS gnd       AT del.gnd ;
  VDD INS vdd       AT del.vdd ;
}
```

Bild 5.3. L-File: Aufruf des Generators

```
L:: TECH c3dmasc

CELL delay (
  NUM anzahl = 5 )
{
  CALL inverter CELL inverter ();

  NUM j = 0;


  WHILE (++j <= anzahl)
    {
    IF (j == 1)
      {
      INST inverter inv[j] (0,0) ;
      }
    ELSE
      {
      INST inverter inv[j] ; inv[j].gnd_l AT inv[j - 1].gnd_r;
      }
    }
  VIAP ca AT inv[1].gnd_l ;
  VIAP cb AT inv[anzahl].vdd_r ;

  OUT INF output    AT inv[anzahl].out ;
  IN  INF input     AT inv[1].in ;
  GND INS gnd       AT ca ;
  VDD INS vdd       AT cb ;
}
```

Bild 5.4. L-File: Generator für eine Verzögerungsleitung

Als Beispiel zeigt Bild 5.3 den Aufruf eines Verzögerungsleitungs-Generators mit dem Parameter "Lang=7". In Bild 5.4 ist das L-File des Generators dargestellt. Die Verzögerungsleitung besteht aus einer Aneinanderreihung von vorher festgelegten Invertern. Die Definition des Inverters zeigt Bild 5.5. Die Bilder 5.6 bis 5.9 zeigen das generierte Layout mit den sieben Invertern in den verschiedenen Hierarchiestufen.

```
L:: TECH c3dmasc
CELL inverter (  )
{
TEXT inverter "inv" ;
# 6 terminals
    OUT INF out   W=2.4 (14,16) ;
    IN  INF in    W=2.4 (0,16) ;
    GND INF gnd_r W=2.4 (14,0) ;
    GND INF gnd_l W=2.4 (0,0) ;
    VDD INF vdd_l W=2.4 (0,34.40) ;
    VDD INF vdd_r W=2.4 (14,34.40) ;

    PMOS t0 R90 W=15 (7.6,28.80) ;
    NMOS t1 R90 W=10 (7.6,5.6) ;

    CONP c0 AT t1.s ;
    COPP c1 AT t0.s ;
    COPP c2 (3.20,28.8) ;
    CONP c3 (3.20,5.6) ;
    CPSP c4 (6,16) ;
    COWP c5 (3.20,24.0) ;
    COSP c6 (3.20,9.6) ;

    ODN W=3 c3 HOR t1.d TRUNC;
    PS c4 HOR VER t1.gr TRUNC;
    INF W=4 c5 VER HOR c2 ;
    INF W=4 c6 VER HOR c3 ;
    INF in HOR c4 ;
    INF gnd_l HOR gnd_r ;
    INF gnd_l HOR VER_c3 ;
    INF vdd_l HOR VER c2 ;
    INF vdd_r HOR VER c2 ;
    ODP W=4_c2 VER c5 ;
    ODP W=3 t0.d TRUNC HOR c2 ;
    ODN W=3 c3 VER c6 ;
    PS t0.gl TRUNC VER t1.gr TRUNC;
    INF c0 RIGHT=0.8 VER HOR c1 ;
    INF c0 RIGHT=0.8 VER HOR out ;

    RECT RPD (6.6,18.2) (2,2.8) ;
    RECT RPD (6.6,10.8) (2,3) ;

}
```

Bild 5.5. L-File: Inverter als feste Basiszelle

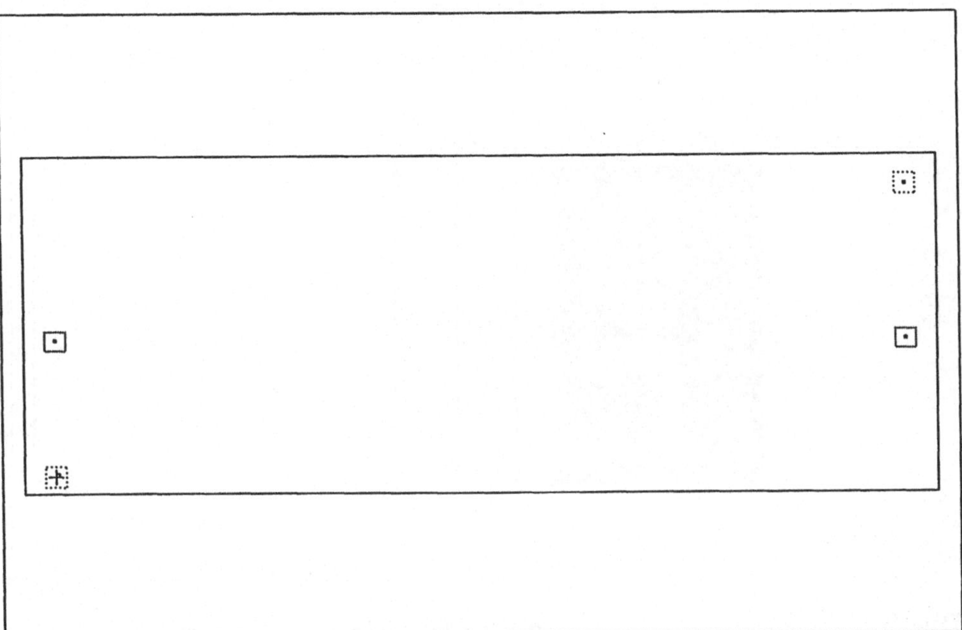

Bild 5.6. Verzögerungsleitung: oberste Ebene

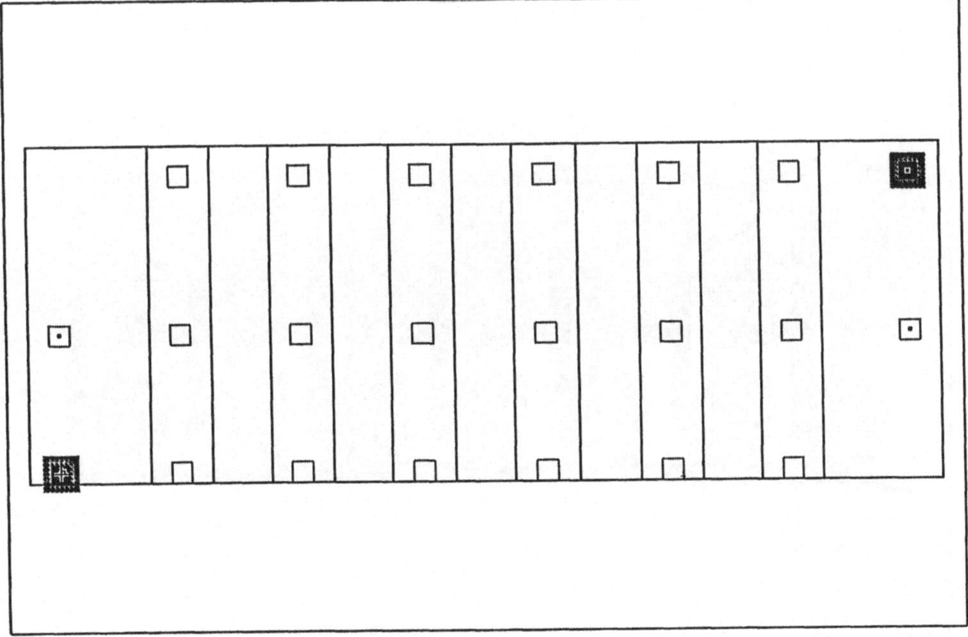

Bild 5.7. Verzögerungsleitung: Generatorebene

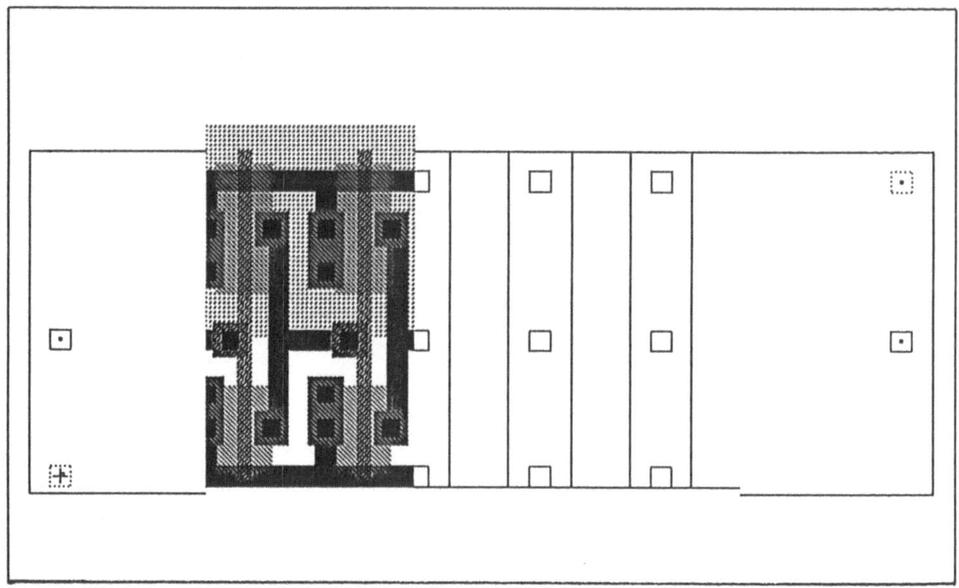

Bild 5.8. Verzögerungsleitung: gemischte Darstellung der Ebenen

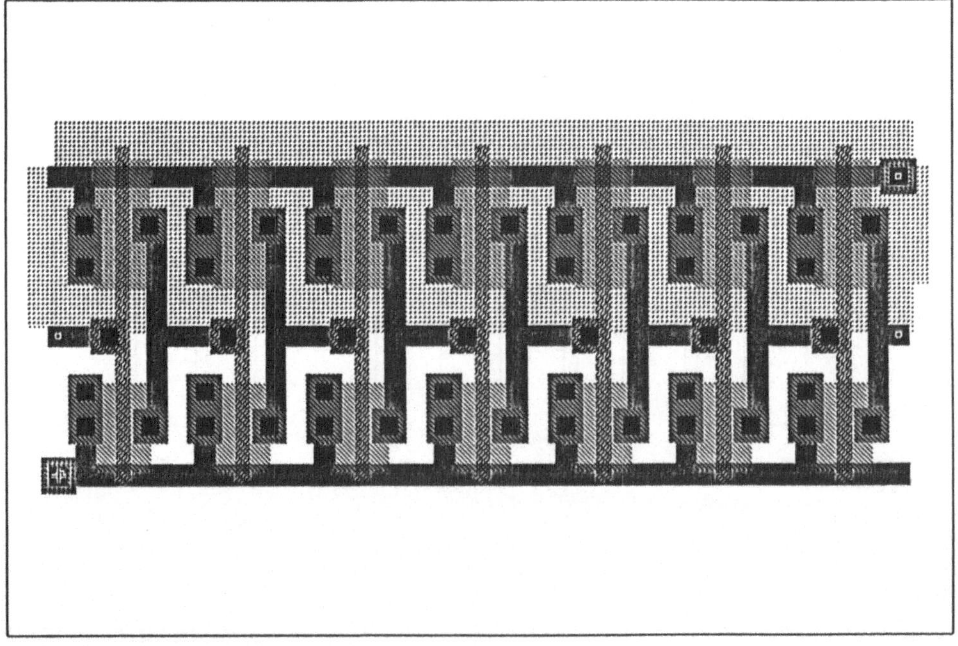

Bild 5.9. Verzögerungsleitung: Gesamtlayout

5.3 Design Rule Check

Die Überprüfung der geometrischen Strukturen eines Layouts auf Einhaltung der technologischen Entwurfsregeln bezeichnet man als **Design Rule Check** (kurz DRC genannt). Die Gesamtheit aller Design Rules, die für einen Fertigungsprozeß gelten, faßt man unter dem Begriff Design-Rule-Satz dieses Prozesses zusammen. Der dazugehörige DRC-Satz enthält dementsprechend alle Einzelchecks, die das Layout des entsprechenden Prozesses überprüfen.

Im folgenden soll an einigen Beispielen gezeigt werden, wie mit Hilfe des Layout-Verifikationsprogramms DRACULA der Firma CADENCE Inc. die Einhaltung einiger Design Rules überprüft wird. Dieses Programm läuft unter anderem auf VAX-Computern der Firma DIGITAL unter dem Betriebssystem VMS 4.6. Die Beispiele beziehen sich dabei auf Layout-Daten, die vom Designer geliefert werden. Design Rule Checks im Zusammenhang mit der Erstellung von Masken werden in einem späteren Kapitel behandelt.

Als zu verifizierendes Layout dient ein CMOS-Design. Die vom Designer gezeichneten Polygone bestehen nur aus waagerechten, senkrechten und 45-Grad-Linien, die in den folgenden Layern kodiert sind:

IN	: INTERCONNECT	niederohmige Aluminiumverbindung
PS	: POLYSILICON	Polysilizium
OD	: OXIDE DEFINITION	aktives Gebiet
CO	: CONTACT OPENING	Verbindung zwischen IN und PS oder IN und Diffusion
SN	: SHALLOW NEGATIV	OD innerhalb von SN ergibt N+ Diffusion
SP	: SHALLOW POSITIV	OD innerhalb von SP ergibt P+ Diffusion
NW	: NWELL	Definition der N-Wanne

Diese Layer werden im weiteren als **Inputlayer** bezeichnet.

5.3.1 Generierung der Checklayer

Ein Blick in die obige Liste der Inputlayer zeigt, daß z.B. die Gates der Transistoren nicht explizit kodiert sind. Um Länge und Weite der Gates zu prüfen, müssen diese erst mit Hilfe von logischen Operationen aus den Inputlayern erzeugt werden. Diese durch Layer-Verknüpfung generierten neuen Layer werden im folgenden als *Checklayer* bezeichnet.

Ein DRC besteht somit in den meisten Fällen aus zwei Teilen:

- Logische Operationen zur Erzeugung der Checklayer
- Überprüfung der Design Rules von Input- und Checklayern

Der folgende Abschnitt zeigt, wie die Checklayer mit Hilfe von logischen Operationen aus den Inputlayern erzeugt werden.

5.3.1.1 Logische Layerverknüpfungen

Zur logischen Verknüpfung von Layern stehen innerhalb des Verifikationsprogramms DRACULA vier Operatoren zu Verfügung. Dies sind:

AND : gemeinsames Gebiet zweier Layer
OR : Addition zweier Layer
NOT : Subtraktion zweier Layer
XOR : Exklusives Oder zweier Layer

Die Operatoren benutzen folgende Syntax:

```
OPERATOR   Layer1   Layer2   Layer3   ; Kommentar
```

Hierbei wird die vom Operator vorgegebene Verknüpfung auf Polygone der Layer "Layer1" und "Layer2" angewandt und das Ergebnis der Operation in "Layer3" abgelegt. Optional kann der Befehl mit einem Kommentar versehen werden.

Ein möglicher DRC fordert nun, die Dimensionen der P- und N-Kanal Transistoren und deren Diffusionsgebiete zu prüfen. Diese Checklayer können nun aus den Inputlayern mit den folgenden Operationen generiert werden:

```
AND  PS     OD     GATE   ; GATES der P- und N-Kanal Transistoren
AND  GATE   SN     NGATE  ; GATES der N-Kanal Transistoren
AND  GATE   SP     PGATE  ; GATES der P-Kanal Transistoren

AND  OD     SN     NDIFF  ; N+ Diffusionsgebiet
AND  OD     SP     PDIFF  ; P+ Diffusionsgebiet

NOT  NDIFF  NGATE  NSD    ; SOURCE-DRAIN-Gebiet der N-Kanal
                            Transistoren
NOT  PDIFF  PGATE  PSD    ; SOURCE-DRAIN-Gebiet der P-Kanal
                            Transistoren
```

Mit welchen Befehlen die Abmessungen der Gates und Diffusionsgebiete im einzelnen geprüft werden können, wird im Abschnitt 5.3.2 erläutert.

5.3.1.2 Plausibilitätschecks mittels logischer Operationen

Die einzelnen Befehle eines DRC lassen sich in zwei Gruppen einteilen:

- Überprüfung der Layer auf Plausibilität, d.h. auf das Vorhandensein, bzw. Nichtvorhandensein bestimmter Layer-Kombinationen.
- Überprüfung der Input- und Checklayer auf Einhaltung vorgegebener Dimensionen (siehe Abschnitt 5.3.2).

Die erste Gruppe dieser Checks soll hier an einigen Beispielen vorgestellt werden, da sie mit Hilfe logischer Operationen durchgeführt werden können.

Beispiel a: Der Layer CO kodiert Kontakte als Verbindung zwischen IN und PS und IN und den Diffusionsgebieten. Dies bedeutet, daß CO stets von IN umgeben sein muß. Ein Check, der dies überprüft, sieht wie folgt aus:

```
AND  CO  IN    COIN    ; suche alle CO auf IN        (1)
NOT  CO  COIN  COERR   OUTPUT COERR1                 (2)
```

In Zeile (1) werden zunächst alle CO gesucht, die auf IN liegen, und das Ergebnis im Layer "COIN" abgelegt. In (2) werden diese von allen CO abgezogen und somit bleiben die Kontakte übrig, die nicht von IN bedeckt sind. Zeile (2) wurde um den Befehl "OUTPUT COERR1" erweitert. Dies führt dazu, daß die Fehler, die sich bereits in dem Layer "COERR" befinden, auch in den Layer "COERR1" kopiert werden. Die Anzahl der Polygone eines mit dem "OUTPUT" Befehl erzeugten Layers erscheinen in der Zusammenfassung des DRC und ermöglichen es dem Benutzer, schnell zu erkennen, wie oft und gegen welche Design Rules im Layout verstoßen wurde.

Beispiel b: OD kodiert das Diffusionsgebiet der N- und P-Kanal Transistoren. Dies bedeutet, daß es entweder von SN oder SP umgeben sein muß. Ob diese Regel eingehalten wird, prüft der folgende Check. Dabei mögen die in 5.3.1 vorgestellten Operationen bereits ausgeführt worden sein.

```
NOT  OD   NDIFF  ODP    ; OD ohne N+ Diffusion       (3)
NOT  ODP  PDIFF  ODERR  OUTPUT ODERR1                (4)
```

Befehl (3) sucht zunächst alle OD-Gebiete, die nicht von SN bedeckt werden. Dann zieht (4) davon die P+ Diffusionsgebiete ab und als Ergebnis bleibt im Layer "ODERR" bzw. "ODERR1" das OD, das nicht von SN oder SP bedeckt wird.

Während in den Beispielen a) und b) geprüft wurde, ob ein Layer stets mit einem anderen verknüpft wird, zeigen die Beispiele c) und d), ob eine verbotene Kombination von Layern vorliegt.

Beispiel c: CO auf Gates sind verboten. Diese Regel kann auf einfache Weise wie folgt geprüft werden.

AND CO GATE GATERR OUTPUT GATERR1

Beispiel d: Es darf kein gemeinsames Gebiet von SN und SP geben.

AND SN SP SNSP OUTPUT SNSPERR

5.3.2 Einfache Dimensionschecks

Während in dem vorherigen Kapitel gezeigt wurde, wie mit logischen Verknüpfungen das Layout auf Plausibilität geprüft werden kann, soll nun gezeigt werden, wie Input- und Checklayer auf exakte Einhaltung der Dimensionen, die durch die Design Rules vorgegeben sind, überprüft werden.

Dazu benutzt man im wesentlichen die folgenden vier Checkoperatoren:

WIDTH :	Überprüfung der Weite der Polygone eines Layers **(Width Check)**
EXT :	Überprüfung des Abstandes von Polygonen eines Layers oder zwischen Polygonen unterschiedlicher Layer **(External Check)**
ENC :	Überprüfung der Überlappung der Polygone eines Layers durch die eines anderen Layers **(Enclosure Check)**
AREA :	Überprüfung der Fläche der Polygone eines Layers **(Area Check)**

Die folgenden Beispiele zeigen die Umsetzung einiger Design Rules mit Hilfe der oben angeführten Checkoperatoren.

5.3.2.1 Der Weitencheck

Dieser Check dient zur Überprüfung der Weite der Polygone eines Layers. Bild 5.10 zeigt, zwischen welchen Seiten eines Polygons der Check die Weite mißt. Der

Checkbefehl erwartet die Angabe der Dimension, bzw. eines Dimensionsbereiches in μm und einen Vergleichsoperator (in den Bildern 5.11 bis 5.24 steht für μm ein U).

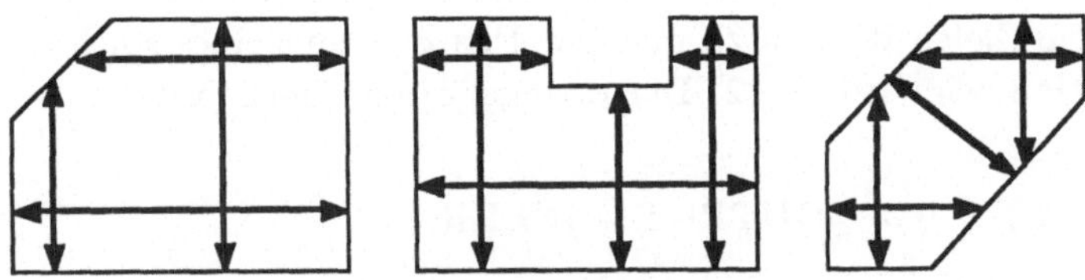

Bild 5.10. Funktionsweise des Weitenchecks

Als Vergleichsoperatoren sind möglich :

LT	:	ein Design Rule-Verstoß liegt vor, wenn die Weite geringer als ein vorgegebener Wert ist (lower than).
LE	:	ein Design Rule-Verstoß liegt vor, wenn die Weite kleiner oder gleich einem vorgegebenen Wert ist (lower equal).
RANGE n1 n2	:	ein Design Rule-Verstoß liegt vor, wenn die Weite größer als n1 und kleiner als n2 ist.

Ein Weitencheck des Inputlayers IN auf Einhaltung einer Mindestweite von 6 μm sieht dann wie folgt aus:

```
WIDTH   IN   LT   6.0   OUTPUT   INERR1
```

Treten Fehler bei der Überprüfung der Weite von IN auf, so werden diese in dem Layer "INERR1" abgelegt. Hierbei handelt es sich um Polygone, die diejenigen Teile der Polygone des Layers IN kennzeichnen, deren Weite 6 μm unterschreiten. Bild 5.11 zeigt, wie ein Weitenfehler einer IN-Bahn dargestellt wird.

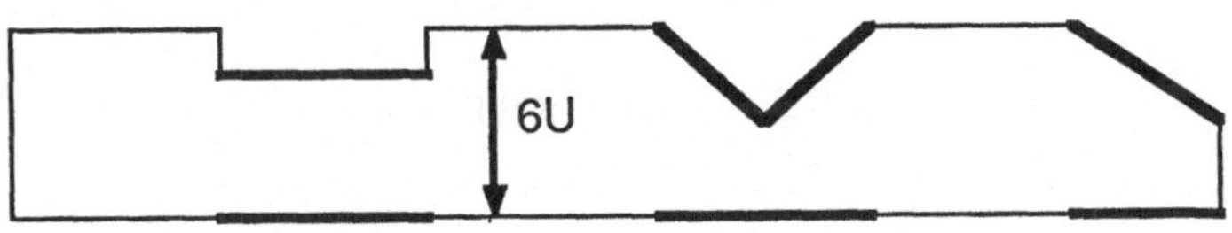

Bild 5.11. Darstellung des Weitenverstoßes einer IN-Bahn

Neben der Möglichkeit, den Weitencheck in der angegebenen Weise zu benutzen, besteht die Möglichkeit, durch Angabe von Optionen das Verhalten des Checks zu ändern. Die Anzahl der Optionen hängt dabei jeweils von dem entsprechenden Check ab. Sie werden in eckigen Klammern hinter dem Checkbefehl angegeben. Hierbei sei auf die C-Option verwiesen, die den Check anweist, die Weite eines Polygons nur zwischen parallelen Kanten zu messen. Das Ergebnis eines solchen Weitenchecks mit C-Option zeigt Bild 5.12. Der dazugehörige Check lautet:

WIDTH[C] IN LT 6.0 OUTPUT INERR2

Die Verwendung der C-Option bei Weitenchecks ist sorgfältig zu überdenken. Im obigen Beispiel wurde sie nur zur Demonstration angewandt. In der Realität macht sie bei dem Weitencheck von IN wenig Sinn, da fatale Fehler übersehen werden können. Deshalb soll nun eine sinnvolle Anwendung dieser Option aufgezeigt werden. Einige Designs enthalten achteckige Kontakte, die in Bild 5.13 dargestellt sind.

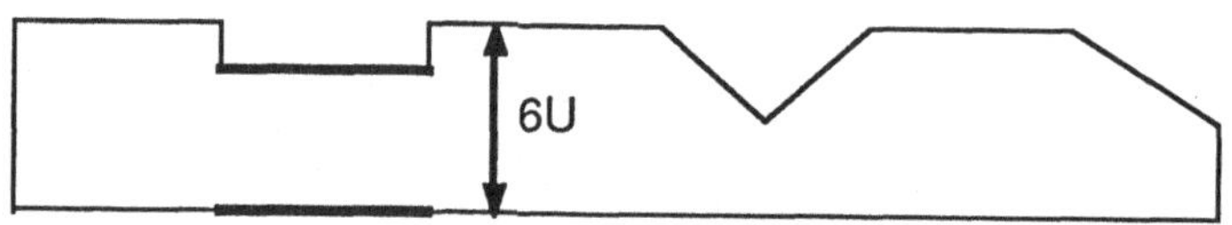

Bild 5.12. Darstellung des Weitenverstoßes einer IN-Bahn mit C-Option

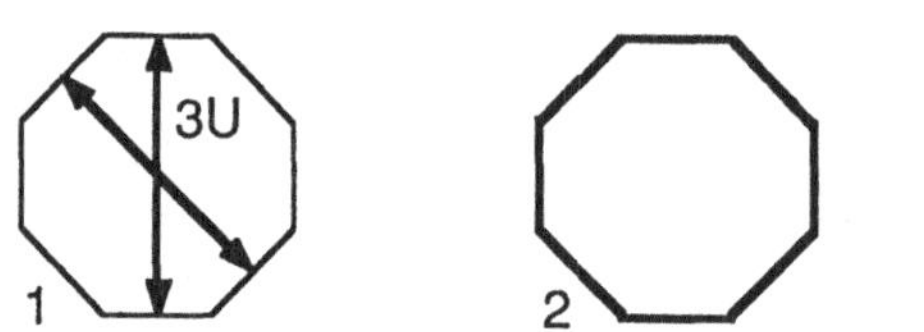

Bild 5.13. **a)**Achteckiger Kontakt mit Abmessungen, **b)**Checkergebnis ohne C-Option, **c)**Checkergebnis mit C-Option

Ein Check der Form

WIDTH CO LT 3.0 OUTPUT COERR1

liefert nun Fehler an sämtlichen Seiten der Kontakte, weil deren Abstand kleiner als 3 μm ist. Die C-Option beseitigt dieses Problem, da dann die Weite nur zwischen parallelen Kanten gemessen wird. Der Check

```
WIDTH[C]   CO   LT   3.0   OUTPUT   COERR2
```

liefert keine Fehler.

5.3.2.2 Der Abstandscheck

Der Abstandscheck dient zur Überprüfung der Entfernung zwischen Polygonen eines Layers oder zwischen Polygonen zweier unterschiedlicher Layer. Bild 5.14 zeigt, wie dieser Check den Abstand zwischen den Seiten der Polygone des Layers A und B ermittelt.

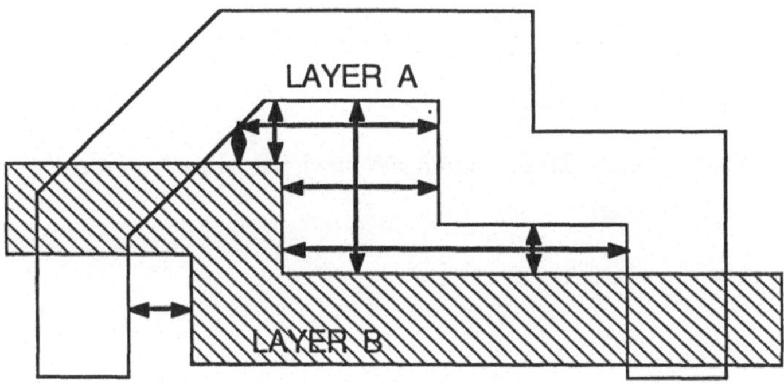

Bild 5.14. Funktionsweise des Abstandschecks

Als Vergleichsoperationen stehen die des Weitenchecks zur Verfügung. Während bei dem Weitencheck nur die C-Option vorgestellt wurde, sollen hier an einigen Beispielen auch die H-, O- und T-Optionen vorgestellt werden.

Beispiel a: Der Abstand zwischen SN und SP muß mindestens 5 μm betragen. Diese Regel läßt sich mit folgendem Check überprüfen:

```
EXT   SN   SP   LT   5.0   OUTPUT   SNSPERR
```

Das Ergebnis dieses Checks ist in Bild 5.15 dargestellt. Wie zu erkennen ist, liefert die Berührung und die Überlappung von SN und SP keinen Fehler. In diesem Fall soll dies aber nicht erlaubt sein, deshalb muß der Check durch Hinzufügen der O- und T-Option erweitert werden. Dabei bedeuten die Optionen

O	: Überlappung der Layer gilt als Fehler	**(Overlapp)**
T	: Berührung der Layer gilt als Fehler	**(Touch)**

Der neue Checkbefehl sieht dann wie folgt aus:

```
EXT[OT]   SN   SP   LT   5.0   OUTPUT   SNSPERR2
```

Das Ergebnis des Checks ist in Bild 5.16 dargestellt.

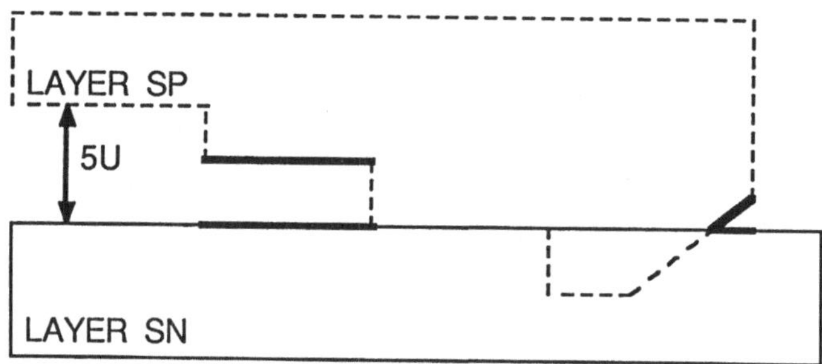

Bild 5.15. Ergebnis des Abstandschecks zwischen SN und SP ohne Option

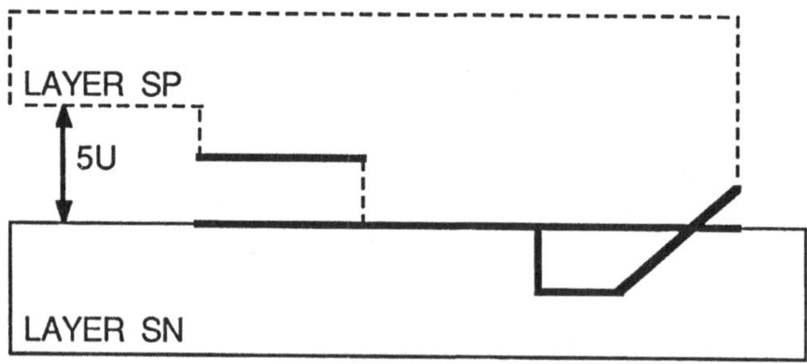

Bild 5.16. Abstandscheck zwischen SN und SP mit OT-Option

Beispiel b: Der Abstand der Polygone in IN soll mindestens 3 μm betragen. Der dazugehörige Checkbefehl lautet:

```
EXT   IN   LT   3.0   OUTPUT   INERR1
```

Da in dem Checkbefehl nur ein Layer angegeben ist, prüft das Programm den Abstand der Polygone dieses Layers zueinander. In Bild 5.17 ist das Ergebnis eines solchen Checks dargestellt.

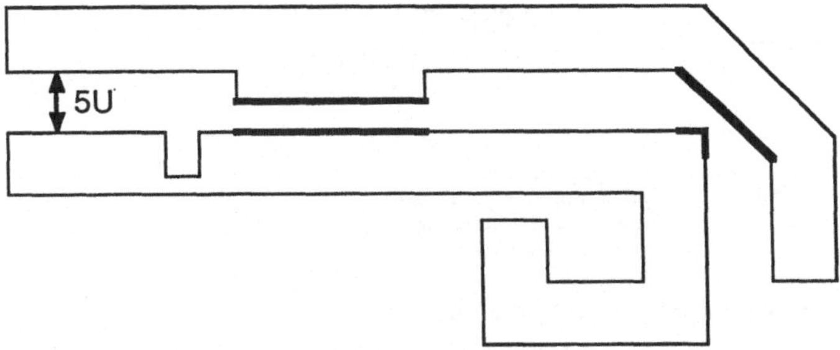

Bild 5.17. Abstandscheck zwischen Polygonen des Layers IN

Dabei wird die Einschnürung und die Lücke im unteren Polygon nicht als Fehler erkannt, da der Check nicht den Abstand der Seiten eines Polygons zu sich selbst mißt. Soll dies auch als Fehler erkannt werden, muß der Checkbefehl um die H-Option erweitert werden. Das Ergebnis des Checks zeigt Bild 5.18. Der dazugehörige Check lautet dann:

EXT[H] IN LT 3.0 OUTPUT INERR2

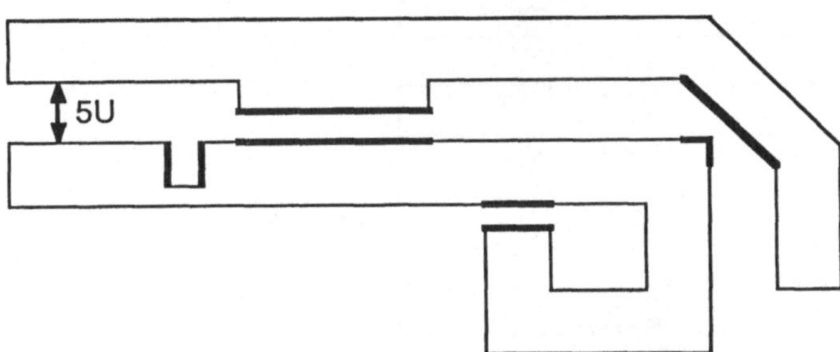

Bild 5.18. Abstandscheck zwischen Polygonen des Layers IN mit H-Option

5.3.2.3 Der Überlappungscheck

Dieser Check prüft die Überlappung der Polygone eines Layers gegen die eines anderen. Dabei werden die Innenseiten des überlappenden Layers (Layer A) gegen die Außenseiten des überlappten Layers (Layer B) gecheckt. Bild 5.19 verdeutlicht diese Vorgehensweite.

Ein typisches Beispiel für die Benutzung dieses Checks ist die Überprüfung des Overlaps bei Kontakten. Dabei müssen in der Regel die Layer IN, PS und OD die CO-Kontakte um einen vorgegebenen Wert überlappen.

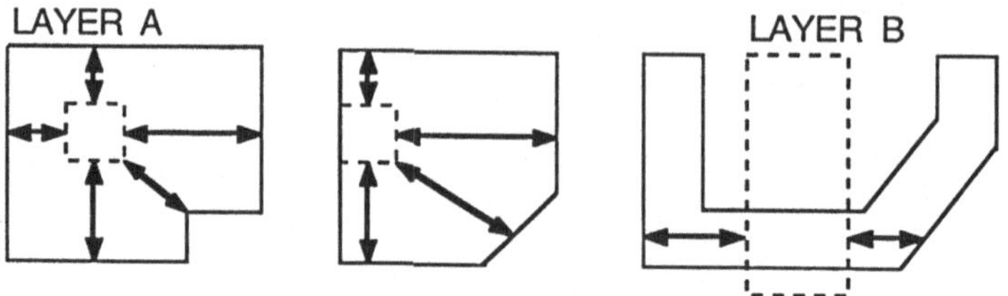

Bild 5.19. Funktionsweise des Überlappungschecks

In den meisten Fällen ist es auch nicht erlaubt, daß Kontakte die anderen Layer berühren oder schneiden. Dann muß der Checkbefehl durch Hinzunahme der OT-Option dementsprechend modifiziert werden. Im folgenden Beispiel wird der CO-Overlap bezüglich IN,PS und OD auf 2 μm geprüft und das Ergebnis in Bild 5.20 dargestellt. Die entsprechenden Checks lauten:

```
ENC[OT]  CO  IN  LT  2.0    OUTPUT  INERR1
ENC[OT]  CO  PS  LT  2.0    OUTPUT  PSERR1
ENC[OT]  CO  OD  LT  2.0    OUTPUT  ODERR1
```

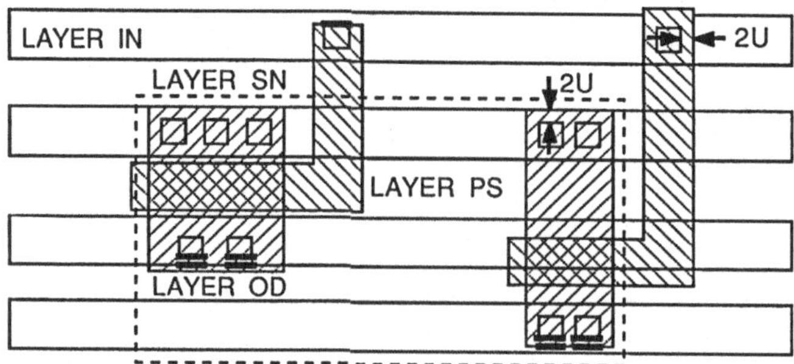

Bild 5.20. Checkergebnis der Überlappung von CO über IN, PS und OD

5.3.2.4 Der Flächencheck

Der Flächencheck dient zur Überprüfung der Fläche der Polygone eines Layers. Da aber gewöhnlich für jeden Layer auch eine Mindestweite vorgeschrieben ist, wird der Flächencheck meist in Verbindung mit dem Weitencheck benutzt. Während die bereits vorgestellten Checkbefehle bei Design Rule-Verstößen Fehlerpolygone als Ergebnis liefern, die die fehlerhaften Seiten des Checklayers kennzeichnen, ist das Ergebnis des Flächenchecks eine aus Polygonen gebildete Fläche. Ihre Größe liegt innerhalb des Bereiches, der im Checkbefehl angegeben worden ist. Der Flächencheck erlaubt nur den Vergleichsoperator "Range".

Das folgende Beispiel zeigt, wie geprüft wird, ob ein Design nur quadratische Kontakte der Seitenlänge 3 μm enthält.

```
WIDTH CO  LT     3.0           OUTPUT COERR3   (5)
AREA  CO  RANGE  9.01   1000.0 OUTPUT COERR4   (6)
```

In Zeile (5) werden zunächst alle Kontakte gesucht, deren Weite 3 μm unterschreitet und die fehlerhaften in "COERR3" gekennzeichnet. Alle bis jetzt noch als fehlerfrei geltenden Kontakte haben also Mindestweiten von 3 μm. Sind eine oder mehrere Seiten jedoch größer als 3 μm, dann ist auch die Fläche größer als 9 μm^2 . Diese Kontakte werden dann in "COERR4" abgelegt (6). Bild 5.21 zeigt das Ergebnis eines solchen Checks.

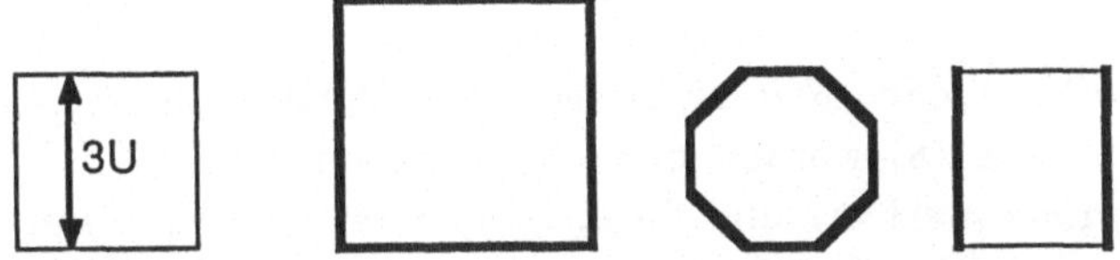

Bild 5.21. Ergebnis eines Checks für Kontakte

5.3.3 Checks für komplexe Design Rules

Neben den bereits dargestellten Möglichkeiten der Design Rule Checks bietet DRACULA noch weitere mächtige Checkbefehle, deren Vorstellung hier zu umfangreich werden würde. Stellvertretend hierfür seien aber im folgenden Checks mit der sogenannten *Conjunctive Rule* vorgestellt, die eine von manchen Programmiersprachen bekannte Konstruktion IF - THEN erlauben. Ebenso seien Checks erwähnt, die das elektrische Netzwerk des Layouts berücksichtigen.

5.3.3.1 Checks mit Conjunctive Rule

Bei den bisher vorgestellten Checks wurden entweder Inputlayer oder Checklayer auf Einhaltung von Design Rules überprüft. Es ist aber auch möglich, die durch einen Check erzeugten Fehlerpolygone mit einem weiteren Checkbefehl zu überprüfen. Dieser Befehl sondert dann aus der Gesamtzahl der Fehlerpolygone des ersten Checks diejenigen aus, die den zweiten verletzen. Selbstverständlich ist diese Möglichkeit nicht auf die Kombination von nur zwei Checkbefehlen begrenzt.

Eine solche Konstruktion bezeichnet man als *Conjunctive Rule.* Der letzte Checkbefehl erhält den "OUTPUT"-Befehl, während alle vorangehenden Befehle der Conjunctive Rule mittels des &-Zeichens miteinander verbunden werden.

Wie man Conjunctive Rules anwendet, zeigen die folgenden zwei Beispiele. Hierbei wird der Checkbefehl "LENGTH" benutzt, der die Länge von Fehlerpolygonen eines Layers mißt. Er kann nur als Teil einer Conjunctive Rule verwendet werden.

Beispiel a: Der IN-Abstand darf 2 μm betragen, wenn sich dieser nicht über eine Entfernung von 10 μm erstreckt. Sonst muß der Abstand mindestens 3 μm betragen. Diese Regel wird wie folgt implementiert:

```
EXT     IN  LT  2.0    OUTPUT  INERR1      (7)
EXT     IN  LT  3.0    &                   (8)
LENGTH  IN  GT  10.0   OUTPUT  INERR2      (9)
```

Abstände kleiner als 2 μm sind auf jeden Fall ein Design Rule-Verstoß und werden in Zeile (7) erkannt. In Zeile (8) werden nun alle Abstände, die kleiner als 3 μm sind, als Fehlerpolygone markiert und diejenigen, deren Länge 10 μm überschreitet, in dem Fehlerlayer "INERR2" abgelegt (9). Der "LENGTH"-Check erlaubt auch die Vergleichsoperatoren GT (größer als) und GE (größer gleich). Das Ergebnis dieses Checks ist in Bild 5.22 dargestellt.

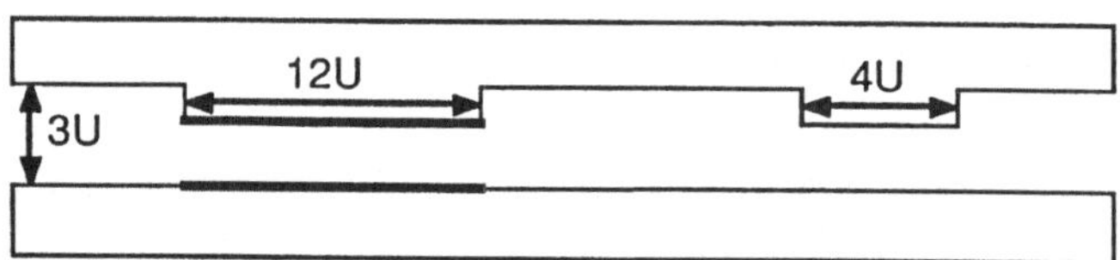

Bild 5.22. Checkergebnis eines Weitenchecks mit CONJUNCTIVE RULE

Während im obigen Beispiel der "WIDTH"-Check Fehlerpolygone liefert, die wirkliche Kandidaten für Fehler sein können, zeigt das folgende Beispiel, wie Fehlerpolygone absichtlich erzeugt werden, um die Weite der P-Kanal- Gates zu überprüfen.

Beipiel b: Die Länge der P-Kanal-Transistoren soll mindesten 3 μm und deren Weite mindestens 5 μm betragen. Die Einhaltung der Länge kann nun einfach mit Hilfe des Checks

```
WIDTH   PGATE   LT   3.0   OUTPUT   PGATERR1
```

überprüft werden (Generierung des Checklayers "PGATE" wurde bereits im Kapitel Logische Operationen vorgestellt). Die Einhaltung der Weite kann nun aber nicht mit

```
WIDTH   PGATE   LT   5.0   OUTPUT   PGATERR2
```

festgestellt werden, da hier auch alle P-Kanal-Transistoren, deren Länge kleiner als 5 μm beträgt, als Fehler auftreten würden. Der "WIDTH"-Check prüft eben nur die Dimensionen des "PGATE"-Checklayers und kann nicht feststellen, welche Dimension der Länge und welche der Weite des Transistors entspricht.

Dieses Problem läßt sich durch folgenden Check beseitigen:

```
EXT[T]   PGATE PSD  LT   0.001    &                   ; (10)
LENGTH   PGATE      LT   5.0      OUTPUT PGATERR2     ; (11)
```

Da aufgrund der Generierung der Checklayer "PGATE" und "PSD" aneinander stoßen, ist ihr Abstand zueinander 0 μm. Deshalb stellen die in (10) erzeugten Fehlerpolygone die Weite des P-Kanal-Transistors dar. Der "LENGTH"-Check muß also nur noch prüfen, ob es Fehlerpolygone gibt, deren Länge 5 μm unterschreiten (11). Das Ergebnis eines solchen Checks zeigt Bild 5.23.

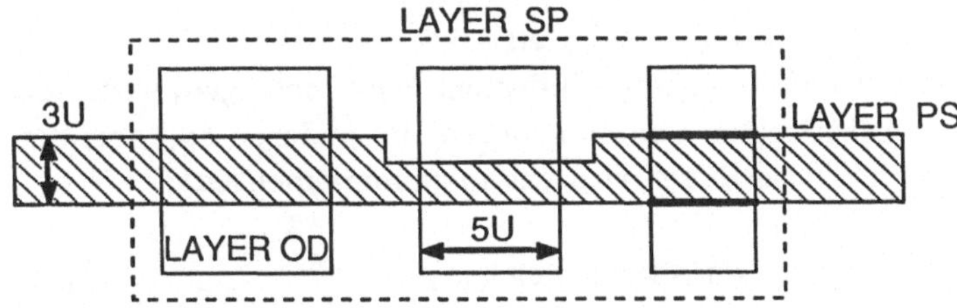

Bild 5.23. Überprüfung der GATE-Weite mittels CONJUNCTIVE RULE

5.3.3.2 Checks mit elektrischen Eigenschaften des Layouts

Bei allen bisher vorgestellten Checks wurden die Abmessungen der Check-, bzw. Inputlayer geprüft, ohne daß deren Bedeutung innerhalb des Layouts berücksichtigt wurde.

Um Design Rules zu checken, die auf den elektrischen Eigenschaften des Layouts beruhen, muß das Programm zunächst das elektrische Netzwerk des Layouts aufbauen. Der Benutzer teilt dem Programm deshalb zunächst mit, welche Layer elektrische Knoten darstellen. Dies geschieht mit Hilfe des "CONNECT-LAYER"

Befehls:

```
CONNECT-LAYER = NSD   PSD   PS   IN
```

Damit ist dem Programm bekannt, daß die Diffusionsgebiete (NSD und PSD), IN und PS elektrische Knoten sind. Dies reicht jedoch nicht aus, um ein Netzwerk aufzubauen. Das Programm benötigt noch zusätzlich die Information, wie die Verbindung zwischen den einzelnen Layern hergestellt wird. Dazu wird der "CONNECT" Befehl benutzt:

```
CONNECT IN  PS  by  CO ; Verbindung zwischen IN und PS
CONNECT IN  NSD by  CO ; Verbindung zwischen IN und
                         N+ Diffusion
CONNECT IN  PSD by  CO ; Verbindung zwischen IN und
                         P+ Diffusion
```

Diese drei Zeilen sagen aus, daß CO die Verbindung von IN zu PS und den Diffusionsgebieten herstellt.

Einem Checkbefehl wird durch die N-Option mitgeteilt, daß die elektrischen Eigenschaften des Layouts zu berücksichtigen sind. Diese Option verhindert die Erzeugung von Fehlerpolygonen, wenn die zu prüfenden Layer zu einem elektrischen Knoten gehören. Sie findet nur Anwendung bei Abstandschecks.

Eine konkrete Anwendung gibt folgendes Beispiel:
Der Abstand zwischen zwei IN-Bahnen soll mindestens 3 μm betragen, wenn die Leitungen nicht zu einem elektrischen Knoten gehören. Im anderen Fall darf der Abstand minimal 2 μm sein. Diese Regel wird wie folgt implementiert:

```
EXT      IN   LT   2.0   OUTPUT INERR3        (12)
EXT[N]   IN   LT   3.0   OUTPUT INERR4        (13)
```

Ein Abstand von weniger als 2 μm ist in jedem Fall ein Fehler. Dies wird in (12) überprüft. Zeile (13) stellt fest, ob es IN-Bahnen gibt, deren Abstand zueinander geringer als 3 μm ist und erkennt diese als Fehler, wenn sie nicht zu einem elektrischen Knoten gehören (N-Option). Das Ergebnis eines solchen Checks ist in Bild 5.24 dargestellt.

5.3.4 Fehlerreport

Nach Durchführung eines DRC erhält der Designer eine Zusammenfassung des Checkergebnisses in einem Summary-File. Dieses enthält Angaben, gegen welche Design Rules verstoßen wurde. Die Anzahl der erzeugten Fehlerpolygone eines

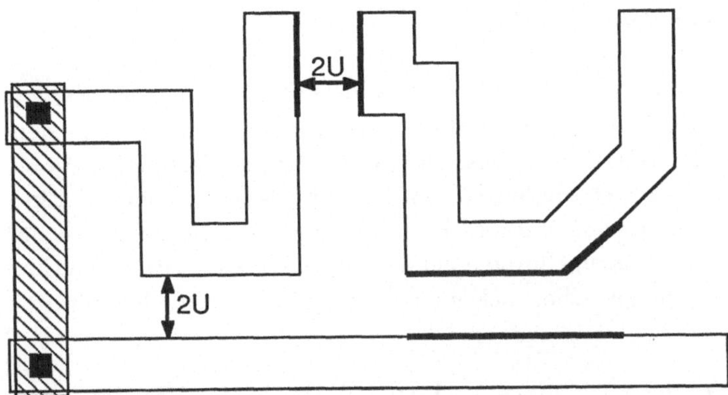

Bild 5.24. Ergebnis eines Weitenchecks unter Berücksichtigung der elektrischen Verbindungen im LAYOUT

Checks und die Koordinaten des Bereiches, in dem sie sich befinden, werden ebenfalls angegeben. Am Ende des Summary-Files ist noch einmal der gesamte Checksatz zur Referenz aufgelistet.

Für das exakte Auffinden der Stellen im Layout, an denen sich die Fehler befinden, ist das Summary-File nicht geeignet, es sei denn, die Fehler liegen innerhalb eines eng begrenzten Bereichs, so daß die o.g. Bereichskoordinaten praktisch mit der Lage der Fehler identisch sind.

5.3.4.1 Benutzung des LOG-Files

Zu jedem DRC wird vom Betriebssystem des Rechners ein sogenanntes LOG-File angelegt, wenn der Check als Batchjob gerechnet wurde. Dieses File enthält neben Angaben über den Batchjob auch die exakten Koordinaten der Fehlerpolygone der einzelnen Checks.

Der Designer kann nun mit Hilfe dieser Angaben die fehlerhaften Stellen seines Layouts an seinem CAD-Arbeitsplatz korrigieren. Da er sich die Koordinaten der Fehler ausdrucken kann, benötigt er keine weitere Hardware, um sich die Fehler anzeigen zu lassen.

Der Nachteil dieser Methode besteht darin, daß die Koordinaten der Fehlerpolygone nur schwer einen Überblick über die Verteilung der Fehler im Layout ermöglichen. Liegt in einer Zelle ein Verstoß gegen eine Design Rule vor und ist diese Zelle z.B. 1024 mal plaziert, dann wird der Fehler auch 1024 mal aufgelistet. Der Designer kann aus den angegebenen Koordinaten meist nur sehr schwer erkennen, daß es sich bei dem Fehler im Prinzip nur um einen Verstoß innerhalb einer Zelle handelt.

5.3.4.2 Erstellung von Fehlerplots

Als Möglichkeit der graphischen Fehlerdarstellung sei hier zunächst der *Fehlerplot* erwähnt. Der Designer wählt gewöhnlich einen Plot, auf dem neben den Inputlayern auch die entsprechenden Fehlerlayer erscheinen, die farblich meist so gekennzeichnet sind, daß sie sich eindeutig von den Inputlayern abheben. Eine andere Möglichkeit besteht darin, mehrere Plots anzufertigen, in denen jeweils nur einige Inputlayer und die dazugehörigen Fehler dargestellt sind. Beide Methoden ermöglichen einen schnellen Überblick über die Lage aller, bzw. bestimmter Fehler.

Allerdings hat der Fehlerplot auch einige Nachteile. Während das Ergebnis eines DRC unmittelbar nach Ende des Batchjobs im LOG-File zur Verfügung steht, muß ein Plot erst gerechnet und dann auf einem Plotter ausgegeben werden. Da ein solches Gerät aber gewöhnlich von mehreren Designer benutzt wird, kann es ggf. längere Zeit dauern, bis der Designer den gewünschten Plot erhält.

Ein kompletter Checksatz für ein Design kann bis zu 50 und mehr Design Rules überprüfen. Dies bedeutet, daß auch mindestens genau soviele Fehlerlayer existieren. Bei einer solch großen Anzahl von Layern ist es nicht mehr möglich, diese farblich so zu differenzieren, daß die Fehlerlayer eindeutig voneinander zu unterscheiden sind.

5.3.4.3 Benutzung des Layoutdebuggers LAYDE

Eine andere Möglichkeit, sich die von dem Checkprogramm generierten Layer darstellen zu lassen, ist die Benutzung des LAYoutDEbuggers LAYDE. Dieses Programm benötigt zwar ein graphisches Terminal, kann aber dafür unmittelbar nach Beendigung des DRC benutzt werden.

LAYDE läßt dem Benutzer die Wahl der Farben und Füllmuster für die einzelnen Layer. Er kann jederzeit nicht benötigte Layer ausblenden oder neue hinzunehmen.

Ausschnitte aus dem Layout können beliebig gewählt, vergrößert, verkleinert und verschoben werden. Damit bietet LAYDE sowohl die Möglichkeit eines Gesamtüberblicks als auch die einer detailierten Darstellung der Layer. Dies ist ein wesentlicher Vorteil gegenüber Fehlerplots.

5.3.5 Statistische Daten

Die folgenden Zahlen sollen einen Eindruck darüber vermitteln, wieviel Rechenzeit und Speicherplatz für einen DRC benötigt wird. Geprüft wurde ein 8 Bit-

Mikrocontroller, der aus ca. 400 Pattern besteht, eine Fläche von ca. 60 mm^2 einnimmt und dessen Datensatz 12 MByte groß ist.

Der für den Check benutzte Design Rule Check-Satz enthält ca. 65 Regeln und benötigt 25 MByte Plattenplatz. Auf einer VAX 8800 betrug die CPU-Zeit ca. 2 Stunden.

5.4 Layout Versus Schematic Checks

Den Vergleich des Schaltplans mit dem Layout bezeichnet man als **Layout Versus Schematic Check.** Dieser Check ist ebenfalls Bestandteil der Layout-Verifikationssoftware DRACULA.
An einem einfachen CMOS-Design soll gezeigt werden, wie ein LVS Check durchgeführt wird.

5.4.1 Behandlung des Schaltplanteils

Dieser Abschnitt beschreibt die Vorbereitungen für einen LVS-Check, die von der Schaltplanseite her notwendig sind.

5.4.1.1 Graphische Eingabe des Schaltplans an einer Workstation

Das Erstellen des Schaltplans erfolgt an Workstations der Firma APOLLO. Dies bietet nicht nur die Möglichkeit der schnellen Änderung des Schaltplans, sondern auch die der logischen und elektrischen Simulation.

Ein Schaltplan wird ähnlich wie das Layout hierarchisch aufgebaut, d.h. Transistoren, NAND-, NOR- und andere Gatter werden aus einer Bibliothek entnommen und miteinander verbunden. Dies geschieht mit Hilfe des **Netzwerkeditors NETED** der Firma MENTOR GRAPHICS. Zu einem Schaltplan kann dann ein **Symbol** gezeichnet werden. Dazu dient der **Symboleditor SYMED**. Das Symbol erhält Anschlußpunkte, sogenannte **Pins**. Es kann dann wie die Elemente der Bibliothek plaziert und an den Pins angeschlossen werden.

Ein Symbol wird gewöhnlich immer dann erstellt, wenn die dadurch repräsentierte Schaltung mehrmals benötigt wird. Dies ist z.B. bei einem 8-Bit-Zähler der Fall, der aus acht einzelnen gleichen 1-Bit-Zählern aufgebaut wird.

Bild 5.25 zeigt den Schaltplan der einfachen Logikschaltung EXAMPLE, die mit dem MENTOR-Werkzeug NETED gezeichnet wurde. Die Zahlenangaben an den einzelnen Symbolen geben die Abmessungen der Transistoren an. So bedeutet

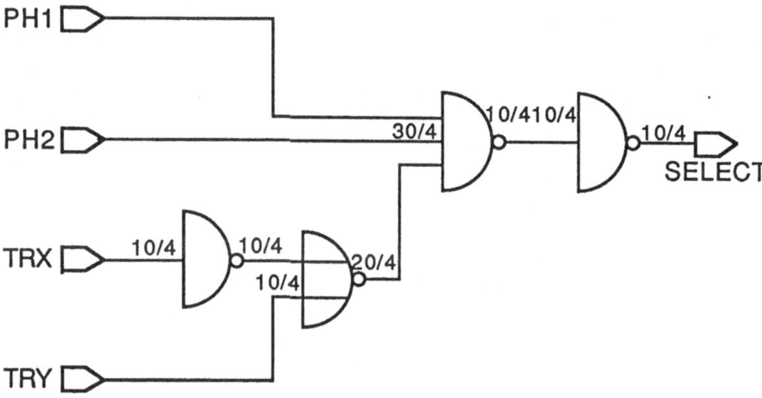

Bild 5.25. Schaltplan der Logik EXAMPLE

z.B. "10/ 4", daß der Transistor eine Weite von 10 μm und eine Länge von 4 μm besitzt. Die Angaben in der Nähe der Eingänge der NAND- und NOR-Gatter beziehen sich auf die N-Kanal-Transistoren, die in der Nähe der Ausgänge auf die P-Kanal-Transistoren. Ein CMOS-NAND-Gatter mit drei Eingängen besteht aus insgesamt drei N- und drei P-Kanal-Transistoren. Da jeweils nur eine Dimensionsangabe für die beiden Transistortypen vorhanden ist, gilt diese jeweils für alle drei N-, bzw. P-Kanal-Transistoren.

5.4.1.2 Erzeugung der Netzwerkbeschreibung

Der LVS-Check ist nicht in der Lage, die graphische Information des Schaltplans direkt zu verarbeiten. Er benötigt eine spezielle Netzwerkbeschreibung, die aus der graphischen Information gewonnen wird. Dazu dient ein spezielles Programm, das aus der MENTOR-Datenbasis eine Netzwerkbeschreibung erstellt. Diese Beschreibung bezeichnet man als **CDL (Circuit Description Language) -Format**. Sie hat große Ähnlichkeit mit der in Abschnitt 5.6 vorgestellten ESPICE-Darstellung. Die CDL-Beschreibung der in Bild 5.25 dargestellten Schaltung ist in Bild 5.26 angegeben.

Die eigentliche Beschreibung des Netzwerkes befindet sich zwischen den Schlüsselworten ".SUBCKT" und ".ENDS". Jeder Transistor der Schaltung erhält eine eigene Bezeichung, in diesem Fall "M1" bis "M14". Die nach der Transistorbezeichnung folgenden vier Signalnamen, bzw. Nummern geben der Reihenfolge nach an, an welchem elektrischen Knoten Source, Gate, Drain und das Substrat des Transistors angeschlossen ist. Dabei bedeuten gleiche Namen, bzw. Nummern eine Verbindung untereinander.

Der Buchstabe "N", bzw. "P" kennzeichnet den Typ des CMOS-Transistors, also P- oder N-Kanal. Die zwei folgenden Zahlenangaben entsprechen der Weite und

```
*
**********************************************************************
*
*       CDL-Beschreibung der Schaltung  E X A M P L E
*
**********************************************************************
*
*.GLOBAL    VCC     VSS
*
.SUBCKT  EXAMPLE  PH1  PH2  TRX  TRY  SELECT
*
**********************************************************************
*
M14     VSS             13              SELECT          VSS     N  10   4
M13     SELECT          13              VCC             VCC     P  10   4
M12     VSS             TRX             15              VSS     N  10   4
M11     15              TRX             VCC             VCC     P  10   4
M10     VSS             15              14              VSS     N  10   4
M9      VSS             TRY             14              VSS     N  10   4
M8      14              TRY             37              VCC     P  20   4
M7      37              15              VCC             VCC     P  20   4
M6      13              14              VCC             VCC     P  10   4
M5      13              PH2             VCC             VCC     P  10   4
M4      VSS             14              51              VSS     N  30   4
M3      51              PH2             50              VSS     N  30   4
M2      50              PH1             13              VSS     N  30   4
M1      13              PH1             VCC             VCC     P  10   4
*
**********************************************************************
*
.ENDS
```

Bild 5.26. CDL-Bescheibung der Schaltung EXAMPLE

Länge des Transistors gemessen in μm und stammen von den an den Schaltplansymbolen angegeben Werten.

Eine besondere Bedeutung kommt den Parametern zu, die sich hinter dem Schlüsselwort ".SUBCKT" befinden. Der erste Parameter bezeichnet den Namen der Schaltung, in unserem Beispiel "EXAMPLE". Dieser Name muß mit dem Namen des zu vergleichenden Layouts übereinstimmen. Alle folgenden Parameter bezeichnen Signalnamen, an denen die Schaltung angeschlossen wird. In unserem Fall "PH1", "PH2", usw. bis "SELECT". Diese Signale sind Kandidaten für **Corresponding Node Pairs**. Dieser Begriff wird später noch näher erläutert.

5.4.1.3 Compilation des Netzwerkes

In dieser Form ist das Vergleichsprogramm nicht in der Lage, das Netzwerk zu benutzen. Es muß erst mit Hilfe eines Netzwerk-Compilers in eine für das Vergleichsprogramm verständliche Form übersetzt werden. Für die Übersetzung gibt es im wesentlichen drei Gründe:

1. Das Netzwerk wird in eine Form übersetzt, auf die das Vergleichsprogramm schneller zugreifen kann als auf eine Text-Datei.

2. Hierarchische Netzwerke müssen in ihrer Hierarchie aufgelöst, d.h. flach gemacht werden, da auch aus dem Layout ein flaches Netzwerk extrahiert wird.

3. Der Netzwerk-Compiler versteht neben CDL-Format auch noch andere Formate, die alle in ein neues einheitliches Format übersetzt werden. Aus diesem Grund braucht das Vergleichsprogramm nur dieses eine Format zu verstehen.

Für die Compilation eines Netzwerkes mit ca. 120 000 Transistoren benötigt der Compiler auf einer VAX 8800 ca. 20 Minuten CPU-Zeit.

5.4.2 Behandlung des Layoutteils

Mit der Compilation des aus dem Schaltplan erzeugten Netzwerkes sind die Vorarbeiten bezüglich des schaltplanseitigen Vergleichs abgeschlossen. Als nächstes gilt es, das Programm anzuweisen, ein Netzwerk aus den Layout-Daten zu generieren, damit beide miteinander verglichen werden können. Dazu wird ein **Application-File** benötigt.

5.4.2.1 Erstellung des Application-Files

Das Application-File (Bild 5.27) enthält alle prozeßrelevanten Informationen bezüglich der benutzten Layer und deren elektrischen Verbindung untereinander. Aufgebaut wird es mit Hilfe der gleichen logischen Operatoren, die bereits im Abschnitt 5.3 vorgestellt wurden.

Da das Application-File im wesentlichen mit dem im Abschnitt 5.3 vorgestellten übereinstimmt, sollen hier nur die Ergänzungen vorgestellt werden, die im Zusammenhang mit dem LVS-Check stehen.

Alle P-Kanal-Transistoren befinden sich in der N-Wanne, alle N-Kanal-Transistoren auf P-Substrat. Dieser Layer ist aber nicht als Input Layer vorhanden. Er muß erst generiert werden. Das Verifikationsprogramm erzeugt automatisch den Layer "BULK". Dieser Layer stellt ein Rechteck dar, das in allen Richtungen 1 μm größer ist als alle Input Layer. Werden von diesem Layer BULK die N-Wannen-Gebiete abgezogen (1), dann bleibt das P-Substrat für die N-Kanal-Transistoren übrig. Da das Substrat der Transistoren, bzw. die Wanne ebenfalls angeschlossen werden müssen, werden Hilfskontakte definiert (2 und 3). Allge-

```
********************************************************************************

;
AND     PS      OD      GATE     ;GATES der P- und N-Kanal Transistoren
AND     GATE    SN      NGATE    ;GATES der N-Kanal Transistoren
AND     GATE    SP      PGATE    ;GATES der P-Kanal Transistoren
;
AND     OD      SN      NDIFF    ;N+Diffusionsgebiet
AND     OD      SP      PDIFF    ;P+Diffusionsgebiet
;
NOT     NDIFF NGATE     NSD      ;SOURCE-DRAIN-Gebiet der N-Kanal Transistoren
NOT     PDIFF PGATE     PSD      ;SOURCE-DRAIN-Gebiet der P-Kanal Transistoren
;
NOT     BULK    NW      PSUB     ;Erzeugung des P+ Substratgebietes          (1)
AND     NSD     NW      WELCON   ;Hilfskontakt zum Anschluß der Wanne        (2)
AND     PSD     PSUB    SUBCON   ;Hilfskontakt zum Anschluß des Substrats    (3)
;
CONNECT IN      NSD     BY  CO      ;Verbindung zwischen IN und N+ Diffusion
CONNECT IN      PSD     BY  CO      ;Verbindung zwischen IN und P+ Diffusion
CONNECT IN      PS      BY  CO      ;Verbindung zwischen IN und PS
CONNECT PSD     PSUB    BY  SUBCON  ;Verbindung zum Substrat                 (4)
CONNECT NSD     NW      BY  WELCON  ;Verbindung zur Wanne                    (5)
;
ELEMENT MOS[N]  NGATE PS NSD PSUB  ;Definition des N-Kanal-Transistors  (6)
ELEMENT MOS[P]  PGATE PS PSD NW    ;Definition des P-Kanal-Transistors  (7)
;
LVSCHK  LPERCENT = 2   WPERCENT = 6   PRINTLINE=500  ;Checkparameter    (8)
;

********************************************************************************
```

Bild 5.27. Application-File

mein gilt für den Prozeß, daß N+Diffusion in der Wanne als Wannenkontakt und P+Diffusion auf Substrat als Substratkontakt dient.

Damit die erzeugten Hilfskontakte im Check auch den gewünschten Zweck erreichen, müssen sie im "CONNECT"-Befehl aufgeführt werden (4 und 5). Als nächstes erwartet das Programm die Definiton der Elemente, die es im Layout erkennen soll. Diese Elemente sind in dem Beispiel N- und P-Kanal-Transistoren. Ihre Definition erfolgt in einer sogenannten "ELEMENT CARD" für N- (6) und P-Kanal-Transistoren (7). Dabei kennzeichnet der Layer, der nach dem Schlüsselwort "ELEMENT MOS[N]", bzw. "ELEMENT MOS[P]" folgt, die Gates der Transistoren. An welchem Layer diese Gates angeschlossen sind, gibt der folgende Layer an, in unserem Beispiel sind die Gates an Polysilizium angeschlossen. Danach erscheint die Angabe der Layer, die die Source-Drain-Gebiete bilden und abschließend der Substrat-Layer.

Der eigentliche LVS-Check-Befehl "LVSCHK" (8) schließt das Application-File ab. Die Angaben "LPERCENT = 2" und "WPERCENT = 6" weisen den Check dabei an, die Transistoren auch auf Einhaltung von Länge und Weite zu überprüfen. Weicht die Länge dabei um mehr als 2 % oder die Weite um mehr als 6 % von den vorgegebenen Werten im CDL-File ab, erscheinen diese Transistoren im Fehlerreport, auch wenn sie sonst richtig angeschlossen sind. Die Angabe "PRINTLINE = 500" begrenzt die Ausgabe der Fehler auf 500.

5.4.3 Durchführung des Vergleichs

Nachdem das Programm unter Berücksichtigung der Angaben des Application-Files das Netzwerk des Layouts extrahiert hat, kann der eigentliche Vergleich zwischen Schaltplan und Layout beginnen.

5.4.3.1 Die Corresponding Node Pairs

Ausgangspunkt für einen Vergleich sind die sogenannten Corresponding Node Pairs. Dies sind Leitungen im Schaltplan und Layout, die die gleichen Signalnamen haben und von denen das Programm annimmt, daß ihre Zuordnung richtig ist. Die Signalnamen des Schaltplans stammen aus der Parameterliste des Schlüsselworts "SUBCKT", die des Layouts aus der Layout-Datenbasis und/ oder aus einer speziellen Datei. Dabei wird die zweite Möglichkeit immer dann gewählt, wenn das Layout keinen Text enthält oder zusätzlicher Text eingefügt werden soll. Der Layout-Text muß dabei so plaziert sein, daß er eindeutig auf der zu ihm gehörigen Leitung liegt.

Das Vergleichsprogramm benötigt mindestens drei Corresponding Node Pairs. Dies sind gewöhnlich zwei Signale für die Spannungsversorgung und ein weiteres Signal. In der Realität hat es sich aber gezeigt, daß eine große Anzahl von Corresponding Node Pairs die Rechenzeit deutlich herabsetzt.

Da das Programm die Richtigkeit von Corresponding Node Pairs voraussetzt, ist bei ihrer Wahl Sorgfalt geboten. Eine fehlerhafte Wahl führt in der Regel zu einer extrem großen Anzahl an Fehlermeldungen. Ein erfahrener Benutzer erkennt gewöhlich, daß ein solcher Fehler vorliegt und hält deshalb nicht gleich das komplette Layout für fehlerhaft.

5.4.4 Fehlerreport

Das Ergebnis eines LVS-Checks wird in einem speziellen File abgelegt. Dies enthält neben den eigentlichen Fehlermeldungen weitere Angaben, wie z.B. eine Liste der Corresponding Node Pairs und die Anzahl der Layout- und Schaltplanelemente, die richtig bzw. fehlerhaft sind.

5.4.4.1 Interpretation der Fehlermeldungen

Die Interpretation eines LVS-Fehlerreports erfordert vom Designer einige Erfahrung, da unter Umständen ein einziger Verdrahtungsfehler im Layout eine große Anzahl von Fehlermeldungen hervorrufen kann. Die Ursache dieser Fehler ist nicht immer sofort ersichtlich.

Während bei einem Design-Rule-Verstoß die Koordinaten des Fehlers direkt auf die fehlerhafte Layout-Stelle weisen, zeigen zwar die Angaben des LVS-Checks auch direkt auf das fehlerhafte Element, die Ursache dafür kann sich aber in einem ganz anderen Teil des Chips befinden.

Die konkrete Auswertung eines LVS-Checks soll das folgende Beispiel geben. Bild 5.28 zeigt ein Layout, das nach dem vorliegenden Schaltplan erstellt wurde. Der gekürzte Fehlerreport des LVS-Checks ist in Bild 5.29 abgebildet.

Der Check hat also drei Unterschiede (*discrepancies*) zwischen dem Layout und dem Schaltplan gefunden. Dabei gelten die Angaben in der linken Hälfte für den Schaltplan und in der rechten für das Layout.

Die "DISCREPANCY 1" zeigt, daß ein Inverter falsch angeschlossen worden ist. Die schaltplanseitigen Knotenangaben "15" und "TRX" geben an, daß der Inverter den Eingang "TRX" und als Ausgang den Knoten "15" besitzt. Ein Blick in die CDL-Beschreibung der Schaltung zeigt, daß der Inverter aus den Transistoren "M11" und "M12" gebildet wird. Das Programm hat im Layout ebenfalls einen Inverter gefunden, dessen Ausgang auch richtig an Knoten "15"

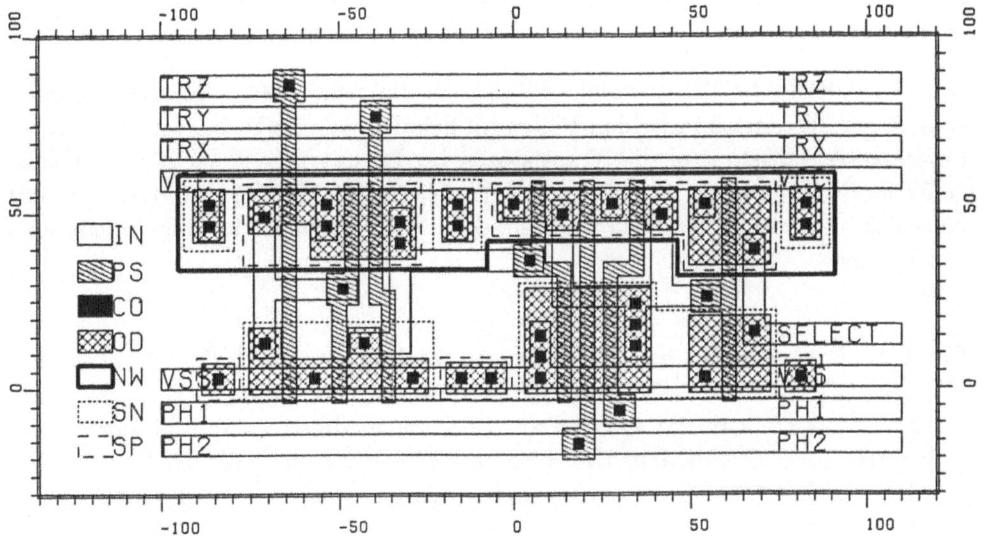

Bild 5.28. Layout der Logikschaltung EXAMPLE

```
**************************************************
**********  DISCREPANCY POINTS  LISTING  **********
**************************************************


************************* DISCREPANCY      1 **********************************

---------------------------------------MATCHED DEVICE UN-MATCHED NODE---------

OCCURRENCE NAME 15

 DEV3       INV                        :  DEV1      INV      X=-66     Y=-1
 15, TRX                                  15, ?11

************************* DISCREPANCY      2 **********************************

OCCURRENCE NAME SELECT

 DEV2       MOS P ----     M13         :  DEV8      MOS P    X=59      Y=35
 13, VCC, SELECT                          13, SELECT, VCC
    W = 10.00         L = 4.00              W = 22.00        L = 4.00

************************* DISCREPANCY      3 **********************************

 DEV1       MOS N ----     M14         :  DEV7      MOS N    X=59      Y=-1
 13, SELECT, VSS                          13, VSS, SELECT
    W = 10.00         L = 4.00              W = 22.00        L = 4.00
```

Bild 5.29. Fehlerreport des LVS-Check

angeschlossen ist. Sein Eingang ist aber fälschlicherweise mit dem Knoten "?11" verbunden. Dabei weist das "?" darauf hin, daß es sich bei diesem Knoten um einen Layout-Knoten und nicht um einen Knoten aus der CDL-Beschreibung handelt. Außerdem liefert das Programm die X- und Y-Koordinaten des fehlerhaft layouteten Inverters.

Die "DISCREPANCIES 2" und "3" rühren von fehlerhaften Transistorabmessungen her. Während in beiden Fällen im Schaltplan eine Weite von W = 10,00 μm eingetragen ist, sind die Transistoren im Layout mit W = 22,00 μm ausgeführt. Dabei handelt es sich um die Transistoren "M13" und "M14", die mit Koordinatenangaben versehen sind und damit im Layout leicht aufgefunden werden können.

5.4.4.2 Fehlersuche mit dem Layout Debugger LAYDE

Als besonders effektiv hat sich bei der Fehlersuche die Kombination des Layout Debuggers LAYDE mit dem LVS-Ergebnis-File erwiesen. LAYDE bietet neben den im Abschnitt 5.3 bereits vorgestellten Möglichkeiten noch weitere interessante Funktionen.
Der Benutzer kann sich zu den einzelnen Discrepancies, die fehlerhaften Transistoren bzw. Knoten anzeigen lassen. Die möglichen Fehler eines LVS-Checks

sind in 15 Fehlertypen unterteilt. Dies sind z.B. Transistoren mit Längen- und Weitenfehlern, Transistoren mit fehlerhaftem Substratanschluß, zusätzliche Transistoren im Layout, usw. Der Benutzer hat nun auch die Möglichkeit, eine dieser Typen auszuwählen und sich alle Elemente und Knoten, die mit diesem Fehlertyp in Zusammenhang stehen, anzeigen zu lassen. So kann er sich z.B. schnell einen Überblick über die Lage aller Transistoren mit Dimensionsfehlern verschaffen.

Neben der Möglichkeit, sich den Signalnamen von Leitungen anzeigen zu lassen, kann der Designer auch einen Transistor auswählen und sich zu diesem Element die entsprechende Zeile der CDL-Beschreibung ausgeben lassen.

5.4.5 Statistische Daten

Die folgenden Zahlen sollen einen Eindruck darüber vermitteln, wieviel Rechenzeit und Speicherplatz für einen LVS Check benötigt wird. Geprüft wurde ein 8 Bit-Mikrocontroller, der aus ca. 450 Pattern besteht, eine Fläche von ca. 60 mm^2 einnimmt und dessen Datensatz 12 MByte groß ist. Die Schaltung enthält 136 000 Transistoren.

Der Check benötigte ca. 20 MByte Plattenplatz. Auf einer VAX 8800 betrug die CPU-Zeit ca. 2 Stunden.

5.5 Layout-Extraktion

5.5.1 Begriffsdefinition und Überblick

Unter dem Begriff **Layout-Extraktion** versteht man die Erfassung von elektrischen Elementen aus logischen Kombinationen von geometrischen Strukturen in einem Layout, sowie die Darstellung dieser Elemente in einer Form (meistens einfach als Text), welche die elektrischen Eigenschaften der durch die Elemente und deren Verknüpfungen gebildeten Einheit beinhaltet. Eine solche Form kann u.a. der Input eines Programms zur elektrischen Netzwerkanalyse sein.

Eine häufig geforderte Extraktion ist z.B. die Erfassung eines MOS-Transistors als Kreuzung einer Polysiliziumbahn mit einem Diffusionsgebiet (Bild 5.30):

Wenn eine Poly-Bahn in der Maske mit Namen PS ein Diffusionsgebiet in der Maske OD kreuzt, dann ist das **Gate** des dadurch gebildeten Transistors definiert durch die logische Maskenkombination

$$\text{PS AND OD.} \tag{1}$$

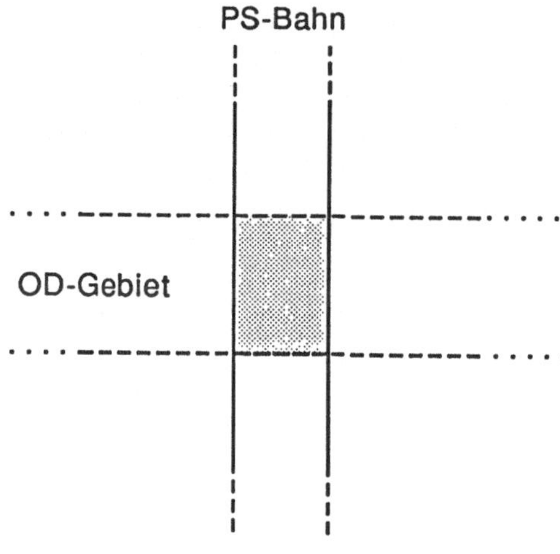

Bild 5.30. MOS-Transistor

(Im Nachfolgenden werden logische Operationen mit den logischen Operatoren wie AND, OR, XOR, NAND, NOT als dem Leser bekannt angenommen).
Enthält das Layout auch Kontakte zwischen PS und OD, z.B. als Maske CS, dann muß die **Transistorformel** erweitert werden zu

$$\text{PS AND OD AND NOT CS.} \tag{2}$$

Drain und Source des Transistors werden in diesem Beispiel definiert durch die Maskenkombination

$$\text{OD AND NOT PS.} \tag{3}$$

Die Kombination (3) definiert zugleich die **Overlap-Kapazität** des Diffusionsgebietes gegen Substrat.

Von einem Layout-Extraktor-Programm (im nachfolgenden kurz **Extraktor** genannt) wird nun zunächst erwartet, daß es im Layout Strukturen nach z.B. (2) und (3) erkennt und diese zusammen mit bestimmten Merkmalen, wie Fläche, Umfang und Anzahl Ecken am Rand, ausgibt oder speichert.

Um die so extrahierten Elemente aber als Input Statements für ein Netzwerkanalyse-Programm ausgeben zu können, müssen neben den Elementen selbst auch die Verbindungen der Elemente untereinander, welche im Sprachgebrauch der elektrischen Netzwerkanalyse **Knoten** heißen, gekennzeichnet werden: Diese

müssen einen eindeutigen Namen (zur Verwendung z.B. als Signalname) oder eine Nummer (Knotennummer) erhalten.
Die zweite Aufgabe eines Extraktors ist also die **Numerierung** der zu den extrahierten Elementen oder Strukturen gehörenden Flächen.

Die letzte Aufgabe ist dann die Ausgabe der extrahierten elektrischen Netzwerkbeschreibung in einer vom Benutzer gewünschten Form; z.B. muß ein aus einem CMOS Layout extrahierter N-Channel Transistor als Input Statement für das häufig eingesetzte Netzwerkanalyse-Programm SPICE ausgegeben werden in der Form:

Q 1   4 7 3 2   MODEL=CMOSN   W=16   L=2

Hierbei ist dann:

1	Nummer des Transistors (d.h. des Gebietes nach (1) oder (2))
4	Nummer des 1. am Gate anschließenden Gebietes (nach (3))
7	Nummer der Poly-Bahn, auf der der Transistor liegt
3	Nummer des 2. am Gate anschließenden Gebietes (nach (3))
2	Nummer des Substrats
(W=)16	extrahierte Kanalweite (Teil des Gate-Umfangs; für ein rechteckiges Gate die halbe Länge der Gate-Grenze mit dem Gebiet nach (3))
(L=)2	extrahierte Kanallänge (Hälfte des Gate-Umfangs an PS grenzend)

Die Umwandlung der geometrischen Beschreibung eines Layouts in eine SPICE-Beschreibung ist zwar eine sehr häufig geforderte, aber keineswegs die einzige Art von Extraktion. Andere Zwecke, für die eine Layout-Extraktion notwendig ist, sind z.B.:

- Generierung einer Liste aller (parasitären) Kapazitäten, die zu einem bestimmten Knoten "gehören", samt der Summe all dieser Kapazitäten, zwecks Abschätzung der Verzögerungszeiten in der Schaltung.

- Prüfung, ob für alle Knoten im Layout die für den benutzten Prozeß geltenden elektrischen Regeln eingehalten worden sind (der sog. **Electrical Rule Check**).

Sehr einfache Extraktionen sind z.B. die Bestimmung der Flächen aller PS-Bahnen im Layout oder der gesamten Fläche aller Bahnen in der Metallmaske.

5.5.2 Für Layout-Extraktion erforderliche Input-Daten

Um einen Layout-Extraktor auf ein Layout in einer bestimmten Technologie anwenden zu können, sind normalerweise vom Designer vier Typen von Daten bereitzustellen:

1. Datei mit der **geometrischen Beschreibung** des Layouts.
2. **Technologische Daten** zum benutzten Prozeß und die Definition der zu extrahierenden Elemente.
3. Beschreibung der **gewünschten Form** der Ausgabe der Ergebnisse.
4. Evtl. spezifische Wünsche zur **Benennung der Knoten und Elemente.**

In den folgenden vier Absätzen soll nun die Eingabe dieser Daten global behandelt werden.

5.5.2.1 Die geometrische Beschreibung des Layouts

Das File mit der geometrischen Beschreibung des Layouts wird normalerweise von dem Layout-Design-Programm erstellt, in dem der Designer das Layout interaktiv am Bildschirm entwickelt hat. Es enthält für alle im Layout verwendeten Masken die Koordinaten aller Eckpunkte der verschiedenen Gebiete und Bahnen in den jeweiligen Masken. Im Prinzip kann jedes Layout-Design-Programm die Daten im einem eigenen internen Format in das Output-File ablegen. So hat das Philips-interne Layout-Programm CIRCUITMASK ein eigenes Datenformat, das von den Programmen, die diese Daten weiterverarbeiten, gelesen werden kann.

Ein Extraktor, der speziell auf dieser Datenform basiert, kann dann nur in Zusammenhang mit diesem Layout-Design-Programm benutzt werden. Ein Vorteil bei einer solchen engen Bindung ist allerdings, daß gemeinschaftliche Datenstrukturen und (bei dem oft eingesetzten VAX-Computer) festgelegte Standard Directories benutzt werden, was die Rechenzeit eines Extraktorlaufes stark reduzieren und die Benutzung des Extraktors vereinfachen kann.

In den letzten Jahren hat sich in zunehmenden Maße das sog. **Stream-Format**, entwickelt von der Fa. CALMA, als weltweit standardisiertes Datenformat durchgesetzt. Dateien in diesem Format werden allgemein als **GDSII-Files** bezeichnet. Ein Extraktor, der diese Files verarbeiten kann, hat den entscheidenden Vorteil, weitgehend unabhängig von dem benutzten Layout-Design-Programm zu sein.

So kann der Philips-eigene Extraktor LOCAL45 neben von CIRCUITMASK erzeugten Layout-Files auch GDSII-Files verarbeiten.

Da das Layout-File im allgemeinen nicht vom Benutzer selbst geschrieben zu werden braucht, erübrigt sich an dieser Stelle eine detaillierte Beschreibung dieses Files, zumal es meistens nicht nur für Layout-Extraktion, sondern auch für weitere Zwecke, insbesondere für die Maskenherstellung, notwendig ist. Im Gegensatz hierzu sind die anderen oben aufgelisteten Daten speziell zur Steuerung des Extraktors notwendig, weshalb die nächsten Abschnitte eine ausführliche Beschreibung dieser Input-Daten enthalten.

5.5.2.2 Technologische Daten
Definition der zu extrahierenden Elemente

Damit der Extraktor die vom Anwender gewünschte elektrische Beschreibung des Layouts ermitteln kann, müssen ihm folgende Informationen eingegeben werden:

- welche von den im Layout enthaltenen Masken für die jeweilige Extraktion relevant sind;
- durch welche logischen Maskenkombinationen die gewünschten Strukturen (Elemente oder Knoten) geformt werden;
- welche geometrischen oder physikalischen Größen der extrahierten Elemente oder Knoten ermittelt werden sollen.

Diese Informationen sind mittels einer für den jeweiligen Extraktor definierten Sprache zu formulieren und in eine zweite Datei abzulegen.
Diese zweite Datei wird häufig als **Technologie-File** bezeichnet. Alle Extraktoren, die nicht nur für eine spezielle Aufgabe und/oder für eine spezielle Technologie geschrieben wurden, erfordern eine solche Datei unter dieser oder ähnlicher Bezeichnung.

Um einen Eindruck über den Inhalt eines Technologie-Files zu vermitteln, soll nun als Beispiel ein solches File für das Philips-interne Extraktionsprogramm **LOCAL45** (**L**ay**O**ut to **C**ircuit **A**nalysis **L**ink for layouts with n***45** degree lines) vorgestellt werden. Wie der Name ausdrückt, kann dieses Programm Layouts mit Strukturen, deren Randlinien Winkel von $n \cdot 45°$ ($n=0,1,\ldots,7$) mit der x-Achse bilden, bearbeiten. Innerhalb LOCAL45 wird für das Technologie-File der Name **Application-File** verwendet.

Das hier zu besprechende Application-File enthält die technologischen Informationen, die erforderlich sind für die Unwandlung des Layout-Files (nach Abschnitt 5.5.2.1) eines CMOS-Layouts in eine Liste, welche enthalten soll:

- alle N-Kanal- und alle P-Kanal-Transistoren mit den Nummern ihrer Source-, Drain- und Gate-Anschlüsse, sowie die Position jedes Transistors im Layout.
- alle Kapazitäten der freien Poly-, Diffusions- und Metallflächen gegen Substrat (oder N-Wanne) mit dem Flächenwert und der Knotennummer jeder Kapazität (der 2. Knoten ist Masse oder N-Wanne), sowie die Position jeder Kapazität im Layout.

Das LOCAL45-Application-File, das diese Extraktion ermöglicht, ist in Bild 5.31 dargestellt.

Obwohl im diesem Rahmen die mathematischen und programmiertechnischen Verfahren im Extraktor nicht behandelt werden, soll nun im folgenden anhand der einzelnen Statements im Application-File die Vorgehensweise der Extraktion erläutert werden. Im Abschnitt 5.5.4 wird auf die Handhabung solcher Technologie-Files näher eingegangen werden. Die allen Extraktoren zugrunde liegenden Scan-Verfahren (welche im übrigen auch für die Design Rule Checks verwendet werden) sind in der Literatur eingehend besprochen ([5.1 bis 5.4] und darin enthaltene Referenzen).

Im Application-File aus Bild 5.31 definiert das erste Statement diejenigen Masken im Layout, die in den nachfolgenden Statements (den sog. **Maskenformeln**) verwendet werden. Diese Masken werden **Primary Masks** genannt; es sind hier die in der CMOS-Technologie üblichen Masken:

NW	N-Wanne
SN	N+ Implantation, auch benutzt für Kontakte von OD mit der N-Wanne
SP	P+ Implantation, auch benutzt für Kontakte von OD mit Substrat
OD	Diffusion
PS	Polysilizium
IN	Metall
CO	Kontakte IN-PS und IN-OD

Die Substrat-Maske **SU** wird von LOCAL45 als ein Quadrat mit der Seitenlänge 20 cm und dem Mittelpunkt im Koordinatenursprung implizit hinzugefügt.

Nach dem MASKS-Statement folgen die Maskenformeln, welche die zu extrahierenden Elemente beschreiben. Jede Maskenformel wird mit dem Terminator "T" abgeschlossen. In jeder Formel wird die logische Maskenkombination mit einem Doppelpunkt beendet. Jeder Maskenkombination wird ein (frei wählbarer) Name, links vom Gleichheitszeichen, zugeordnet; diese Namen repräsentieren neue Masken; wir werden sie von nun an **Pseudomasken** nennen, da sie primär

```
MASKS= NW, SN, SP, OD, PS, IN, CO  : T
CNW  = NW                          : G  T
CSU  = SU                          : G  T
CIN  = IN                          : G  T
CPS  = PS                          : G  T
COD  = OD AND NOT PS               : G  T
PSIN = PS AND CO AND IN            : E(CPS,CIN)  T
ODIN = OD AND CO AND IN            : E(COD,CIN)  T
ODNW = OD AND SN AND NW            : E(COD,CNW)  T
ODSU = OD AND SP AND NOT NW        : E(COD,CSU)  T
GATE = PS AND OD                   : T
NCH  = GATE AND SN AND NOT NW      : G N(CPS) N(COD,F)
                                     S  C(1) C(1) N(NCH)  T
PCH  = GATE AND SP AND     NW      : G N(CPS) N(COD,F)
                                     S  C(1) C(2) N(PCH)  T
PSCAP= PS AND NOT OD AND NOT IN    : A S C(2) C(1) N(CPS) T
ODCAP= COD                         : A S C(2) C(2) N(COD) T
INCAP= IN AND NOT OD AND NOT PS    : A S C(2) C(3) N(CIN) T
END OF FORMULAS
```

Bild 5.31. Beispiel eines Application-Files mit Maskenformeln für die Extraktion von CMOS-Layouts

nicht im Layout vorkommen. In jeder Maskenformel dürfen sowohl primäre Masken, als auch vorher definierte Pseudomasken verwendet werden.

Für jede vom Extraktor gefundene Struktur, definiert durch eine Pseudomaske, wird nun während der Extraktion ein sog. **Element Record** angelegt. In dieses Record werden die Werte der vom Benutzer anzugebenden geometrischen oder physikalischen Größen der betreffenden Struktur gespeichert. Diese Größen werden **Parameter** genannt; für jeden Parameter ist eine feste Anzahl Felder (für die meisten Parameter genau ein Feld) im Element Record reserviert.

Die zu ermittelnden Parameter sind, zusammen mit weiteren sog. **Actions**, hinter dem Doppelpunkt in der Maskenformel anzugeben. Die Liste der Parameter und Actions wird abgeschlossen mit dem Keyword "S", wonach die sog. **Storage Labels** folgen; auf letztere wird später eingegangen.

Einige der möglichen Parameter und Actions sind:

G ordne jeder gefundenen Struktur in der Pseudomaske eine Nummer zu; die Nummern laufen sequentiell, beginnend mit der Nummer "1", und zwar wird jeweils die nächste "freie" Nummer vergeben. "G" ist eine Action; zu beachten ist, daß das Ergebnis einer Action (hier also eine Nummer) NICHT in das Element Record abgelegt wird; das Abspeichern kann durch den Parameter "N" erfolgen (siehe weiter unten).

A speichere den Flächenwert der betreffenden Struktur in ihrem Element Record.

N(<maskname>) (N steht für Number; <maskname> ist der Name einer vorher definierten Pseudomaske) befindet sich an der Stelle der betreffenden Struktur auch eine Struktur von <maskname>, so speichere die Nummer dieser letzten Struktur im Element Record der erstgenannten Struktur.

E(<maskname 1>, <maskname 2>, ...) (Equivalence Action) befinden sich an der Stelle der betreffenden Struktur auch Strukturen von <maskname 1>, <maskname 2>, usw., jede mit ihrer durch eine G-Action vergebenen Nummer, ersetze diese Nummern durch die niedrigste der Nummern.
Mit dieser Action lassen sich also die elektrischen Verbindungen zwischen extrahierten Strukturen verschiedener Pseudomasken realisieren, z.B. zwischen IN und PS bzw. IN und OD durch die Kontaktmaske CO in den Maskenformeln für PSIN und ODIN in Bild 5.31.

Als Beispiel für diese Parameter und Actions betrachten wir die Maskenformel für NCH aus Bild 5.31. Die dort angegebenen Parameter und Actions sagen aus, daß für jede gefundene NCH-Struktur (d.h. für jedes gefundene Gate eines N-Kanal Transistors) drei Zahlen in ein Feld des zugehörigen Element Records gespeichert werden:

- Feld 1 enthält die Nummer der im Transistor-Gate anwesenden oder direkt an das Gate grenzenden CPS-Fläche (wobei CPS mit PS identisch ist laut der 4. Maskenformel; diese Formel ist nur nötig, um jeder PS-Struktur eine Nummer zu geben!). Diese Nummer stellt also die Gate-Knotennummer des Transistors dar.

- Felder 2 und 3 enthalten die Nummern der im Transistor(-Gate) anwesenden oder direkt an das Gate grenzenden COD-Flächen. Diese Nummern stellen also die Drain- und Source-Knotennummern des Transistors dar. Hierbei ist zu beachten, daß normalerweise ein Gate an zwei COD-Flächen grenzt; die Angabe N(COD) würde somit zwei Parameter liefern. Um nun im Element Record Platz für diese beiden Zahlen zu schaffen, ist die extra Angabe ",F" (für "Free Position") nötig. Wären drei COD-Flächen pro Gate zu erwarten, dann müßte die Angabe lauten N(COD,F,F), usw.

Hinter den in der Maskenformel definierten Parametern werden von LOCAL45 automatisch die x- und y-Koordinaten des linken unteren Eckpunktes der betreffenden Struktur in das Element Record abgespeichert. Im Beispiel aus Bild 5.31 enthält also jedes Element Record, das von der Maskenformel für NCH stammt, fünf Felder mit Parameterwerten.

Sobald sämtliche Strukturen in allen Pseudomasken durch den Extraktionsvorgang gefunden sind, ist eine Datei entstanden, die alle Element Records für das zu untersuchende Layout enthält. Und diese ist im Grunde genau die im Application-File beschriebene elektrische Darstellung des Layouts! Diese Datei wird sinngemäß als **Element Record-File** bezeichnet. Sie ist Dreh- und Angelpunkt der Extraktion.

Wenn die Element Records aber nur die Werte der Parameter enthalten würden, wäre eine Weiterverarbeitung des Element Record-Files leider nicht möglich, da dieses, losgelöst betrachtet, keine Information darüber enthält, von welcher Maskenformel jedes einzelne Record stammt. Beim hier behandelten Application-File kann aus den Parameterwerten allein z.B. nicht festgestellt werden, ob ein Record eine NCH-Struktur oder eine PCH-Struktur repräsentiert. Jedes Record muß, zusätzlich zur eigentlichen Information, eine "Kennung" enthalten, aus der hervorgeht, welchen **Struktur-Typ** (z.B. Transistor oder Kapazität, und bei Transistoren: N-Kanal oder P-Kanal) es darstellt.

Eine solche Kennung kann nun mittels des oben schon kurz erwähnten Storage Label (hinter dem Keyword "S") angegeben werden . Ein **Storage Label** besteht aus einem oder mehreren **Storage Keys**. Als Storage Key können die gleichen Größen, die auch als Parameter erlaubt sind, verwendet werden. Zusätzlich kann eine konstante Zahl, wie "1" oder "100000", als Key angegeben werden. Wie bei den Parametern, nimmt auch jeder Key eine feste Anzahl Felder (meistens genau 1) im Element Record ein. Selbstverständlich ist im Element Record die Liste der Parameterwerte von der Liste der Key-Werte durch ein Separatorfeld getrennt.

Im hier diskutierten Application-File wird nun jedes Element Record für eine NCH-Struktur durch ein Storage Label, bestehend aus den Keys "1", "1" und <Nummer der betreffende NCH-Struktur>, als ein solches gekennzeichnet. Die NCH-Nummer ist durch die Action "G" vergeben und stellt also die Transistornummer dar. Der Leser wird sich leicht davon vergewissern können, daß in diesem Application-File fünf Element-Record-Typen definiert werden und zwar genau für die eingangs erwähnten fünf Element-Typen.

Selbstverständich werden für Maskenformeln, die weder Parameter noch Storage Keys enthalten, keine Element Records angelegt. Solche Maskenformeln werden nur benötigt für die Durchführung bestimmter Actions, oder definieren lediglich Hilfsmasken zur Vereinfachung von weiteren Maskenformeln.

Vor der endgültigen Erstellung des Element Record-Files werden noch folgende Operationen auf die Element Records ausgeführt:

- die Records werden nach ansteigenden Storage Labels sortiert, d.h. vorne im File stehen die Records mit dem niedrigsten Wert des 1. Keys (in unserem Beispiel also "1"); innerhalb dieses Blocks mit Records stehen diejenigen mit dem niedrigsten Wert für den 2. Key vorne, usw..

- Records mit identischen Storage Labels (die also elektrisch miteinander verbundene Teilstrukturen eines Elements oder Knoten repräsentieren) werden zu einem Record "akkumuliert", d.h. die sich in diesen Records befindenden Parameter werden akkumuliert:

  PAR(1) des akkumulierten Records =
  PAR(1) aus Record 1 + PAR(1) aus Record 2 usw.

Die **Akkumulierung** ist eine einfache Addition für Parameter, die geometrische Größen darstellen. Beinhaltet der Parameter eine Nummer (Ergebnis aus z.B. einem N-Keyword), dann wird überprüft, ob die Nummer in allen zu akkumulierenden Records gleich ist. Wenn ja, dann wird die Nummer im endgültigen Record übernommen. Wenn nicht, dann wird die Nummer aus dem ersten der zu akkumulierenden Records übernommen und die Nummern in den anderen Records werden ignoriert; gleichzeitig wird für jede ignorierte Nummer eine Fehlermeldung ausgegeben, da in diesem Fall offensichtlich die Parameter-Definition in der entsprechenden Maskenformel nicht korrekt ist (z.B. kann eine ",F" Angabe fehlen).

Zusammenfassend wird vom dem Application-File aus Bild 5.31 ein Element Record-File generiert, das fünf Recordtypen enthält; die Inhalte der jeweiligen Records sind dargestellt in Bild 5.32. (Die x- und y-Koordinaten im Element Record-File beziehen sich immer auf den unteren Eckpunkt der am weitesten links gelegenen Randlinie der betreffenden Struktur).

Zum Abschluß dieser Beschreibung der einzugebenden technologischen Informationen zeigt Bild 5.33 das Layout eines einfachen 2-Input NAND-Gatters in CMOS-Technologie. Das Element Record-File, das durch Anwendung des hier behandelten Application-Files auf dieses Layout extrahiert wird, ist dargestellt in Bild 5.34; Längen sind in μm, Flächen in μm^2 angegeben.

Nach der obigen Besprechung des Application-Files wird Bild 5.34 keinen weiteren Kommentar erfordern. Der Leser wird einfach nachvollziehen können, daß das Layout in Bild 5.33 14 Transistor- und Kapazitätsstrukturen entsprechend den Maskenformeln im Application-File enthält. Er wird weiter die Koordinaten der linken unteren Eckpunkte auffinden, sowie mit einigem Aufwand die Flächen der Kapazitäten ermitteln können. Auch die vom Extraktor vergebenen Nummern der Ein- und Ausgänge der Elemente und deren Verknüpfungen durch die E-Action werden unschwer zu verstehen sein; hierbei ist zu beachten, daß die Substratfläche die Nummer 1 erhält, da der linke untere Eckpunkt beim Scannen des Layouts als erster Punkt gefunden wird.

Für dieses einfache Layout wäre eine Extraktion also noch "per Hand", ohne Benutzung eines Layout-Extraktors, durchzuführen. Es wird aber klar sein, daß für "realistische" Layouts, die hunderte bis hunderttausende von Transistoren enthalten können, ein solches CAD-Hilfsmittel unentbehrlich ist!

Record Type	Meaning	Par(1)	Par(2)	Par(3)	Par(4)	Par(5)	Key(1)	Key(2)	Key(3)
I	N-channel Transistor	Node-No. of Gate	Node-No. of Source	Node-No. of Drain	X-Coord. Gate	Y-Coord. Gate	1	1	Gate-Area-No.
II	P-channel Transistor	Node-No. of Gate	Node-No. of Source	Node-No. of Drain	X-Coord. Gate	Y-Coord. Gate	1	2	Gate-Area-No.
III	Poly-Cap	Area	X-Coord. Cap	Y-Coord. Cap			2	1	Poly-Cap. Node-No.
IV	Diff-Cap	Area	X-Coord. Cap	Y-Coord. Cap			2	2	Diff-Cap. Node-No.
V	Metal-Cap	Area	X-Coord. Cap	Y-Coord. Cap			2	3	Metal-Cap. Node-No.

Bild 5.32. Aufbau der Element Records definiert durch die Maskenformeln im Application-File in Bild 5.31

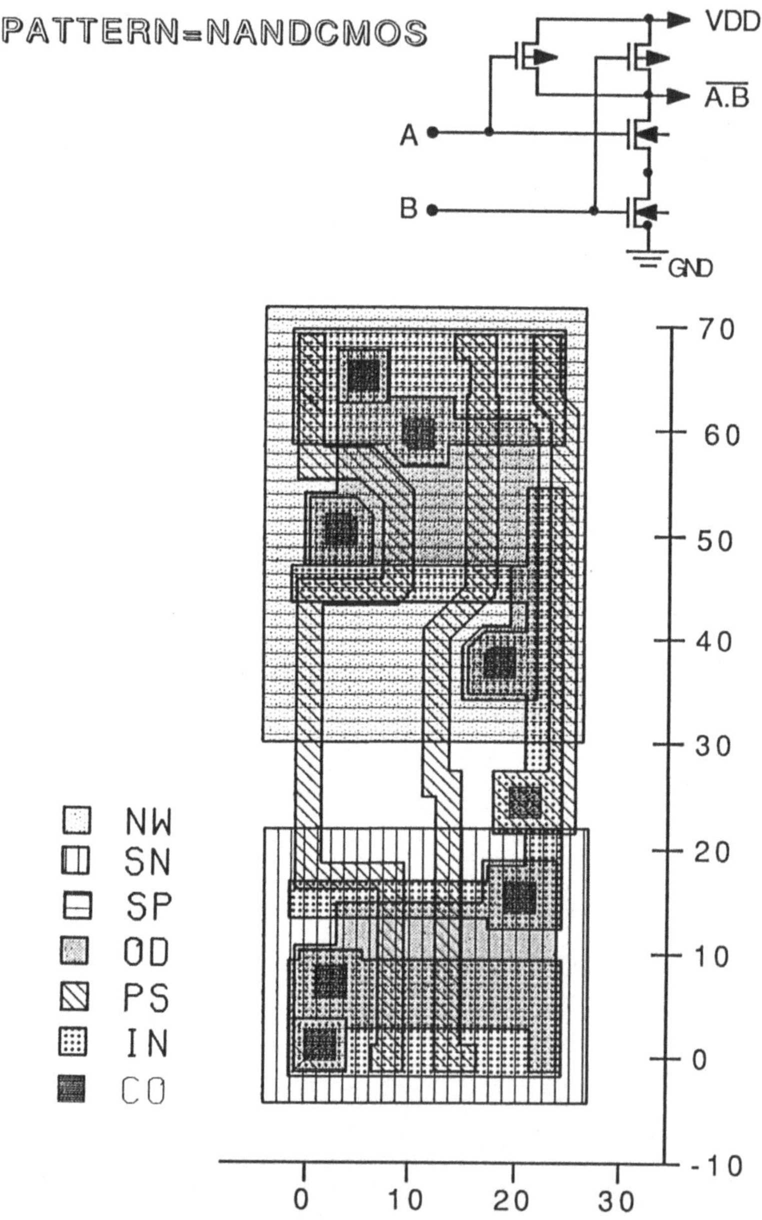

Bild 5.33. Layout eines NAND-Gatters in CMOS-Technologie

5.5.2.3 Angaben zur gewünschten Form der Ausgabe des Extraktionsergebnisses

Wie im vorigen Abschnitt dargestellt, enthält das Element Record-File in verschlüsselter Form alle mittels des Application-Files extrahierten elektrischen

Rec.	Par(n)					Key(n)		
No	n=1	2	3	4	5	n=1	2	3
1	4	1	7	6,75	2,75	1	1	6
2	8	7	3	12,25	2,75	1	1	9
3	4	3	2	2,5	55	1	2	5
4	8	2	3	15	46,75	1	2	10
5	56,0938	23	54,25			2	1	3
6	93,9688	−1,25	16,75			2	1	4
7	72,4644	11	24,75			2	1	8
8	100	−1,25	−1,25			2	2	1
9	143,6530	2,5	58			2	2	2
10	315,1217	−0,5	46,75			2	2	3
11	36	9,25	2,75			2	2	7
12	68,5	−1,75	−1,75			2	3	1
13	119,0308	−1,75	58,25			2	3	2
14	114,3829	−1,75	13,25			2	3	3

Bild 5.34. Element Record-File des NAND-Gatters extrahiert mit dem Application File in Bild 5.31

Daten des Layouts. Der letzte Schritt, der von einem Extraktor verlangt wird, ist die Ausgabe dieser Informationen als endgültiges Ergebnis des Extraktorlaufes in einer "lesbaren" Form. Eine häufig geforderte Ausgabeform ist eine Eingabe-Datei für ein Netzwerkanalyse-Programm, z.B. SPICE.

Bei dem hier als Beispiel angeführten Extraktor LOCAL45 kann die Ausgabeform völlig frei gewählt werden und zwar mit Hilfe von Statements (Instruktionen) in einer speziell für diesen Zweck entworfenen Sprache. Diese Instruktionen formen das sog. **Output-Programm** , das hinter dem letzten (obligatorischen) Statement **END OF FORMULAS** des bisher behandelten Application-Files gefügt wird und so den zweiten Teil des Application-Files bildet. Auf diese Weise kann die gesamte Extraktion mit einem File gesteuert werden.

Einige der meist benutzten Instruktionen des Output-Programms sind:

READ Hiermit wird das nächste Element aus dem Element Record-File in ein vordefiniertes Feld im Programmspeicher gelesen. Nach der Ausführung der READ Operation sind die Parameter dieses Records unter den Namen **PAR(1)**, **PAR(2)**, usw. verfügbar; ebenso sind die Storage Keys unter den Namen **KEY(1)**, **KEY(2)**, usw. verfügbar.

DATA TO FILE <**filenr**>

Der nach dieser Instruktion generierte Output wird in File <filenr> geschrieben;
<filenr> darf Werte von 1 bis 5 haben.
Welches aktuelle File sich unter der Nummer <filenr> "verbirgt" ist vor dem Start des Extraktorlaufes festzulegen; siehe Abschnitt 5.5.4.

"<**text**>"

Ein Textstring zwischen doppelten Anführungsstrichen (*quotes*) wird wörtlich ausgegeben in das durch die zuletzt gegebene DATA TO FILE -Instruktion definierte Output-File (das "aktuelle" Output-File).

N(<**expression**>)

gibt das Ergebnis von <expression> als Nummer in das aktuelle Output-File aus.
<expression> darf Größen wie **KEY**(<**expr**>) und **PAR**(<**expr**>) enthalten.
Es wird überprüft, ob die auszugebende Nummer im Bereich der während der Extraktion vergebenen Nummern liegt.

V(<**expression**>)

gibt den Wert von <expression> als Integer aus.

A(<**expression**>)

gibt den Flächenwert von <expression> als reelle Zahl mit vier Dezimalstellen aus.

Zusätzlich zu den Feldern PAR(i) und KEY(i) sind 250000 weitere Felder vorhanden, welche benutzt (d.h. gefüllt und gelesen) werden können unter den Namen VAR(1), VAR(2), ... ,VAR(250000). In diesen Feldern können Zwischenergebnisse von Berechnungen gespeichert werden zur späteren Verwendung; man kann z.B. folgende Instruktionsreihe angeben:

```
VAR(10)        = KEY(1)
VAR(11)        = PAR(1) + PAR(2)
VAR(1)         = VAR(1) + 1
VAR(VAR(1))    = PAR(5)
V(100*VAR(9))
```

Weiter sind die in allen Programmiersprachen gebräuchlichen **Conditional Statements** (anfangend mit "IF", abgeschlossen mit "FI") und **Repetitive Statements** (anfangend mit "WHILE" oder "REPEAT", abgeschlossen mit "WHEND" bzw. "REPEND") vorhanden.

Eine vollständige Behandlung der Optionen des Output-Programms ist in diesem Rahmen nicht möglich und auch nicht notwendig. Bild 5.35 enthält ein Beispiel für ein Output-Programm, daß das Element Record-File in Bild 5.34 in einen leicht verständlichen Text umsetzt. Zeilen, die mit "*" anfangen, sind Kommentar. Die Instruktion "EOL" bedeutet: schreibe alle folgenden Ausgaben auf eine neue Zeile; TAB steht für Vorrücken auf der Zeile bis zur angegebenen Spaltennummer und XY ist ein Kürzel zur Ausgabe der im Record enthaltenen x- und y-Koordinaten in einer Standardform.

Das Output-File, das am Ende des Extraktorlaufes für das in Bild 5.33 dargestellte Layout mit dem hier behandelten Application-File generiert wird und das die gewünschte elektrische Beschreibung des Layouts darstellt, wird in Bild 5.36 gezeigt. Es muß betont werden, daß dieses File nur Informationen enthält

```
* OUTPUT PROGRAM, WHICH USES THE FOLLOWING CONTROL-STATEMENTS:
*
* - LISTON:         TO GET A LISTING OF THE OUTPUT-PROGRAM.
*
* - NUMBER:         TO GIVE FINAL NUMBERS TO ELEMENTS AND NODES;
*                   IF OMITTED, ALL NUMBERS WILL BE ZERO.
*
* - DATA TO FILE 1: THE RESULTS OF THE OUTPUT-PROGRAM ARE INTENDED
*                   TO BE WRITTEN TO THE FILE DECLARED IN THE JOB-
*                   STATEMENT   "OUTPUT=<FILENAME>,1".
*
* - FLEXISTS:       THE OUTPUT-PROGRAM IS ONLY EXECUTED IF A JOB-
*                   STATEMENT   "OUTPUT=<FILENAME>,1"  HAS BEEN GIVEN.
*
* - PATNAM:         TO PRINT THE INPUT-PATTERN IDENTIFICATION-NAME
*                   AT THE GIVEN PLACE IN THE OUTPUT.
*
  LISTON
  NUMBER
  DATA TO FILE 1
  IF FLEXISTS THEN
     "*** INPUT LAYOUT FILE IS " PATNAM "***" EOL
     READ
     WHILE NOT EOF DO
        IF KEY(1) EQ 1 THEN
           IF KEY(2) EQ 1 THEN "NCH" ELSE "PCH" FI   N(KEY(3))
           " (" N(PAR(2)) "," N(PAR(3)) "," N(PAR(1)) ")"
           TAB(30) ": " XY EOL
        ELSE
           IF KEY(2) EQ 1 THEN "PS" FI
           IF KEY(2) EQ 2 THEN "OD" FI
           IF KEY(2) EQ 3 THEN "IN" FI
           VAR(1)=VAR(1)+1
           "CAP" V(VAR(1)) " (" N(KEY(3)) ")  " A(PAR(1))
           TAB(30) ": " XY EOL
        FI
        READ
     WHEND
  FI
  EXIT
```

Bild 5.35. Beispiel eines Output-Programms zur Ausgabe des Element Record-Files aus Bild 5.34

```
* * * INPUT LAYOUT FILE IS NANDCMOS    #12-02-88        13:08HR * * *
NCH6 (1,7,4)                      : X=6.75,Y=2.75
NCH9 (7,3,8)                      : X=12.25,Y=2.75
PCH5 (3,2,4)                      : X=2.50,Y=55.00
PCH10 (2,3,8)                     : X=15.00,Y=46.75
PSCAP1 (3)  56.0938               : X=23.00,Y=54.25
PSCAP2 (4)  93.9688               : X=-1.25,Y=16.75
PSCAP3 (8)  72.4644               : X=11.00,Y=24.75
ODCAP4 (1)  100.0000              : X=-1.25,Y=-1.25
ODCAP5 (2)  143.6530              : X=2.50,Y=58.00
ODCAP6 (3)  315.1217              : X=-0.50,Y=46.75
ODCAP7 (7)  36.0000               : X=9.25,Y=2.75
INCAP8 (1)  68.5000               : X=-1.75,Y=-1.75
INCAP9 (2)  119.0308              : X=-1.75,Y=58.25
INCAP10 (3)  114.3829             : X=-1.75,Y=13.25
```

Bild 5.36. Elektrische Beschreibung des NAND-Gatters extrahiert mit dem Application-File in Bildern 5.31 und 5.35

und also nicht weiter verwendbar ist, z.B. als Input für ein Simulator-Programm. Es wird aber deutlich sein, daß mit einigen Änderungen des Output-Programms auch ein Simulator-Input zu generieren ist.

5.5.2.4 Spezifische Benutzer-Daten

Wie im vorangegangenen Abschnitt anhand des Application-Files näher erörtert wurde, ist die automatische Numerierung der gefundenen Strukturen (Elemente oder Knoten) eines der wesentlichen Merkmale der Extraktion. Häufig aber möchte der Programmbenutzer bestimmte Stellen im Layout, z.B. bestimmte Knotenflächen, mit festen, vorgegebenen Nummern oder Namen kennzeichnen: In einer vom Extraktor erstellten elektrischen Netzwerksbeschreibung sagt z.B. der Name "VSS" mehr über die Bedeutung eines Knotens aus als eine vom Extraktor generierte Nummer "1" oder "98". Auch kann es gewünscht sein, die (sequentielle) Numerierung nicht mit "1", sondern mit einem anderen Wert anzufangen.

Eine weitere oft gestellte Anforderung ist die Trennung der Knotennumerierung von der Elementnumerierung: in der Liste von Bild 5.36 würde dies bedeuten, daß die N-Kanal Transistoren als NCH1 und NCH2 und die P-Kanal Transistoren als PCH1 und PCH2 im Output erscheinen, während die Knoten unabhängig davon die Nummern 1 bis 6 erhalten würden. Gewünscht ist also eine Möglichkeit, um Elemente und Knoten hinsichtlich deren Numerierung in "Kategorien" einzuteilen. Solche Kategorien werden wir hier als **Typ-Klassen** bezeichnen.

Viele Extraktoren bieten dem Benutzer solche Optionen. Der hier als Beispiel behandelte Extraktor LOCAL45 gibt dem Benutzer die Möglichkeit, zusätzlich zu dem Application-File ein sog. **Specification-File** zu schreiben, das Statements in der Form:

<X>, <Y>, <Maskenname>, <Struktur-Bezeichnung>

enthält. Mit einem solchen Statement gibt der Benutzer der Struktur in der Maske <Maskenname>, in der sich der Punkt <X>, <Y> befindet, die von ihm definierte Bezeichnung (Name oder Nummer). Diese Struktur wird dann von der automatischen Numerierung ausgenommen.

Ein weiteres Specification Statement ist:

ST(<Klassennummer>) = <Startnummer>

Hiermit wird angegeben, daß die Numerierung der extrahierten Strukturen in der Typ-Klasse <Klassennummer> mit <Startnummer> anfangen soll. Die Definition der Typ-Klassen erfolgt durch spezielle Instruktionen im Output-Programm des Application-Files; wenn keine Typ-Klassen definiert sind, gehören alle extrahierten Strukturen "by default" zur Typ-Klasse 0.

Einige Beispiele von Specification Statements:

```
- 500, 225, PS, CLOCK1
900, 65, IN, VSS
ST(0) = 101
ST(1) = 501
ST(5) = 1001
```

Die in den letzten drei Statements enthaltenen Typ-Klassen 1 und 5 sind im Output-Programm des Application-Files (siehe Bild 5.35) zu definieren, z.B. mit folgender Instruktionsreihe:

```
READ
WHILE  KEY(1)  EQ  1  DO
   IF  KEY(2)  EQ  1  THEN  NRTYP(KEY(3)) = 1  FI
   IF  KEY(2)  EQ  2  THEN  NRTYP(KEY(3)) = 5  FI
READ
WHEND  REWIND
```

vor der Instruktion "NUMBER". Dieses Output-Programm-Teil bewirkt, daß das Element Record-File einmal vorab gelesen und bearbeitet wird, wobei die N-Kanal Transistoren (jeder repräsentiert durch seine Nummer in KEY(3), siehe die Maskenformel für NCH aus Bild 5.31) in Klasse 1 eingestellt werden. Durch die Startwert-Angabe im Specification-File fängt deren Numerierung bei 501 an. Ebenso werden die P-Kanal Transistoren (Maskenformel für PCH) in Klasse 5 eingestellt und deren Numerierung fängt bei 1001 an. Alle übrigen Elemente und Knoten bleiben in Klasse 0, deren Numerierung fängt aber bei 101 an. Mit "REWIND" wird der "Lese-Pointer" des Element Record-Files wieder auf das erste Record zurückgesetzt.

Mit Hilfe eines Specification-Files kann der Benutzer also die Signalbezeichnungen und die Numerierung in der vom Extraktor gelieferten elektrischen Netzwerkbeschreibung weitgehend seinen Anforderungen anpassen. Insbesondere ist hierdurch kein nachträgliches Editieren des Output-Files mehr nötig oder kann dies zumindest auf ein Minimum beschränkt werden, was erstens eine wesentliche Zeitersparnis bedeutet (vor allem bei großen Layouts) und zweitens das Risiko von Fehlern stark vermindert.

5.5.3 Anwendungsmöglichkeiten eines Layout-Extraktors

Aus den vorigen Abschnitten ist zu entnehmen, daß mit der Zahl der Optionen im Technologie-File (ggf. zusammen mit dem Specification-File) sich auch der Anwendungsbereich eines Extraktors erweitert. Z.B. ist durch die Verfügbarkeit der vielen Optionen in der Sprache des Application-Files das Programm LOCAL45 selbst nahezu technologieunabhängig. Die einzige Bedingung für den Einsatz dieses Extraktors ist, daß alle zu extrahierenden Strukturen durch logische Maskenkombinationen zu definieren sind. Dies ist, wie das oben besprochene Beispiel zeigt, für Transistoren und Kapazitäten eindeutig der Fall.

Für Widerstände ist die Extraktion komplizierter: Wenn Widerstandsflächen auf ähnliche Weise wie im Application-File aus Bild 5.31 definiert werden, z.B. als PS-Flächen, können sie zwar vom Extraktor als solche erkannt, aber nicht als Element mit zwei Knoten ausgegeben werden, da so eine Fläche als ein Knoten gesehen wird. Nun sind vor allem in der MOS-Technologie Widerstände oft vernachlässigbar klein. Ein Widerstand ist nur dann zu berücksichtigen, wenn er bewußt, z.B. als eine große Polysilizium-Fläche, eingebaut wird. Für diese Widerstände muß dann eine extra (primäre) Maske im Layout aufgenommen werden, und zwar für jeden Widerstand eine Maskenfigur, welche die jeweilige PS-Fläche bis auf kleine Gebiete an den Enden überdeckt; wenn die Maske z.B. mit RPS bezeichnet wird, sind die Widerstände definiert als:

PS AND RPS.

und die Knotennummern eines Widerstandes sind die Nummern der an ihn grenzenden Flächen der Pseudomaske:

PS AND NOT RPS.

(Eine Beschränkung ist hierbei wohl, daß Netzwerkanalyse-Programme nur Widerstände mit zwei Terminals akzeptieren können).

Weiter bietet das Konzept des Output-Programms im Application-File eine enorme Flexibilität in der Darstellung der Ergebnisse der Extraktion. Neben der hier in Einzelheiten beschriebenen Generierung von Netzwerklisten für Schaltungsanalyse und logische Simulation sind eine Fülle von anderen Darstellungen programmierbar. Aus der Vielzahl der Möglichkeiten sollen im folgenden zwei dieser Extraktionen ausführlicher besprochen werden.

5.5.3.1 Extraktion von Knotenkapazitäten

Unter diesem Begriff verstehen wir die Erstellung einer Liste aller Kapazitäten, die mit einem bestimmten Knoten verbunden sind, sowie der Summe aller dieser Kapazitäten. Die vom Benutzer zu untersuchenden Knoten können Signalleitungen (z.B. clocklines) sein, deren Gesamtkapazität ermittelt werden soll, um Aussagen über die Verzögerungszeit der betreffenden Leitung zu ermöglichen. Jeder dieser Knoten ist vom Benutzer im Specification-File (siehe Abschnitt 5.5.2.4) zu definieren und zwar durch Angabe eines zum Knoten gehörenden Punktes. In der MOS-Technologie tragen drei Effekte zur Knotenkapazität bei:

- Kapazität aller zum Knoten gehörenden Transistor-Gates bezüglich VCC bzw. VSS. Hierzu benötigt man die Gesamtfläche dieser Gates. Die Maskenformeln für die Transistoren können zu diesem Zweck so vereinfacht werden, daß das Element Record-File nicht mehr alle einzelnen Transistoren enthält, sondern daß alle Transistoren, deren Gate zum Knoten gehört, zu einem "Supertransistor" in einem Element Record zusammengefaßt werden. Für unser Beispiel in Bild 5.31 wird dies erreicht durch Abänderung der Maskenformeln für NCH und PCH zu:

  NCH = GATE AND SN AND NOT NW : A S N(CPS) C(1) C(1) T

  PCH = GATE AND SP AND NW : A S N(CPS) C(1) C(2) T

  Entscheidend ist hier, daß die Transistornummern N(NCH) und N(PCH) nicht im Storage Label aufgenommen sind, was darin resultiert, daß alle Transistoren, deren Gate zur gleichen PS-Fläche gehört, zu einem Record akkumuliert werden. Die Akkumulation braucht also nicht im Output-Programm durchgeführt zu werden.
  Weiter fällt auf, daß die Nummer der jeweiligen PS-Fläche, N(CPS) als erster Key definiert ist. Dies bewirkt, daß die Gate-Kapazitäten im Element Record-File schon nach Knotennummern sortiert sind, was die Output-Programmierung weiter vereinfacht.

- Kapazität aller zum Knoten gehörenden freien Poly-, Diffusions- und Metallflächen bezüglich VCC bzw. VSS. Diese können direkt mit Hilfe von ähnlichen Maskenformeln wie für PSCAP, ODCAP und INCAP (siehe Bild 5.31 extrahiert werden. Auch hier ist es zweckmäßig, N(CPS) bzw. N(COD) und N(CIN) als ersten Key zu definieren. Die Akkumulierung aller Einzelbeiträge zu einem PSCAP bzw. ODCAP oder INCAP erfolgt genau so wie bei den Gate-Kapazitäten. Die Addierung des PS-Records, des OD-Records und des IN-Records eines Knotens zu einem Wert muß im Output-Programm erfolgen.

- Kapazität aller zum Knoten gehörenden Kreuzungskapazitäten von Metall mit Polysilizium oder Diffusion. Diese sind zu extrahieren mit Maskenformeln wie:

  INPS = IN AND PS : A S N(CIN) N(CPS) C(4) T
  INOD = IN AND COD : A S N(CIN) N(COD) C(5) T

  wobei der 3. Key die Unterscheidung von den Gate- und Flächen-Kapazitäten bewerkstelligt. Auch hier müssen alle Einzelbeiträge in den Element Records für einen Knoten im Output-Programm zu einem Wert addiert werden.

Zu bemerken ist schließlich, daß der Extraktor nur die geometrischen Daten wie Flächen und Längen in den Element Records speichert. Die Multiplikation dieser Größen mit den elektrischen Größen (Prozeßdaten), wie spezifischer Kapazität, muß im Output Programm erfolgen.

5.5.3.2 Electrical Rule Checking

In einfachster Form ist dies die Ausgabe einer Liste mit Koordinaten der Stellen im Layout, wo eine Abweichung von einem für die angewendete Technologie geltenden Satz von Verknüpfungsregeln auftritt.

Im nachfolgenden werden wir das **Electrical Rule Checking** kurz mit **ERC** bezeichnen.

Für ERC kann das gleiche Element Record-File generiert werden wie für eine elektrische Netzwerkbeschreibung; normalerweise ist hier aber nur eine Extraktion der Transistoren erforderlich. Anstelle von einem Output-Programm wie in Bild 5.35 (das im Grunde die Element Records "eins zu eins" ausgibt) benötigt ERC ein Output Programm, das die Element Records miteinander vergleicht. Hierzu muß für jeden gefundenen Knoten in ein Feld eines Arrays gespeichert werden, wie oft die Nummer des Knotens im Element Record-File auftritt. Kommt die Knotennummer nur einmal vor, dann ist der Knoten also nur mit einem Transistor verbunden, was sehr wahrscheinlich ein Fehler im Layout bedeutet, wenn der Knoten keinen Eingang oder Ausgang des Netzwerks darstellt.

Da für große Netzwerke ein entsprechend großes Array benötigt wird, bietet sich in LOCAL45 das schon in Abschnitt 5.5.2.3 erwähnte Variablen-Array VAR(1) ... VAR(250000) an.

Die Häufigkeit, mit der ein Knoten mit derselben Nummer in einer Netzwerkbeschreibung auftritt, wird der **Grad** des Knotens genannt. Wenn man zum Grad des Knotens auch noch abspeichert wie oft der Knoten als Transistor-Gate und wie oft er als Drain oder Source vorkommt, kann durch einfaches Scannen des Arrays für jeden Knoten ein ganzer Satz von *electrical rules* gecheckt werden. Z.B. gilt für CMOS-Technologie, daß für jeden Transistor, der kein Eingangs- oder Ausgangs-Transistor ist, das Gate mit Drain oder Source von mindestens zwei anderen Transistoren verbunden sein muß, d.h. ist von einem Knoten der Gate-Grad zwar größer als 1, aber ist der Drain/Source-Grad gleich Null, dann ist das eine Verletzung einer der Electrical Rules.

Das Programmieren dieser Checks in der Sprache des Output-Programms ist im übrigen der Programmierpraxis in Standardsprachen wie FORTRAN und C sehr ähnlich. Die Benutzung des Output-Programms hat aber den Vorteil, daß die ERC im Extraktorlauf selbst durchgeführt werden.

5.5.4 Standard Technologie-Files; Schlußbemerkungen

Aus den vorigen Abschnitten wird deutlich, daß von dem Anwender eines Layout-Extraktors viel Arbeit bei der Erstellung eines Technologie-Files verlangt wird, bevor die eigentliche Extraktion erfolgen kann. Dabei gilt pauschal, daß, je mehr Möglichkeiten das Technologie-File bietet, d.h. je weniger technologische Daten im Extraktor selbst fest einprogrammiert sind, um so aufwendiger die Erstellung des Technologie-Files wird.

Nun ist es allerdings nicht so, das für jeden Lauf des Extraktors ein eigenes Technologie-File erstellt werden muß. Vielmehr wird der Anwender bemüht sein, für einen bestimmten Problembereich einmalig ein solches File zu schreiben. So sind beim Einsatz des hier als Beispiel behandelten Philips-Extraktors LOCAL45 von einigen erfahrenen Designern in Zusammenarbeit mit CAD-Experten eine Anzahl Application-Files für die in den Abschnitten 5.5.2 und 5.5.3 besprochenen Anwendungen auf Layouts in NMOS- und CMOS-Technologien entwickelt worden. Z.B. stehen für den C500-Prozeß folgende **Standard Application-Files** zur Verfügung, und zwar mit dem Namen (bezogen auf das VAX/VMS-Operating-System):

C500.LOC	zur Generierung einer SPICE-Netzliste ohne Widerstände;
CAPC500.LOC	zur Extraktion von Knotenkapazitäten nach 5.5.3.1;

CHK500.LOC für Electrical Rule Checks nach 5.5.3.2;
C500RP.LOC zur Generierung einer SPICE-Netzliste mit Widerständen, kodiert in einer zusätzlichen Maske.

Wenn die Standard Application-Files für eine bestimmte "Design-Umgebung" einmal unter festgelegten Namen für allgemeine Benutzung freigegeben sind, reduziert sich die Benutzung des LOCAL45-Systems für alle Designer in dieser Umgebung auf den Aufruf des Programms und die Angabe der Namen der vom Programm einzulesenden Files. Diese File-Namen sind einzugeben in Statements für das primäre **Control-File**:

APPLICATION =<File-Name des Application-Files> (s. 5.5.2.2)

SPECIFICATION =<File-Name des Specification-Files> (s. 5.5.2.4)

INPUT =CMS6, <File-Name des Layout-Files> (s. 5.5.2.1)
(falls das File von CIRCUITMASK erstellt wurde)

INPUT =GDS2, <File-Name des Layout-Files> (s. 5.5.2.1)
(falls das Layout in einem GDSII-File enthalten ist)

OUTPUT =<File-Name des Output-Files>, <File-Nummer>
(wobei <File-Nummer> die im korrespondierenden DATA TO FILE Statement des Application-Files angegebene Nummer ist) (s. 5.5.2.3)

FINISH

In diesem Control-File können mehrere Specification-Files, sowie mehrere Input-Files angegeben werden; die Layouts in den Input-Files werden miteinander verschmolzen. Bis zu fünf Output-Files sind möglich.

Die Einfachheit dieses Control-Files (dessen Inhalt auch noch interaktiv abgefragt werden kann) belegt, daß ein leistungsfähiger Layout-Extraktor trotz der vielen Optionen als sehr einfaches und benutzerfreundliches Interface zwischen Layout-Design-System und Netzwerkanalyse- oder Simulations-Programm eingesetzt werden kann.

5.6 Circuit-Simulation

5.6.1 Einleitung

Mit dem Einsatz der Circuit-Simulation im Entwurf integrierter Schaltungen werden im wesentlichen zwei Ziele verfolgt. Zum einen dient die analoge Simulation beim Zellenentwurf der Charakterisierung der Zellen im Bezug auf die Schaltzeiten, Leistungsaufnahme und Signalpegel unter Einbeziehung von Prozeßstreuungen, Schwankungen der Versorgungsspannung und Temperatureinflüssen. Zum anderen dient sie der Entwurfskontrolle nach Erstellung des Layouts zur Sicherstellung der elektrischen Funktionsfähigkeit der Schaltung unter Einbeziehung aller erfaßbaren parasitären Elemente.

Die Zellencharakterisierung ist eng verknüpft mit einer Optimierung der Zellen bezüglich Schaltzeiten, Leistungsaufnahme und Fläche. Die Simulationsparameter werden bei diesem Optimierungsvorgang direkt aus dem Layout-Entwurf extrahiert (Abschnitt 5.5), um so alle Einflüsse von Änderungen der eigentlichen Optimierungsparameter Transistorlänge und Transistorweite zu erfassen. Selbst unter Beschränkung auf einige wenige worst-case-Parametersätze zur Berücksichtigung von Technologiestreuungen und auf die Grenzwerte von Temperatur und Versorgungsspannung führt dieses Vorgehen zu einer großen Zahl von Simulationen. Um diesen zeitraubenden Prozeß abzukürzen, wurden erste Lösungsansätze zur Automatisierung der Entwurfzentrierung in ESPICE realisiert und getestet. Die Ergebnisse der Optimierung von mehr analogen Schaltungsteilen wie eines Komperators oder einer RAM-Decoderzelle waren sehr vielverprechend aber auch sehr rechenintensiv. Weitere Bestrebungen, den Prozeß der Zellencharakterisierung zu automatisieren, werden derzeit im Block Design System (BDS) unternommen.

Der Bereich der Entwurfskontrolle des Layouts von Subsystemen mit Circuit-Simulationsprogrammen wie ESPICE wird zunehmend schwieriger, da die Systeme immer komplexer werden. Hier tritt der Einsatz von alternativen Methoden in den Vordergrund. Eine davon ist die Timing-Simulation, deren Einsatz in dem zu ESPICE kompatiblen Programm MEDUSA-M [5.14] einige Erfolge gezeigt hat. Eine andere Methode ist die Analyse kritischer Pfade der Schaltung mit sogenannten Timing-Qualifiern, wie sie im Chip Design System (CDS) mit Hilfe des Programms PTA (Performance and Timing Analyzer) angewand wird.

Trotz dieser und anderer Methoden wie Switch Level Simulation (Programm SWITCH) und der Verfügbarkeit des schnellen Simulators L-SIM im BDS (Abschnitt 5.1) besteht in vielen Fällen Bedarf an einer ESPICE-Simulation von größeren Schaltungsblöcken oder Subsystemen. Hier bietet sich der Einsatz spezieller Hardware zur Beschleunigung der Simulation an, wie des Vektorrechners FPS-264, auf dem ESPICE lauffähig ist (Abschnitt 5.6.3.1).

5.6.2 Das Schaltungssimulationsprogramm ESPICE

Der Name ESPICE steht für **Erweitertes** (*extended*) **Schaltungssimulationsprogramm** basierend auf dem Programm **SPICE2** *(simulation program with integrated circuit emphasis)*, das an der Universität Berkeley, USA entwickelt wurde [5.7, 5.15]. Es erlaubt u.a. die Durchführung **nichtlinearer DC-, nichtlinearer Zeitbereich- und linearer Kleinsignalanalysen.** Die zu untersuchenden Schaltungen können lineare Elemente (z.B. Widerstände, Kapazitäten, Strom- und Spannungsquellen (auch gesteuert)) sowie Halbleiterelemente (z.B. MOS-, Bipolare Strukturen) als auch MAKRO-Modelle enthalten.

5.6.2.1 Entwicklung und Eigenschaften von ESPICE

Die Entwicklung von ESPICE
Die Entstehung des heutigen ESPICE-Simulators begann Anfang der 70er Jahre bei Philips. Erste Erweiterungen der Funktionalität (z.B. Einbau neuer Modelle, Erhöhung der Benutzerfreundlichkeit) wurden bereits zu dieser Zeit in den Vorgängern von SPICE2 wie **SLIC** und **SPICE1** [5.7] eingebracht.

Diese Konzepte wurden in SPICE2 [5.8] übertragen, das im Jahre 1975 von der Universität Berkeley zur intensiven Anwendung bei der IC-Entwicklung von Philips in Hamburg übernommen wurde. Erhöhte Philips Anforderungen beim IC-Schaltungsentwurf machten eine ständige Erweiterung des SPICE2-Programmes notwendig. So umfaßt **ESPICE** heute etwa 80 000 (SPICE2 um 10 000) aktive Programmzeilen und 30 000 die Pflege des Programmes unterstützende Kommentarzeilen in über 500 Unterprogrammen (*subroutines*). ESPICE wurde in FORTRAN-77 umgeschrieben, um den sich ständig wechselnden Anforderungen der Rechnersysteme gerecht zu werden und eine schnelle Übertragbarkeit auf neue Hardware-Generationen zu gewährleisten. Im Laufe der Zeit wurde ESPICE z.B. auf PHILIPS P-1000 Rechnern, SEL-32 von GOULD, diversen IBM- und VAX-Systemen von DIGITAL und APOLLO-Workstations installiert.

Jährlich werden zwischen 100 000 und 150 000 Simulationsläufe durchgeführt. Dabei treten Rechenzeiten von bis zu 1000 VAX-780-CPU-Stunden auf. Seit 1986 steht ESPICE auf einem schnellen Vektorrechner FPS-264 mit Floating Point System zur Verfügung. Damit lassen sich VAX-780-Rechenzeiten bis zu einem Faktor 100 verringern (vgl. Abschnitt 5.6.3.1) [5.32].

Ende der 70er Jahre wurde der ESPICE-Simulator in den Philips-Konzern eingeführt. Hier findet er in mehr als 100 Installationen seine Anwendung in den IC-Entwicklungsphasen wie **Analyse, Validation** und **Verifikation** von Schaltungen aus dem MOS- und Bipolarbereich.

Eigenschaften von ESPICE
Neben den bekannten Möglichkeiten, die das SPICE2-Programm [5.8] bietet, sind folgende Eigenschaften herausragend [5.15]:

Modelle

- Neue und erweiterte **MOS-Transistor-Modelle** (z.B. ladungsgesteuertes Kapazitätsmodell, Subthreshold-Modellerweiterungen, Knotenkapazitätsmodell);
- Neue und erweiterte **BJT-Transistor-Modelle** für Hochfrequenzanwendungen (NPN, lateraler und vertikaler PNP, geometrische Modelle);
- Verbesserte Modelle für das **Temperaturverhalten** der Elemente;
- Parametrisierte Unternetzwerke (*subcircuits*) und Verwendung von arithmetischen Ausdrücken in diesen zur Erzeugung von **MAKRO-Modellen** (*behavioural models*, vgl. Abschnitt 5.6.2.6);
- Im Programm eingebaute MAKRO-Modelle mit Standardfunkionen (wie Filter, Gatter, arithmetische Operatoren);
- **Fortran-Subroutine-Link (FSL) -Schnittstellen** für eine Modellentwicklung in einer Schaltungssimulationsprogrammumgebung.

Analysen

- Neue Analysemöglichkeiten wie **Parametervariation von Netzwerkattributen** (Elementwerte, geometrische und elektrische Modellparameter, Prozeßparameter und Temperatur);
- **Erweiterte Analysemethoden im AC-, DC- und Zeitbereich** (z.B. Pol-/Nullstellenanalyse, DC-Hysteris-Darstellung, logarithmische Variablenskalierung, verbesserter GEAR-Integrationsalgorithmus, vgl. Abschnitt 5.6.2.2);
- Erhöhte **Robustheit der Algorithmen** und verbesserte **Konvergenz** (Variable Schrittalgorithmen im DC- und Zeitbereich, verbesserte Zeitschrittdiskretisierungsfehler (*local truncation error* (LTE)) und Initialisierung des Newton Raphson Algorithmus (NRA), vgl. Abschnitt 5.6.2.2).

Ein-/Ausgabe

- Benutzerfreundliche Schaltungseingabe mit **Plausibilität- und Konsistenztests** (vgl. Abschnitt 5.4);

- Ergebnisausgabe für eine **interaktive Nachverarbeitung der Simulationsergebnisse** in graphischer Darstellung auf dem Bildschirm und dessen Ausgabe auf einem Zeichengerät (*plotter*), (vgl. Abschnitt 5.6.3.2);

- **Zugriff auf Prozeß-/Modellparameterbibliotheken** sowie auf abgespeicherte **Unternetzwerke**.

Geschwindigkeit

- **Optimierter Programmkode** für den Einsatz von Vektorrechnern (*code vectorization*)(optimierter Matrix-Lösungsalgorithmus)

- **Neue interne Programmstruktur** (modulare Analyse-Blöcke mit zugeordneten Ein-/Ausgabe-Schnittstellen) und optimierte Datenstruktur (z.B. kontinuierliche Datenbereiche sortiert für jedes Element)

ESPICE ist weiter als **modulare** Komponente in die Block Design System (BDS)-Umgebung des MOS-ASC-Entwurfssystems und in die Schaltungssimulationsumgebung des bipolaren Entwurfssystems (BICAD: Bipolar IC Computer Aided Design System) eingebunden.

Aufgrund der genannten vielschichtigen Möglichkeiten (es konnten hier nur einige hervorgehoben werden), den ESPICE-Simulator für unterschiedliche IC-Entwurfsuntersuchungen einzusetzen, zeichnet sich ESPICE durch eine **hohe Benutzerakzeptanz** im Philips-Konzern aus.

5.6.2.2 Verfahren der Schaltungssimulation

Programme zur Schaltungssimulation sind heute leistungsfähige und zuverlässige Handwerkzeuge zur Unterstützung der Entwickler Integrierter Schaltungen. Voraussetzung für sinnvolle Simulationsergebnisse ist allerdings, daß der Benutzer nicht versucht, technisch unrealistische Schaltungen zu simulieren. Außerdem muß vorausgesetzt werden, daß er die von ihm beeinflußbaren Optionen zur Steuerung der numerischen Lösungsverfahren nicht so wählt, daß diese versagen. Vom Benutzer muß daher ein gewisses Maß an Verständnis für zugrundeliegende mathematische Verfahren gefordert werden. Im folgenden soll daher kurz auf diese Verfahren, allerdings in vereinfachter Form, eingegangen werden. Der theoretisch interessierte Leser wird auf das Literaturverzeichnis hingewiesen [5.5 - 5.8].

Schaltungssimulationsverfahren erstellen aus der vom Benutzer eingegebenen Netzbeschreibung ein mathematisches Modell der zu simulierenden Schaltung. Dieses Modell ist ein System von Differentialgleichungen, das mit geeigneten numerischen Verfahren gelöst wird. Bereits diese Modellbildung ist mit Fehlern behaftet. Die Schaltung wird als Netzwerk aus diskreten Elementen beschrieben, die weitgehend voneinander unabhängig sind. Tatsächlich beeinflussen sich aber benachbarte Elemente integrierter Schaltungen z.B. durch thermische oder elektrische Effekte.

Ein weiteres Problem sind parasitäre Effekte wie z.B. Thyristoreffekte bei Vierschichtstrukturen, die durch die verwendeten Elementmodelle nicht beschrieben werden. Der Benutzer muß selbst erkennen, wenn seine Schaltung sensitiv auf diese Effekte reagiert und muß sie geeignet berücksichtigen.

Knotenanalyse ohmscher Netzwerke

ESPICE verwendet eine modifizierte Form der Knotenanalyse (Modified Nodal Analysis [5.11]). Zur Vereinfachung des Verständnisses wird hier nur auf die einfache Knotenanalyse und zunächst nur von den Netzwerken bestehend aus Stromquellen und ohmschen Widerständen eingegangen. Der **Kirchhoffsche Knotensatz** sagt aus, daß die Knotensumme der Ströme verschwindet. Für den in Bild 5.37 dargestellten Knoten k eines Netzwerks bedeutet dies

$$I_{ik} + I_x - I_y - I_z = 0. \tag{1}$$

Die Ströme in den Widerständen können durch deren Leitwert ($G = 1/R$) und die Knotenspannungen bezogen auf den Bezugsknoten (besser: Knotenpotentiale) ausgedrückt werden:

$$I_{ik} + G_x\,(V_i - V_k) - G_y\,(V_k - V_j) - G_z\,V_k. \tag{2}$$

Für jeden Knoten des Netzwerks kann nun eine derartige Knotengleichung angeschrieben werden. Verzichtet man dabei auf den Bezugsknoten, ergeben sich bei einem Netzwerk mit n Knoten n lineare Gleichungen mit n unbekann-

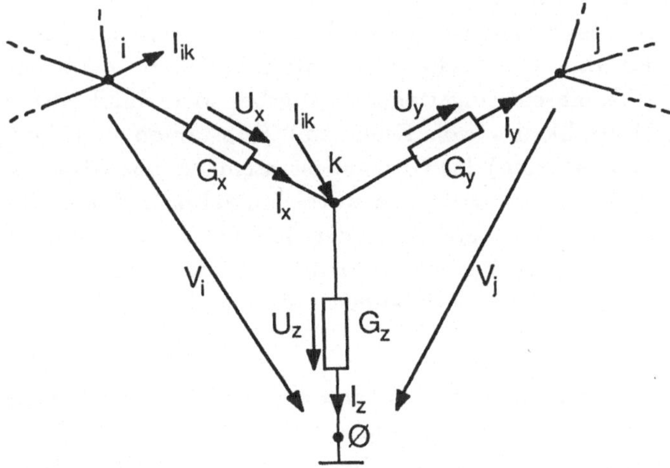

Bild 5.37. k-ter Knoten eines Netzwerks

ten Knotenpotentialen. Dieses lineare Gleichungssystem, das als System der Knotenadmittanzgleichungen bezeichnet wird, kann folgendermaßen geschrieben werden:

$$
\begin{aligned}
+Y_{11}\,V_1 - Y_{12}\,V_2 - Y_{13}\,V_3 \cdots - Y_{1k}\,V_k \cdots - Y_{1n}\,V_n &= -I_1 \\
-Y_{21}\,V_1 + Y_{22}\,V_2 - Y_{23}\,V_3 \cdots - Y_{2n}\,V_k \cdots - Y_{2n}\,V_n &= -I_2 \\
-\,Y_{k1}\,V_1 - Y_{k2}\,V_2 - Y_{k3}\,V_3 \cdots + Y_{kk}\,V_k \cdots - Y_{kn}\,V_n &= -I_k \qquad (3) \\
-Y_{n1}\,V_1 - Y_{n2}\,V_2 - Y_{n3}\,V_3 \cdots - Y_{nk}\,V_k \cdots + Y_{nn}\,V_n &= -I_n.
\end{aligned}
$$

Die Eigenadmittanzen Y_{kk} ergeben sich einfach als Summe der mit dem Knoten k verknüpften Leitwerte, die Gegenadmittanzen $Y_{ki} = Y_{ik}$ entsprechen dem Leitwert zwischen den Knoten k und i. Die Ströme I_k ergeben sich als Summe der auf den Knoten k zufließenden Quellenströme. Man kann zeigen, daß das System der Knotenadmittanzgleichungen linear unabhängig ist und daß es demnach eine eindeutige Lösung besitzt.

Enthält das Netzwerk zusätzlich Spannungsquellen mit Innenwiderstand, so können diese in Ersatzstromquellen umgewandelt werden. Bei idealen Spannungsquellen kann die modifizierte Knotenanalyse (wie z.B. in ESPICE) eingesetzt werden. Hierbei erhält man für jede Spannungsquelle eine weitere Gleichung:

$$U_{1m} = V_1 - V_m \qquad (4)$$

Als zusätzliche unabhängige Variable verwendet man den Strom I_{1m} der Spannungsquelle. das lineare Gleichungssystem bleibt weiterhin eindeutig lösbar. Im folgenden soll der Einfachheit halber aber nicht mehr auf die modifizierte Knotenanalyse eingegangen werden.

Gauß'sches Eliminationsverfahren

Zur Lösung des linearen Gleichungssystems wird in Schaltungssimulationsprogrammen üblicherweise das Gauß'sche Eliminationsverfahren oder eine modifizierte Form dieses Verfahrens angewendet. Hierbei wird durch strategisch günstig gewählte Multiplikation von Zeilen mit Konstanten und Addition von Zeilen (Linearkombinationen) das Gleichungssystem auf eine Gleichung mit einer Unbekannten (z.B. V_n) reduziert (Vorwärtselimination). Diese Gleichung kann nach V_n gelöst werden. Mit Hilfe der nun bekannten Variablen V_n kann die nächste Variable V_{n-1} bestimmt werden. Dieses Verfahren der "Rückwärtssubstitution" wird solange fortgeführt, bis alle Knotenpotentiale bekannt sind.

Betrachtet man das o.a. Gleichungssystem, so kann der erste Term der zweiten Gleichung eliminiert werden, wenn die erste Gleichung mit $-Y_{21}/Y_{11}$ multipliziert und zur zweiten Gleichung addiert wird. Auf die entsprechende Weise können die ersten Terme aller weiteren Gleichungen eliminiert werden. Es verbleiben $n-1$ Gleichungen mit $n-1$ Unbekannten $V_2 \cdots V_n$. Die erste Gleichung ist eine Bestimmungsgleichung für V_1, falls $V_2 \cdots V_n$ bekannt sind.

Das reduzierte Gleichungssystem wird nun entsprechend behandelt. Es entstehen somit ein Gleichungssystem mit $n-2$ Gleichungen und $n-2$ Variablen $(V_3 \cdots V_n)$ sowie eine Bestimmungsgleichung für V_2. Wird dieses Verfahren $n-1$-mal wiederholt, verbleiben n Bestimmungsgleichungen für n Variable, die im Verfahren der Rückwärtssubstitution einfach gelöst werden können.

Die Gauß'sche Elimination kann im Fall der Knotenanalyse an Hand von elektrischen Ersatzschaltbildern anschaulich dargestellt werden. Der erste Schritt der Vorwärtselimination führt zu einem reduzierten Gleichungssystem ohne die Variable V_1, das für die Variablen $V_2 \cdots V_n$ zu den gleichen Ergebnissen wie das gesamte System führt. Offensichtlich wurde der Knoten 1 aus dem Netzwerk entfernt, ohne daß sich die Eigenschaft des Restnetzwerks verändert hat. Dies gelingt tatsächlich mit Hilfe der Stern-Vieleck-Umwandlung. Diese besagt, daß ein sternförmiges Teilnetzwerk identisch ersetzt werden kann durch ein vollständiges Vieleck über die Endknoten des Sterns, wobei jeder Endknoten mit jedem anderen Endknoten über einen bestimmten Leitwert verknüpft ist. Stromeinspeisungen am Mittelknoten des Sterns werden auf die Endknoten des Sterns verlagert. Bild 5.38 zeigt das Ergebnis der Umwandlung des Sterns mit Mittelpunktsknoten k aus Bild 5.37 zu einem Dreieck über dessen Endknoten. Der Knoten wurde aus dem Netzwerk entfernt. Tatsächlich entspricht diese Umwandlung einem vollständigen Schritt der Gauß'schen Vorwärtselimination.

Das Netzwerk kann nun sukzessive bis auf ein Netzwerk mit einem Knoten reduziert werden, dessen Knotengleichung einfach lösbar ist. Umgekehrt kann das Netzwerk schrittweise wieder in das ursprüngliche Netzwerk durch Vieleck-

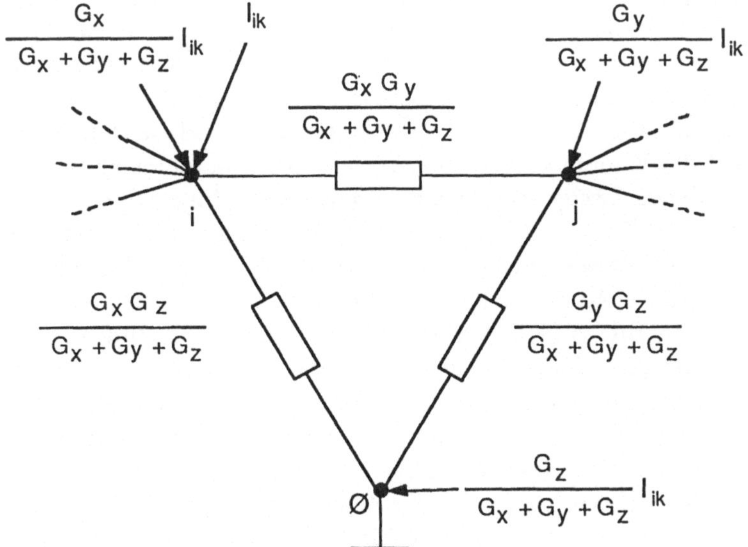

Bild 5.38. Stern-Dreieck-Umwandlung für den k-ten Knoten

Stern-Umwandlungen umgewandelt werden, wobei sich in jedem Schritt das Knotenpotential des Sternknotens ergibt. Sind die Knotenpotentiale V_i und V_j im reduzierten Netzwerk nach Bild 5.38 bekannt, so kann z.B. mit dem Überlagerungsprinzip das Knotenpotential des Knotens k in Bild 5.37 einfach berechnet werden. Dies entspricht der Rückwärtssubstitution des Gauß'schen Verfahrens.

Ohne auf Zahlenwerte einzugehen, kann nun das Prinzip der Gauß-Elimination und deren Probleme symbolisch an einem Netzwerkgraphen dargestellt werden. Beim Netzwerkgraphen wird einfach jeder Leitwert zwischen zwei Knoten durch einen Zweig repräsentiert. Bild 5.39 a zeigt den Netzwerkgraphen für ein einfaches Netzwerk. Üblicherweise ist in einem elektrischen Netzwerk jeder Knoten nur mit sehr wenigen Nachbarknoten verknüpft (im Mittel mit 3 Knoten bei elektronischen Schaltungen). Der gezeigte Netzwerkgraph besitzt 6 Zweige, während er maximal 15 haben könnte, wenn jeder Knoten mit jedem verknüpft wäre. Jeder Zweig des Graphen ergibt zwei Gegenadmittanzen Y_{ik}, Y_{ki} im linearen Gleichungssystem nach (3). Das Simulationsprogramm muß demnach für jeden Zweig zwei Speicherplätze zur Verfügung stellen. Anstatt sämtliche Gegenadmittanzen des Gleichungssystems zu speichern und zu bearbeiten, werden lediglich die von Null verschiedenen Gegenadmittanzen beachtet. Verfahren, die diese Eigenschaft elektrischer Netze ausnutzen, werden als **Sparse-Matrix-Verfahren** bezeichnet. Diese Verfahren ergeben eine erhebliche Einsparung an Speicherplatz und Rechenzeit bei der Lösung der Netzwerkgleichung. Sie ermöglichen erst die Simulation von sehr großen Netzwerken.

Bei der Ausführung der Stern-Vieleck-Umwandlung können neue Zweige entstehen, die im ursprünglichen Netzwerk nicht enthalten sind. Diese neuen Zweige erfordern wie jeder Zweig des Netzwerks Speicherplatz und Rechenzeit zu ihrer Bearbeitung. Die Anzahl der neu entstehenden Zweige, die auch als **Auffüllung** bezeichnet werden, ist teilweise stark von der Reihenfolge der Stern-Dreieck-Umwandlung abhängig. Bild 5.39 b zeigt den Graphen des reduzierten Netzwerks, wenn zunächst der Knoten 1 durch Stern-Vieleck-Umwandlung eliminiert wird. Die neu entstandenen Zweige sind verstärkt dargestellt. Insgesamt handelt es sich um 5 Zweige. Der Zweig 2 - 3 ist zwar auch ein Zweig des Vielecks, er war aber bisher schon im Netzwerk enthalten. Es handelt sich demnach um keine Auffüllung. Wird danach der Knoten 2 eliminiert, entstehen keine Auffüllungen, weil alle Vieleckzweige in Bild 5.39 b bereits enthalten sind (vgl. Bild 5.39 c). Bei der folgenden Elimination des Knotens 5 entstehen zwar zwei neue Zweige gemäß Bild 5.39 d, diese sind jedoch mit dem Bezugsknoten 0 verknüpft und Gegenadmittanzen zu 0 sind im Gleichungssystem (siehe (3)) nicht enthalten, werden demnach auch nicht gespeichert, nicht bearbeitet und sind demnach keine Auffüllungen. Nach Elimination des Knotens 4, die keine Auffüllungen erzeugt, verbleibt ein Netzwerk bestehend aus einem Knoten und einem Zweig zum Bezugsknoten. Im Verlauf dieser Vorwärtselimination sind demnach insgesamt 5 Auffüllungen entstanden.

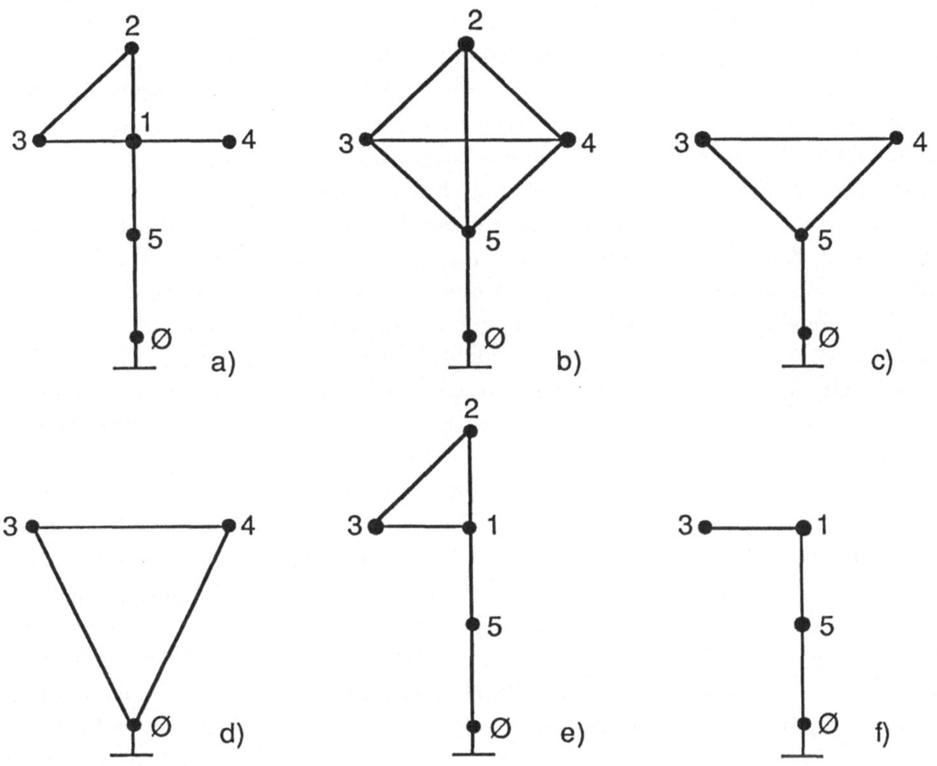

Bild 5.39. a)-f) Gaußelimination durch Stern-Vieleck Umwandlung

Durch strategisch günstige Wahl der Eliminationsreihenfolge kann die Zahl der Auffüllungen reduziert werden. Wird zunächst der Knoten 4 eliminiert, entsteht nach Bild 5.39 e keine Auffüllung. Auch die folgende Elimination des Knotens 2 ergibt keine Auffüllung gemäß Bild 5.39 f. Alle weiteren Knoten können nun in der Reihenfolge 3, 1 ohne Auffüllung eliminiert werden. Ziel der Sparse-Matrix-Verfahren ist es nun, durch geeignete Reihenfolge der Knotenelimination eine möglichst geringe Anzahl an Auffüllungen zu erzeugen. Der Aufwand zur Festlegung einer möglichst optimalen Eliminationsreihenfolge ist zwar verhältnismäßig groß, dieser Aufwand wird jedoch lediglich einmal beim Start des Simulationsprogramms betrieben. Da während einer Simulation allerdings eine Vielzahl an Lösungen strukturell gleicher Gleichungssysteme erforderlich sind, macht sich dieser Aufwand schnell bezahlt.

Knotenanalyse nichtlinearer Netzwerke

Enthält das Netzwerk Elemente mit nichtlinearem Zusammenhang zwischen Strom und Spannung (Diode, Transistor, ...), so wird das **Newton'sche Iterationsverfahren** angewendet. Bild 5.40 zeigt die Kennlinie einer idealen Diode. Als Lösung soll sich für die Diode der Arbeitspunkt A einstellen, der allerdings noch nicht bekannt ist. Hat man eine hinreichend gute Näherung für den Arbeitspunkt (z.B. A'), so kann die Diodenkennlinie ohne große Fehler durch ihre Tangente in A' ersetzt werden. Diese Tangente, die eine lineare Strom-Spannungsbeziehung besitzt, kann z.B. durch eine lineare Ersatzstromquelle mit den in Bild 5.40 angegebenen Parametern dargestellt werden. Man ersetzt nun die Diode durch ihre lineare Ersatzschaltung. Entsprechend verfährt man mit allen weiteren nichtlinearen Elementen. Auf diese Art erhält man ein lineares Netzwerk, dessen Knotengleichungen erstellt und gelöst werden können. Da die Tangente die Diodenkennlinie in der Umgebung sehr gut annähert, kann man davon ausgehen, daß die sich ergebende Lösung verhältnismäßig nah an der exakten Lösung liegt. Sie kann allerdings noch nicht die exakte Lösung sein. Man erhält vielmehr eine neue Diodenspannung und aus der Kennlinie einen neuen Diodenstrom und damit einen neuen Arbeitspunkt A''. In einem weiteren Iterationsschritt wird die Diode wiederum durch ihre lineare Ersatzschaltung ersetzt. Eine Lösung des sich damit ergebenden linearen Gleichungssystems wird hoffentlich näher an der exakten Lösung liegen. Die modifizierten Newton'schen Iterationsverfahren in ESPICE führen in aller Regel nach wenigen Iterationsschritten zu einer hinreichend genauen Lösung, auch wenn die Ausgangslösung nicht sehr nah bei der exakten Lösung liegt. Die Lösung der nichtlinearen Knotengleichungen wird demnach mit dem Newton'schen Iterationsverfahren auf eine Folge von linearen Knotengleichungen zurückgeführt. Die Folge wird abgebrochen, wenn in einem Iterationsschritt keine wesentliche Verbesserung der Lösung erreicht wird.

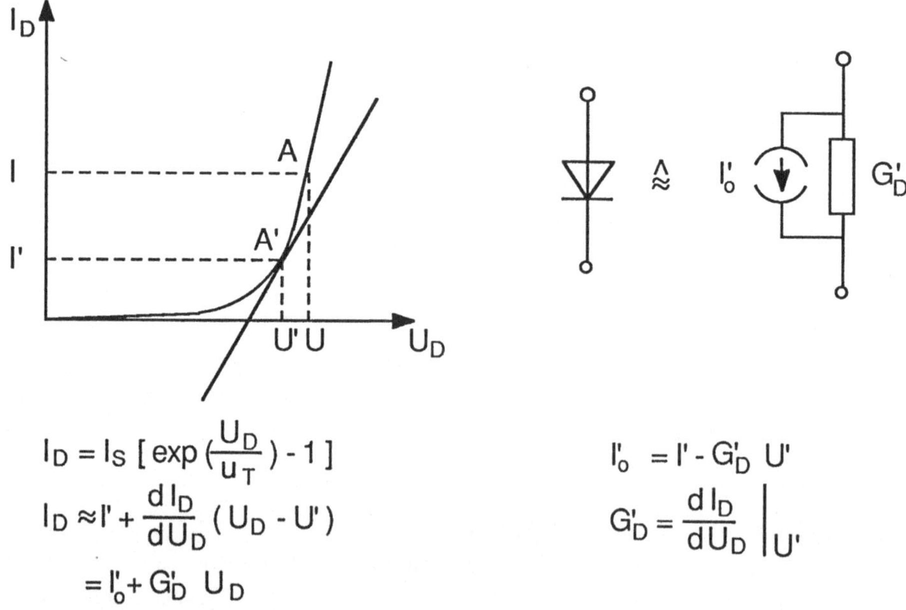

Bild 5.40. Kennlinie und linearisiertes Ersatzschaltbild einer Diode

Obwohl die Verfahren in ESPICE sehr zuverlässig sind, kann eine Konvergenz nicht garantiert werden. Die Iteration wird nach einer vorgegebenen Zahl von Iterationsschritten mit der Fehlermeldung "Keine Konvergenz" abgebrochen, wenn keine hinreichend genaue Lösung erzielt wurde. Tritt dieser Fehler auf, ist er in fast allen Fällen durch Eingabefehler bedingt, die natürlich gefunden werden müssen.

Knotenanalyse dynamischer Netzwerke

Enthält ein Netzwerk Energiespeicher (Induktivitäten, Kapazitäten), muß sein dynamisches Verhalten untersucht werden. Für eine Kapazität ergibt sich die Strom-Spannungsbeziehung zu

$$i_C(t) = C\,\frac{du_C}{dt}. \tag{5}$$

Ist die Kondensatorspannung zu einem zurückliegenden Zeitpunkt $t - \Delta t$ bekannt, so kann der Differentialquotient durch den Differenzenquotienten angenähert werden:

$$i_C(t) \approx C\,\frac{u_C(t) - u_C(t - \Delta t)}{\Delta t}. \tag{6}$$

Anschaulich gesehen, wird der zeitliche Verlauf der Kondensatorspannung durch eine Gerade angenähert und die zeitliche Ableitung zum Zeitpunkt t wird durch die Steigung der Geraden approximiert (vgl. Bild 5.41 a). Diese Näherung wird umso genauer, je kleiner das Zeitintervall t gewählt wird. Gleichung (6) kann folgendermaßen interpretiert werden:

$$i_C(t) = G_C\, u_C(t) - I_{C0} \tag{7}$$

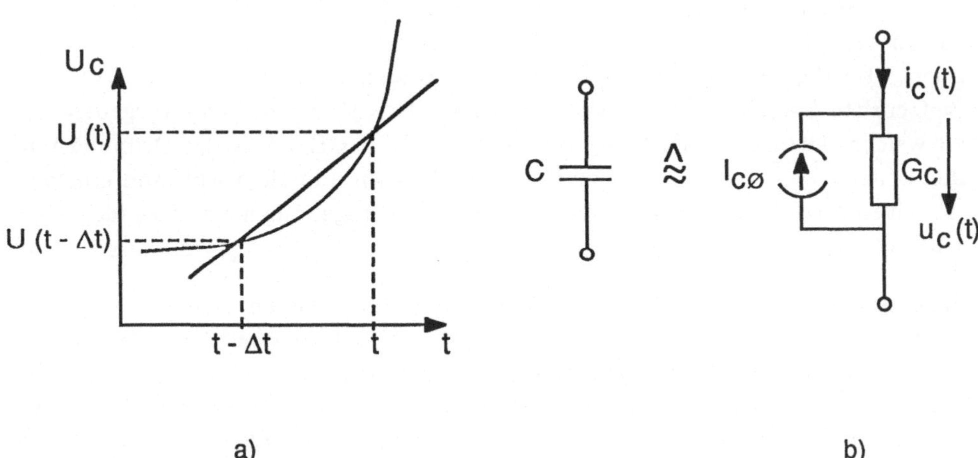

Bild 5.41. a)-b) Ersatzschaltbild der Kapazität im Zeitbereich

mit

$$G_C = \frac{C}{\Delta t} \quad , \quad I_{C0} = G_C \, \frac{u_C(t - \Delta t)}{\Delta t}.$$

I_{C0} ist ein konstanter Strom, da er nur von einer bereits bekannten Lösung zu einem zurückliegenden Zeitpunkt abhängt. G_C ist ein Ersatzleitwert. Es handelt sich offensichtlich wieder um eine Ersatzstromquelle, die das Verhalten der Kapazität C zum Zeitpunkt t näherungsweise beschreibt (Bild 5.41 b). Für Induktivitäten kann eine entsprechende Ersatzstromquelle bestimmt werden. Werden alle Energiespeicher zum Zeitpunkt t entsprechend ersetzt, ergibt sich wieder ein lineares Knotengleichungssystem zur näherungsweisen Bestimmung der Lösung zum Zeitpunkt t, wenn die Lösung zu einem vorhergehenden Zeitpunkt bekannt ist. Ist die neue Lösung berechnet, kann von dieser ausgehend die Lösung zum nächsten Zeitpunkt berechnet werden.

Offensichtlich wird die Zeitachse in diskrete Zeitpunkte aufgelöst. Das Zeitverhalten des dynamischen Netzwerks ergibt sich als Folge von Lösungen linearer Knotengleichungssysteme zu den diskreten Zeitpunkten. Es ist einsichtig, daß die Genauigkeit der Lösungen von der Wahl des Zeitschritts Δt abhängt. Je kleiner dieser Zeitschritt ist, desto genauer werden die Lösungen, desto aufwendiger wird allerdings die Berechnung, da mehr Knotengleichungssysteme zu lösen sind. ESPICE entlastet den Benutzer von der Wahl des Zeitschritts. Der Zeitschritt wird den Genauigkeitsanforderungen des Benutzers, die er durch Parameter vorgibt, automatisch und variabel angepaßt. Der Benutzer gibt lediglich den minimalen und maximalen Zeitschritt vor. Auf die zugrundeliegende sehr komplexe Theorie kann hier nicht eingegangen werden.

Bei dem in Gleichung (6) angegebenen Verfahren handelt es sich um eine rückwärtsgenommene Differenzformel (BDF= *backward differential formula*) erster Ordnung, die üblicherweise als rückwärtsgenommene Euler-Formel bezeichnet wird [5.9, 5.10]. ESPICE bietet BDF's bis zur 6. Ordnung an. Bei diesen wird das Zeitverhalten durch Polynome höherer Ordnung approximiert. Da die Approximation genauer ist, werden Lösungen genauer bzw. die Zeitschritte können größer gewählt werden. Der Benutzer kann vorgeben, bis zu welcher Ordnung BDF's benutzt werden. ESPICE wählt die Ordnung und den Zeitschritt, die eine optimale Genauigkeit bei minimalem Aufwand ergeben. Als alternative Differenzenformel kann die Trapezregel angefordert werden, eine Differenzenformel 2. Ordnung.

Knotenanalyse dynamischer nichtlinearer Netzwerke

Enthalten die dynamischen Netzwerke zusätzlich nichtlineare Elemente, wird zu jedem Zeitpunkt eine Newton-Iteration durchgeführt. Da diese auf eine Folge von Lösungen linearer Gleichungssysteme zurückgeführt wird, ist ersichtlich, daß die Simulation im Zeitbereich eine extrem große Zahl an Lösungen linearer Knotengleichungssysteme erfordert.

Knotenanalyse im Frequenzbereich (AC-Simulation)
Bei der Kleinsignalanalyse im Frequenzbereich (*AC smallsignal*) wird davon ausgegangen, daß die Signalamplitude so hinreichend klein ist, daß die nichtlinearen Elemente in der Umgebung ihres Gleichstromarbeitspunktes hinreichend genau durch eine lineare Näherung beschrieben werden können. Eine Diode wird z.B. durch einen Leitwert entsprechend der Darstellung in Bild 5.40 beschrieben. Die Signale werden als periodisch zeitabhängig vorausgesetzt. Diese Signale können in einer Fourierreihe, d.h. in einer Reihe harmonischer ('sinusförmiger') Signale entwickelt werden. Es handelt sich demnach um lineare Netzwerke, die von harmonischen Signalquellen erregt werden. In diesem Fall kann die komplexe Rechnung angewendet werden. Kapazitäten und Induktivitäten werden durch den komplexen Zusammenhang zwischen Spannung und Strom beschrieben:

$$I_C = jwC\; U_C \qquad , \qquad I_C = 1/(jwL)\; I_L. \tag{8}$$

Es ergibt sich damit ein lineares Gleichungssystem gemäß (3), wobei die Admittanzen Y, die Knotenpotentiale V und die Quellenströme I komplexe Größen sind. Als Lösung ergeben sich komplexe Knotenpotentiale als Real- und Imaginärteil oder als komplexe Zeiger mit Betrag (Amplitude) und Phase. Die Frequenzachse wird in diskrete Frequenzen eingeteilt. Für jede Frequenz wird das komplexe Knotengleichungssystem gelöst und es ergibt sich z.B. damit das **Bode-Diagramm** (Betrags- und Phasendiagramm) eines gewünschten Signals.

5.6.2.3 Simulationsarten

Die in Abschnitt 5.6.2.2 dargestellten Verfahren weisen bereits auf die verschiedenen Simulationsmöglichkeiten hin.

Simulation des Gleichstromverhaltens (DC-Simulation)
In diesem Fall wird der eingeschwungene Zustand der Erregung mit zeitunabhängigen Signalen berechnet, wie er sich nach hinreichend langer Zeit nach Einschalten der Quellen einstellt. Damit lassen sich z.B. die Gleichstromarbeitspunkte einer Schaltung bestimmen. Wird die Temperatur variiert, kann der Einfluß der Temperatur auf den Gleichstromarbeitspunkt untersucht werden. Unter der Voraussetzung sehr langsamer (quasistationärer) Änderungen der Signalquellen kann z.B. das Transferverhalten einer Schaltung untersucht werden. Eine DC-Simulation ist üblicherweise Voraussetzung für eine Großsignalsimulation im Zeitbereich (TR-Simulation, transient), weil hiermit die Anfangsbedingungen der Energiespeicher (Spannungen an Kapazitäten, Ströme in Induktivitäten) bestimmt werden. Ebenso erfordert die AC-Simulation (smallsignal) eine vorausgehende DC-Simulation, damit die Arbeitspunkte der nichtlinearen Elemente bekannt sind. Daraus können deren Kleinsignal-Ersatzschaltbilder berechnet werden.

Großsignalsimulation im Zeitbereich (transiente oder TR-Simulation)
Der Benutzer beschreibt die Signalquellen als Zeitfunktionen. Ausgehend von einer Gleichstromlösung wird mit den in Abschnitt 5.6.2.2 angegebenen Verfahren das dynamische Verhalten der Schaltung untersucht. Durch Vorgabe unterschiedlicher Temperaturen kann der Temperatureinfluß auf das Zeitverhalten einer Schaltung untersucht werden. Bei periodischen Eingangssignalen kann ein Ergebnissignal einer Fourieranalyse unterzogen werden. Damit können u.a. Verzerrungen von Verstärkern untersucht werden. Beispiele für diese Simulationsarten sind im Abschnitt 5.6.3.2 dargestellt.

Kleinsignalsimulation im Frequenzbereich (AC-Simulation)
Die Prinzipien der AC-Simulation wurden bereits in Abschnitt 5.6.2.2 erläutert. Die AC-Simulation ist im wesentlichen für lineare Schaltungen relevant, daher soll hier nicht weiter darauf eingegangen werden. Weitere Analysen, die ebenfalls nur für lineare Schaltungen interessant sind, sind die Rauschsimulation (*noise*), wobei für jedes Element ein Rauschmodell verwendet wird, die Verzerrungssimulation (*distortion*) und die Pol-/Nullstellenanalyse (*pole-/zero*).

5.6.2.4 Modellkonzepte für Netzwerkelemente

Neben den Lösungsverfahren für die verschiedenen Analysearten sind geeignete Modelle für die linearen und vor allem die nichtlinearen Bauelemente von Halbleiterschaltungen für das Zustandekommen von realitätsnahen Simulationsergebnissen wesentliche Voraussetzung. Deswegen sind Grundlage für SPICE-Derivate wie ESPICE meist die firmenintern entwickelten Modelle für Halbleiterbauelemente wie MOS- und Bipolar-Transistoren, Dioden, Leiterbahnen und Widerstände. Neben dem idealen Bauelementeverhalten wie "MOS-FET", "Diodengleichung", "Leiter" und "ohmscher Widerstand" enthalten diese Modelle auch parasitäre Effekte wie Kapazitäten, Bahnwiderstände und Leckströme sowie horizontale und vertikale Verkopplungen, die bei integrierten Schaltungen eine bedeutende Rolle spielen. Dabei gilt die Einschränkung, daß diese Effekte beim Einsatz der klassischen Lösungsverfahren wieder auf diskrete Bauelemente, die mit zwei oder mehr Knoten inzident sind, aufgeteilt werden müssen. Es müssen so für den Einsatz in der Netzwerkanalyse elektrische Modelle der Bauelemente und parasitären Elemente gebildet werden, die, aus physikalisch begründeten analytischen Gleichungen bestehend, das Klemmenverhalten der realen Bauelemente möglichst wirklichkeitsnah beschreiben. Wichtig dazu ist auch eine sorgfältige Bestimmung der Gleichungsparameter. Im folgenden soll, der Bedeutung für die Simulation integrierter MOS-Schaltungen entsprechend, ein Modell für den MOS-Transistor in integrierter Technik näher betrachtet werden. Dieses Modell ist bei Philips für die Simulation von digitalen CMOS-Schaltungen im $1\mu m$ Bereich entwickelt worden.

Das MOS-Modell

Bei der Betrachtung eines MOS-Modells für die Netzwerkanalyse kann zunächst, entsprechend den unterschiedlichen Analysearten, in verschiedene Komponenten unterschieden werden:

- Ein sogenantes DC-Modell zur Berechnung des stationären Drain-Stromes in Abhängigkeiten von den Polpaarspannungen zwischen Drain-, Gate-, Source- und Bulk-Anschluß für die DC-Analyse und die quasistationäre DC-Transfer-Analyse.
- Ein Kapazitäts- oder besser Ladungsmodell zur Berücksichtigung von Ladungsspeicherungseffekten zusätzlich zum DC-Modell für die transiente Analyse im Zeitbereich (TR-Analyse).
- Ein spezielles Diodenmodell zur Modellierung der Leckströme und Kapazitäten der Drain- und Source- Gebiete.
- Ein AC-Modell zur Simulation des Kleinsignalverhaltens (AC-Analyse), das aus der Linearisierung der Gleichungen der o.a. Modelle im jeweiligen Arbeitspunkt gebildet wird.
- Ferner Modelle, die das Temperaturverhalten einzelner Parameter und Effekte beschreiben und temperaturabhängige Simulationen in allen beschriebenen Analysearten ermöglichen, sowie ein Noise-Modell zur Analyse des Rauschverhaltens von Schaltungen. Diese letzten beiden Modelle sollen im folgenden nicht weiter behandelt werden.

Das DC-Modell

Auf den Grundlagen der Halbleiterphysik und der Physik der Grenzschichten sowie mit Hilfe von exakten numerischen Simulationen können genaue analytische Modelle für das DC-Arbeitspunktverhalten von MOS-Transistoren entwickelt werden. Da der Anspruch an die Genauigkeit für unterschiedliche Anwendungen des Modells variiert und der Grad der Genauigkeit in Widerspruch steht zur Effizienz der Programme für die Schaltungssimulation (*circuit simulation*) (je höher die Genauigkeit, desto größer der numerische Aufwand), wird ein stufenweise erweiterbares Modell bevorzugt.

Das Modell MOS7 in ESPICE ist ein solches hierarchisches Modell, bei dem durch setzen von bestimmten Schlüsselparametern die Genauigkeit steigernde Effekte hinzugefügt werden können. In der Praxis hat sich jedoch gezeigt, daß in der überwiegenden Zahl der Anwendungen die Anforderungen an die Genauigkeit nicht wegen einer geringfügigen Verlängerung der Simulationszeiten reduziert werden, so daß fast immer alle Effekte berücksichtigt werden. Dennoch soll aus Gründen der Übersichtlichkeit das Modell MOS7 stufenweise beschrieben werden.

Das Verhalten des MOS-Transistors in starker Inversion und im nicht gesättigten Fall, d.h. V_{GS} ist größer als die Schwellenspannung V_T und V_{DS} ist kleiner als die

Sättigungsspannung V_{DSS}, kann idealisiert beschrieben werden durch die Gleichung:

$$I_{DN} = \beta \frac{W}{L}[(V_{GS} - V_T)V_{DS} - \frac{1}{2}(1+\delta)V_{DS}^2] \tag{9}$$

mit

$$V_{DSS} = \frac{V_{GS} - V_T}{1+\delta}.$$

In diesem Fall ist der Ausgangsstrom I_D bei konstanter Drain-Source-Spannung V_{DS} linear von der Gate-Spannung V_{GS} abhängig, weshalb man auch vom linearen Bereich des Kennlinienfeldes spricht. Im gesättigten Fall ist der Strom I_D unabhängig von der Drain-Spannung und bleibt konstant auf dem an der Sättigungsgrenze erreichten Wert I_{DSS}, den man erhält, wenn in (9) für V_{DS} die Sättigungsspannung V_{DSS} eingesetzt wird:

$$I_{DSS} = \beta \frac{W}{L} \frac{(V_{GS} - V_T)^2}{2(1+\delta)}. \tag{10}$$

In diesem Fall ist der Ausgangsstrom I_D quadratisch von der effektiven Gate-Spannung $(V_{GS} - V_T)$ abhängig. Eine sehr gute Darstellung der MOS-Theorie, die unter anderem auch die Herleitung dieser vereinfachten Beziehung enthält, wird von Tsividis in [5.16] gegeben.

Dieses sehr vereinfachte Modell enthält nicht die Reduzierung der Trägerbeweglichkeiten im Kanal des MOS-Transistors, die einmal verursacht wird durch das vertikale Feld als Folge der Gate- und der Bulk-Spannung (*back bias*), zum anderen durch das laterale Feld als Folge der Drain-Source-Spannung. Dies wird in MOS7 berücksichtigt durch einen zusätzlichen Term im Nenner von (9):

$$I_D = I_{DN}/N$$

$$N = [1 + \Theta_1(V_{GS} - V_T) + \Theta_2 V_{SB}](1 + \Theta_3 V_{DS}). \tag{11}$$

In diesem Fall wird die Berechnung der Sättigungsspannung etwas komplizierter, ist aber trotzdem noch implizit möglich. Diese Formulierung und die folgenden Erweiterungen sind von Klaassen in [5.17] beschrieben.

Die effektive Schwellenspannung V_T in Gleichung (9) hängt von der Kanallänge und -weite, von der Bulk-Spannung (*back gate*) und von der Drain-Source-Spannung ab. So wird z.B. die Reduzierung der Schwellenspannung mit abnehmender Kanallänge einfach und genau durch die Preprocessing-Regeln modelliert. Der Einfluß der Bulk-Spannung auf die Schwellenspannung, der sogenannte Body-Effekt, wird durch die übliche Beziehung

$$V_T = V_{T0} + k\sqrt{\phi_B + V_{SB}} \tag{12}$$

berücksichtigt, wobei allerdings auf Grund der Implementation zur Einstellung der Schwellenspannung in manchen Fällen das Modell um eine Abhängigkeit des

Body-Effekt-Faktors k von der Bulkspannung V_{SB} zu erweitern ist. Die Effekte kurzer und schmaler Kanäle verlangen zusätzlich die Einbeziehung einer Längen- und Weitenabhängigkeit von k.

Um den zu beobachtenden Anstieg des Stromes im Sättigungsbereich in Abhängigkeit von der Drain-Source-Spannung, der im Modell bis zu dieser Stelle noch nicht berücksichtigt worden ist und der verstärkt bei kurzen Kanallängen auftritt, zu modellieren, wird die Schwellenspannung im Zähler von Gleichung (9) um den Term γV_{DS} reduziert, d.h. die effektive Gate-Spannung $V_{GS} - V_T$ wird zu

$$V_{GT} = V_{GS} - (V_T - \gamma V_{DS}). \tag{13}$$

Über diesen neuen Parameter γ kann auch die Kanallängenverkürzung durch Ausdehnung der Drain-seitigen Raumladungszone bei höheren Drain-Source-Spannungen modelliert werden.

Das bisher behandelte Modell erlaubt einen Stromfluß nur im Bereich der starken Inversion, d.h. sobald die Gate-Spannung kleiner wird als die effektive Schwellenspannung wird der Strom zu Null. Dies ist im realen MOS-FET nicht der Fall. Auch im Bereich der schwachen Inversion fließt noch ein Drain-Strom. Das Modell MOS7 benutzt eine Exponentialfunktion, in der ein Parameter m die exponentielle Abhängigkeit des Stromes von der effektiven Gate-Spannung wiedergibt.

Kritisch ist der Übergangsbereich zwischen starker und schwacher Inversion, also der Bereich um die Schwellenspannung. Hier wird in MOS7 zur Zeit ein halbempirischer Ausdruck für die Anpassung der beiden unterschiedlichen Funktionen verwendet, der eine Verschiebung der Schwellenspannung ermöglicht.

Neben den bisher schon behandelten Längen- und Weitenabhängigkeiten sind in Modell MOS7 die Beweglichkeitsparameter Θ_1, Θ_2 und Θ_3 sowie die Parameter γ und m geometrieabhängig.

Das Ladungsmodell

Die aktive Ladung im Kanal wird aus denselben grundlegenden Transportgleichungen berechnet, die zur Berechnung des Drain-Stromes benutzt wurden. Die notwendige Aufteilung der Kanalladung auf eine Source- und eine Drain-Ladung Q_D und Q_S ist eine physikalisch begründete Näherung.

Auch die Bulk-Ladung kann, unter Berücksichtigung einiger Randbedingungen, aus den Grundgleichungen berechnet werden (siehe [5.17]). Aus der Bedingung der Ladungsneutralität:

$$Q_G + Q_S + Q_D + Q_B = 0 \tag{14}$$

läßt sich dann die Gate-Ladung Q_G bestimmen. Aus diesen drei unabhängigen Ladungen lassen sich neun unabhängige Kapazitäten einer asymmetrischen Kapazitätsmatrix bestimmen, die dann in ESPICE in die Leitwertmatrix eingetragen werden kann, ohne daß spezielle Vorkehrungen zum Erhalt der Ladungsneutralität getroffen werden müssen. Außer der Oxidkapazität C_{OX} und der Flachbandspannung V_{FB} werden für das Ladungsmodell keine zusätzlichen Parameter benötigt.

5.6.2.5 Parameterbestimmung

Um wirklichkeitsnahe Simulationsergebnisse zu erreichen, ist neben einem guten Modell ganz wesentlich eine sorgfältige Parameterbestimmung für den jeweiligen Prozeß und für die maximal erlaubten Prozeßstreuungen (Nominal-Parameter und Worst-Case-Parameter). Die Genauigkeit von Parametersätzen wächst mit den einzelnen Entwicklungsschritten eines Prozesses. Es werden verschiedene Klassen von Parametersätzen unterschieden:

- Klasse 0: Ad-hoc-Parametersatz, gültig nur für eine spezielle Charge, um eine Charakterisierung der Entwurfsmöglichkeiten zu haben.
- Klasse 1: Parametersatz basiert auf ersten Messungen, auf Device-Simulationen und auf physikalisch begründeten Abschätzungen. Nur für Analysen der Anwendbarkeit des Prozesses.
- Klasse 2: Parametersatz basiert auf Messungen von Scheiben, die dem Entwicklungsziel entsprechen. Dabei können einzelne Parameter noch in Richtung auf die Spezifikation modifiziert werden, d.h. Nominal-Parameter sind noch nicht "eingefroren", doch die Worst-Case-Grenzwerte müssen jetzt eingehalten werden.
- Klasse 3: Der Prozeß ist "eingefroren". Die Nominal-Parameter haben sich eingependelt, die Grenzwerte sind unverändert zu Klasse 2.
- Klasse 4: Der Prozeß läuft in der Produktion und wird entsprechend den Parametern überwacht. Wenn möglich, werden die Grenzwerte jetzt enger gefaßt.

Entsprechend den einzelnen Klassen sind die Methoden zur Parameterbestimmung mehr oder weniger formal. Besonders für die Klasse 2 hat sich eine Methode zur automatischen Parameterbestimmung durch Optimierung aus einer großen Anzahl von Messungen an einer Matrix von verschieden dimensionierten MOS-Transistoren bewährt. Für das Modell MOS7 müssen daraus für jede der Geometrien in der Matrix etwa 20 Parameter bestimmt werden. Es zeigt sich jedoch, daß nicht alle diese Parameter simultan ermittelt werden müssen, was auch zu größeren Problemen bei den verwendeten Optimierungsmethoden des kleinsten Fehlerquadrats führen würde, sondern entsprechend den einzelnen Kennliniengebieten die Bestimmung in vier Gruppen erfolgen kann.

In der ersten Gruppe werden aus dem Gebiet der starken Inversion bei kleinen Drain-Source-Spannungen Parameter wie z.B. V_{T0}, k, β, Θ_1 und weitere k-Faktoren bestimmt. In der zweiten Gruppe werden aus dem Ausgangskennlinienfeld ebenfalls bei starker Inversion Parameter wie Θ_3, γ und Weak-Avalanche-Parameter bestimmt. In der dritten Gruppe werden aus dem Bereich der schwachen Inversion und mittleren Inversion (oft als *subthreshold* bezeichnet) der Parameter m und die Parameter des Übergangsbereiches bestimmt, und in der vierten Gruppe schließlich aus der Gate-Bulk-Kapazität die Oxidkapazität C_{OX} und die Flachbandspannung V_{FB}. Dazu kommt die Bestimmung der effektiven Kanalweiten und -längen und die Berechnung der Geometrieabhängigkeiten für die schon im vorhergehenden Abschnitt erwähneten Parameter aus der Matrix der Transistordimensionen.

Ergebnisse aus diesen Auswertungen sind nicht nur gemittelte Nominal-Parameter für den gesamten Geometriebereich, sondern auch Indikationen auf Parameterstreuungen.

Die Simulationsparameter der jeweils zutreffenden Klasse für alle in der Entwicklung verwendeten Prozesse werden dem Entwickler in einer Bibliothek in ESPICE zur Verfügung gestellt.

Qualität von Modell und Parameterfindung können an einem Vergleich von gemessenen und simulierten Kennlinien für unterschiedliche Dimensionierungen und Bulk-Spannungen, der für jeden größeren Prozeßschritt ausführlich durchgeführt wird, abgelesen werden.

5.6.2.6 System-Funktionsblöcke als ESPICE-MAKRO-Modelle

Darstellungen über eine Zunahme der Integrationsdichte und über die anwachsende Zahl von Transistoren und Funktionen in integrierten Schaltungen lassen erkennen, wie stark diese jährlich mehr und mehr an Komplexität und Innovationspotential gewinnen. Abstraktion und Strukturierung als Konzepte bei der Anwendung der Schaltungssimulation sind daher die Grundlagen in einer Design-Strategie, um die wachsende Komplexität bewältigen zu können. Die in ESPICE bestehenden Unternetzwerke wurden daher an diese Methodik angepaßt und in die Simulationsmöglichkeiten in Richtung auf hierarchische Systemstrukturen erweitert.

Simulation mit MAKRO-Modell-Strukturen

Im Vordergrund stehen zwei Aspekte, zum einen dem IC-Designer die Schaltungssimulation schon auf der Systemebene durch Verwendung von **abstra-**

hierten Funktionsblöcken zu ermöglichen (*mixed level*), zum anderen diese Module leicht an die sich ändernden Anforderungen anzupassen (**parameterized behavioural model blocks**).

Damit ergeben sich folgende **Anforderungen für den Einsatz und die Erzeugung von MAKRO-Modellen**:

- Darstellung der **Blockstrukturen** durch einfache anwenderseitige Definition der Topologie und Beschreibung des Funktionsverhaltens.
- **Parametrisierbarkeit der Blöcke**, d.h. Zuordnung von Parametern zu Block-Attributen (z.B. Elementwerte, Modellparameter, Signalnamen), die bei Blockaufruf variiert werden können. Diese sollten als Design-Parameter begriffstransparent für den IC-Designer sein, z.B. die Eingabe einer Verzögerungszeit (*delay*) oder Anstiegszeit (*rise delay, slew rate*) anstelle von elektrischen Modellparametern.
- Verwendung von **arithmetischen Ausdrücken** zur Erhöhung der Abstraktionsebene und damit verbunden eine Reduzierung der Rechenzeit. Hier muß auf Stetigkeit und Differenzierbarkeit der Relationen, wie auch Einsatzmöglickeit des Funktionsblocks für verschiedene Simulationen (z.B. Zeit- und/oder Frequenzbereich) geachtet werden. Numerische bzw. Konvergenz-Probleme (*non-convergence*) können z.B. aus der Verwendung von "IF"-Statements, "MIN"- oder "MAX"-Funktionen resultieren.
- **Verfügbarkeit** schon realisierter Blöcke auf Zell-Bibliotheken mit einer zugeordneten Dokumentation der Beschreibung des Funktionsverhaltens (*target specification*).
- Im Programm fest eingebaute MAKRO-Modelle, die Standardfunktionen repräsentieren, wie verschiedene Filtertypen (z.B. Bessel, Tschebycheff), logische Funktionen (z.B. AND-, OR-, NOT-Gates) und arithmetische Operationen (z.B. Grundrechenarten, trigonometrische Funktionen) [5.33].

Ein MAKRO-Modell kann aus **Basisfunktionen** bestehen (z.B. Filter, *units*), die sich zu komplexeren Strukturen (**IC-Subsystems**, *blocks*) zusammenschalten lassen (z.B. A/D-D/A-Wandler, Zähler). Die Verknüpfung von Funktionsblöcken mit analogem und digitalem Verhalten läßt dann eine **Mixed-Mode-Simulation mit einem Schaltungssimulator** zu. Beide Verfahren der **Entwurfsmethodik Bottom Up und Top Down** kommen dabei zur Anwendung (vgl. Abschnitt 5.1 und 5.2).

Das ESPICE-MAKRO-Modell

Die ESPICE-Unternetzwerkstruktur (*subcircuit structure*) erlaubt eine Parametrisierung der Netzwerkattribute und Verwendung von arithmetischen Ausdrücken bei ihrer Definition. Ergänzend dazu lassen sich alle Knotennummern durch Signalnamen oder auch durch Beziehungen (*variable topology*) ersetzen, lassen sich alle Ströme und Knotenpotentiale selektiv aus unterschiedlichen Unternetzwerken und/oder Hierarchie-Ebenen für eine Ausgabe ansprechen und in die Simulationsumgebung zur graphischen Darstellung übertragen (vgl. Abschnitt 5.6.3.2) [5.24].

Allgemeine Form der Syntax:

```
.SUBCKT SUBNAME N1 N1 <N3,N4,...>
     <PAR1=VALUE1, PAR2=VALUE1,...>
     ⋮
     SUBCIRCUIT description
     ⋮
.ENDS
```

Legende:

.SUBCKT	Schlüsselwort für MAKRO-Block-Definition
SUBNAME	Name des Blocks
PAR1,...	Parameternamen
VALUE1,...	Wertzuweisungen als Vorbesetzung; können beim Aufruf überschrieben werden
SUBCIRCUIT description	Enthält z.B. die Definition der Topologie, Zuweisungen der Parameter auf Netzwerkattribute; Aufruf von Funktionsblöcken aus tieferen Ebenen
.ENDS	Abschluß der MAKRO-Block-Definition
< ...>	Optionale Größen

Das folgende Beispiel eines **Tiefpaß(*lowpass*)-Funktionsmodells** veranschaulicht die Definition und Einbindung des MAKRO-Modells in die Schaltungssimulation.

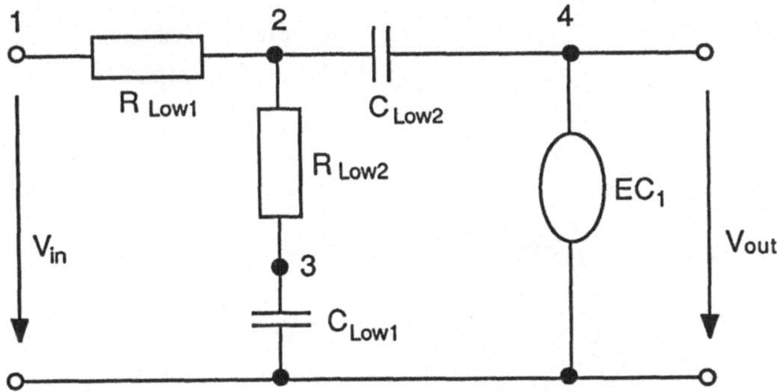

Bild 5.42. Schaltungsdiagramm des Tiefpaß-Funktionsblocks LOWPASS

Der **Funktionsblock LOWPASS** stellt einen **Filter-Vierpol** mit einer **Grenzfrequenz**

$$LIM_{freq} = \frac{1}{2\pi RC}$$

dar. Die Dimensionierung erfolgt durch Filterkoeffizienten AE und BE und die Grenzfrequenz LIM_{freq} wie in der ESPICE-Eingabe beschrieben (Bild 5.42, siehe auch [5.34]):

```
Title: Input of a LOWPASS functional block of second order
*
*      Subcircuit definition
*
.SUBCKT LOWPASS 1  4  10 (AE=1, BE=1, LIMfreq=1, GROUND=10, X=2)
        R_low1  1  2   1
        R_low2  2  3   1
        C_low1  3 10      [ AE/( 4*pi*LIMfreq) ]
        C_low2  2 [2**X] [ BE/(AE*pi*LIMfreq) ]
        EC1     4 10  GROUND   1
.ENDS

*
*      Call of subcircuit LOWPASS from MAIN system level
*
Xfilter          1  3   0 LOWPASS (AE=1.28, BE=.4142, LIMfreq=1khz)
V_input          1  0     sin (0v_offset 2vpeak 1khz)

*
*      Analyses-/Output  requests
*
.TRANsient 10u 1m                           *| Time domain analysis
.FILE TRAN v(1) v(3,0) v(xfilter1: 10,0)    *| SDIF GAP output

.ACAN dec  10  1Hz 10Khz                    *| Frequency domain
.FILE AC   v(1) v(3)                        *| SDIF GAP output
*
.END
```

5.6.2.7 Programmstruktur von ESPICE

Die wachsenden Anforderungen der IC-Designer an die Schaltungsanalyse machten die Weiterentwicklung von ESPICE auch hinsichtlich der internen Programmstruktur notwendig (vgl. auch Abschnitt 5.6.2.1). ESPICE setzt sich von der globalen Struktur her aus dem **Ein-/Ausgabe-Teil** und aus dem

Analyse- und Algorithmen-Teil zusammen. Im letzteren sind auch alle Netzwerkelement-Modelle implementiert. Die Datenstruktur wirkt als Kommunikationsschnittstelle für diese Segmente (Bild 5.43).

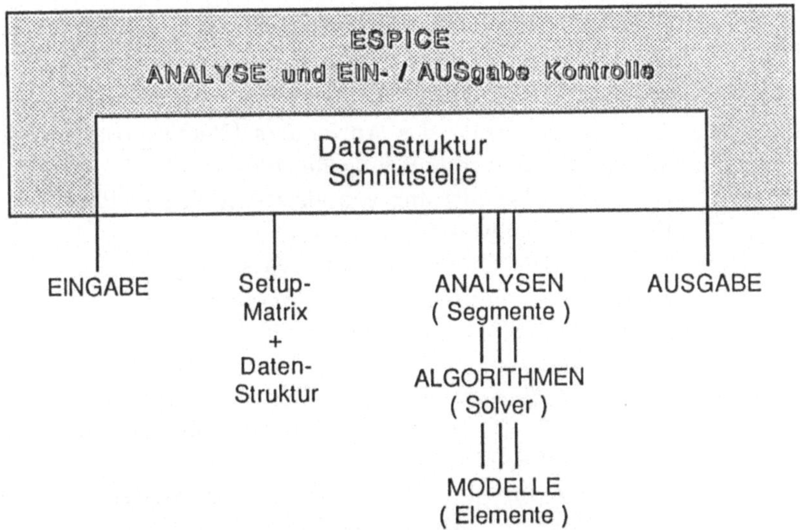

Bild 5.43. ESPICE Programm-Modul-Struktur

Kontroll-Teil:

Der Verwaltungsteil von ESPICE überwacht und steuert alle erforderlichen Vorgänge zur Simulationsdurchführung und ruft die entsprechenden Programm-Module auf.

Eingabe-Teil:

Er interpretiert zeilenweise den Eingabe-Datensatz des Anwenders, stellt Syntaxfehler fest und markiert sie. Die eingelesenen Elemente, Modellgrößen und Steuerungsbefehle (z.B. Analyseauswahl, Wahl der Ergebnisausgabegrößen) werden auf ihre Plausibilität hin überprüft. Konsistenzfehler führen zu Warnungen oder zu einem Programmabbruch mit benutzerunterstützenden Hinweisen zur Fehlerkorrektur.

Im Eingabe-Teil wird auch die Datenstruktur aufgebaut, Speicherplätze werden reserviert und es wird die Struktur der Lösungsmatrix erstellt. Dabei wird eine Optimierung auf minimale Besetzungsdichte der Matrix durchgeführt [5.25].

Weiter findet eine Initialisierung von Programmsteuerungsparametern und Ersatzgrößen (*default values*) z.B. für Transistormodellparameter statt (vgl. Abschnitt 5.6.2.5). Alle notwendigen Ein- und Ausgabe-Datensätze (*files*) werden aktiviert.

Die Steuerung der Datenflüsse erfolgt in ESPICE über eine Vielzahl von **Schnittstellen**:

.ESPICE	file :	Eingabe-Datensatz des Anwenders (Netzwerkbeschreibung und Analysesteuerungsbefehle)
.NEWS	file :	Dient zur Übermittlung von aktuellen Neuigkeiten und Benutzungshinweisen (*hot news*)
.LIST	file :	Zeilendrucker-Ergebnisausgabe-Datensatz
.TEMPORARY	file :	Zwischenspeicher für die Analyseergebnisse
.POSTPROC	file :	Datenschnittstelle für graphische und numerische Ergebnisnachverarbeitung (vgl. Abschnitt 5.6.3.2)
.OPTION	file :	Datensatz für anwendungsbereichsspezifische Vorbesetzungen (z.B. Steuerung der Ein-/Ausgabe, Parameter für Algorithmenwahl)
.PARAMETER	file :	Datensatz für die Initialisierung der Modelle (z.B. Parameternamen-Definition, Default-Werte)
.LIBRARY	file :	Speichermedium für Modellparametersätze und MAKRO-Modelle (vgl. Abschnitt 5.6.2.6)
.JOBACCOUNT	file :	Speicher für Simulationsstatistik (z.B. Netzwerkgrößen, CPU-Zeitverbrauch)
.FSL	files :	Schnittstellen für das Einbinden von Modell-Gleichungsroutinen, die anwenderseitig in FORTRAN geschrieben werden können (*fortran subroutine link*)
.COMMUNICATION	:	Schnittstelle für die Ergebnisausgabe in die interaktive Simulationsumgebung (*communication interface*), (vgl. Abschnitt 5.6.3)

Analyse- und Algorithmen-Teil:

Jedes Analysesegment (z.B. DC-, Zeit- oder Frequenzbereich) wird durch sein eigenes unabhängiges Kontrollmodul gesteuert. Dieses überwacht den Analyseablauf und führt auch übergeordnete Funktionen wie Temperatur- bzw. Netzwerkparametervariation durch. Innerhalb der Kontrollmodule können unterschiedliche Algorithmen aktiviert werden (z.B. die Integrationsverfahren GEAR [5.9] und TRAPEZ. Bei ihrem Ablauf wird die Berechnung der Modellgleichungen, das Laden der Lösungsmatrix mit Koeffizienten sowie das Füllen des RHS-Vektors mit Transistorströmen in den Modellmodulen veranlaßt. Die Konvergenzüberprüfung geschieht für Elementströme in den Modellmodulen, für die Knotenspannungen und Integrationszeitschrittermittlung erfolgt der Lösungsakzeptanztest im jeweils steuernden Algorithmussegment (vgl. Abschnitt 5.6.2.2).

Ausgabe-Teil:

Ergebnisse der Analysen werden für eine Ausgabe auf den Zeilendrucker in verschiedenen Formaten (PRINT/PRINT-PLOT) aufbereitet. Über eine im Philips-Konzern standardisierte Schnittstelle SDIF (*simulation data interchange format* [5.27]) erfolgt die Ergebnisausgabe für die graphische Darstellung der Signalverläufe und für die Nachverarbeitung im Postprozessor (z.B Fouriertransformation FFT, arithmetische Signalverknüpfung, vgl. 5.6.3.2). Für die interaktive Simulationsumgebung (*circuit simulation environment* (CSE), z.B. auf Workstations) steht eine speziell angepaßte Schnittstelle zur Verfügung, über die eine simultane Ergebnisdarstellung erfolgt.

5.6.3 Ein-/Ausgabe-Simulationsumgebung (ASC-BDS)

Ein hoher Durchsatz von verschiedenen Simulationsläufen, eine schnelle Reaktionszeit bei der Durchführung von Schaltungsanalysen, eine gute graphische Darstellungsmöglichkeit der Analyseergebnisse sowie zusätzliche Verfahren zur Nachverarbeitung der Resultate (z.B. FFT) charakterisieren eine effiziente, interaktive Schaltungssimulationsumgebung. Diese Größen sind weitgehend bestimmend für die Benutzerakzeptanz in der Anwendung der Schaltungssimulation für die IC-Entwicklung.

Zur Zeit werden noch vorwiegend Rechnersysteme zur Schaltungssimulation eingesetzt, auf denen in einer interaktiven Benutzerumgebung mit einer Vielzahl von Anwendern gleichzeitig die Schaltungssimulation, die Eingabe des Netzwerks und Darstellung der Ergebnisse (und in der Regel weitere zusätzliche CAD-Aktivitäten wie z.B. Layout-Verarbeitung) stattfinden. Daraus resultiert für den Designer eine starke Abhängigkeit der Antwortzeiten und des Durchsatzes von der aktuellen Auslastung und bestehenden Systemkonfigurationen (*tuning, resources*) auf dem Rechner.

Das Philips-Konzept für die Schaltungssimulation geht von einer Trennung der Aufgabenstellung für die benutzerseitigen Aktivitäten und die Durchführung der Simulation aus. Eine auf die Ausführung derartiger Programme zugeschnittene spezielle Rechner-Hardware-Architektur (z.B. Vektorrechner FPS-264, DN 10000 System) und auf ihr integrierter ESPICE-Simulationsprogrammkern ist mit der interaktiven Benutzerumgebung auf Workstations bzw. VAX-Rechnern gekoppelt und bildet prinzipiell ein Zwei-Prozessor-System (Bild 5.44).

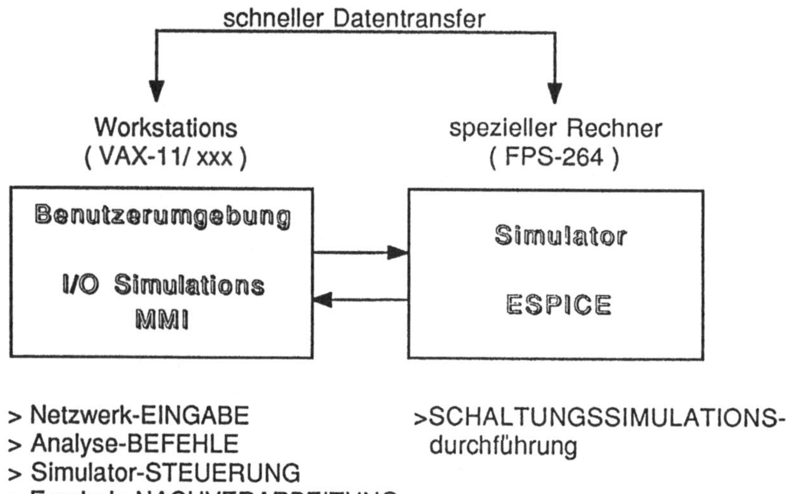

Bild 5.44. Konzept einer Simulationsumgebung (Beispiel: ESPICE)

5.6.3.1 Simulationsdurchführung

Die MOS-IC-Schaltungssimulation ist eingebunden in die Entwurfsstrategie des ASC-Design-Systems. Ihr Einsatzbereich liegt vorwiegend in der Phase des IC Block Designs (BDS). Hier dient es zur Optimierung des elektrischen Schaltverhaltens von Systemblöcken und Funktionszellen sowie zur Verifikation des Verhaltens gegenüber der Kundenspezifikation (*target*).

Die Untersuchungen und Analysen erfolgen im allgemeinen auf der untersten Abstraktionsebene (Transistorelemente). Jedoch können auch komplexere Einheiten durch ihre MAKRO-Modelle ersetzt werden (z.B. Gatter, Flip-Flops, vgl. Abschnitt 5.6.2.6). Ziel ist es, die Netzwerkeingabe der IC-Blockinformationen für den Simulator über eine graphische Darstellung in einer Simulationsumgebung zu gewinnen. Diese Information steht dann zusätzlich weiteren CAD-Anwendungsprogrammen als Referenz zur Verfügung (z.B. für die Verifikation mit LOCAL-45, DRACULA; vgl. Abschnitte 5.4 und 5.5).

Schaltungssimulationsumgebung auf Workstations
Ein leistungsfähiges, benutzer- und anwendungsorientiertes CAD-System für die Schaltungssimulation wie auch Logiksimulation (vgl. Abschnitt 4.3) benötigt auf der Hardware-Seite:

- hohe Prozessorleistung (lokal auf Workstations und schnellen Server-Prozessoren im Netzwerk (Hardware-Simulationsbeschleuniger)) für kurze Antwortzeiten bei interaktiver Benutzeranwendung der Programme;

- gute Netzwerkfähigkeit zur Kommunikation mit anderen Systemkomponenten (schneller Datentransfer, Periphere Resourcen mit kurzen Zugriffszeiten).

Seitens der Software sind folgende **Anforderungen an die Benutzeroberfläche (Man Machine Interface, MMI)** zu stellen:

- graphische Schaltungseingabe und Entwurf am Bildschirm (**Schematic Capture MMI**);
- interaktive Analyseartauswahl über Menüs und Simulationskontrolle (**Analysis Control MMI**) sowie Transparenz über laufende Prozesse;
- Aktivieren von zusätzlichen Prozessen und Applikationen (**Job Control MMI**);
- benutzer- und anwendungsbezogene Befehle und Handhabung;
- flexible Darstellungsbereiche (**Multi Window Technique**, Scroll Region);
- **variable und gesteuerte Menüs** als Benutzer-Programm-Schnittstelle;
- **unterstützende Programme** für eine Dokumentation in Text/Grafik.

Diese Hardware-Architektur mit entsprechenden CAD-Programmen steht für die IC-Entwicklung auf Workstations mit noch einigen Einschränkungen zur Verfügung. Sie wird zur Zeit als Konzept einer integrierten Schaltungssimulationsumgebung (**CSE = Circuit Simulation Environment**) für ihren umfassenden Einsatz vorbereitet (Bild 5.45).

Simulationsbeschleunigung
Einschränkungen in der Anwendung skalarer Mini-Rechner für die Schaltungssimulation wirkten stimulierend auf Untersuchungen hinsichtlich der Einsetzbarkeit neuer Rechnerstrukturen im CAD-Bereich. Diese sind z.B. Vektorrechner, Parallelrechner, Multiprozessor-Array-Systeme mit anderen Funktionselementen als herkömmliche Rechner vom Typ von Neumann (**SISD = Single Instruction for a Single Data Element**).

In den letzten Jahren wurde verstärkt an den Universitäten und in den Unternehmen auf diesem Gebiet geforscht [5.18 - 5.22], um diese Hardware-Konzepte (z.B. Pipeline Processor (**SIMD = Single Instruction for Multiple Data Elements** (Arrays))) mit dem CAD-Anwendungsprogrammprofilen in Einklang zu bringen. Ein rapide wachsender Markt bietet viele Alternativen für eine Anwendung im Industriebereich. Grundsätzlich lassen sie sich in die folgenden Kategorien mit unterschiedlichem Preis-/Leistungsspektrum (bis zu 100 Mio.

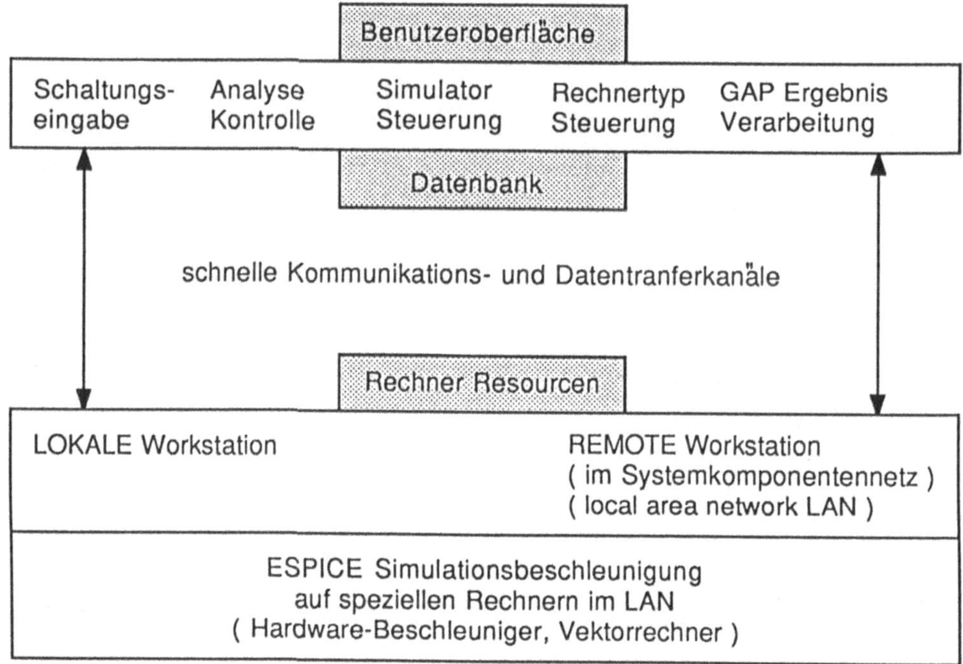

Bild 5.45. Schaltungssimulationsumgebung (Beispiel: CSE)

DM und bis zu mehreren Milliarden Instruktionen pro Sekunde), Schnittstellen-Netzwerkfähigkeit (z.B. Einzelrechner, Multi-Prozessoren in verschiedenen Konfigurationen) und Anwendungsbereichen (z.B. Schaltungssimulation, Logik-Simulationsbeschleunigung, Signalverarbeitung, Device-Prozeß-Simulation, 3-D-Konstruktion) unterteilen :

- **Mini-Supercomputer** (z.B. FPS-264, CONVEX C-1, ALLIANT FX)
- **Supercomputer** (z.B. CRAY X-MP, FUJITSU VP-200)
- **Hypercube Processors**(z.B. ETA-10, FPS-Tessaract)
- **Simulation Engines** (z.B. ZYCAD, MACH 1000 (logic/fault))

Bei Philips wurde für die Schaltungssimulation in der IC-Entwicklungssabteilung der FPS-264-Pipeline-Processor in die Benutzerumgebung eingebunden (vgl. Bild 5.44) Das Simulationspaket ESPICE ist auf dieser Hardware integiert. Dazu wurden folgende Bereiche des Simulationskernes an die spezielle Hardware angepaßt, um eine Beschleunigung um einen Faktor 50 bis 100 gegenüber einer nicht modifizierten ESPICE-VAX-780-Referenz-Version zu erzielen (Laufzeit entspricht einer SPICE-2.G6-Version der Universität Berkeley, USA) [5.32]:

- Die Analysekontrollstruktur wurde modularisiert und das Datenmanagement optimiert.
- Eine neue Datenstruktur im Array-Format unterstützt das SIMD-Rechnerkonzept [5.23].
- Der ESPICE-Sparse-Matrix-Lösungsalgorithmus wurde durch auf die Hardware angepaßte Routinen ersetzt.
- Die Modell-Gleichungsroutinen wurden völlig neu konzipiert, um eine Vektorisierung durch Compiler zu ermöglichen.

Ein hoher Durchsatz an Simulationsläufen und schneller Zugriff auf die Analyseergebnisse führen zu großer Benutzerakzeptanz der ESPICE-Simulationsmaschine (z.B. reduzieren sich VAX-780-Rechenzeiten von 4 bis 6 Stunden auf einige Minuten !).

Die Leistungsfähigkeit der ESPICE-Simulationsmaschine im Vergleich mit der SPICE-2.G6-Version auf anderen Rechnersystemen ist in Bild 5.46 dargestellt: Die Simulationsgeschwindigkeits-Verbesserung erlaubt eine Berechnung von etwa 100 Punkten pro Sekunde für Netzwerke mit etwa 100 Knoten (mehr als

Rechnertyp	Verhältnis-Indikator	Schaltungssimulator
VAX-780	1	ESPICE (unmodifiziert) SPICE-2.G6
IBM-4341	1.3	SPICE-2.G6
SUN 4	4	SPICE-2.G6
VAX-8700	6	SPICE-2.G6
CONVEX-C1	12	SPICE-2.G6
IBM-3084	14	SPICE-2.G6
ALLIANT/4	6-15	SPICE-2.G6
CYBER-205	16	SPICE-2.G6
VP-100	27	SPICE-2.G6
CRAY-1S	30	SPICE-2.G6
IBM-3090	30	SPICE-2.G6
FPS-264	50-100	ESPICE-Vektorversion

CPU-Zeit-Verhältnisse als Funktion der Rechner-Hardware

Bild 5.46. CPU-Zeit-Verhälnisse in Abhängigkeit von der Rechner-Hardware

10 Punkte pro Sekunde für Netzwerke mit 1000 Knoten) während einer ESPICE-Zeitbereichsanalyse (*transient analysis*). Die hierbei anfallenden Datenmengen stellen eine große Herausforderung an die Funktionalität der Schaltungssimulationsumgebung und Effizienz der Datenübertragung vom Simulationsrechner zur Benutzer-Workstation (vgl. Abschnitt 5.6.3.1) dar.

Im ASC-BDS lassen sich z.B. für Schaltungen von etwa 100 Knoten und einer Abfrage von 10 Knotenspannungen pro Signal in einer Stunde Rechenzeit mehrere Millionen Daten erzeugen (25 Mbyte pro Analyselauf auf einem Plattenspeicher!).

Eine sinnvolle Bearbeitung der Simulationsergebnisse und gegebenenfalls eine weitere Transformation (z.B. FFT, Filterung, arithmetische Verknüpfung von Signalen) ist nur mit entsprechenden Resourcen für den IC-Designer möglich (z.B. Einsatz von Workstations).

5.6.3.2 Nachverarbeitung der Simulationsergebnisse

Graphische Darstellung von Simulationsergebnissen mit GAP

Eingebunden in eine Schaltungssimulationsumgebung steht dem IC-Entwickler das Programmpaket GAP (Graphic Analysis Postprocessor) zur Verfügung, mit dem Simulationsergebnisse graphisch dargestellt, numerisch weiterverarbeitet und für die Dokumentation ausgegeben werden können [5.26, 5.28]. Durch die gewählte Hardware- und Software-Konzeption ist sichergestellt, daß ein interaktives Arbeiten mit extrem kurzen Antwortzeiten über eine hierarchische, menügesteuerte Benutzeroberfläche möglich ist. Vielfältige Optionen für graphische Darstellungsmöglichkeiten und arithmetische Operationen zeichnen dieses Programm für seinen unterstützenden Einsatz in der IC-Entwurfsphase aus.

Die rechnergestützte Schaltungsuntersuchung mit einem Netzwerksimulator wie ESPICE erlaubt z.B. die Ermittlung der Arbeitspunkte, Untersuchungen im Zeit- und Frequenzbereich, Temperatur- und Netzwerkelement-Parametervariation. Hierbei können eine Vielzahl von Datenmengen generiert werden, die früher als endlose Ausgabelisten, als unübersichtliche Wertetabellen und Pseudographiken vom Schaltungsentwickler mühsam interpretiert und ausgewertet werden mußten. Bei Philips ist man daher neue Wege gegangen. Bereits 1984 stand neben der neuen Ausgabeschnittstelle eines Schaltungssimulators mit einem flexiblen, standardisierten Datenformat SDIF [5.27], ein Prototyp eines Programmes für die graphische Darstellung von Simulationsergebnissen zur Verfügung. Dieses Werkzeug wurde, in enger Zusammenarbeit mit dem IC-Entwickler, zu einem Postprozessor-Programmsystem GAP [5.28, 5.29] mit hoher Benutzerakzeptanz weiterentwickelt und ist zur Zeit integraler Bestandteil von Schaltungssimulationsumgebungen.

Das Programmpaket GAP erlaubt dem IC-Entwickler, seine Simulationsergebnisse in kompakter Form als Diagramme auf graphikfähigen Bildschirmen darzustellen. Diese Inhalte können weiter im menü-gesteuerten interaktiven Dialog sowohl graphisch als auch numerisch weiter verarbeitet werden.

Das GAP-Programmsystem wurde zunächst für einen Einsatz mit Terminal-Bildschirmen (VTxxx,Tektronix-41xx) auf VAX-Systemen konzipiert. Als Ausgabe-Peripherie sind Matrixdrucker (LA-xx(x)) und Laserdrucker (z.B. LN03, Imagine) sowie Plotter (z.B. HPxxxx, Calcomp, Versatec) geeignet [5.30]. Die Benutzerschnittstelle wird über die Terminal-Tastatur bedient, wobei bestimmte häufig wiederkehrende Befehlssequenzen auf definierten Tasten, bzw. in Dateien wieder aufrufbar, abgelegt werden konnten. 1988 erfolgte die Implementierung von GAP auf APOLLO-Workstations mit einer neuen Benutzeroberfläche unter Ausnutzung der graphischen Benutzer-Schnittstellen-Systemsoftware und einer intensiven Nutzung des Eingabemediums 'Maus' (mouse). GAP enhält heute etwa 53.000 Zeilen aktiven Fortran-77 Programmkode in über 250 Unterprogrammen. Die Pflege des Programmes unterstützen etwa 23.000 Kommentarzeilen.

Das Bild 5.47 gibt einen ersten Eindruck des GAP-Programms wieder. Die Simulationsergebnisdarstellung präsentiert sich als Graphik-Diagramm und die Benutzerbefehlsschnittstelle als Popup-Menü auf dem Bildschirm der Workstation.

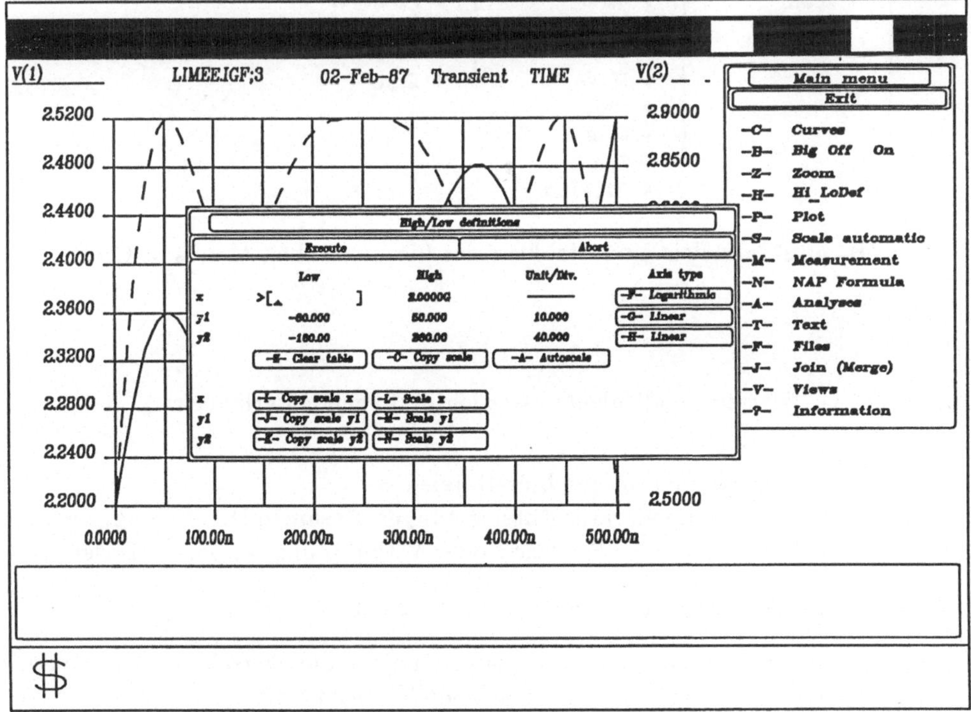

Bild 5.47. Benutzeroberfläche des GAP-Programmsystems

Die Eingabe der Befehle erfolgt über dieses hierarchische Menü, das über Tastatur und/bzw. 'mouse' bedient wird. So erfolgt z.B. die Selektion von Menü-Befehlen, das Setzen von bestimmten Zustandsgrößen (wie Markierung der aus dem Simulationslauf übertragenen Ergebniswerte auf interpolierten Kurven, oder Ein-/Ausschalten des Grids) am schnellsten durch Bedienen der 'mouse'- Tastatur. Andere Befehle wie eine Texteingabe oder Setzen von Parametergrößen lassen sich wiederum effizienter über die normale Bildschirm-Tastatur durchführen.

Generell standen als Konzeption bei der Entwicklung dieser Schnittstelle die Gesichtspunkte wie z.B. selbsterklärende Menü-Steuerung, leichte Erlernbarkeit, dem Ablauf angepaßte Vorbesetzung von Menü-Feldern und hohe Ausführungsgeschwindigkeit im Vordergrund. Das Bild 5.48 zeigt die Grundstruktur des hierarchischen Popup-Menüs und die abrufbare Funktionalität des GAP-Programms.

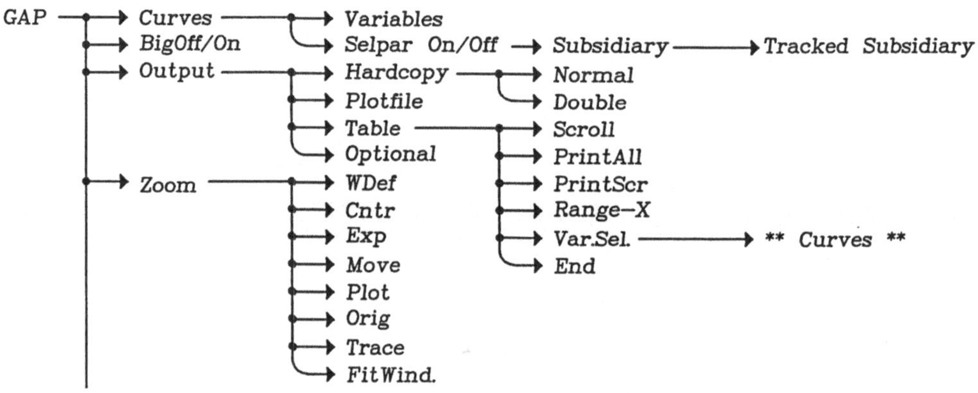

Bild 5.48. Funktionalität und Struktur des hierarchischen Menüs in GAP

Einige der vielfältigen Möglichkeiten werden im folgenden erläutert:

- Auswahl von Simulationsergebnis-Dateien
(z.B. Verknüpfung mehrerer Dateien zur gemeinsamen Darstellung, Erstellung neuer Dateien nach Selektion oder Verknüpfung relevanter Daten)
- Auswahl, Definition und Speichern von Befehlssequenzen
- Selektion darzustellender Analyse-Ergebnisse aus verschiedenen Analysearten wie DC-, Zeit- und Frequenzbereich, Bild 5.49
(z.B. Auswahl von parametrisierter Darstellung über Temperatur bzw. Netzwerkelementattribute)

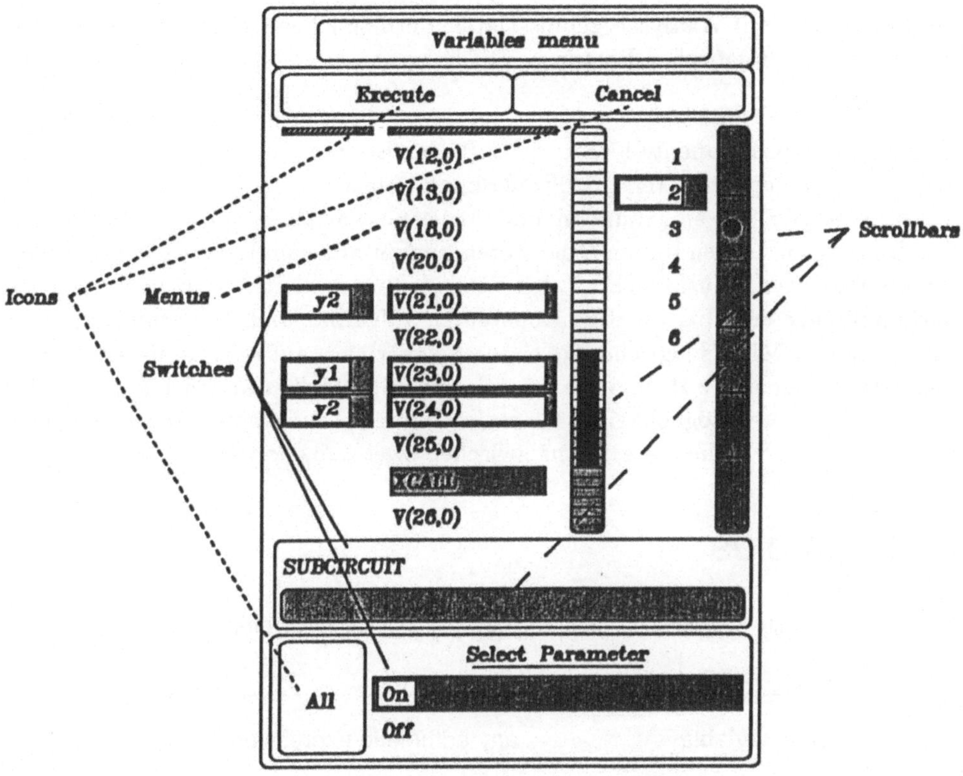

Bild 5.49. Popup-Menü zur Selektion der Analyseergebnisse

- Operationen mit dargestellten Kurven
  (z.B. Messung des Funktionswertes, Extremwertbestimmung, Differenzenanzeige zwischen zwei Funktionen)

- Graphik-Darstellungsoptionen
  (z.B. Grid-Definitionen, Farb- oder Schwarz-Weiß-Wahl, Zoom-Funktionen, Skalierungsdefinitionen, Darstellung im logarithmischen/linearen Maßstab, als Smith-Diagramm [5.31])

- Eingabe zusätzlicher Textinformationen in die Graphik

- Tabellarische Darstellung von Funktionswerten

- Individuelle Wahl der Ausgabeperipherie für die erstellten Diagramme aus dem Menü heraus (Matrix- oder Laserdrucker, Plotter, Hardcopy)

Numerische Nachverarbeitung von Simulationsergebnissen

Neben einer graphisch orientierten Funktionalität in GAP lassen sich aus dieser Benutzeroberfläche auch Operationen durchführen, die numerisch bedingte

Verknüpfungen mit Analyseergebnis-Dateien ermöglichen. Diese Optionen sind Inhalt eines arithmetischen Postprozessor-Programmpakets, das im GAP-System integriert ist.

Eine wichtige Komponente hieraus ist z.B. das Instrument des Kalkulators Bild 5.50. Mit ihm können unterschiedliche Simulationsdaten als Operanden in arithmetische Ausdrücke eingebunden und als neue Variablen dargestellt werden. Der Umfang an verwendbaren Operatoren umfaßt alle gängigen mathematischen Grundfunktionen. Zusätzlich zu den Standard-Operationen sind auch logische Verknüpfungen erlaubt, wichtige Konstanten aufrufbar und Skalierungsfaktoren zu verwenden. Mittels logischer Operatoren angewandt auf zwei Analyseergebnis-Vektoren lassen sich z.B. digitale Funktionen mit den Zuständen *true* und *false* erstellen. Andere Möglichkeiten sind die Differenzierung von Funktionen, ihre Integration und Flächenberechnung zwischen zwei Funktionen.

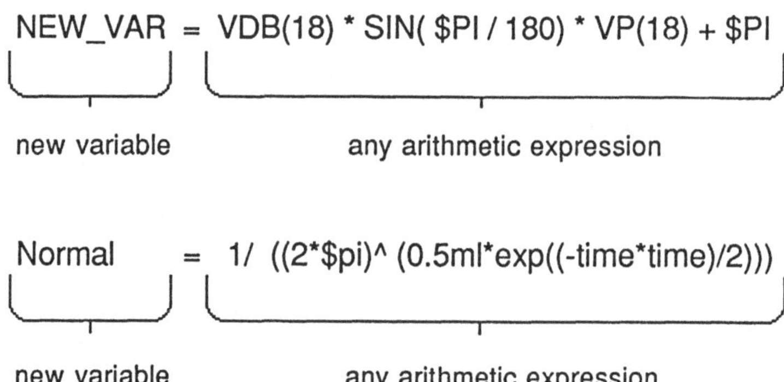

Bild 5.50. Kalkulator zur Definition arithmetischer Operationen

Als Interpolationsalgorithmen sind eine Lagrange Interpolation 1. Ordnung für die lineare Interpolation, 2. Ordnung als Polynom-Algorithmus aufrufbar. Kubische Spline- und Parabel-Mischungs-Algorithmen werden dem IC-Entwickler zur Unterstützung seiner Auswertungen angeboten. Zur Umsetzung von Systemantworten aus dem Zeitbereich in den Frequenzbereich ist ein schneller Fourier-Transformations-Algorithmus aufrufbar. Unterschiedliche Gewichtsfunktionen wie Kaiser-, Rechteck-, Hamming-, Blackman- usw. sind über die GAP-Menüfelder anzuwählen.

Diese vielfältigen Möglichkeiten der Simulationsergebnis-Nachverarbeitung werden ständig ergänzt und durch neue Verfahren angereichert. Damit ist es dem IC-Entwickler im Hause Philips möglich, mit dem GAP-Programmpaket ein in seiner Art vorzügliches Instrumentarium für die IC-Entwurfsunterstützung einzusetzen.

Durch das standardisierte Schnittstellenformat [5.29] ist es in Zukunft möglich, auch andere Programme mit diesem Ausgabeformat an GAP zu koppeln. Eine weitere Möglichkeit besteht z.B. für eine graphische Aufbereitung und Verarbeitung bzw. Auswertung von Meßdaten, die von Meßdaten-Erfassungsplätzen stammen. Schon bestehende Datenkonversions-Programme erleichtern den Datentransfer von unterschiedlicher Rechner-Hardware in die GAP-Umgebung [5.30].

5.6.4 Neue Verfahren der Schaltungssimulation

Die TR-Simulation ist, wie aus Abschnitt 5.6.2.2 ersichtlich, für Schaltungen mit mehreren hundert oder tausend aktiven Elementen auch auf modernen Großrechnern zu aufwendig. Neuere Verfahren der Schaltungssimulation zielen darauf ab, mit einer vereinfachten Beschreibung der Netzwerke und mit vereinfachten numerischen Verfahren den numerischen Aufwand wesentlich zu reduzieren, ohne gleichzeitig einen entsprechenden Verlust an Genauigkeit in Kauf nehmen zu müssen. Beispiele hierfür sind die *Timing-Simulation* und die *Waveform-Relaxation* [5.12, 5.13].

5.6.4.1 Timing-Simulation

Das Verfahren der Timing-Simulation kann für MOS-Schaltungen physikalisch begründet werden. Jeder Knoten einer MOS-Schaltung ist kapazitiv mit dem Bezugsknoten oder mit einer Betriebsspannungsquelle verknüpft. Diese Kapazitäten ergeben sich durch Gate-Kapazitäten und durch die Kapazitäten der Source- und Drain-Diffusion. Bei Anwendung einer Differenzformel nach (7) wird der Ersatzleitwert G_C bei Verkleinerung des Zeitschritts beliebig groß. Dieser Ersatzleitwert ist aber mit dem Bezugsknoten verknüpft. Er liefert damit lediglich einen Beitrag zu den Eigenadmittanzen im Gleichungssystem nach (3). Bei hinreichend kleinem Zeitschritt können die Gegenadmittanzen gegenüber den Eigenadmittanzen vernachlässigt werden. Das Gleichungssystem (3) degeneriert zu n Bestimmungsgleichungen jeweils für ein Knotenpotential,

$$\begin{aligned} Y_{11}\, V_1 &= I_1 \\ Y_{22}\, V_2 &= I_2 \\ &\vdots \\ Y_{kk}\, V_k &= I_k \\ &\vdots \end{aligned} \qquad (15)$$

,

die durch einfache Division statt durch eine Gauß'sche Elimination gelöst werden können. Wird der Zeitschritt sehr klein, ändern sich die Knotenspannungen nur wenig von Zeitschritt zu Zeitschritt. Demnach liegt bereits nach einer Newton-Iteration eine ausreichend gute Lösung für die Nichtlinearitäten vor. Zusätzlich werden die Transistormodelle gegenüber der Schaltungssimulation wesentlich vereinfacht. Es können beispielsweise vereinfachte Modellgleichungen verwendet werden oder die Modellgleichungen werden durch Tabellen ersetzt. All dies führt zu einer erheblichen Reduzierung des numerischen Aufwands. Leider treten Probleme auf, die die offensichtlichen Vorteile verwässern. Als Beispiel für ein Problem seien die Transmission-Gates genannt, die im On-Zustand nicht-vernachlässigbare Gegenadmittanzen erzeugen. Trotzdem sind Timing-Simulatoren heute zuverlässige und sehr effiziente Simulatoren, die zu Schaltungssimulatoren vergleichbare Ergebnisse liefern, bei 5 bis 10 Prozent an Rechenzeitaufwand und wesentlich niedrigerem Speicherbedarf. Schaltungen mit bis zu 10000 Transistoren können mit Timing-Simulatoren heute simuliert werden [5.12, 5.13].

5.6.4.2 Hybride Simulation

Logiksimulatoren simulieren Schaltungen auf einem höheren Abstraktionsgrad als Schaltungssimulatoren (vgl. Abschnitt 4.3). Die Signale können einige wenige diskrete Zustände annehmen. Die Elemente werden durch sehr einfache Modelle beschrieben. Der numerische Aufwand ist um Größenordnungen geringer. Die Ergebnisse sind aufgrund der höheren Abstraktion weniger aussagekräftig. Timing-Simulatoren liegen im Abstraktionsgrad zwischen den Schaltungssimulatoren und den Logiksimulatoren. Die zentrale Idee bei der hybriden Simulation besteht darin, eine Gesamtschaltung in Teilschaltungen zu zerlegen, wobei jede Teilschaltung mit der ihr angemessenen Abstraktion, die vom Benutzer vorgebbar ist, simuliert wird. Problematisch ist dabei die Transformation der Signale an den Schnittstellen der Teilschaltungen, die mit unterschiedlichen Simulationsverfahren behandelt werden. Anwendungen für hybride Simulatoren ergeben sich insbesondere bei gemischt analog/digitalen Schaltungen. Eine Realisierung eines hybriden Simulators ist das Programm MEDUSA-M. Interessenten werden auf den Forschungsbericht [5.14] verwiesen.

6 Layoutverarbeitung zur Maskenherstellung

6.1 Einleitung

Das Ziel, die IC-Entwicklung weitgehend zu automatisieren, hat zu einer Zusammenfassung der Einzelaktivitäten zu mehreren großen Arbeitsblöcken geführt. Diese Arbeitsblöcke umfassen logisch zusammenhängende Entwicklungsschritte und sind den unterschiedlichen Verantwortungsbereichen im Entwicklungsablauf zugeordnet.

In welcher Weise diese Aufteilung vorgenommen werden kann, wurde bereits am Anfang dieses Buches beschrieben. Ebenso sind in den vorangegangenen Kapiteln das Block Design System und das Chip Design System vorgestellt worden. Dieses Kapitel beschreibt nun den letzten Teil im Entwicklungsprozeß eines ICs, die Transformation geometrischer Layout-Daten zu Steuerinformationen für die Maschinen zur Maskenherstellung. Dieser Arbeitsblock soll im folgenden Factory Finishing System oder kurz FFS genannt werden.

Wie für alle anderen Systeme ist es auch hier von großer Bedeutung, die Schnittstellen zur Umgebung eindeutig festzulegen. Die Eingangsvoraussetzung für das FFS kann folgendermaßen kurz zusammengefaßt werden: alle Arbeiten des Schaltungsentwicklers (IC-Designer) sind abgeschlossen, er garantiert für die Einhaltung der Design-Regeln. Mit der Ablieferung des geometrischen Layouts endet seine Verantwortung. Das FFS ist in die Verantwortungsbereiche der IC-produzierenden Fabrik und der Maskenherstellung integriert. Mit dem Empfang einer Schaltung in der Fabrik wird dort festgelegt, welcher Herstellungsprozeß bei der Produktion des ICs zur Anwendung kommen wird, diese Entscheidung beeinflußt alle Schritte bis zur Erstellung des Maskenauftrages. Hier endet die Verantwortung der Technologen und die Schaltung ist nun im Bereich der Maskenherstellung. Dort wird die Entscheidung für einen Masken-Herstellungsprozeß getroffen, der die im Auftrag festgelegten Anforderungen der Technologen erfüllt. Das Endprodukt des Factory Finishing System sind Steuerbänder, mit deren Hilfe die Maskenbelichtungsgeräte kontrolliert werden.

Für ein CAD-System, das die Aufgaben aus dem Bereich des Factory Finishing wahrnehmen soll, stellen sich die folgenden funktionalen Anforderungen:

- Nach Empfang des geometrischen Layouts ist (nochmals) zu prüfen, ob die vom IC-Designer gelieferten Daten den Regeln des Design-Prozesses entsprechen.

- Aus den angelieferten *design layers* sind für den Herstellungsprozeß notwendige zusätzliche *mask layers* zu generieren.

- Das Layout ist mit einer sogenannten Sägebahn (*sawlane*) zu umranden, an der später die Silizium-Scheibe (*wafer*) in einzelne ICs zersägt wird. Innerhalb dieser Sägebahn und im Nutzsystem selbst sind verschiedene prozeßabhängige Meßzellen zu plazieren.

- Die Dimensionen der geometrischen Figuren eines Layouts entsprechen den gewünschten Abmessungen auf der Silizium-Scheibe. Um diese Abmessungen zu erzielen, müssen die im Herstellungsprozeß eingesetzten Masken gewisse Vorhalte beinhalten. Dazu müssen die auf die Masken zu übertragenden Figuren gegenüber den Ursprungsfiguren vergrößert oder verkleinert werden.

- Die geometrischen Figuren des Layouts sind so zu manipulieren und zu zerlegen, daß sie von den Maskenbelichtungsgeräten verarbeitet werden können.

- Zuletzt sind die Maskendaten für das ausgewählte Maskenbelichtungsgerät zu formatieren und auf einen Datenträger (*mask tape*) zu schreiben.

6.2 Ablauf der Bearbeitung

Die einzelnen Bearbeitungsprozesse innerhalb des Factory Finishing System werden im folgenden kurz dargestellt. Bild 6.1 zeigt den Ablauf der Bearbeitung.

- Der geometrische **Design Rule Check** dient zur Überprüfung eines geometrischen Layouts auf Fehler. Ein Fehler in diesem Zusammenhang ist die Verletzung geometrischer Regeln, welche vom Herstellungsprozeß abhängig und für jeden dieser Prozesse bekannt sind. Es ist somit klar, daß vor dem Entstehen des geometrischen Layouts der anzuwendende Herstellungsprozeß (oder zumindest die Prozeßgruppe) bekannt sein muß.
  Da das Beschreiben von Masken mit fehlerhaften Daten aus Kostengründen unbedingt vermieden werden muß, steht am Anfang des FFS ein geometrischer Design Rule Check, auch wenn wegen des Prinzips *Correctness by Construction* kein Fehler erwartet wird. Ein gefundener Fehler führt zur Zurückweisung des Layouts.
  Die Entwurfsregeln (Design Rule) müssen in einer dem CAD-Programm verständlichen Form beschrieben sein. Solche Regel-Formulierungen bein-

halten oft Anweisungen wie "vergrößere die Figuren einer Ebene um ein bestimmtes Maß und stelle entstehende Überlappungen fest". Die Überlappungen kennzeichnen dann Bereiche, in denen ein Mindestabstand unterschritten wurde. Welche Manipulations-Anweisungen es gibt, wird weiter unten beschrieben.

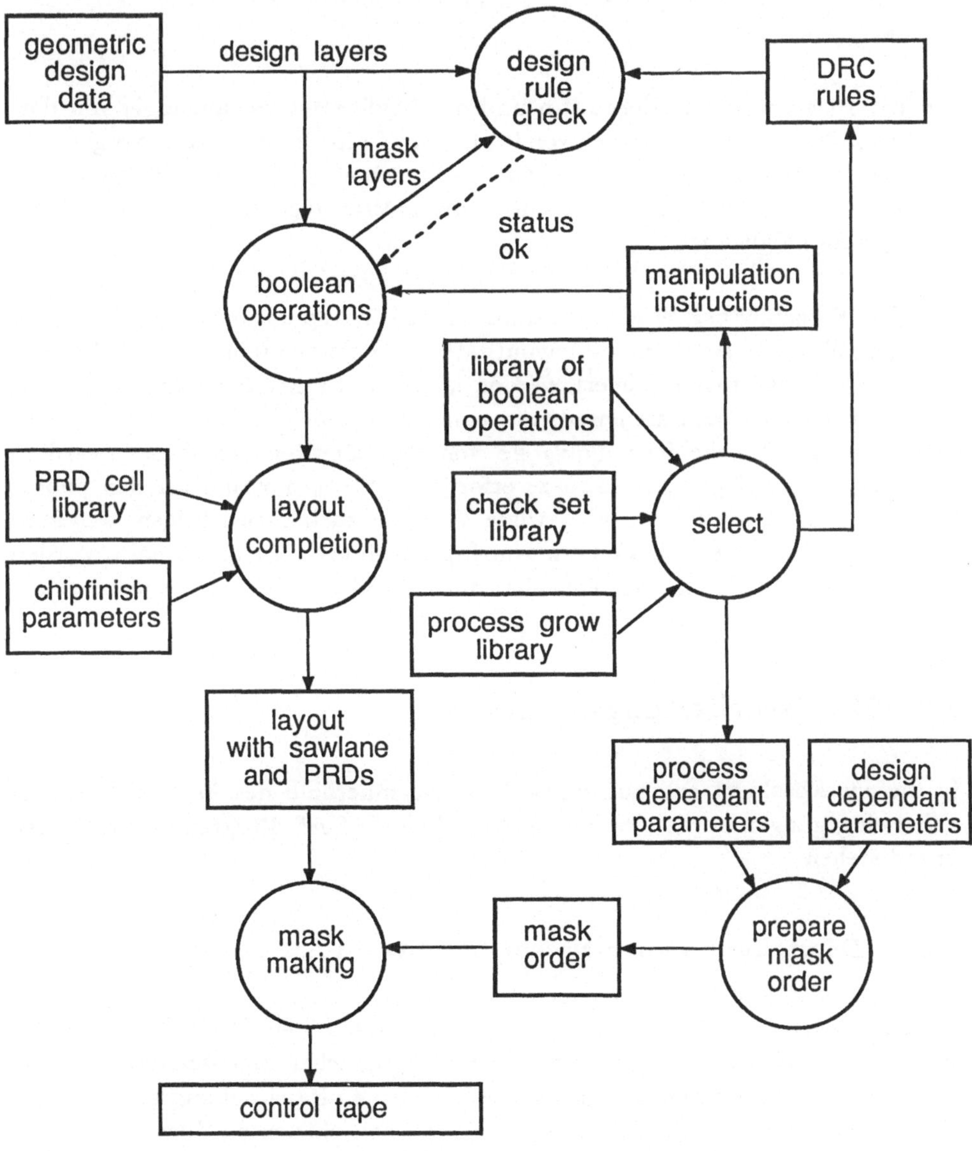

Bild 6.1. Ablauf der Bearbeitung im Factory Finishing System

- Die Erzeugung sogenannter **Mask Layers** dient dazu, solche Masken herstellen zu können, die vom Prozeß benötigt werden, die jedoch nicht als separate Ebene vom Chip Design System geliefert wurden. Sie wurden deswegen nicht geliefert, weil sie vollständig und eindeutig aus Figuren anderer Ebenen abgeleitet werden können.
Die Ableitung "neuer" Maskenebenen aus bereits existierenden erfolgt mit Hilfe verschiedener Manipulationsfunktionen. So sind z.B. in der "neuen" Ebene solche Bereiche durch Figuren belegt, die auch in zwei vorgegebenen "alten" Ebenen belegt waren, d.h. es wird eine **UND**-Funktion angewendet.

- Die Plazierung der **Sägebahn** und der **Meßzellen** ist abhängig von der Prozeßtechnologie und kann somit nicht im Chip Design System vorgenommen werden. Für jeden Prozeß ist jedoch festgelegt, wie diese Plazierungen zu geschehen haben, so daß eine Automatisierung im Factory Finishing System möglich ist.

- Der Prozeß **Mask Making** beinhaltet alle Manipulationen und Zerlegungen, die nötig sind, um die Layoutdaten so aufzubereiten, daß die Maskenbelichtungsgeräte gesteuert werden können. Es handelt sich hierbei um Transformationen, die jeweils nur eine Maskenebene betreffen. So können u.a. keine beliebigen Polygone von den Geräten verarbeitet werden, was eine Zerlegung in Trapeze erfordert. Weiterhin sind für den photochemischen Maskenprozeß gewisse Vorhalte zu berücksichtigen, was zum Vergrößern bzw. Verkleinern von Figuren führt (Diese Vorhalte werden an dieser Stelle mit den Vorhalten für den Silizium-Prozeß kombiniert).

6.3 Die Bearbeitungsprozesse

In diesem Abschnitt soll auf einige Prozesse innerhalb des Factory Finishing näher eingegangen werden, wobei die Aufgaben für CAD-Programme im Vordergrund stehen.

6.3.1 Darstellung geometrischer Layouts

Für das Bearbeiten eines geometrischen Layouts durch ein CAD-System muß es die Möglichkeit geben, die Gesamtheit der geometrischen Eigenschaften eines ICs eindeutig zu beschreiben. Zu diesem Zweck wurden Beschreibungssprachen und Datenstrukturen definiert, die entweder für einen effizienten Zugriff der CAD-Programme konstruiert sind oder die eine für den Menschen lesbare Form bieten. Meist ist in diesen Sprachen eine Menge geometrischer Grundfiguren (*primitives*) definiert, aus denen die komplexen Strukturen eines ICs zusammengesetzt werden. Betrachtet man ein fertiges Chip, so erkennt man eine vielfältige dreidimensionale Struktur. Da diese Struktur aber während der Herstellung in einzelnen Schritten entsteht, lassen sich unterschiedliche "Schichten" unterscheiden, denen wiederum geometrische Figuren in einer Ebene zugeordnet werden können.

Die geometrische Beschreibung definiert nun die Figuren in so einer Ebene (*layer*). Die Grundelemente sind z.B. Rechtecke, gedrehte Rechtecke, allgemeine Polygone, gewinkelte Verbindungsbahnen, etc. Ein Beispiel für eine solche Beschreibung ist dem Bild 6.2 zu entnehmen, daneben die graphische Darstellung desselben Inhalts. Neben der eigentlichen Geometrie werden weitere Informationen über das IC in einer solchen Sprache gehalten. Dabei handelt es sich um technologische Parameter, aber auch um graphische Information, die später nicht

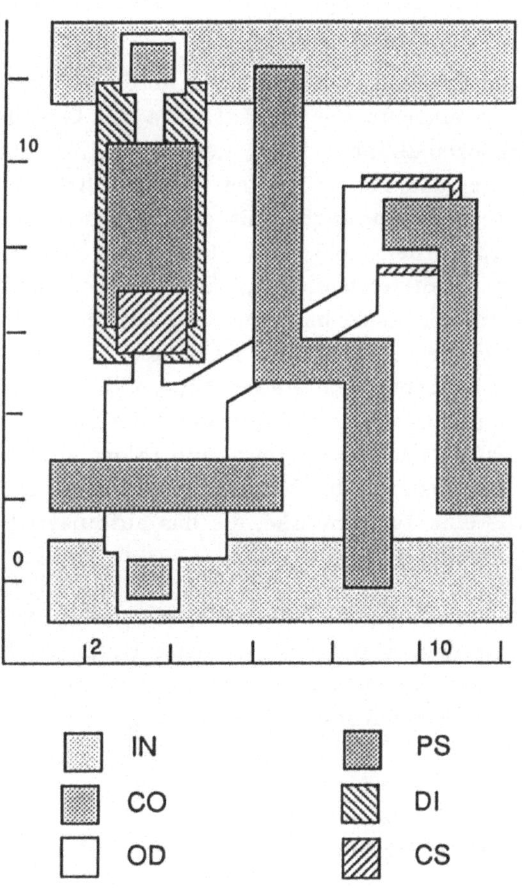


```
techno
unit = 1;
grid = 0.5;
masks = (ps,od,in,co,cs,di);
end;
pattern shift1;
comment 'in geometries'
ra(in;1,-1;12.5,1);
 ra(in;1,11.3;12.5,13.3);
comment 'od geometries',
poly(od;2.8,13;4.2,13;4.2,11.6;
3.8,11.6;3.8,4.8;4.3;4.8;8.1,6.9;
8.1,9.4;10.8,9.4;10.8,7.5;9,7.5;
9,6.3;5.3,4.3;5.3,0.6;4.2,0.6;
4.2,-0.8;2.8,-0.8;2.8,0.6;2.3,0.6;
2.3,4.8;3.1,4.8;3.1,11.6;
2.8,11.6;2.8,13);
comment 'ps geometries';
ra(ps;1,1.7;6.7,2.9);
ra(ps;2.3,6;4.6,10.4);
poly(ps;9.1,9.1;11.5,9.1;
11.5,2.9;12.5,2.9;12.5,1.7;
10.5,1.7;10.5,7.9;
9.1,7.9;9.1,9.1);
poly(ps,6,12.2;7,12.2;7,5.8;
9.5,5.8;9.5,0.9;8.2,0.9;
8.2,4.7;6,4.7;6,12.2);
comment 'cs geometries';
ra(cs;8.6,7.3;11.1,9.7);
ra(cs;2.7,5.4;4.4,6.9);
comment 'di geometries';
ra(di;2.1,5.2;4.8,11.8);
comment 'co geometries';
ra(co,3,-0.5;4,0.5);
ra(co;3,11.8;4,12.8);
end;
```

Bild 6.2. Geometrische und textuelle Darstellung eines Layout-Modules

auf das Silizium und die Maske übertragen werden, die aber das Betrachten des Layouts auf dem Bildschirm und der Papierzeichnung unterstützen.

Einen Sonderfall stellen sogenannte hierarchische Layouts dar. Innerhalb eines ICs finden sich geometrische Muster, welche sich oft wiederholen. Dieses gilt insbesondere für solche Bereiche in denen Speicher realisiert sind. Man kann diese Tatsache in der Beschreibung und Abarbeitung eines Layouts berücksichtigen, indem solche Muster nur einmal definiert aber mehrmals plaziert werden. Einige Beschreibungssprachen und Datenstrukturen bieten dazu spezielle Konstrukte, mit denen eine Aufteilung der Schaltung in kleinere Blöcke ermöglicht wird. Gibt es für den Design-Stil, die Beschreibungssprache und die CAD-Programme ein gemeinsames hierarchisches Konzept, so braucht ein mehrfach plazierter Block nur einmal bearbeitet zu werden. Bei immer größer werdenden Schaltungen kann so die Rechenzeit aufwendiger Prozesse in Grenzen gehalten werden.

6.3.2 Vervollständigung des Layouts mit Sägerand und Meßzellen

Das komplette Nutzsystem ist mit einer Sägebahn zu umranden, an diesen Bahnen wird später die Siliziumscheibe in einzelne ICs zersägt. Da die Gestaltung der Sägebahn vom Herstellungsprozeß abhängt, kann diese Operation erst nach der endgültigen Entscheidung über den Fertigungsweg durchgeführt werden. Die Sägebahn hat vordefinierte Überlappungen mit den Design- bzw. Maskenebenen des Nutzsystems, jedoch werden nicht allen Ebenen des Nutzsystems Sägebahnstrukturen hinzugefügt. Man verwendet die Sägebahn außerdem dazu, mehrere Meß- und Justierzellen auf der Maske bzw. auf der Siliziumscheibe zu plazieren. Diese Zellen sind ebenfalls prozeßabhängig. Sie dienen u.a. dazu, die Maßhaltigkeit zu überprüfen, das korrekte Übereinanderliegen der einzelnen Ebenen sicherzustellen, Qualitätsprüfungen auszuführen sowie die Lage und Orientierung festzustellen. Auch innerhalb des Nutzsystems sind Informationen hinzuzufügen: Kennungen, die das Identifizieren der Masken ermöglichen, eine Kennung der Fabrikationsstätte sowie eine Justiermarke, die das automatische Verdrahten des ICs ermöglicht.

Alle in diesem Bearbeitungsschritt hinzuzufügenden Informationen sind im voraus bekannt oder können errechnet werden. Damit können diese Daten in Bibliotheken gehalten werden und über den Namen des Herstellungsprozesses ausgewählt werden, d.h. eine automatische Bearbeitung ist mit der Angabe weniger Parameter möglich.

6.3.3 Von Designebenen zu Maskenebenen

Manipulationen an den geometrischen Elementen der Maskenebenen sind immer dann nötig, wenn der Herstellungsprozeß der Masken bzw. des ICs eine andere Form oder Darstellung dieser Elemente erfordert. Man kann dabei zwischen solchen Manipulationen unterscheiden, die nur die geometrischen Elemente einer Ebene betreffen, und solchen, die die Elemente zweier verschiedener Ebenen verknüpfen. Letztere dienen insbesondere dazu, sogenannte Hilfsmasken zu erzeugen, die bei der Bearbeitung des Siliziums benötigt werden.

Die Verknüpfung zweier Ebenen geschieht mit Hilfe sogenannter boolscher Operationen. Im folgenden seien einige Definitionen gegeben.

AND Seien M1 und M2 zwei Ebenen, in denen es keine überlappenden Polygone gibt (Die Polygone aller Ebenen werden hier als Punktmengen betrachtet, sie sind Teilmengen eines gemeinsamen zweidimensionalen Punktraumes). Sei dann $\mathcal{A}$ ein Polygon aus M1, $\mathcal{B}$ ein Polygon aus M2 und $\mathcal{C} = \mathcal{A} \cap \mathcal{B}$ das Polygon, das als Durchschnitt von $\mathcal{A}$ und $\mathcal{B}$ definiert ist. Die Ebene M3, die als M3 = M1 AND M2 definiert ist, enthält dann alle Polygone, die sich als ein solcher Durchschnitt $\mathcal{C}$ darstellen lassen. Polygone aus M3 enthalten also Punkte, die in einem Polygon aus M1 und einem Polygon aus M2 enthalten sind.

OR Sei jetzt $\mathcal{C} = \mathcal{A} \cup \mathcal{B}$ das Polygon, das als Vereinigung von $\mathcal{A}$ und $\mathcal{B}$ definiert ist. Die Ebene M3, die als M3 = M1 OR M2 definiert ist, enthält dann alle Polygone, die sich als eine solche Vereinigung $\mathcal{C}$ darstellen lassen. Polygone aus M3 enthalten also Punkte, die in einem Polygon aus M1 oder einem Polygon aus M2 enthalten sind.

XOR Die Ebene M3, die als M3 = M1 XOR M2 definiert ist, enthält alle Polygone, deren Punkte in einem Polygon aus M1 oder einem Polygon aus M2 enthalten sind, jedoch nicht in einem Durchschnitt zweier Polygone aus M1 und M2.

Beispiele für diese Operationen sind in Bild 6.3 gegeben.

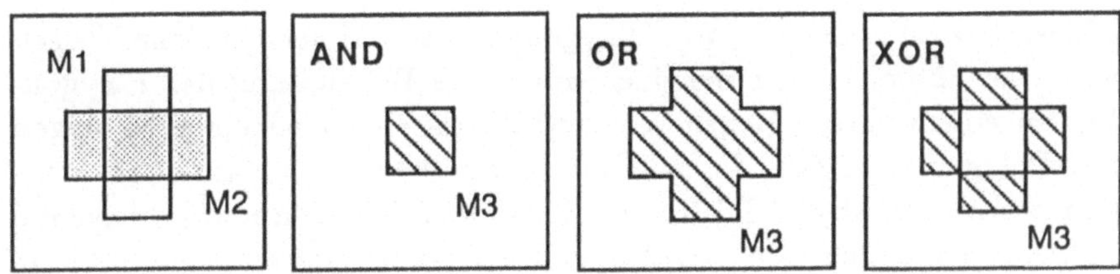

Bild 6.3. Beispiele für Boolsche Operationen

Manipulationen, die geometrische Elemente einer Maskenebene betreffen, sind z.B. das Vergrößern und Verkleinern von Polygonen (*positive grow, negative grow*) sowie das Verschmelzen überlappender Figuren (siehe auch Bild 6.4). Soll während eines Herstellungsschrittes auf dem *wafer* eine Struktur mit einer be-

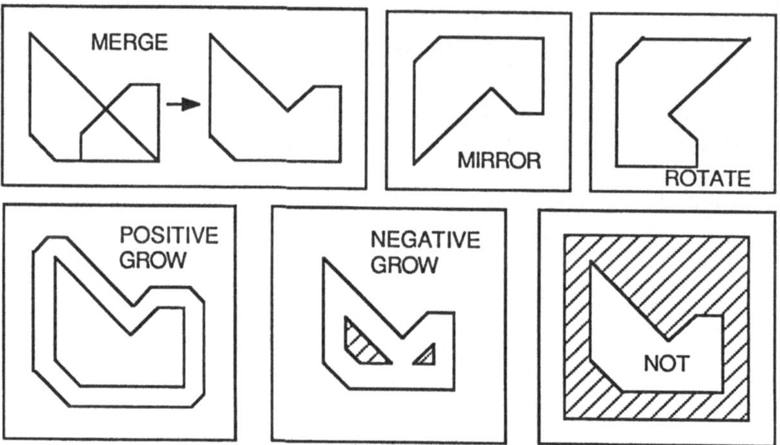

Bild 6.4. Beispiele für Manipulationen in einer Ebene

stimmten Abmessung erzeugt werden, so muß die Maske, die diesen Herstellungsschritt steuert, meist gewisse Vorhalte beinhalten. Die Polygone einer Maskenebene müssen durch ein CAD-Programm mit diesen Vorhalten in ihren Abmessungen verändert werden.

Beispiele für solche Manipulationen sind in Bild 6.4 gegeben. Das Verschmelzen (*merge*) überlappender Figuren ist spätestens dann durchzuführen, wenn die Strukturen auf die physikalische Maske abgebildet werden. Überlappungen führen zu mehrmaliger Bearbeitung durch die Maskenbelichtungsgeräte und ein doppelt belichtetes Flächenstück unterscheidet sich von einem einfach belichteten. Weiterhin kann es erforderlich sein, daß die Strukturen auf den Masken in gedrehter (*rotate*), gespiegelter (*mirror*) oder inverser (*not, tone reversal*) Form vorliegen.

Das Vergrößern bzw. Verkleinern von Polygonen kann auf verschiedene Weisen definiert sein; sie unterscheiden sich i.a. durch die Behandlung der Polygon-Eckpunkte. Zu einem vorgegebenen Abstand d und einem beliebigen Polygon ist ein neues Polygon zu finden, dessen Kanten parallel zu den Kanten des Ausgangspolygons mit dem Abstand d liegen. Bei spitzen Winkeln und positivem d gibt es nun mehrere Möglichkeiten, die Ecken des neuen Polygons so zu gestalten, daß nirgendwo der Abstand d unterschritten wird. Wie so etwas bei Strukturen aussehen kann, deren Winkel Vielfache von 45 Grad sind, zeigt das Bild für 'Positive Grow'. Beim Vergrößern von Polygonen ist zu beachten, daß Überlappungen entstehen können, so daß danach ein *Merge* durchgeführt werden muß. Beim Verkleinern kann eine Figur in mehrere kleine Figuren zerfallen, so daß vorher ein *Merge* geschehen muß. Besondere Schwierigkeiten bei der Definition und Durchführung einer *Grow*-Operation entstehen, wenn Polygone Kanten besitzen, die kürzer als die *Grow*-Distanz sind.

Zur Realisierung von Maskenmanipulationen existiert eine Vielzahl von Algorithmen, als Stichworte seien hier *Scanline*-Techniken, *Quad Trees* und *Corner Stitching*-Algorithmen genannt. Ebenso zahlreich sind die auf dem Markt angebotenen Programmsysteme. Die Anforderungen an solche Programme sind meist durch den Wunsch geprägt, sehr große Datenmengen in möglichst kurzer Zeit zu bearbeiten. Aber ebenso ist es wichtig, daß die zugrunde liegenden Algorithmen 'sicher' implementiert sind, d.h. sie liefern bei allen denkbaren geometrischen Konstellationen die gewünschten Ergebnisse.

Eine besondere Anwendung von Maskenmanipulationen ist der geometrische Design Rule Check. Hier wird die Überprüfung bestimmter Regeln für das geometrische Layout einer Schaltung mit Hilfe von Manipulationen realisiert, deren Ergebnis geometrische Strukturen sind, welche die Fehlergebiete kennzeichnen. Allerdings gehen diese Manipulationen in ihrer Funktionalität über das oben Genannte hinaus (siehe dazu auch Abschnitt 5.3).

6.3.4 Zerlegen der geometrischen Maskendaten in Grundfiguren

Dieser Abschnitt behandelt die Zerlegung der geometrischen Maskendaten in die Grundfiguren von elektronenoptischen Maskenbelichtungsgeräten sowie eine kurze Einführung in die Herstellung von Masken mit diesen Geräten. Der Ablauf und die Problematik bei der Herstellung der Masken (*maskplates*) ist ausführlich im nächsten Kapitel behandelt und nur soweit erforderlich in diesem Abschnitt umrissen.

Masken und Maskenherstellung

Der Rohling einer Maske besteht aus drei Komponenten. Eine ca. 6 mm starke, quadratische Quarzglasscheibe bildet den Maskenkörper, das Substrat. Das Substrat unterliegt einer hohen Güteanforderung wie Reinheit, Ebenheit und Verzugsfreiheit bei Temperaturänderungen. Gebräuchliche Handelsmaße sind 4, 5 und 6 Zoll. Auf dem Substrat ist eine dünne, lichtundurchlässige und elektrisch leitende Schicht (zumeist Chrom) aufgebracht, die ihrerseits mit einem photoempfindlichen Lack überzogen ist.

Mit Hilfe von Maskenbelichtungsgeräten werden die geometrischen Maskendaten auf die photoempfindliche Schicht der Maske übertragen. Hiernach wird die Maske einem Entwicklungsprozeß unterzogen, wo je nach Art des Photolackes (positives oder negatives Belichtungsverhalten) die belichteten oder unbelichteten Lackteile ausgewaschen werden. In einem anschließenden Ätzprozeß wird die vom Photolack ungeschützte Schicht vom Substrat entfernt. Der geometrische Maskeninhalt ist nun durch das Substrat hindurch zu erkennen. Nach Entfernen der restlichen Photoschicht wird die Maske sehr sorgfältig auf Fehler wie Flecken auf dem Substrat und Fehlstellen in der Schicht sowie auf Vollständigkeit und Abmaße des Maskeninhaltes geprüft. Die Vollständigkeitsüberprüfung geschieht bei einfachem Maskeninhalt visuell. Bei komplizierteren Maskeninhalten bedient man sich eines Maskenkontrollgerätes, welches den Inhalt der Maske (Istwert) gegenüber den in einem Rechner gespeicherten, geometrischen Maskendaten (Sollwert) optisch vergleicht und die Unterschiede anzeigt. Ein Maskenkontrollgerät dieser Art ist von der Firma KLA entwickelt worden und wird *KLARIS* für *KLA Reticle Inspection System* genannt.

Elektronenoptische Maskenbelichtungsgeräte

Trotz höherer Kosten gegenüber herkömmlichen lichtoptischen Maskenbelichtungsverfahren gewannen die elektronenoptischen Maskenbelichtungsgeräte innerhalb der letzten Jahre sehr schnell an Bedeutung. Ein wesentlicher Grund hierfür ist die stetig zunehmende Integrationsdichte mit immer kleineren Strukturen bis in den Submikron-Bereich. Heutige Schaltungen dieser Art haben die wirtschaftlichen und physikalischen Grenzen der lichtoptischen Maskenbelichtungsverfahren längst überschritten. Aus diesem Grunde ist im weiteren nur die zukunftsorientierte, elektronenoptische Maskenbelichtung behandelt.

Aus einer Vielzahl von elektronenoptischen Maskenbelichtungsgeräten haben sich zwei hervorgehoben. Der Philips Beamwriter, genannt *EBPG* für *Electron Beam Pattern Generator* und eine Entwicklung der Firma Perkin Elmer, genannt *MEBES* für *Manufacturing Electron Beam Exposure System.*

Die Grenze der Auflösung und somit die Abbildung von geometrischen Maskendaten auf der Maske liegt bei beiden Geräten deutlich unter der Grenze der lichtoptischen Maskenherstellungsverfahren. Es können minimale Linienbreiten von $0{,}1\mu m$ mit dem EBPG und $0{,}4\mu m$ mit der MEBES erreicht werden, wobei die Grenze der Lichtoptik bei $2{,}0\mu m$ liegt.

Beide elektronenoptischen Maskenbelichtungsgeräte bestehen im wesentlichen aus einem Rechnerteil mit Steuerungselektronik und einer elektronenoptischen Säule mit XY-Tisch zur Aufnahme des Maskenrohlings. Als Eingangsdaten beider Geräte dienen die geometrischen Maskendaten, unterteilt in Ablenkfelder und in einer geräteeigenen Beschreibung auf einem Magnetband als Datenträger.

Das Ablenkfeld ist der maximale, rechteckige Bereich in dem der Elektronenstrahl in x- und y-Richtung abgelenkt und positioniert werden kann. Die Dimension (Breite und Höhe) eines EBPG-Ablenkfeldes ist verschieden von der eines MEBES und wird bestimmt durch den mechanischen und elektrischen Aufbau (*hardware*) dieser Geräte. Da die Dimension der geometrischen Maske im allgemeinen größer ist als die des Ablenkfeldes, müssen die Maskendaten in eine entsprechende Anzahl von Ablenkfeldern unterteilt werden.

Teilt man die geräteeigene Beschreibung in Grundfiguren und ihre binäre Darstellungsweise auf dem Datenträger, so sind die Grundfiguren beider Geräte gleichartig. Es sind Trapeze, Rechtecke und Dreiecke mit Positions- und Dimensionsangaben. Hierbei muß, bezogen auf das Koordinatensystem der geometrischen Maskendaten, ein Trapez und Rechteck zwei Seiten parallel zur x-Achse und ein Dreieck eine Seite parallel zur x-Achse aufweisen. Bild 6.5 zeigt die prinzipielle Darstellung eines Trapezes für den Philips EBPG.

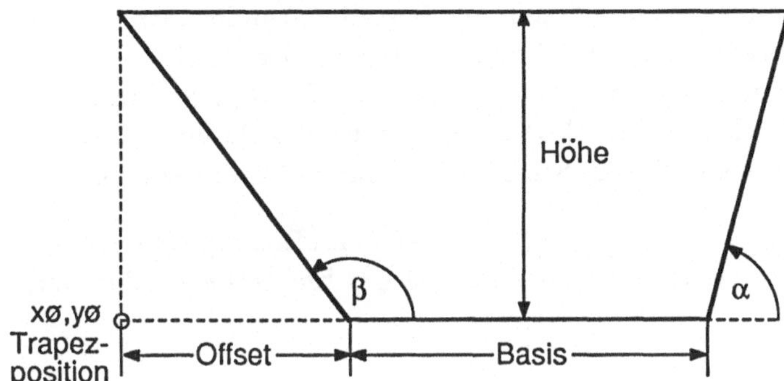

Bild 6.5. Darstellung eines Trapezes für den Philips EBPG

Die Erstellung der Eingangsdaten beider Geräte unterliegt folgendem Schema: Die geometrischen Daten einer Schaltung werden Maske für Maske und sequentiell bearbeitet. Die geometrischen Daten einer Maske werden, sofern sie nicht schon als erforderliche Grundfiguren vorliegen, in diese zerlegt, skaliert (1:1, 5:1, 10:1) und ihrer absoluten Position entsprechend einem Ablenkfeld zugeordnet. Hierbei werden alle Grundfiguren die über die Grenzen eines Ablenkfeldes hinausgehen, an diesen Grenzen geteilt und die Teile entsprechend ihrer absoluten Position zugeordnet. Diese Zuordnung beinhaltet die Umrechnung der absoluten Position einer Grundfigur in eine relative Position, bezogen auf den Ursprung ihres Ablenkfeldes. Der Ursprung eines Ablenkfeldes ist seine linke untere Ecke mit den Werten x=0 und y=0 wobei die Position eines Ablenkfeldes die absolute Lage seines Ursprungs innerhalb der Maske angibt. Nachdem alle geometrischen Daten einer Maske in Grundfiguren zerlegt und den Ablenkfeldern zugeordnet sind, werden sie Ablenkfeld für Ablenkfeld und sequentiell bearbeitet. Zuerst wird der Beginn einer Maske auf dem Datenträger kenntlich gemacht. Danach folgt die Positionsangabe des ersten Ablenkfeldes in einer geräteeigenen, binären Beschreibung sowie die Positions- und Dimensionsangaben aller Grundfiguren des Ablenkfeldes, ebenfalls in einer geräteeigenen, binären Beschreibung. Sind alle Grundfiguren des Ablenkfeldes auf den Datenträger geschrieben, so wird eine entsprechende Ende-Kennung für das Ablenkfeld auf dem Datenträger erzeugt. Der Ende-Kennung des letzten Ablenkfeldes folgt jene der Maske. Dieses Schema wiederholt sich so lange bis alle Masken einer Schaltung auf den Datenträger geschrieben worden sind.

Arbeitsweise der elektronenoptischen Maskenbelichtungsgeräte

Wie bereits erwähnt bestehen die elektronenoptischen Maskenbelichtungsgeräte im wesentlichen aus einem Rechnerteil mit Steuerungselektronik und einer elektronenoptischen Säule mit XY-Tisch zur Aufnahme des Maskenrohlings.

Der Rechnerteil ist für die gesamte Steuerung des Gerätes verantwortlich. Er übernimmt die in Grundfiguren zerlegten, geometrischen Maskendaten vom Magnetband, überprüft auf fehlerhafte Daten und legt die Grundfiguren in einer internen Darstellung auf die ihm eigenen Magnetplatten ab. Der Rechner steuert über eine aufwendige Elektronik die Auslenkung des Elektronenstrahls und die Bewegung des XY-Tisches in der elektronenoptischen Säule unter Berücksichtigung von Korrekturwerten für die Strahlablenkung und Tischbewegung.

Zum Belichten der Maske werden diese Daten von der Magnetplatte sequentiell gelesen und zur Weiterverarbeitung (Steuerung des Elektronenstrahls) auf-

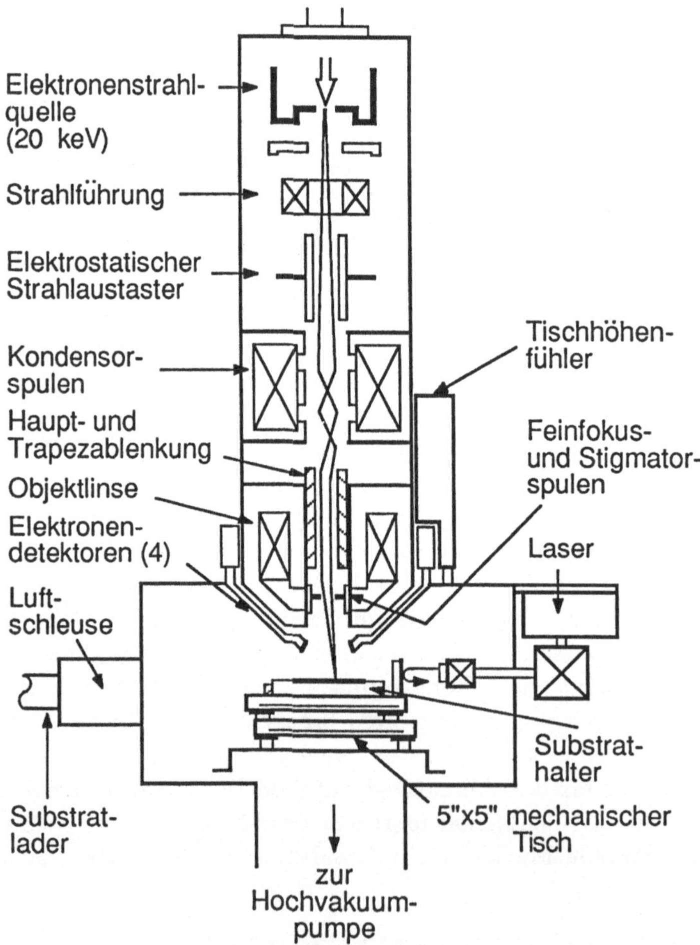

Bild 6.6. Aufbau der Elektronenoptischen Säule des Philips EBPG

bereitet. In dieser Aufbereitung unterscheiden sich die Geräte. Der EBPG arbeitet nach dem *Vectorscan*-Prinzip, die MEBES dagegen nach dem *Rasterscan*-Prinzip. Auf die Vor- beziehungsweise Nachteile beider Prinzipien wird nicht eingegangen, da sie sehr stark von der geforderten Anwendung abhängig sind.

Vectorscan-Prinzip

Zuvor einige Worte über den prinzipiellen Aufbau und Funktionsweise der elektronenoptischen Säule am Beispiel des EBPG (Bild 6.6). Der Aufbau der elektronenoptischen Säule entspricht im wesentlichen dem eines Rasterelektronenmikroskops, jedoch mit zwei voneinander unabhängigen Strahlablenksystemen.

Ein XY-Tisch bringt den Maskenkörper und die Nullposition des Elektronenstrahls in Einklang mit der Position eines Ablenkfeldes. Hierbei sorgt ein Laser-Meßsystem für eine Positioniergenauigkeit von $\pm 0{,}01 \mu m$. Eine Hauptablenkung bringt den Elektronenstrahl auf die Position einer Grundfigur innerhalb des Ablenkfeldes. Eine zweite Ablenkung, die sogenannte Trapezablenkung ist der Hauptablenkung überlagert und schreibt in einem sogenannten *fill-in*-Prozeß die Grundfigur auf die photoempfindliche Schicht der Maske. Ist nach diesem Verfahren eine Grundfigur geschrieben, so wird der Elektronenstrahl mit einem elektrostatischen Strahlaustaster (*beam blanker*) gelöscht und mit Hilfe der Hauptablenkung auf die Position der nächsten Grundfigur gebracht, die dann wiederum mit Hilfe der Trapezablenkung auf die photoempfindliche Schicht der Maske geschrieben wird (Bild 6.7).

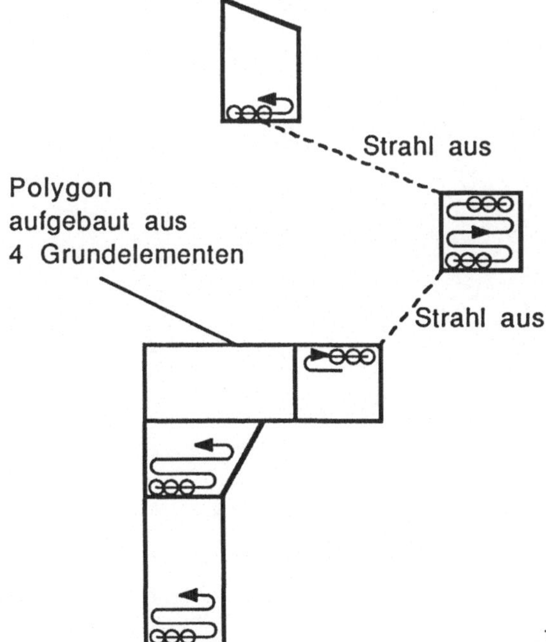

Bild 6.7. Vector scan fill-in Prozeß

Sind alle Grundfiguren eines Ablenkfeldes geschrieben, so bringt der XY-Tisch den Maskenkörper und die Nullposition des Elektronenstrahls in Einklang mit der Position des nächsten Ablenkfeldes u.s.w.

Rasterscan-Prinzip

Nach diesem Prinzip werden alle Grundfiguren eines Ablenkfeldes zunächst einmal in einem Speicherbereich des Rechnerteils gerastert, d.h. in Punkte aufgelöst wie ein Bild auf dem Bildschirm eines Fernsehgerätes. Um die weitere Betrachtung etwas zu vereinfachen, wird angenommen, daß ein Rasterpunkt dem Durchmesser des Elektronenstrahls entspricht. Jeder Rasterpunkt entspricht somit einer Position des Elektronenstrahls innerhalb des Ablenkfeldes und beinhaltet ferner die Elektronenstrahlinformation "eingeschaltet" oder "ausgeschaltet".

Der Aufbau der elektronenoptischen Säule der MEBES ist ähnlich dem des EBPG. Wieder bringt der XY-Tisch den Maskenkörper und die Nullposition des Elektronenstrahls in Einklang mit der Position des Ablenkfeldes. Zum Schreiben der Grundfiguren eines Ablenkfeldes bewegt sich der XY-Tisch kontinuierlich über die Breite des Ablenkfeldes, wobei der Elektronenstrahl indessen sich über die Höhe des Ablenkfeldes auf und ab bewegt und mit der aus dem Speicher gelesenen Elektronenstrahlinformation an der entsprechenden Position ein- bzw. ausgeschaltet wird. Sind auf diese Art alle Grundfiguren eines Ablenkfeldes auf die photoempfindliche Schicht der Maske geschrieben, so wiederholt sich dieser Vorgang mit dem nächsten Ablenkfeld einer Maske.

7 Masken

Zur Übertragung von Schaltungs-Layouts auf Halbleiterscheiben bedient man sich seit langem photolithographischer Masken. Obwohl heute auch neuere Verfahren zur Anwendung kommen, spielen diese bei der wirtschaftlichen Massenfertigung von integrierten Schaltungen noch eher eine untergeordnete Rolle und sollen daher in diesem Kapitel nicht weiter berücksichtigt werden. So wird z.B. die Direktbelichtung des Halbleiters mit Elektronenstrahlen, die wegen der hohen Strukturauflösung in Forschung und Entwicklung bereits verbreitet angewendet wird, in der Fertigung besonders zur Realisierung schneller Kundenmuster mehr und mehr an Bedeutung gewinnen. Die Maske wird aber in geeigneter Form und Präzision auch in Zukunft ihren hohen Stellenwert behalten.

Dieses Kapitel beschreibt Art, Aussehen und Qualitätskriterien sowie die Herstellungsverfahren der für die Fertigung kundenspezifischer Schaltungen verwendeten Maskentypen. Unter der Voraussetzung, daß die Daten für das geometrische Layout im Factory Finishing System zu Steuerdaten für die jeweiligen Maskenherstellmaschinen umgesetzt werden (vergleiche Kapitel 6), sollen insbesondere die folgenden Herstellungsschritte näher erläutert werden:

- Auftragsannahme und -steuerung
- Einspeisen der Steuerdaten, Vorbereitung der Jobs und Belichtung auf dem Patterngenerator
- Prozessieren
- Maskeninspektion und -reparatur
- Finishing und Auslieferung.

Bild 7.1 gibt eine Übersicht über den Werdegang einer Maske am Beispiel des Maskenzentrums der Philips RHW in Hamburg. Es mag dem Leser als Leitfaden durch dieses Kapitel dienen.

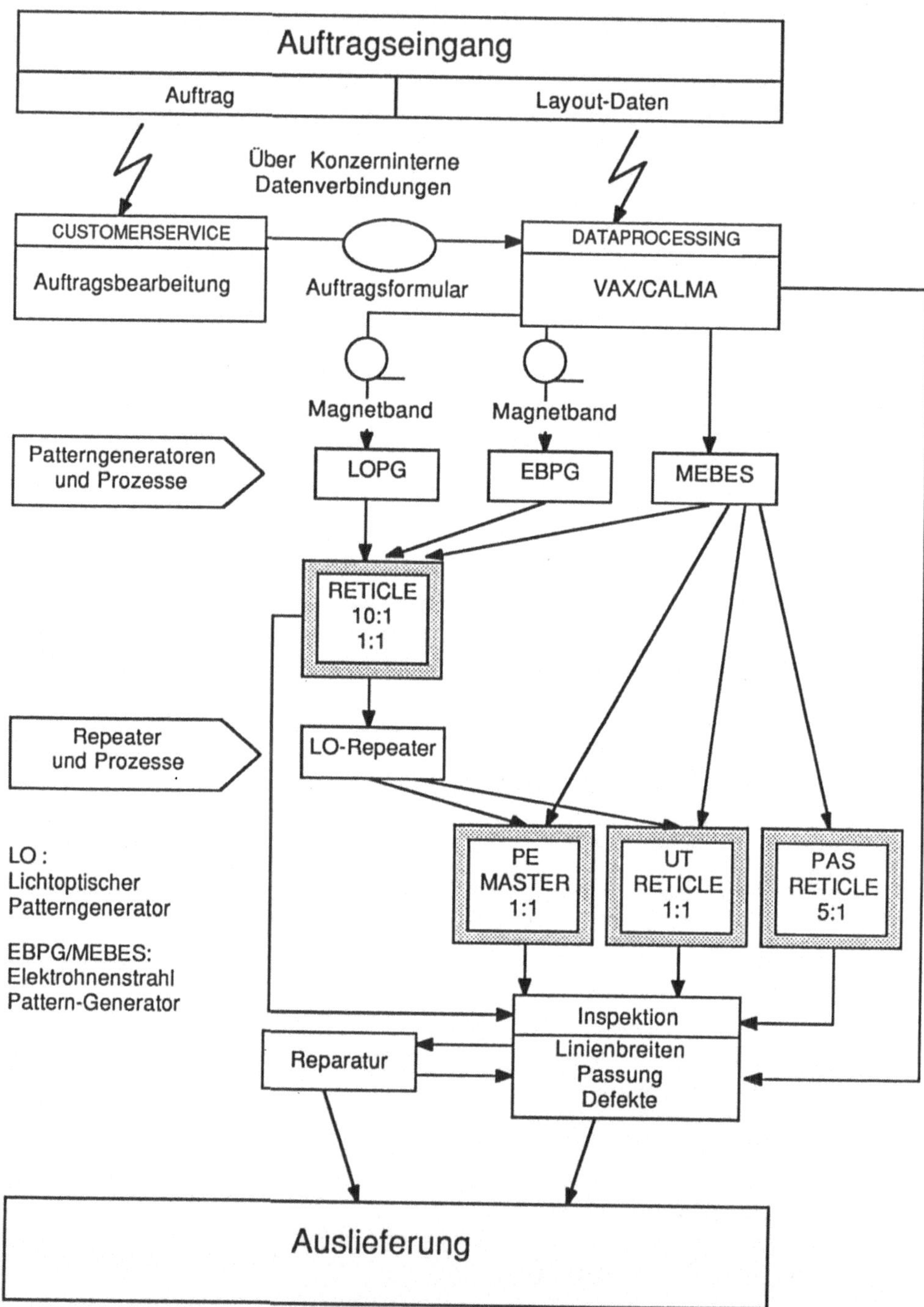

Bild 7.1. Werdegang einer Maske am Beispiel des Maskenzentrums der Philips RHW in Hamburg

Zum Abschluß wird eine kurze Übersicht über Trends hinsichtlich zukünftiger Maskentypen und -materialien bzw. Verbesserung der Herstell- und Kontrollverfahren gegeben. Dabei ist zu berücksichtigen, daß gerade die Maskentechnik immer mit hoher Flexibilität auf die Bedürfnisse der Schaltungsentwicklung und Scheibenfertigung reagieren muß und somit oft kurzfristigen Veränderungen unterworfen ist.

7.1 Voraussetzungen

Wie in vielen anderen Bereichen gilt auch in der Halbleiterfertigung: Zur Herstellung qualitativ hochwertiger Werkstücke benötigt man mindestens ebenso hochwertige Werkzeuge. Entsprechend hoch ist der materielle, maschinelle und infrastrukturelle Aufwand, der zum Erreichen der geforderten Präzision bei der Herstellung des Werkzeugs "Maske" nötig ist. Es soll im folgenden kurz erläutert werden, welche Voraussetzungen hinsichtlich Maskenmaterial, Reinraumtechnik, Medien, Datenverarbeitung, Produktionssteuerung und Qualitätssicherung nach dem heutigen Stand der Technik mindestens erfüllt sein müssen, um den Anforderungen der Maskenkunden zu genügen.

7.1.1 Maskenmaterial

Ausgangsmaterial für Masken sind quadratische Glasplatten mit den heute gebräuchlichen Kantenlängen 4, 5 und 6 inch. Diese Glasplatten tragen einseitig eine Maskierungsschicht, üblicherweise aus aufgedampftem oder aufgesputtertem Chrom. Diese Metallschicht ist mit einem licht- oder elektronenempfindlichen Lack (Resist) abgedeckt, der auch resistent gegenüber diversen Ätzmitteln ist. Ein solcher Schichtaufbau und die durch die einzelnen Maskenprozesse entstehenden Veränderungen sind in Bild 7.2 dargestellt.

Die Auswahl des richtigen Substrats richtet sich nach Art und Qualitätserwartung der zu fertigenden Maske. Höchste Ansprüche werden grundsätzlich an Homogenität, Haftfestigkeit und Fehlerfreiheit von Maskierungs- und Lackschicht gestellt. Unterschiede werden dagegen eher in der Art des Glasmaterials gemacht. Die Verwendung von sogenanntem LE(= Low Expansion)-Glas, einer Glassorte mit geringem Ausdehnungskoeffizienten, stellt z.B. sicher, daß die Ausdehnung einer 5-Inch-Maske bei einer Temperaturdifferenz von einem Grad weniger als 0,5 μm beträgt. Bei der Herstellung einer Maske wird die Temperatur der einzelnen Prozeßschritte zwar auf Bruchteile eines Grades genau kontrolliert, bei der Weiterverwendung, insbesondere in Belichtungsgeräten, kann die Temperatur der Maske aber durchaus von der Herstelltemperatur soweit abweichen, daß Maskenverzüge sich als Passungsfehler auf der Halbleiterscheibe auswirken. Für hochintegrierte, großflächige Schaltkreise wählt man daher

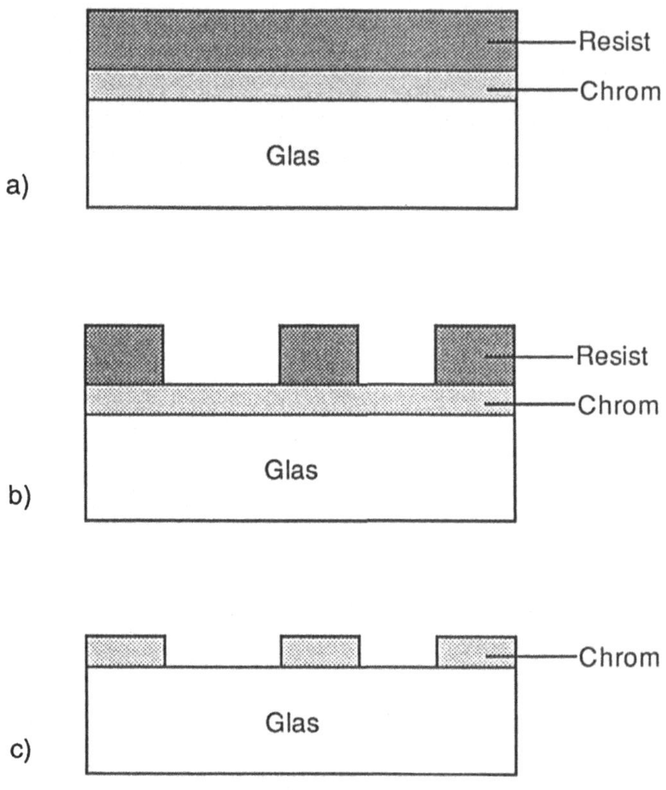

Bild 7.2. Schichtaufbau einer Maske nach verschiedenen Bearbeitungsstufen: **a)** Ausgangsmaterial, **b)** nach Belichten und Entwickeln, **c)** nach Ätzen und Entfernen des Resist

heute in der Regel synthetischen Quartz als Substratmaterial, dessen Ausdehnungskoeffizient mit ca. $6 \cdot 10^{-7}/°C$ um annähernd eine Größenordnung geringer ist als der von LE-Glas.

Anmerkung: Entgegen den in der Bundesrepublik Deutschland geltenden Bestimmungen werden in der internationalen Terminologie der Maskenfertigung die Kantenlängen von Masken in "inch" und ihre Dicken in "mil" (1/1000 inch) angegeben. Durchmesser von Halbleiterscheiben werden dagegen international in "mm", Strukturen auf Masken und Scheiben in "μm" gemessen.

7.1.2 Reinraum und Medien

Es gibt wohl kaum ein anderes Produkt, das an Sauberkeit der Arbeitsumgebung und Reinheit der verwendeten Medien und Materialien so hohe Ansprüche stellt wie eine integrierte Schaltung und ganz besonders die zu ihrer Herstellung benötigten Masken.

Jede Art von Unsauberkeit im Herstellungsprozeß einer Maske führt potentiell zu Maskenfehlern. Die aufwendige Detektion und Reparatur von Maskendefekten wird später erläutert. Dann wird klar werden, warum bereits bei der Herstellung einer Maske auf peinliche Sauberkeit geachtet werden muß. Alle verwendeten Gase und flüssigen Chemikalien einschließlich des in vielen Prozeßschritten verwendeten deionisierten Wassers werden vor dem Verbrauch mehrstufig gefiltert. Geräte und Maschinen werden ständig überwacht, um Schmutzquellen wie z.B. Materialabnutzung frühzeitig zu erkennen. Die gesamte Fertigungsumgebung wird großflächig mit temperatur- und feuchtestabiler, vor allem aber gefilterter Luft versorgt. Zur Orientierung des Leser seien hier einige typische Werte genannt: In der Regel wird bei einer Temperatur von 21°C $\pm 0,25$°C (in besonderen Fällen $\pm 0,10$°C) und einer Feuchte von 41% $\pm$ 1% gearbeitet. Die Luft wird über Feinfilter mit einer Porenweite von 0,2 μm aufbereitet.

Der Stand der Technik hinsichtlich Reinraum und Reinheit der Medien ist heute so weit fortgeschritten, daß der Mensch selbst beispielsweise durch Abschuppungen von Haut und Haaren oder Aussonderungen der Atmung als Quelle von Kontaminationen die dominierende Rolle spielt.

Eine logische Folge aus dieser Erkenntnis ist das Tragen von Spezialanzügen aus langfaserigen Geweben, die praktisch nur die Augen freilassen. Dies ist in hohem Maße unbequem und bietet zudem auch nur bedingt Schutz vor Verschmutzungen, denn die im Anzug angesammelten Partikel können bei jeder Bewegung einer Person aus dem Anzug heraus in die freie Umgebung "gepumpt" werden.

Daher entwickeln und realisieren heute Maskenhersteller weltweit teil- oder vollautomatische Fertigungslinien für Masken, in denen diese von Robotern transportiert und die entsprechenden Prozesse von Computern kontrolliert und gesteuert werden.

Auf Einzelheiten dieser Thematik sowie auf die Probleme einer Fertigung in Reinräumen soll hier nicht näher eingegangen werden. Der raschen Entwicklung und der damit verbundenen stetigen Veränderung in der modernen Reinraumtechnik wird eher die einschlägige Fachliteratur gerecht.

7.1.3 Aufbereiten der Daten

In Kapitel 6 wurde bereits ausführlich dargestellt, wie Schaltungs-Layouts durch Daten beschrieben werden, und wie diese umgewandelt und manipuliert werden müssen, um sie zu Steuerdaten für Pattern-Generatoren zu machen. Die Wichtigkeit einer sorgfältigen Handhabung der Daten als Voraussetzung für die Herstellung einer Qualitätsmaske sei daher in diesem Abschnitt nur der Vollständigkeit wegen hervorgehoben.

Von ganz besonderer Bedeutung ist dabei die richtige Kombination von Design-Grid und Adress-Struktur der Pattern-Generatoren, um Rundungsfehler beim Berechnen von Maskenmanipulationen möglichst klein zu halten. Rundungsfehler wirken sich negativ auf die Einhaltung von Design-Rules oder vorgeschriebenen Linienbreiten von Maskenstrukturen aus. Jeder einzelne Prozeßschritt der Maskenfertigung unterliegt gewissen Schwankungen. Die für bestimmte Linienbreiten vorgegeben Toleranzen werden durch Rundungsfehler in den Daten oft nahezu ausgeschöpft, so daß für die eigentlichen Maskenprozesse kaum noch ein Spielraum verbleibt. Dies kann die Maskenfertigung erheblich erschweren und verteuern.

7.1.4 Auftragsbearbeitung und -steuerung

Bei der Bearbeitung und Steuerung von Maskenaufträgen gilt es, eine Vielzahl von Maskentypen, deren besondere Herstellverfahren und die Terminvorstellungen der Kunden zu koordinieren. Die Forderung nach immer kürzeren Lieferzeiten für Masken kann daher heute nur noch mit Unterstützung von Computern erfüllt werden.

Im Gegensatz zu einer Wafer-Fertigung (Batch-Betrieb) werden Masken aus Termingründen in der Regel nicht in Sätzen, sondern als Einzelstücke gefertigt und ausgeliefert. Jede einzelne Maske muß also individuell planbar sein. Dieser Forderung trägt das Produktionssteuerungssystem AB-PC der amerikanischen Firma AB-Networks Rechnung, das im Philips Maskenzentrum zur Anwendung kommt. Sein Programmpaket ist speziell auf die Besonderheiten einer Maskenfertigung zugeschnitten. AB-PC läuft auf DEC-Rechnern (VAX/VMS), die ohnehin für jede Art von Datenverarbeitung im Maskenzentrum eingesetzt werden. Als Hilfsmittel werden neben üblichen Terminals eine Vielzahl von Barcode-Lesern eingesetzt.

Für eine sinnvolle Nutzung des Systems wurde das Maskenzentrum entsprechend den einzelnen Herstellungsschritten einer Maske in sog. Workcentres eingeteilt. Jede Maske durchläuft diese Workcentres in einer ihrem Typ zugeordneten Reihenfolge, dem sog. Routing. Im Customer Service wird das Routing bei der Auftragsannahme mit Angabe eines Produkt-Codes aufgerufen. Mit Hilfe von Barcodes werden Beginn und Ende der Fertigungsschritte an das System gemeldet und somit die Masken von einem Workcentre zum anderen weitergereicht. Die Barcodes, die die einzelnen Masken identifizieren, befinden sich auf Begleitkarten, die alle Informationen zum jeweiligen Maskenauftrag enthalten. Die Barcodes für die Meldungen an das System (z.B. Workcentre, Start, Complete, Stop) liegen in jedem Workcentre vor.

Da das System u.a. die typischen Bearbeitungszeiten pro Workcentre und Maskenart, die Verfügbarkeit von Produktionsmitteln und einen Arbeitskalender (Statische Daten) sowie die Belastung jedes Workcentres durch andere Maskenaufträge kennt, kann dem Kunden bereits bei Eingang seines Auftrags der zu erwartende Liefertermin bekanntgegeben werden. Umgekehrt kann bei besonderen Terminvorgaben durch einen Kunden schon bei der Auftragsannahme hochgerechnet werden, wann sein Auftrag in den jeweiligen Workcentres bearbeitet sein muß, um diesen Termin zu halten. Außerdem gibt das System Hinweise auf mögliche Beeinflussungen anderer Aufträge, so daß die Prioritäten aktualisiert werden können.

Die Vorteile einer solchen rechnergestützten Produktionssteuerung sind offensichtlich. Der Customer Service kann jederzeit den Status jeder einzelnen Maske abfragen und kann in Abhängigkeit von der Auslastung der Workcentres Lieferzeiten voraussagen. Bei internen Rückweisungen von Masken wegen Nichteinhaltung von Spezifikationen kann wie bei Neueingang eines Maskenauftrages sofort der Einfluß auf andere Maskenaufträge berechnet werden. Reports geben u.a. Auskunft über einzelne Masken (Work Order Status), Maskensätze (Sales Order Status), Belastung der Workcentres (Work Centre Dispatch, Work Centre Load) oder Nichteinhaltung vorausberechneter Termine (Work Orders in Trouble). Weiterhin liefert AB-PC Statistiken über Durchlaufzeiten, Ausbeute, Lauf- und Wartezeiten an den jeweiligen Workcentres etc. Über Telefon-Modems (Dial Back mit Angabe eines Passwords) kann darüber hinaus jedem Kunden die Möglichkeit gegeben werden, sich selbst über den Stand seiner eigenen Aufträge zu informieren.

7.1.5 Qualitätssicherung

Qualitätssicherung und Qualitätssteigerung haben in Philips-Betrieben einen hohen Stellenwert. Vor einigen Jahren wurde konzernweit ein Qualitätsprogramm nach Crosby gestartet, das jeden Fertigungsschritt, vor allem aber jeden Mitarbeiter an der Erhaltung und Verbesserung von Qualität beteiligt.

Dieses Programm hat auch der Maskenfertigung bedeutende Fortschritte gebracht. Das Verhältnis zum Kunden ist offener, Definitionen und Spezifikationen sind klarer und besser abgestimmt und somit mit weniger Fehlern behaftet. Dies führt unmittelbar zu höheren Ausbeuten.

Die konsequente Pflege des Qualitätsgedankens bei allen Mitarbeitern führt zur besseren Beobachtung von Vorgängen und Zuständen an Maschinen und im Reinraum. Unzulänglichkeiten werden, wenn möglich sofort, abgestellt. Über Verringerung des Ausschusses in den einzelnen Prozeßschritten wirkt sich dies ebenfalls in Form von höheren Ausbeuten bei der Maskenfertigung aus.

Um auch die Bereiche erfassen zu können, in denen ein Zusammenhang zwischen den Fertigungsbedingungen einerseits und der Qualität des Produkts andererseits nicht ohne weiteres erkennbar ist, wurde als Teil des Qualitätsprogramms die statistische Prozeßkontrolle (SPC) eingeführt. Dieses bereits recht lange bekannte Verfahren wird seit Jahren erfolgreich u.a. in der Automobilindustrie eingesetzt . Im laufenden Fertigungsprozeß werden dabei ständig eine Vielzahl von ausgewählten Parametern gemessen und registriert. Die statistische Auswertung dieser Meßwerte und der Meßergebnisse der Maskeninspektion erlauben Rückschlüsse auf direkte Zusammenhänge zwischen Prozeßparametern und Maskenqualität. Dann können entsprechende Steuerungsmaßnahmen vorgenommen werden.

Weitere Einzelheiten zu den hier erwähnten Programmen zur Qualitätssicherung würden bei weitem über den Rahmen dieser Darstellung hinausgehen. Es soll an dieser Stelle lediglich festgehalten werden, daß ständiges Messen und Verbessern der Qualität heute unbedingte Voraussetzung für eine wirtschaftliche und konkurrenzfähige Fertigung hochwertiger Masken ist.

7.2 Strukturerzeugung

Zu Beginn dieses Kapitels wurde bereits darauf hingewiesen, daß sich die Elektronenstrahl-Lithographie weltweit als Verfahren zur Herstellung komplexer Masken durchgesetzt hat. Daher soll auf andere Methoden, insbesondere auf die z.Z. noch parallel angewandte Step-und-Repeat-Technik auch hier nicht näher eingegangen werden.

7.2.1 Elektronenstrahl-Lithographie

Elektronenstrahlschreiber, gleich welcher Bauart, sind prinzipiell nach dem in Bild 7.3 dargestellten Schema aufgebaut. Sie enthalten ein Vakuumsystem mit Elektronenquelle, ein Strahlablenksystem und einen XY-Arbeitstisch. Die Kontrollelektronik besteht in der Regel aus einem Steuerrechner mit Massenspeicher, Digital-Analog-Wandlern zur Umsetzung der digitalen Pattern-Information in analoge Ablenksignale für den Elektronenstrahl sowie Regel- und Steuerschaltungen für Elektronenquelle und -strahl, Vakuumsystem und Arbeitstisch. Je nach Arbeitsweise eines Elektronenstrahlschreibers unterscheidet man zwischen Rasterscan- und Vektorscan-Methode.

Die in Bild 7.4 dargestellte **Rasterscan-Methode** geht davon aus, daß ein Schaltungs-Layout in sog. Streifen und Segmente bestimmter Größe eingeteilt wird. Jeder Streifen wird vollständig vom Elektronenstrahl "überstrichen", wobei dieser an Stellen, an denen Figuren generiert werden sollen, eingeschaltet

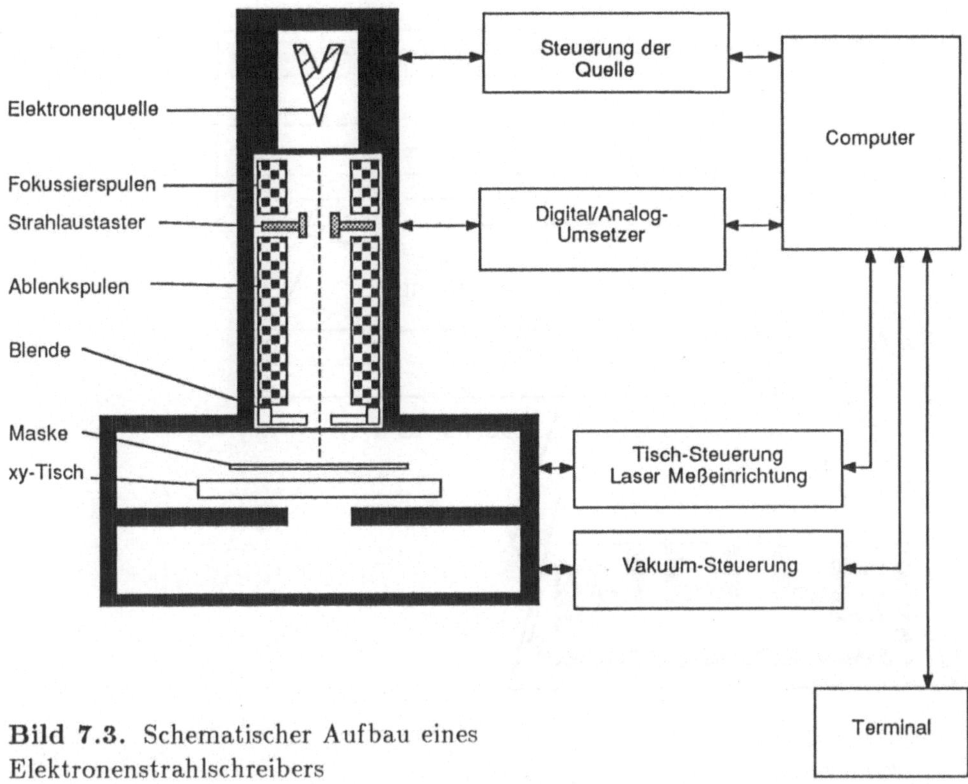

Bild 7.3. Schematischer Aufbau eines Elektronenstrahlschreibers

wird und ansonsten ausgetastet bleibt. Die entsprechende Information steht in einem Schreibspeicher, der bei jedem Übergang auf einen neuen Streifen neu geladen wird. Während des Schreibvorgangs wird der Elektronenstrahl nur in y-Richtung ausgelenkt. Die x-Komponente der zu schreibenden Figur liefert eine gleichzeitige horizontale Tischbewegung um die Länge eines Streifens.

Als Rasterscan-Anlage hat sich die MEBES III (*Manufacturing Electron Beam Exposure System*) von Perkin-Elmer weltweit praktisch als Standard-Ausrüstung für die Massenfertigung von Masken durchgesetzt. Im folgenden sind typische Leistungsmerkmale dieses Systems aufgelistet:

Weglänge des Tisches	: 6,1" x 6,1"
Maximale Maskengröße	: 7,0" x 0,250"
Positioniergenauigkeit des Tisches	: 1/64 λ (0,0156 μm)
Adressgröße (Address Unit AU)	: 0,1 μm bis 1,1 μm
Spotgröße - Standard	: 0,24 μm bis 1,1 μm
Spotgröße - Optional	: 0,10 μm bis 1,1 μm
Spot-Strom maximal	: 1 μA bei 1,0 μm
Spot-Strom minimal	: 1 nA bei $<$0,25 μm

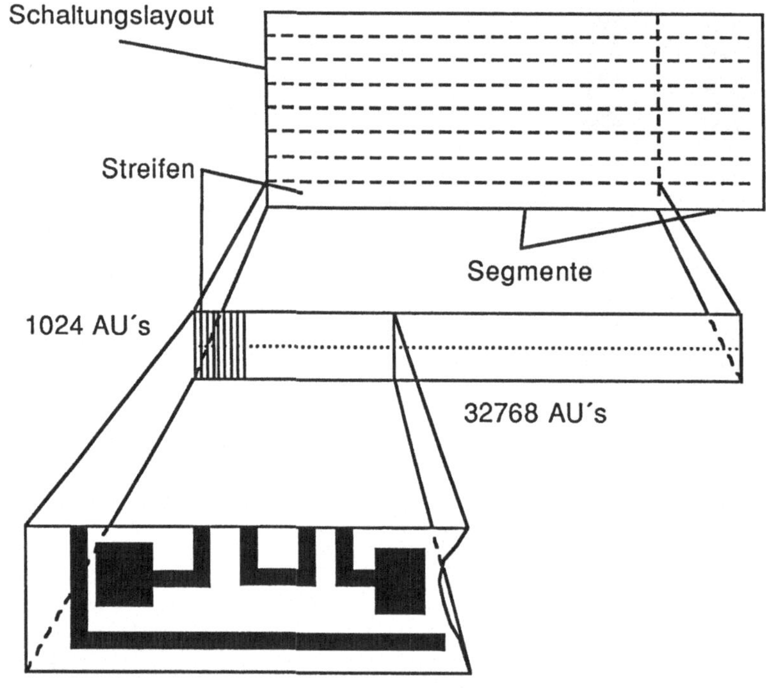

Bild 7.4. Rasterscan-Methode

Streifenhöhe in Address Units	: 1024 oder 2048
Streifenlänge in Address Units	: 32768
Genauigkeit der Masken-Passung	: 0,12 μm
Genauigkeit der Strahlposition	: 0,12 μm
- bei unterschiedl. Adressen	: 0,125 μm
Kleinste Strukturbreite	: 0,4 μm
Kantenrauhigkeit (ohne Prozeß)	: 0,05 μm
Linienbreitengenauigkeit	: 0,10 μm
Gleichmäßigkeit des Strahls	: 0,05 μm bei AU <0,5 μm
	0,08 μm bei AU >0,5 μm
Passung Maschine zu Maschine	: 0,15 μm

Die **Vectorscan-Methode** (Bild 7.5) teilt ein Schaltungslayout in quadratische Ablenkfelder ein, deren Größe durch die maximale verzerrungsfreie Ablenkung des Elektronenstrahls bestimmt wird. Innerhalb dieses Feldes ist der Elektronenstrahl über die sog. Hauptablenkung frei positionierbar. Figuren, die

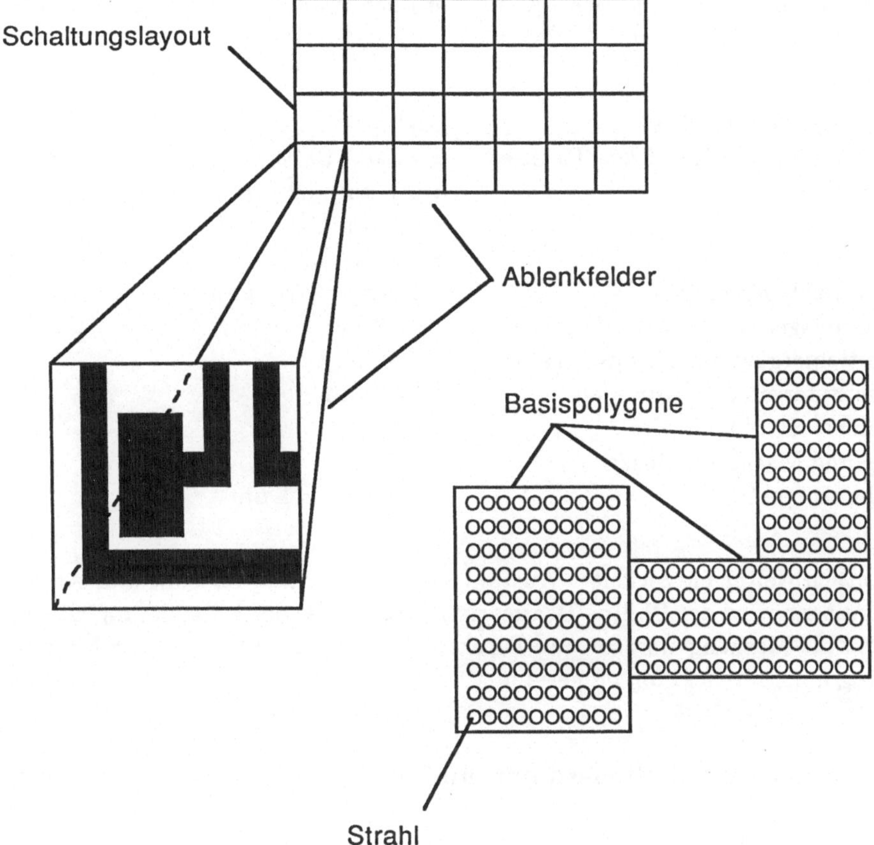

Bild 7.5. Vectorscan-Methode

innerhalb eines Ablenkfeldes liegen, werden in Basispolygone (größtmögliche Trapeze) zerlegt. Diese werden von der Hauptablenkung nacheinander angesteuert und von der sog. Trapezablenkung, die der Hauptablenkung überlagert ist, mäanderförmig geschrieben (vergl. dazu Kapitel 6).

Der Vorteil des Vectorscan-Prinzips liegt darin, daß der Strahl direkt auf die zu schreibenden Figuren gelenkt wird. Im Gegensatz zum Rasterscan-Verfahren werden nur die tatsächlichen Flächen der Figuren mit dem Elektronenstrahl bearbeitet. Es besteht hier also ein direkter Zusammenhang zwischen dem Bedeckungsgrad einer Maske und der Schreibzeit. Andererseits treten bei freier Bewegung des Elektronenstrahls innerhalb eines Ablenkfeldes eher störende Wirbelstrom-Effekte auf, so daß die Schrittfrequenz des Elektronenstrahls bei Vectorscan-Anlagen z.Z. nicht wesentlich höher als bei 10 MHz liegt.

Ein typisches Beispiel für Vectorscan-Schreiber ist der EBPG 3 (*Beamwriter*) von Philips, der seit 1979 im Philips-Maskenzentrum im Einsatz ist. Zum

Vergleich sind im folgenden auch für diese Anlage typische Leistungsmerkmale aufgelistet:

Weglänge des Tisches	: 5" x 5"
Positioniergenauigkeit des Tisches	: 1/20 λ (0,05 μm)
Adressgröße	: 0,1 μm, 0,2 μm, 0,5 μm
Spotgröße	: 0,1 μm bis 1,2 μm
Spot-Strom	: 100 A/cm^2
Maximales Ablenkfeld	: 1,6 mm x 1,6 mm
Positionsgenauigkeit der Trapeze	: 0,12 μm
Positioniergenauigkeit des Strahls	: 0,05 μm
- bei unterschiedl. Adressen	: 0,05 μm
Kleinste Strukturbreite	: 0,4 μm
Passung Maske zu Maske	: 0,2 μm
Höhenkorrektur	: 100 μm $\pm$ 1 μm

In wesentlich weiter entwickelter Ausführung hinsichtlich Präzision und Auflösungsvermögen wird der Philips-Beamwriter heute unter der Bezeichnung EBPG 4 weltweit als Maskengenerator und Direktbelichtungs-System in erster Linie in Forschung und Entwicklung eingesetzt.

7.2.2 Einspeisen der Steuerdaten und Job Preparation

In Kapitel 6 wird dargestellt, wie Layout-Informationen manipuliert und in Steuerdaten für Pattern-Generatoren umgewandelt werden. Am Beispiel der MEBES soll hier kurz erläutert werden, wie diese Steuerdaten an einen Patterngenerator weitergegeben und dort mit Zusatzinformationen versehen und zu einem Masken-Job aufbereitet werden.

Nach der Bearbeitung eines Datensatzes im Factory Finishing System liegen die Steuerdaten als File vor. Sie können jetzt grundsätzlich auf einen Datenträger (in der Regel ein Magnetband) kopiert und anschließend in den Rechner des Patterngenerators eingelesen werden. Neuerdings macht man jedoch vermehrt von lokalen Netzwerken (LAN = Local Area Network) Gebrauch, die alle in einer Fertigungslinie eingesetzten Rechner datenmäßig verbinden.

Bild 7.6 zeigt schematisch einen Rechnerverbund, wie er im Philips- Maskenzentrum zwischen den Vax-Systemen und den MEBES-Anlagen zur Anwendung kommt. Die Steuerdaten werden vom Vax-Cluster auf das Perkin-Elmer DPS (*Data Processing System*) übertragen. Im DPS können, falls nötig, weitere Manipulationen an den Datensätzen vorgenommen werden. Hier werden auch Kontrollplots erzeugt, die die tatsächlich zum Schreiben von Strukturen benutzten MEBES-Daten darstellen. Ein Verifikationsprogramm erlaubt eine bequeme

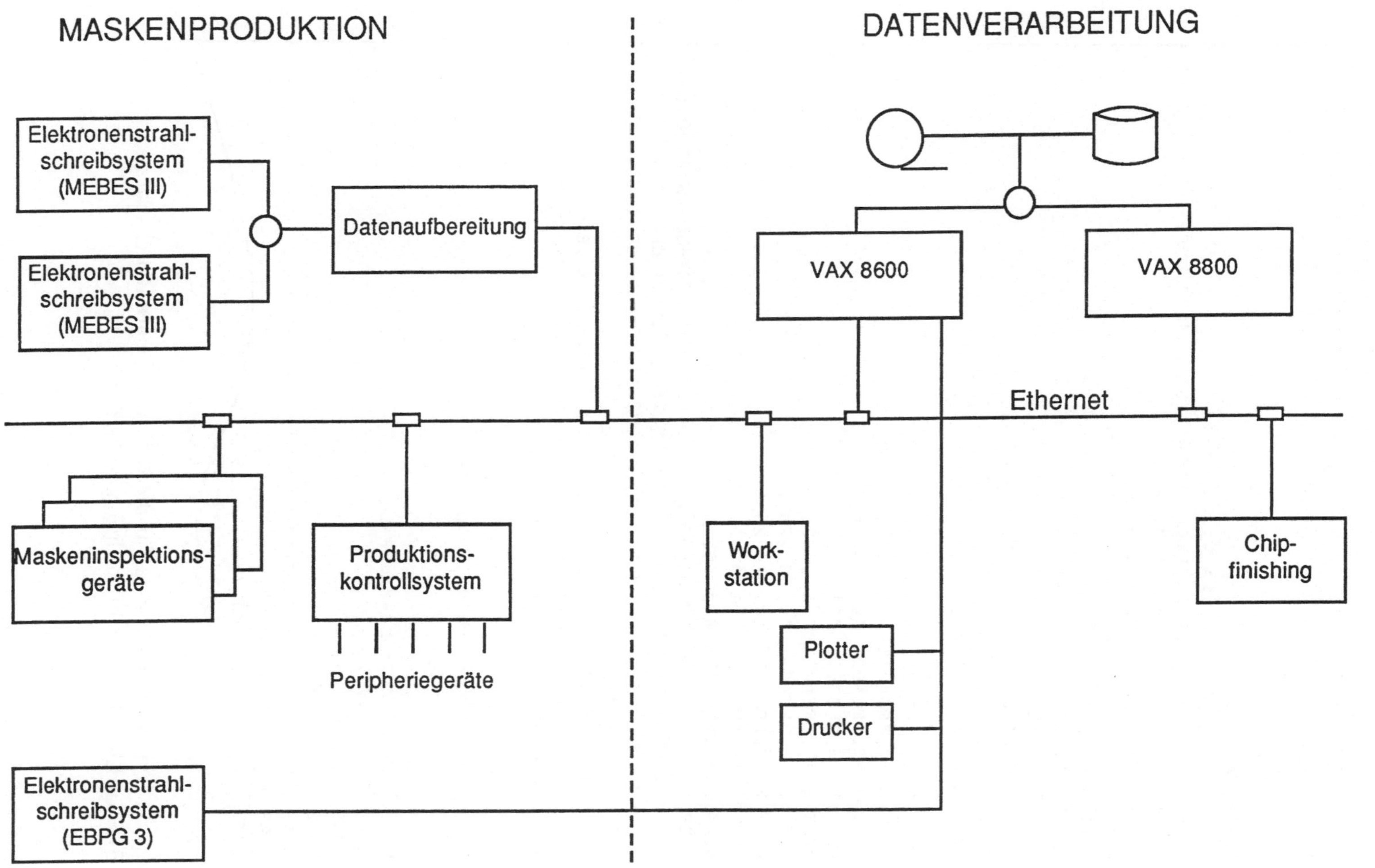

Bild 7.6. Lokaler Rechnerverbund (Local Area Network LAN) am Beispiel des Philips RHW Maskenzentrums in Hamburg

```
SLICE 1,14
RETICLE
REPEAT A,2
SCALE 0.25,1
OPTION BA=0.25,SA=88,PA,VA=10,WA=40
ORIENT A,MTITLE,TITLEROT=270,LOC=118800,53000,JUST=L
MTITLE 1,ZFSA011 401 90224  NW
MTITLE 2,ZFSA011 401 90225  OD
MTITLE 3,ZFSA011 401 90226  NWI
MTITLE 4,ZFSA011 401 90227  EI
MTITLE 5,ZFSA011 401 90228  PS
MTITLE 6,ZFSA011 401 90229  SN
MTITLE 7,ZFSA011 401 90220  SPP
MTITLE 8,ZFSA011 401 90221  CSI
MTITLE 9,ZFSA011 401 90222  CO
MTITLE 10,ZFSA011 401 90223  IN
MTITLE 11,ZFSA011 401 90224  COS
MTITLE 12,ZFSA011 401 90225  INS
MTITLE 13,ZFSA011 401 90226 CB
MTITLE 14,ZFSA011 401 90227 COS
MTITLE 15,ZFSA011 401 90228 SDI
MTITLE 16,ZFSA011 401 90229 NW
MTITLE 17,ZFSA011 401 90220 NWI
MTITLE 18,ZFSA011 401 90221 OD
MTITLE 19,ZFSA011 402 90222 PS
CHIP CHIP01,(1,QC2XXXX-NW-XX,EF=0.85)(2,QC2XXXX-OD-XX,EF=0.85
$     (3,QC2XXXX-NW-IX,EF=0.85)(4,QC2XXXX-EI-XX,EF=0.85)
$     (5,QC2XXXX-PS-XX,EF=0.85)(6,QC2XXXX-SN-XX,EF=0.85)
$     (7,QC2XXXX-SP-PX,EF=0.85)(8,QC2XXXX-CS-IX,EF=0.85)
$     (9,QC2XXXX-CO-XX,EF=0.85)(10,QC2XXXX-IN-XX,EF=0.85)
$     (11,QC2XXXX-CO-SX,EF=0.85)(12,QC2XXXX-IN-SX,EF=0.85)
$     (13,QC2XXXX-CB-XX,EF=0.85)
$     (14,QC2XXXX-CO-SX,EF=0.85)
$     (15,QC2XXXX-SD-IX,EF=0.85)
$     (16,QC2XXXX-NW-XX,EF=0.85)
$     (17,QC2XXXX-NW-IX,EF=0.85)
$     (18,QC2XXXX-OD-XX,EF=0.85)
$     (19,QC2XXXX-PS-XX,EF=0.85)
ROWS 51825/77125
ROWS 51825/51475
ROWS 76775/51475
CHIP CHIP07,(19,QC2X01X-PS-XX,EF=0.85)
ROWS 44830,32,510/65927.5,16.1375
RO            510/40277.5,16.1375
                 /40277.5,16.13
```

Bild 7.7. Typische Befehlsfolge für die Belichtung eines Reticle-Satzes auf einer MEBES III Elektronenstrahlbelichtungsanlage

Analyse der Steuerdaten in farbiger Bildschirmdarstellung, wenn datenbezogene Maskenfehler aufgetreten sind.

Nicht zuletzt werden im DPS auch die Masken-Layouts, d.h. die Positionen von Nutzsystemen, Testpattern, Justiermarken, Maskenbeschriftung etc. festgelegt und mit den eigentlichen Steuerdaten zu Jobs zusammengestellt. Bild 7.7 zeigt eine typische Befehlsfolge für einen solchen MEBES-Job.

Der im DPS verwendete Computer ist erheblich leistungsfähiger als die Steuerrechner der MEBES-Anlagen. Daher ist die Bearbeitung von Daten und Jobs im DPS statt auf einer MEBES wesentlich effektiver und hält darüber hinaus die CPU des MEBES-Steuerrechners für die eigentliche Bestimmung frei: das Schreiben von Figuren.

7.2.3 Belichten und Prozessieren

Das Erzeugen von Strukturen auf Masken mittels eines Elektronenstrahls ist direkt vergleichbar mit photo-optischen Belichtungsverfahren. Daher wird im allgemeinen der Begriff "Belichten" für die Bezeichnung dieses Vorgangs weiterverwendet, obwohl eigentlich eine Bestrahlung stattfindet.

Der Elektronenstrahl wird entsprechend der Information der Steuerdaten über die Maskenoberfläche geführt und dabei je nach Lage der zu erzeugenden Figuren ein- oder ausgetastet. Der elektronenempfindliche Resist absorbiert Energie der Primär- und vor allem der von der Maskierungsschicht reflektierten Rückstreuelektronen (Bild 7.8). An diesen Stellen verändert sich der chemische Aufbau des Resist-Materials so, daß es gegenüber den unbelichteten Flächen in geeigneten Entwicklerflüssigkeiten löslich (Positiv-Resist) oder unlöslich (Negativ-Resist) wird.

Die so belichteten Maskensubstrate werden wie bei herkömmlichen Photoprozessen entwickelt. Bedingt durch die chemische Zusammensetzung elektronenempfindlicher Resists werden als Entwickler diverse Lösungsmittel eingesetzt. Entwickelt wird heute in modernen, temperatur- und feuchtekontrollierten Entwicklungsautomaten, in denen die Entwicklerflüssigkeiten in präziser zeitlicher und quantitativer Dosierung auf die Masken aufgesprüht werden.

Nach dem Entwickeln folgt in der Regel ein Ausbacken bei Temperaturen um 100°C. Damit wird die nach dem Entwickeln verbliebene Resist-Schicht so verfestigt, daß sie im anschließenden Ätzprozeß möglichst keinen Abtrag erleidet.

Der Ätzprozeß hat die Aufgabe, die nicht mit Resist bedeckten Chromflächen möglichst restlos zu entfernen. Dieses kann auf naßchemischem Wege oder mit Plasmaätzverfahren geschehen.

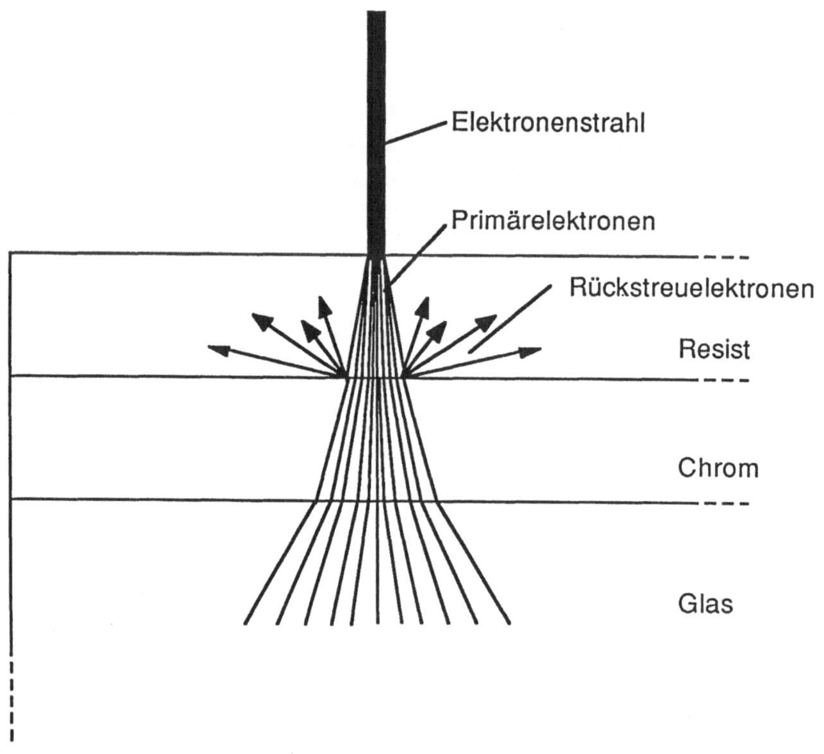

Bild 7.8. Streuverhalten eines Elektronenstrahls beim Auftreffen auf die Maskenoberfläche (schematische Darstellung)

Naßchemische Verfahren sind schnell, neigen aber zur Bildung von sogenannten "Pinholes" infolge Eindringens von Ätzflüßigkeit in Störstellen der Resist-Schicht. Schlechte Haftung des Resists auf der Chromschicht führt beim Naßätzen in der Regel zu Unterätzungen an Strukturkanten und damit zu hoher Kantenrauhigkeit. Diese und andere Probleme des Naßätzens werden heute aber allgemein so weit beherrscht, daß dieses Verfahren vorzugsweise in der Fertigung von Standardmasken eingesetzt wird.

Plasmaätzen ist wesentlich langsamer als Naßätzen, weil zum einen die Abtragsrate für Chrom hier geringer als beim Naßätzen ist und zum anderen Masken im Gegensatz zum Plasmaätzen von Siliziumscheiben in der Regel als Einzelstücke geätzt werden. Durch den Ätzprozeß verursachte Pinholes und Unterätzungen treten hier nicht auf. Jedoch erweisen sich kleinste, beim Entwickeln auf der freien Chromfläche verbliebene Reste des Resist-Materials, die beim Naßätzen normalerweise unterätzt und weggewaschen werden, beim Plasmaätzen oft als hartnäckige Abdeckungen.Damit verursacht das Plasmaätzen potentiell mehr Chromflecken (*spots*) als naßchemisches Ätzen.

Mit Plasmaverfahren können erheblich kleinere Maskenstrukturen mit höherer Genauigkeit geätzt werden als mit Naßprozessen. Dieses ist ein entscheidender Grund dafür, daß künftig das Trockenätzen zunehmend an Bedeutung gewinnen wird. Allerdings kann ein wirklicher Durchbruch auf diesem Gebiet nur erreicht werden, wenn auch die Entwicklung der Resist-Technologie merkliche Fortschritte macht. Viele Resists, die wegen ihrer hohen Empfindlichkeit (schnelle Belichtung) und ihres guten Abbildungsvermögens heute in der Maskenfertigung verwendet werden, sind nicht oder nur bedingt "plasmafest", d.h., ihre Abtragsrate im Plasma ist höher oder zumindest vergleichbar mit der des Chroms.

Die Darstellung des Belichtens und insbesondere des Prozessierens von Masken ist in diesem Kapitel ganz bewußt einfach gehalten. Die einzelnen physikalischen und chemischen Vorgänge dabei sind so komplex, daß eine auch nur annähernd erschöpfende Bearbeitung dieser Thematik weit über die Zielsetzung dieses Buches hinausgehen würde. Gerade die Prozeßtechniken für Masken sind bei allen namhaften Herstellern von Halbleiterprodukten seit Jahren Gegenstand von Forschungs- und Entwicklungsprojekten. Der interessierte Leser sei zur Vertiefung dieses Themenkreises auf die Fachliteratur verwiesen.

7.3 Strippen und Reinigen

Bei den steigenden Qualitätsansprüchen für Masken kommt neben hochpräzisen Pattern-Generatoren und gut kontrollierten Prozessen dem Entfernen der Resist-Schicht (Strippen) und der Maskenreinigung eine besondere Bedeutung zu. Beide Arbeitsschritte sind thematisch eng miteinander verbunden. Sie sollen daher an dieser Stelle zusammen behandelt werden, obwohl noch eine weitere gründliche Reinigung (Endreinigung) unmittelbar vor dem Montieren der Pellicles und der Auslieferung der Maske erfolgt.

Moderne lichtoptische Lithographieverfahren bilden bei der Strukturübertragung von der Maske auf die Siliziumscheibe heute nachweislich Partikel mit einer Größe von $\geq 0{,}5\ \mu m$ ab. Für Stepper-Reticles wird daher gefordert, daß sie frei von Partikeln $\geq 0{,}7\ \mu m$ sein müssen. Diese Partikelgröße ist von Maskeninspektionsgeräten neuester Technik noch mit hinreichender Sicherheit detektierbar (Abschnitt 7.4.4). Mit der Weiterentwicklung der Maskeninspektionstechnik ist zu erwarten, daß die Größe erlaubter Partikel künftig 0,5 μm nicht überschreiten darf. Unter dieser Voraussetzung genügt die herkömmliche "Handreinigung" in Tauchbädern nicht mehr den Ansprüchen. Auch Reinigungsmaschinen, die die Masken mit Bürsten oder unter hohem Druck mit Flüssigkeiten bearbeiten, haben sich als weitgehend ungeeignet erwiesen. Die heutige Technologie der Maskenreinigung ist vielmehr gekennzeichnet durch Neuentwicklungen vollautomatischer Anlagen und darauf zugeschnittener Prozesse. Derartige Anlagen werden in der Regel in enger Zusammenarbeit zwischen Hersteller und Anwender entwickelt. Sie arbeiten vorwiegend mit chemischen Bädern, allenfalls mit Unterstützung von Ultraschall, d.h. eine echte mechanische Bearbeitung der Maske entfällt. Die Arbeitsweise einer solchen Reinigungsanlage soll im folgenden am Beispiel der automatischen Reinigungsstraße RMT-52 der Firma Reinhardt Microtech erläutert werden, die im Maskenzentrum der Philips RHW eingesetzt ist .

Diese Anlage enthält sechs Reinigungstanks. Die zu reinigenden Masken werden mit Hilfe eines Robotersystems von einem Tank zum nächsten weitergegeben, wobei die Reihenfolge und die Aufenthaltsdauer der Masken in den einzelnen Tanks entsprechend einer optimierten Stripp- und Reinigungsprozedur vorprogrammiert sind.

Die ersten drei Tanks enthalten erhitzte Schwefelsäure, die die organische Struktur des Resists zerstört und diesen so von der Maske ablöst. In den Tanks 2 und 3 zirkuliert das Medium auch über ein Filtersystem (0,5 μm), so daß sich ein dreistufiger Stripp-Prozeß mit steigender Reinheit ergibt. Diesen Prozeß durchlaufen im übrigen auch Masken ohne Resist, wenn hartnäckige organische Verschmutzungen (z.B. Fingerabdruck) entfernt werden müssen.

In Tank 4 folgt eine intensive Spülung in deionisiertem Wasser (DI-Wasser), um die Maske vollständig von Säureresten zu befreien. Das DI-Wasser fließt über ein Filter (0,2 μm) ständig frisch zu. Eine kontinuierliche Messung der Leitfähigkeit des DI-Wassers bestimmt die Güte der Spülung und legt das Ende dieses Prozesses fest.

Es folgt eine alkalische Reinigung in Tank 5. In einer seifrigen Lösung, die über ein Filter (0,2 μm) zirkuliert, werden mit Unterstützung von Ultraschall letzte anorganische Partikel entfernt. Danach wird die Maske in Tank 4 wie oben beschrieben gespült.

Der Reinigungsprozeß wird in Tank 6 mit dem Trocknen der Maske abgeschlossen. Dieser Schritt ist besonders kritisch, da jede Form von Trocknungsrückständen vermieden werden muß. Daher wird hier das Verfahren der Dampftrocknung angewendet. Am Boden des Tanks wird Isopropanol bis zum Siedepunkt erhitzt. Der entstehende Dampf ist frei von Kontamination. Er kondensiert weiter oben an den wassergekühlten Tankwänden, so daß er den Tank nicht verlassen kann. Im Tank ensteht eine sichtbare Alkoholdampfzone.

Wenn eine Maske, die mit einer Temperatur von 20 bis 30°C aus Tank 4 kommt, hier eingetaucht wird, kondensiert auf ihrer Oberfläche Alkohol, der dann unter Mitnahme eventuell verbliebener Partikel in einen separaten Abfluß tropft. So können weder Restwasser von der Spülung noch irgenwelche anderen Fremdstoffe in das hochreine Isopropanol gelangen. Wird die Maske langsam aus der Dampfzone gezogen, verdampft der Alkoholfilm gleichmäßig. Die Maske ist jetzt frei von Rückständen.

7.4 Maskeninspektion und -reparatur

Die Maskeninspektion dient der Überprüfung der Eigenschaften einer Maske hinsichtlich Material, Layout, Maße, Defekte und Passung. In mehreren Schritten wird festgestellt, ob eine Maske eines bestimmten Typs die mit dem Kunden vereinbarten Spezifikationen erfüllt. Defekte Masken können nach Abwägung von Aufwand und Erfolgswahrscheinlichkeit repariert werden.

7.4.1 Vorkontrolle

Alle fertig prozessierten Masken durchlaufen zunächst eine visuelle Vorkontrolle. Mit bloßem Auge oder unter geringer mikroskopischer Vergrößerung wird eine grobe Überprüfung der vorgegebenen Spezifikation vorgenommen. Beurteilt werden Art und Ausführung des Maskensubstrats, Inhalt und Orientierung von Beschriftungen, Plazierung, Orientierung und Farbe der Pattern und Testpattern (positiv bzw. *darkfield* oder negativ bzw. *lightfield*). Außerdem wird jede Maske auf offensichtliche Layout-Fehler sowie größere Defekte und Partikel untersucht. Somit werden bei der Vorkontrolle Masken mit leicht erkennbaren Abweichungen von der Spezifikation ausgesondert, bevor sie in die eigentliche, sehr kosten- und zeitintensive Maskeninspektion gehen.

7.4.2 Linienbreiten

Die Maskenfertigung strebt eine möglichst entwurfsgetreue Umwandlung von geometrischen Figuren des Schaltungs-Designs in Chromstrukturen auf dem Substrat an. Die Realisierung ist natürlich Fertigungstoleranzen unterworfen. Das Ziel der Linienbreitenmessung ist, die Chromstrukturen zu vermessen bzw. die Einhaltung der spezifizierten Maßtoleranzen zu überprüfen.

Vermessen werden sogenannte CD-Zellen (critical dimensions). Das sind in der Regel Balkenstrukturen, die im Factory Finishing System in das Design integriert wurden und daher den selben Rechen- und Maskenherstellprozeß wie das Design selbst durchlaufen haben. Zur Messung werden spezielle Meßmikroskope mit adaptierten, rechnergestützten Meß- und Auswerteeinheiten eingesetzt. Eine Linienbreite wird durch Auswertung des Verlaufs der Lichtintensität im mikroskopischen Bild quer zur Struktur bestimmt (Bild 7.9). Dazu wird im resultierenden Signal ein geeigneter Schwellwert (threshold) gewählt. Nach Kalibrierung gegen ein Meßstandard ergibt sich die Linienbreite aus dem Abstand der Schnittpunkte der Threshold-Linie mit dem Meßsignal. Die Reproduzierbarkeit solcher Messungen liegt nach dem Stand der Technik bei 0,02 μm mit einer digitalen Auflösung von 0,003 μm.

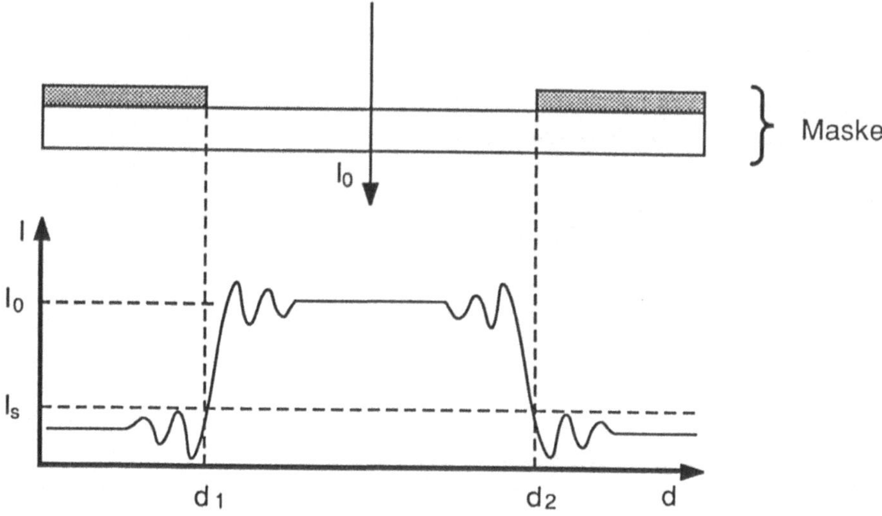

Bild 7.9. Bestimmung der Linienbreite d_2 - d_1 mit Hilfe der Lichtintensität im mikroskopischen Bild (I_0 = Intensität des ungedämpften Meßlichts, I_S = gewählter Schwellwert, d = Meßdistanz)

CD-Messungen werden im allgemeinen auf jeder Maske an mehreren definierten Stellen durchgeführt. Die statistische Auswertung der Meßwerte liefert eine Aussage über die Maßverteilung und damit über die Güte des Maskenprozesses.

7.4.3 Passung

Jedem photolithographischen Schritt in der Wafer-Fertigung ist eine individuelle Maske zugeordnet. Ein Maskensatz enthält in der Regel etwa zehn, in manchen Fällen aber auch mehr als 20 verschiedene Masken. Aus dem jeweiligen Herstellungsprozeß einer Integrierten Schaltung und den daraus abgeleiteten Design Rules folgt die Forderung nach einer bestimmten Genauigkeit der Lage von Strukturen auf den Masken und damit der Genauigkeit der Passung (Overlay) aller Masken innerhalb eines Maskensatzes. Zur Überprüfung der spezifizierten Overlay-Genauigkeit stehen grundsätzlich zwei Verfahren zur Verfügung.

- Maskenvergleich

  Alle Masken enthalten mehrere Referenzmarken an jeweils identischen Koordinaten. Diese Marken werden zweckmäßigerweise schon im Factory Finishing System in das Layout integriert. Zu jedem Maskensatz wird eine separate Referenzmaske hergestellt. Beim Maskenvergleich wird jede Maske durch Überlagerung zweier mikroskopischer Strahlengänge mit der Referenzmaske verglichen. Der Überlagerungsfehler im mikroskopischen Bild gibt den Overlay-Fehler an. Es kann eine x- und eine y-Komponente bestimmt werden. Mit heute verfügbaren Maskenvergleichsgeräten wird eine Wiederholbarkeit der Meßergebnisse von 0,3 μm erreicht.

- Absolutvermessung der Maskengeometrie

  Auch dieses Verfahren benötigt definierte Referenzmarken im Layout. Die tatsächlichen Positionen dieser Marken werden interferometrisch vermessen und rechnerisch mit den Sollpositionen verglichen. Die Meßunsicherheit dieser Methode liegt zur Zeit bei 0,08 μm.

Beide hier beschriebenen Verfahren zur Kontrolle der Overlay-Spezifikation werden im Maskenzentrum der Philips RHW nicht angewendet. Zwar wird für jede Maske ein Maskenvergleich durchgeführt. Damit sollen aber eher grobe Abweichungen vom vorgesehenen Maskenlayout gefunden werden. Für eine Überprüfung der Overlay-Genauigkeit, die mit $\pm$ 0,15 μm spezifiziert ist, reicht das Vergleichsverfahren nicht aus.

Die Absolutvermessung ist dagegen genauer, aber auch wesentlich teurer. Darüber hinaus ist zu berücksichtigen, daß Masken, die mit modernen Pattern-Generatoren hergestellt wurden, grundsätzlich eine bessere Overlay-Genauigkeit aufweisen, als heute in der Maskenspezifikation gefordert wird. Der für eine MEBES (Abschnitt 7.2.1) spezifizierte Fehler bei der Positionierung von Strukturen beträgt 0,12 μm. Dieser Wert wird bei sorfältig justiertem System immer unterschritten. Daher wird aus Gründen der Wirtschaftlichkeit und des ständigen Bedarfs nach Verkürzung der Lieferzeiten eine regelmäßige, relativ einfache Überprüfung des Patterngenerators vorgenommen und dafür auf die erheblich zeit- und kostenintensivere Absolutvermessung der Masken verzichtet.

7.4.4 Defekte

Trotz ständiger Überwachung von Maschinen, Material, Medien und Reinraumbedingungen sowie sorgfältiger Handhabung der Masken können diese defekt sein. Defekte sind z.B.

- Partikel auf Glas
- Chromflecken (Spots) auf Glas
- Löcher (Pinholes) in Chromstrukturen
- Einbuchtungen an Strukturkanten
- Ausbuchtungen an Strukturkanten.

Die zulässige Art, Größe und Anzahl von Defekten richtet sich nach Art und Anwendung einer Maske und ist für jeden Maskentyp spezifiziert.

Die Detektion von Defekten erfolgt mit eigens dafür kostruierten komplexen Inspektionssystemen. Je nach Art der zu untersuchenden Maske unterscheidet man zwei Inspektionsmodi.

- **Die-to-Die-Inspektion**

  Voraussetzung für diesen Modus ist, daß mindestens zwei gleiche Pattern (oft auch mit dem Terminus "die" bezeichnet) in einem Abstand von typischerweise zwischen 25 und 60 mm auf der Maske abgebildet sind. Zwei mikroskopische Strahlengänge mit einer typischen Vergrößerung von 1000 $\times$ werden auf identische Koordinaten je eines Pattern eingestellt. In dieser Einstellung wird das gesamte Maskenfeld mäanderförmig abgefahren. Die Bilder der beiden Strahlengänge werden auf je einen Bildempfänger abgebildet und digitalisiert. Die resultierenden Signale werden miteinander verglichen. Zeigt eines der beiden Bilder eine Abweichung vom anderen, dann liegt ein Defekt vor. Die entsprechende Koordinate wird abgespeichert.

- **Die-to-Database-Inspektion**

  Diesen Inspektionsmodus muß man anwenden, wenn eine Maske nur ein einziges Pattern enhält oder auch mehrere verschiedene, die sich nicht miteinander vergleichen lassen. Dabei wird das Signal eines einzelnen mikroskopischen Strahlengangs mit einem externen Datensatz (z.B. die Originaldaten des Schaltungs-Layouts oder die Steuerdaten für den Pattern-Generator) rechnerisch verglichen.

Als Ergebnis erhält man aus beiden Inspektionsmodi Anzahl, Größe und Positionen der gefundenen Defekte sowie die ermittelte Defektdichte. Ein Operator beurteilt mit Hilfe der abgespeicherten Koordinaten jeden gefundenen Defekt (Klassifizierung). Er stellt fest, ob eine gefundene Störstelle wirklich ein Maskendefekt ist oder z.B. Schmutz, der sich durch Reinigen der Maske beseitigen läßt. Bei einem echten Defekt entscheidet er, ob dieser reparabel ist oder zum Ausfall der Maske führt. Beim heutigen Stand der Inspektionstechnik können Defekte auf Chrommasken bis hinunter zu einer Größe von 0,6 μm reproduzierbar rationell detektiert werden. Neueste Entwicklungen versprechen eine Empfindlichkeit von 0,25 μm.

7.4.5 Reparatur

Bei Überschreitung der spezifizierten Defektdichte oder Defektgröße besteht grundsätzlich die Möglichkeit, eine Maske zu reparieren. Abhängig von der Art des Defekts bedeutet Reparatur Entfernen von Spots, Schließen von Pinholes, Entfernen von Ausbuchtungen oder Schließen von Einbuchtungen an Strukturkanten sowie Entfernen von ungewollten Brücken zwischen Strukturen oder Schließen von Unterbrechungen in Strukturen. Dabei kann eine Maske natürlich mehrere Defekte verschiedener Art gleichzeitig enthalten. Daher liegt es nahe, zur Maskenreparatur Maschinen einzusetzen, die die Reparatur aller vorkommenden Defektarten beherrschen.

Ein in diesem Sinne geeignetes Maskenreparatursystem ist die KLA/Micrion 808, die im Philips-Maskenzentrum verwendet wird. Mit Hilfe eines fokussierten Ionenstrahls zerstäubt diese Anlage überflüssiges Maskierungsmaterial (Chrom) von der Maskenoberfläche (Reparatur von Spots und Ausbuchtungen) oder de-

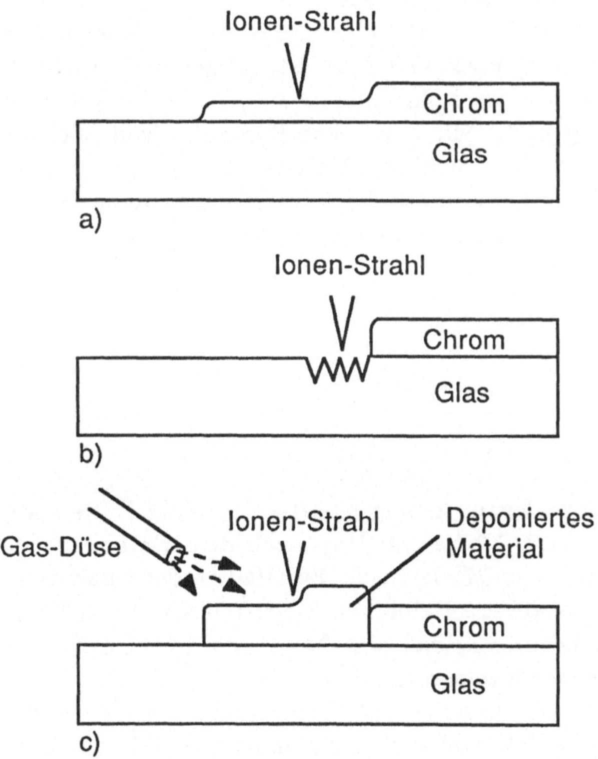

Bild 7.10. Reparaturverfahren mit KLA/Micrion 808 **a)** Abtragen von Chrom, **b)** Erzeugung von "Mikroprismen" in der Glasoberfläche, **c)** Abscheidung von Maskierungsmaterial

poniert Kohlenstoff (Reparatur von Pinholes und Einbuchtungen). Alternativ zur Deposition von Material bietet diese Maschine ferner die Möglichkeit, mit dem Ionenstrahl sog. Mikroprismen in die Oberfläche des Maskensubstrats zu ätzen. Diese Mikroprismen reflektieren Licht total und haben somit die selbe Wirkung wie lichtdichtes Maskierungsmaterial. Die Deposition von Kohlenstoff ist schneller und wird daher generell der Erzeugung von Mikroprismen vorgezogen. Die verschiedenen Reparaturverfahren einer KLA/Micrion 808 sind in Bild 7.10 dargestellt.

Durch digitale Verarbeitung des durch den Ionenstrahl erzeugten Sekundärelektronenbildes ist eine Positionierung der Reparaturstelle mit einer Genauigkeit von 0,1 μm möglich. Bei Reparaturen von Ein- und Ausbuchtungen an Strukturkanten wird mit Hilfe einer Software-Routine automatisch eine Anpassung an den vorhandenen Kantenverlauf realisiert. Stark beschädigte Figuren, die auf der zu reparierenden Maske an anderer Stelle unbeschädigt vorhanden sind, können von dort kopiert und an der Reparaturstelle nachgebildet werden (cloning).

Der Vollständigkeit wegen sei hier erwähnt, daß zur Entfernung von Spots auch sog. Zapper verwendet werden, die mit Hilfe eines fokussierten Laserstrahls Maskierungsmaterial verdampfen. Dieses Verfahren ist billiger und erheblich schneller, aber weniger präzise und wird daher eher zur Reparatur größerer Fehler in freier Umgebung eingesetzt. Maschinen zur Reparatur von Löchern bzw. Einbuchtungen mit Hilfe von Laserstrahlen sind ebenfalls auf dem Markt. Sie genügen jedoch hinsichtlich der Genauigkeit den heutigen Anforderungen an die Maskentechnik nicht und spielen daher nur eine untergeordnete Rolle.

7.5 Finishing

7.5.1 Endreinigung

Jede Maske wird im Verlauf ihrer Fertigstellung mehrfach gereinigt. Die erste Reinigung erfolgt, wie in Abschnitt 7.3 beschrieben, nach dem Entfernen der Resist-Schicht. Je nach Zustand einer Maske nach Durchlaufen der verschiedenen Inspektionsstationen werden weitere Reinigungsschritte in die Prozeßfolge eingefügt. Dabei ist zu berücksichtigen, daß eine Maske bei allen Meß- und Inspektionsarbeiten eine Vielzahl einzelner Arbeitsschritte durchläuft. Auch konsequentes Tragen geeigneter Handschuhe und Reinraumkleidung sowie die Benutzung von Greifzangen kann nicht vollständig verhindern, daß sie im Laufe dieser Arbeiten nach und nach verschmutzt. Hier würden letztlich nur für Reinraum geeignete Robotersysteme helfen. Daher wird z.Z. die Entwicklung von automatischen Fertigungslinien für Masken bei Philips im Rahmen von Forschungsvorhaben stark vorangetrieben.

Auch nach Einführung einer vollständigen Automatisierung der Maskenfertigung wird man aber auf die den gesamten Herstellprozeß abschließende Endreinigung nie verzichten. Sie ist mit dem in Abschnitt 7.3 beschriebenen Prozeß prinzipiell identisch. Das Strippen von Resist-Schichten entfällt natürlich bei der Endreinigung. Dennoch werden die dort genannten Prozeßschritte praktisch unverändert durchlaufen, weil der Verdacht auf Verschmutzungen immer gegeben ist, wenn eine Maske bearbeitet wurde.

7.5.2 Pellicles

Nach der Endreinigung werden Masken in der Regel mit Pellicles versehen. Pellicles sind sehr dünne transparente Membranen, die über Metallrahmen gespannt sind (Bild 7.11). Die Metallrahmen, deren Form so ausgelegt ist, daß

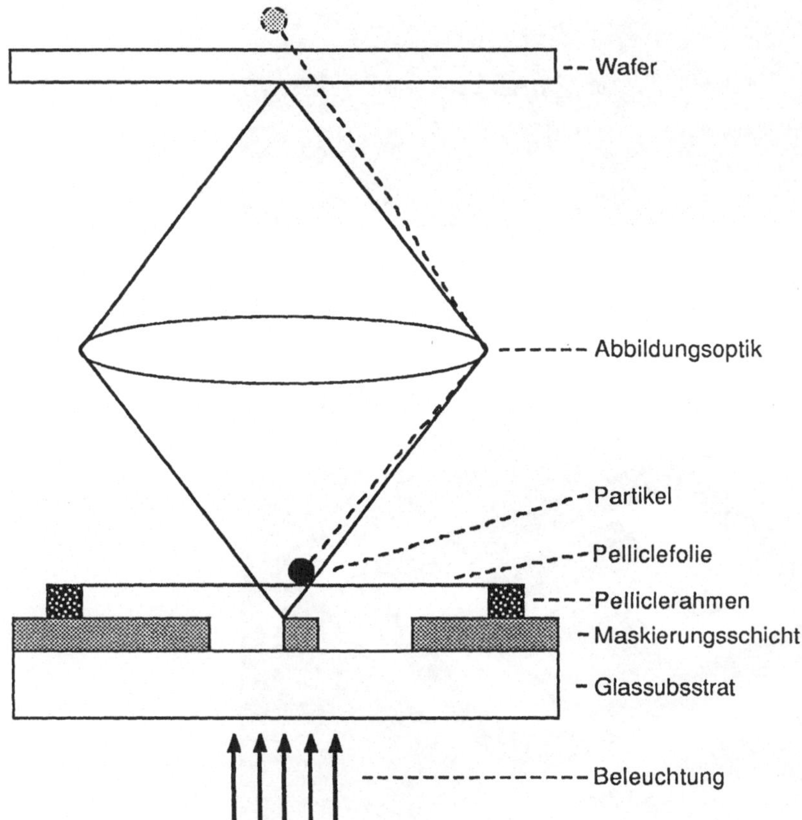

Bild 7.11. Schutz der Maskenoberfläche vor Verunreinigung mit Hilfe eines Pellicles (schematische Darstellung)

das genutzte Maskenfeld abgedeckt wird, werden auf die gründlich gereinigten Masken aufgeklebt. Das Material für die Membranen ist so gewählt, daß die Belichtung im Bereich der verwendeten Lichtwellenlänge nicht wesentlich beeinflußt wird. Pellicles werden im allgemeinen aus Nitrozellulose hergestellt. Typische Dicken der Membranen sind je nach Anwendung 2,85 oder 0,865 μm. Die Stärke des Metallrahmens bestimmt den Abstand eines Pellicles von der Maskenoberfläche und beträgt in der Regel einige mm.

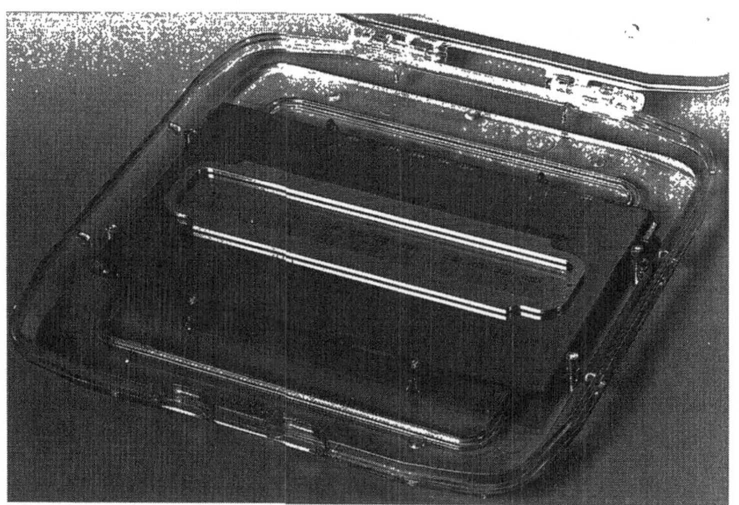

Bild 7.12. Reticle für Ultratech-Stepper mit Pellicle

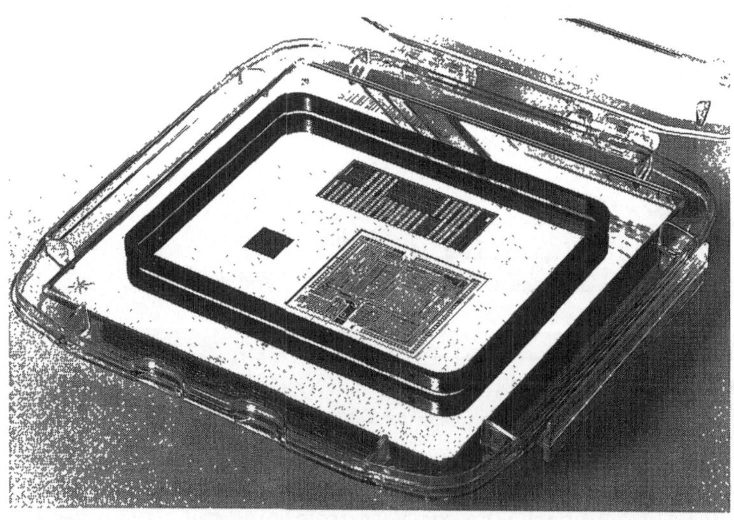

Bild 7.13. Reticle für PAS mit Pellicle

Pellicles versiegeln das nutzbare Maskenfeld staubdicht. Jede Art von Verschmutzung kann sich nicht auf der Maskenoberfläche, sondern nur auf der Oberfläche des Pellicles ablagern. Bei richtiger Wahl der Rahmendicke liegt dieser Ort aber soweit außerhalb des Fokus-Bereichs des verwendeten Belichtungsgeräts, daß Schmutzpartikel von vernünftiger Größe und Menge nicht zusammen mit dem Maskeninhalt auf die Halbleiterscheibe abgebildet werden. Die Bilder 7.12 und 7.13 zeigen typische Ausführungsformen von mit Pellicles versehenen Masken.

7.6 Trends

7.6.1 Lithographieverfahren

Die Fertigung von Halbleiterbausteinen ist schon heute gekennzeichnet durch weitgehendes Ausreizen der physikalischen Möglichkeiten. Der Trend zu noch kleineren Strukturen mit noch größerer Präzision hält dennoch unvermindert an. Dabei wird immer besondere Rücksicht auf Schnelligkeit und Wirtschaftlichkeit genommen. Unter diesen Gesichtspunkten werden auch in Zukunft Maskentechniken und direkte Belichtungsverfahren für Halbleiterscheiben nebeneinander weiterentwickelt werden.

Bei den maskenabhängigen Verfahren werden sich zunächst Reduktions-Stepper mit einem Reduktionsfaktor 5 durchsetzen. Unter Verwendung neuer Lichtquellen mit Wellenlängen unter 300 nm (Excimer-Laser) und entsprechend neu konzipierter Linsensysteme werden vermutlich Strukturbreiten $\geq$ 0,4 μm beherrschbar. Dieses muß natürlich einhergehen mit wesentlichen Verbesserungen bei den Positionier- und Justierverfahren, die die Wafer-Verzüge ausgleichen sollen.

Alternativ dazu könnte für noch feinere Strukturen (vermutlich 100 nm) die Röntgenlithographie zur Anwendung kommen. MOS-Schaltkreise im 0,5 μm-Design wurden mit dieser Methode bereits hergestellt. Die weltweiten Entwicklungsanstrengungen, bei denen auch Philips eine entscheidende Rolle spielt, lassen funktionsfähige Schaltkreise mit 0,3 μm-Strukturen bis etwa 1991 erwarten. Parallel zur eigentlichen Lithographie müssen aber auch hier Justierprobleme und insbesondere Fragen der Defekterkennung und -reparatur gelöst werden.

Der Vollständigkeit wegen seien hier noch zwei weitere Verfahren erwähnt, die allerdings für die Betrachtung der näheren Zukunft nur eine untergeordnete Rolle spielen.

Der Ionen-Stepper einschließlich der zugehörigen Maskentechnik ist in einer relativ frühen Entwicklungsphase. Er ist für den Strukturbereich um 100 nm vor allem wegen seiner hohen Belichtungsgeschwindigkeit interessant. Wie bei der Röntgenlithographie fehlt auch hier der von der Elektronenstrahl-Lithographie bekannte, für die Feinstruktur ausgesprochen störend wirkende Proximity-Effekt.

Dagegen ist der Elektronen-Stepper wesentlich weiter in der Entwicklung fortgeschritten. Er erlaubt die Fertigung komplexer Schaltungen mit Strukturen bis zu 300 nm. Die Abbildung erfolgt im Maßstab 1:1, erfordert aber eine unkonventionelle Maskentechnik. Der Elektronen-Stepper ist eine IBM-Entwicklung und wird dem offenen Markt vermutlich nicht zur Verfügung stehen.

Alle hier genannten maskenabhängigen Belichtungsverfahren für Halbleiterscheiben werden allerdings zur Herstellung der jeweiligen Masken auf die Elektronenstrahl-Lithographie nicht verzichten können. Zwar gewinnt heute der Laserpattern-Generator für die Erzeugung von Reticles für Reduktions-Stepper eine gewisse Bedeutung. Keine Methode erlaubt aber eine schnellere und präzisere Erzeugung feinster komplexer Strukturen als die Elektronenstrahl-Lithographie, sei es für die Herstellung von Masken beliebiger Art oder für die direkte Strukturierung auf Halbleiterscheiben. Mit Elektronenstrahlschreibern wurden bereits Strukturen von wenigen nm erzeugt. Damit ist die Elektronenstrahl-Lithographie zumindest in dieser Hinsicht konkurrenzlos und somit *das* Lithographieverfahren der Zukunft. Entsprechende Weiterentwicklungen laufen z.Z. als Gemeinschaftsarbeit zwischen Philips und Siemens. Sie zielen auf eine völlig neue Generation von Elektronenstrahlschreibern mit extrem hohem Auflösungsvermögen und Schreibgeschwindigkeiten, die um Größenordnungen über denen heute verwendeter Anlagen liegen.

7.6.2 Inspektion und Reparatur

In Abschnitt 7.4 wurde eingehend dargestellt, welchen Aufwand eine geeignete Maskeninspektion fordert und welche Schwierigkeiten es bereits heute bereitet, den Anforderungen an Inspektions- und Reparaturtechniken für Qualitätsmasken zu genügen. Schon für die heute üblichen Defektgrößen und -dichten sowie Genauigkeiten für Strukturbreiten und -positionen reichen die auf dem Markt verfügbaren Anlagen und Prozesse zur Detektion und Beseitigung von Maskenfehlern oft nicht aus. Die Inspektionstechnik und insbesondere die Reparaturverfahren hinken - ganz im Gegensatz zu den Angaben der Anbieter entsprechender Maschinen - seit geraumer Zeit hinter den Ansprüchen der Maskenfertigung her. Daran wird sich angesichts der rasant fortschreitenden Entwicklung der Maskentechnik in absehbarer Zeit vermutlich nichts ändern.

Die Problematik wird besonders deutlich, wenn man an Masken für hochkomplexe Schaltkreise mit Strukturbreiten um 100 nm denkt. Sowohl Meßeinrichtungen als auch Defektdetektoren benötigen dafür eine um mindestens eine bis zwei Größenordnungen höhere Auflösung. Dieses bieten Inspektions- und Reparaturverfahren heute nicht einmal im Ansatz. Als Besonderheit kommt für Röntgenmasken hinzu, daß zur Beseitigung von Löchern in der Maskierungsschicht eine relativ dicke Absorberschicht aufgetragen werden muß, was einer hohen Auflösung entgegensteht.

In den kommenden Jahren stehen Forschung und Entwicklung vor enormen Problemen, wenn Meß-, Inspektions- und Reparaturverfahren für Masken mit der Weiterentwicklung der Maskentechniken schritthalten sollen. Konsequenterweise werden auch hier vermehrt Ionenstrahl- und Elektronenstrahltechniken zur Anwendung kommen. Wenn diese Probleme nicht gelöst werden, verliert die Arbeit an hochauflösenden und schnellen Lithographieverfahren ihren praktischen Wert.

7.6.3 Materialien und Prozesse

Für Reduktionsstepper-Reticles werden auch in Zukunft Chrom-Masken aus synthetischem Quartz zur Anwendung kommen. Dieses ist nicht problematisch, da wegen des Reduktionsfaktors Linienbreiten von 2 μm wohl kaum unterschritten werden. Besondere Aufmerksamkeit verdient dabei aber die Qualität von Quartz-Substrat und Maskierungsschicht, denn die bereits heute bestehende Forderung nach absoluter Fehlerfreiheit wird mit wachsenden Chip-Flächen und abnehmenden Strukturbreiten immer schwerer erfüllbar. Wie bereits erwähnt, sind auf dem Gebiet der Inspektions- und Reparaturtechnik für kleine Strukturen noch sehr viele Probleme ungelöst, so daß es technisch und wirtschaftlich sinnvoll ist, auch noch so kleine Defekte schon bei der Maskenherstellung zu vermeiden.

Eine wesentliche Rolle spielen dabei natürlich auch die in der Maskenfertigung angewendeten Prozesse. In den vergangenen zwei bis drei Jahren hat angesichts der rapide fortschreitenden Lithographie-Verfahren auch die Weiterentwicklung der Prozeßtechniken interessante Fortschritte gemacht. Während es bislang eher auf die maßstabsgetreue Abbildung der Strukturen ankam, sind heutige Prozesse auch verstärkt auf die Vermeidung von Fehlern zugeschnitten. Unterstützt von statistischen Kontrollmethoden haben Entwicklungs-, Ätz- und Reinigungsverfahren in dieser Hinsicht heute einen beachtlichen Standard erreicht. Diese Entwicklung muß und wird konsequent fortgeführt werden.

In diesem Zusammenhang sollte nicht unerwähnt bleiben, daß die Halbleiterindustrie bei der Weiterentwiklung chemischer Prozesse vorrangig auch die Problematik der Umweltbelastung durch eine Vielzahl der verwendeten Stoffe berücksichtigt. Dieses hat sich in jüngster Vergangenheit auch bei Philips in wesentlichen Verbesserungen bei den Entsorgungsverfahren sowie Umstellungen von chemischen Prozessen auf umweltverträglichere Stoffe ausgedrückt. Diese

Thematik wird bei der Weiterentwicklung der Prozeßtechniken künftig noch an Bedeutung gewinnen.

Für andere Maskenarten, insbesondere die für die Röntgen- und Ionenstrahllithographie, werden andere Materialien und Prozesse bereits heute verwendet bzw. künftig entwickelt werden. Darauf im einelnen einzugehen, würde den Rahmen dieser Darstellung sprengen.

8 Verifikation und Charakterisierung des Produkts

Nachdem vorangehend bereits die Methoden zur Layout-Verifikation beschrieben wurden, muß nun noch auf die Vorgehensweise zur Produkt-Verifikation eingegangen werden, die dann später ihrerseits in die Produkt-Charakterisierung übergeht. Erläutert werden diese Phasen der Schaltungsentwicklung anhand von Mikrocontroller- und Prozessorschaltungen.

Die Aufgabe der Produkt-Verifikation besteht dabei in der Überprüfung der integrierten, d.h. jetzt erstmalig auf Silizium vorliegenden Logik auf Einhaltung der vorgegebenen Spezifikaion. Dies geschieht anhand der Simulationsergebnisse aus der Entwurfsphase. Erster Schritt ist der Nachweis der Funktionalität; hier werden praktisch das Zusammenwirken von logischer und elektrischer Funktion untersucht. Denn auch das dynamische Verhalten wie z.B. Flankensteilheit und Signalamplitude jeder einzelnen Schaltstufe bestimmt die logische Funktion der Gesamtschaltung letztendlich mit. Die getrennte Betrachtung der verschiedenen Logikblöcke (ALU, Speicher, Wandler, ...), die bereits beim Entwurf berücksichtigt werden muß, erleichtert dabei die Verifikation und ggf. auch die Fehlersuche. So können z.B. Meßergebnisse von Teilfunktionen besser mit Ergebnissen vorhandener Testschaltungen verglichen werden.

Nach der vollständigen Verifikation der Schaltung erfolgt die Produkt-Charakterisierung. Eine scharfe Trennung zwischen Verifizierung und Charakterisierung ist jedoch nicht immer möglich. Vielmehr kann die Charakterisierung als eine fortgesetzte Verifizierung bis über die spezifizierten Werte hinaus und bis an die Grenzen des Produktes heran angesehen werden. Besonders schwierig wird diese Begriffsunterscheidung bei analogen Komponenten wie z.B. A/D (Analog/Digital) -Wandlern, Komparatoren oder Oszillatoren.

Ziel der Charakterisierung ist es, die Produktionsreife der Schaltung sicherzustellen und sog. Vorhaltewerte für das Testen der Schaltung in der späteren Produktion zu ermitteln. Hierzu reicht die bloße Spezifikationsabdeckung nicht aus; die einwandfreie Funktion der Schaltung auch über die Spezifikation hinaus garantiert erst die Sicherheit gegen Produktionsschwankungen und extreme Umwelteinflüsse. Dieser Sicherheitsabstand zur garantierten Spezifikation bestimmt letztendlich auch mit die Qualität des Produktes.

8.1 Verifikation

8.1.1 Nachweis der Funktionalität

Mit der Überprüfung der Funktion der Schaltung wird in der Regel bereits auf dem *wafer* begonnen. Im Idealfall existiert bereits ein vollständiges Testprogramm für ein Testsystem, sodaß die Schaltung mit Hilfe eines *wafer probers* sofort als Einheit getestet werden kann. Im Normalfall jedoch beginnt die schrittweise Funktionsüberprüfung auf dem Spitzennadelmeßplatz (vgl. Abschnitt 9.3.1). Hier werden alle Anschlüsse eines IC's auf dem Wafer durch Aufsetzen von fixierten Nadeln auf den *bond pads* kontaktiert. Zusätzliche über Manipulatoren bewegliche Nadeln können auf jeder beliebigen Stelle des Kristalls, z.B. auf Leiterbahnen aufgesetzt und zur Signalkontrolle bzw., falls erforderlich, zur Signalforcierung verwendet werden, sofern diese in der obersten Verdrahtungsebene geführt sind.

8.1.1.1 μC-Basisfunktionen

Voraussetzung für die synchrone Signalverarbeitung innerhalb der Schaltung sind die internen Taktsignale (Phasen), die im ersten Schritt überprüft werden müssen. Nur bei deren einwandfreier Funktion kann die Schaltung in einen definierten Anfangszustand (*reset*) überführt werden. Werden in diesem Zustand bereits Ausgangssignale definiert, so ist eine einfache Kontrolle über die *pads* möglich. Hier handelt es sich dann um eine indirekte Funktionsprüfung. Nur im Fehlerfall wird eine direkte Kontrolle der verantwortlichen Signale durch Abgriff an den signalführenden Leiterbahnen notwendig. Hierbei muß jedoch die Signalverfälschung durch die meßtechnisch bedingten Kapazitäten wie Nadelkapazität, Leitungskapazität und Belastung durch den Tastkopf berücksichtigt werden, die sich mit steigender Taktfrequenz störend bemerkbar macht.

Sind die elementaren Funktionen der Schaltung getestet, so können im nächsten Schritt einzelne Basisfunktionen des Befehlssatzes überprüft werden. Dies geht jedoch nicht ohne zusätzliche Test-Hardware, die zur Synchronisation des *Device Under Test* (DUT) mit der externen Beschaltung, zum Anlegen der *opcode*-Daten, zur Datenausgabe und als *interface* zum Steuerrechner (z.B. ein PC) benötigt wird. Ausgewählt werden zunächst simple CPU-Befehle ohne umfangreiche Datenbewegungen um die Grundfunktionen der ALU zu testen. Hierzu werden kurze Programmsequenzen vom Entwicklungssystem oder PC direkt auf die Test-Hardware übertragen und dem DUT angeboten. Darauf aufbauend werden dann Register-Operationen, die nicht ohne CPU-Beteiligung ablaufen und kompliziertere Befehle wie z.B. Sprungbefehle geprüft.

Aufgedeckt werden bei diesem Prinzip nicht nur Fehler, die zum Totalausfall einer Funktion oder einer Instruktion führen, sondern auch Engpässe im Versorgungsspannungs- oder Frequenzbereich wie der *shmoo plot* im Beispiel (Bild 8.1) anhand einer Instruktion des Processors SCC68070 zeigen soll. Lediglich in einem Fenster des Betriebsbereiches kommt es durch einen *spike* auf einer Steuerleitung zu einer Fehlinterpretation des Opcodes (Bild 8.2). Aus dem Befehl "ANDI.B" (and immediate) wurde der Befehl "ROL" (rotate left). Die Folge ist ein falsches Ergebnis (hex B4 statt hex 1A) im Register MEMO.

```
ANDITST:     MOVE.B  #$ 5A, MEMO     Testpattern in MEMO ablegen
             ANDI.B  #$ 1F, MEMO     logische UND-Verknüpfung
             CMPI.B  #$ 1A, MEMO     teste Ergebnis in MEMO
             BEQ     ANDIOK          Ergebnis ist richtig
             BSR     ERROR           Sprung in Fehlerroutine
ANDIOK:      .
             .
             .
```

Bild 8.1. Test der Instruktion ANDI.B # data memory (Programmauszug)

```
SMOOPLOT-TEST SCC 68070
Testprogramm: CPU.68K
Device-No.:   17211/29

          4.50      4.70      4.90      5.10      5.30      5.50  [V]
---------+---------+---------+---------+---------+---------+
09.00 MHz|**************************************************
10.00 MHz|**************************************************
11.00 MHz|**************************************************
12.00 MHz|**************************************************
13.00 MHz|**************************************************
14.00 MHz|**************************************************
15.00 MHz|*************************************-------------
16.00 MHz|********************************-*----------------
17.00 MHz|***************************************-----------
18.00 MHz|**************************************************
19.00 MHz|**************************************************
20.00 MHz|********************************************------
```

Bild 8.2. Funktionsdiagramm: Versorgungsspannung über Frequenz für die Instruktion ANDI.B # data memory (∗ =pass, - =fail)

Durch die Funktionsprüfung der Schaltung auf dem Wafer besteht bedingt die Möglichkeit Spikes auf Signalleitungen direkt aufzuspüren. Jedoch führt auch hier die kapazitive Belastung bei der Signalabtastung zur Reduzierung der *Spike*-Amplitude und damit zur Ausschaltung des Fehlers. Abhilfe schafft hier nur die Reduzierung der Taktfrequenz oder aber die kontaktlose Abtastung mittels eines EBEAM-Testers. Hier geht die Verifikation jedoch schon in die Fehleranalyse über. Siehe hierzu Abschnitt 9.3.2 .

8.1.1.2 Digitale Funktionsblöcke

Ist die Funktion der CPU überprüft und ein Betrieb mit externem Programmspeicher möglich, dann bietet sich ein weiteres Hilfsmittel zum Verifizieren eventuell auf dem Chip vorhandener zusätzlicher Peripherieschaltungen an: ein Software-Monitor. Dieser ist ein einfaches Programm, das im wesentlichen das Schreiben und Lesen interner Register über einen *port* des DUT erlaubt. Über diese, möglicherweise auch serielle Schnittstelle kommuniziert der zu untersuchende Prozessor mit einem externen PC. Dieser PC sendet die Adresse des gewünschten Registers an den Kontroller und gibt die Richtung des Datentransfers vor. Hiermit können dann alle Register, die z.B. Analog-Digitalwandler, pulsweitenmodulierte Kanäle, Timer, serielle Interfaces usw. steuern, stimuliert werden. Eine A/D-Wandlung kann auf diese Art gestartet werden; das Ergebnis kann anschließend ebenfalls über den Monitor an den PC gesendet und angezeigt werden.

Auf dem PC können aufwendige Analyseprogramme verwendet werden; wenn mit dem PC auch die Versorgungsspannung und die externe Taktfrequenz des Kontrollers eingestellt werden können, sind automatische *shmoo plots* auch für die Peripherieschaltungen möglich.

8.1.1.3 Analoge Funktionsblöcke

Während bei der Verifikation digitaler Komponenten eine klare Aussage über die einwandfreie Funktion getroffen werden kann - z.B. der Inhalt einer Speicherzelle ist '0' oder '1' - , gibt es bei analogen Blöcken einen gewissen Toleranzbereich. Ein analoges Ausgangssignal kann zwar noch innerhalb der Spezifikationsgrenzen liegen, der Abstand zu diesen kann aber z.B. geringer als erwartet sein.

Zu den analogen Funktionsblöcken einer Schaltung gehören Komponenten wie Oszillator, Ausgangstreiber der Port-Stufen, Leseverstärker in Speicherblöcken oder Analog/Digital-Wandler um nur einige aufzuzählen. Da analoge Komponenten sehr individuelle und spezielle Schaltungen sind, ist es schwierig, allgemeine Aspekte für die Verifikation anzuführen.

Am Beispiel des A/D-Wandlers im Mikrocontroller 83C552 soll kurz aufgezeigt werden, welche Kriterien im Rahmen einer Verifikation untersucht werden müssen. Analoge Eingangsspannungen werden in digitale Codeworte umgesetzt, wobei für jedes ΔV ein anderer Code generiert wird.

- **Integrale Nichtlinearität** gibt die Spannungsdifferenz zwischen dem Stufenmittelpunkt eines bestimmten Codes und der berechneten Kennlinie an (Bild 8.3).

- **Differentielle Nichtlinearität** bezeichnet die Abweichung der gemessenen Stufenbreite von der idealen Stufenbreite.
- **Offset** ist die Parallelverschiebung der realen Kennlinie in Bezug auf die ideale Kennline.
- **Gain Error** bezeichnet den Steigungsfehler der realen Kennlinie in Bezug auf die ideale Kennlinie.

Offset und Gain Error werden nach der sog. **Least-Square-Fit-Methode**, d.h. nach der Methode des kleinsten Fehler-Quadrats, berechnet.

- **Channel to Channel Matching** ist ein Maß für die Übereinstimmung der Wandlung der einzelnen analogen Multiplex-Eingänge.
- **Cross Talk** bezeichnet die gegenseitige Beeinflussung der analogen Eingangssignale.

Channel to Channel Matching und Crosstalk sind nur durch aufwendige vergleichende statistische Meßverfahren zu erfassen.

- **Missing Codes** sind fehlende Codes beim Durchlaufen einer linearen Eingangsrampe.
- Charakterisierung des Temperaturverhaltens, des Verhaltens bei Schwankungen der Versorgungsspannung und bei Änderungen der Oszillatorfrequenz innerhalb der Spezifikationsgrenzen ist zwar noch Bestandteil der Verifikation, geht jedoch nahtlos in die Charakterisierung über.
- Faktoren, die durch Prüfen der Spezifikation nicht erfaßt werden wie z.B. internes Übersprechen von digitalen Signalen auf die analogen Signale oder Rauschen der Komparatoren können ebenfalls nur durch statistische Messungen der Auftrittswahrscheinlichkeit der Stufenbreiten ermittelt werden.

Zur Durchführung all dieser Messungen ist aufwendige Test-Hardware mit darauf abgestimmter Test-Software erforderlich. Der Aufbau erfolgt dabei unter dem Aspekt des minimalen Hardware-Einsatzes und minimaler Störeinflüsse. Die Software zur Abarbeitung der Messungen läuft auf dem zu prüfenden *device* (DUT) selbst, während die Auswertung der Meßdaten auf einem über IEC-Bus angeschlossenen PC erfolgt.

Eine ausführliche Behandlung aller Messungen kann an dieser Stelle jedoch nicht vorgenommen werden, es wird stattdessen auf die Literatur [8.1 bis 8.4] verwiesen.

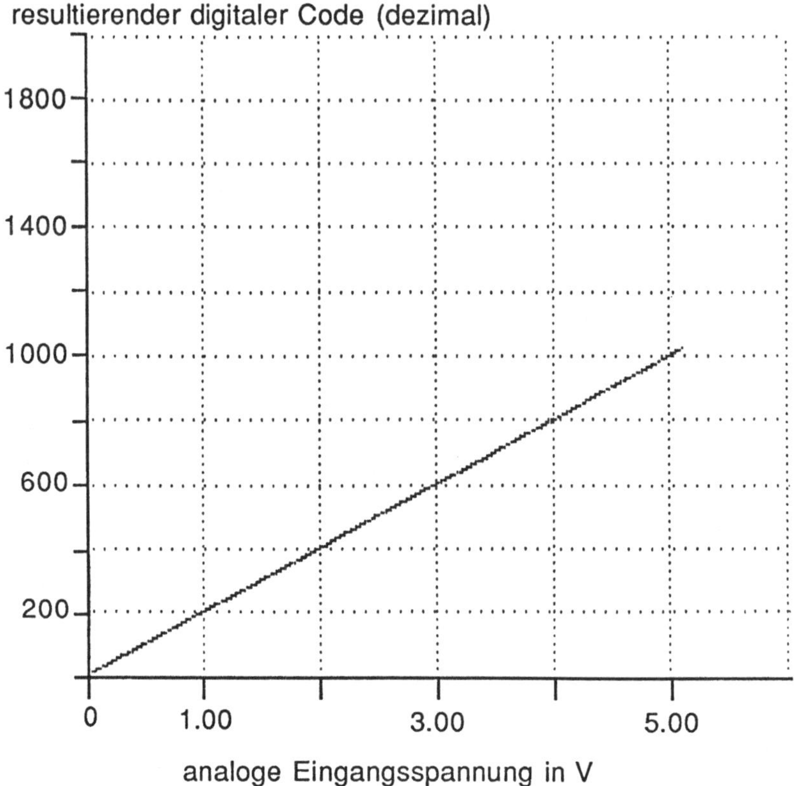

Bild 8.3. Messung der Integralen Nichtlinearität a) idealer Spannungsverlauf,

8.1.2 Testschaltung

Mit zunehmender Komlexität der Gesamtschaltung wächst die Notwendigkeit, einzelne Funktionsblöcke vorab als separate Testschaltung zu realisieren. Dies trifft besonders auf analoge Komponenten zu, da nicht alle Parameter in der Simulation mit ausreichender Genauigkeit erfaßt werden können. Die elektrische Simulation von Schaltungen mit dem Simulationsprogramm ESPICE (vgl. Abschnitt 5.6) dient üblicherweise zur Überprüfung der Dimensionierung von Schaltungselementen. Hierbei werden im wesentlichen transiente Vorgänge mit großen Amplituden berücksichtigt, es findet eine qualitative Analyse statt.

Für analoge Schaltungen sind jedoch gerade kleine Signale von Bedeutung, es ist also eine quantitative Analyse erforderlich. Verstärkungsfaktoren, Laufzeiten und Phasenverschiebungen spielen im Gegensatz zu rein digitalen Komponenten hier eine große Rolle. Da bei der ESPICE-Simulation mit DC-Parametern Klein-

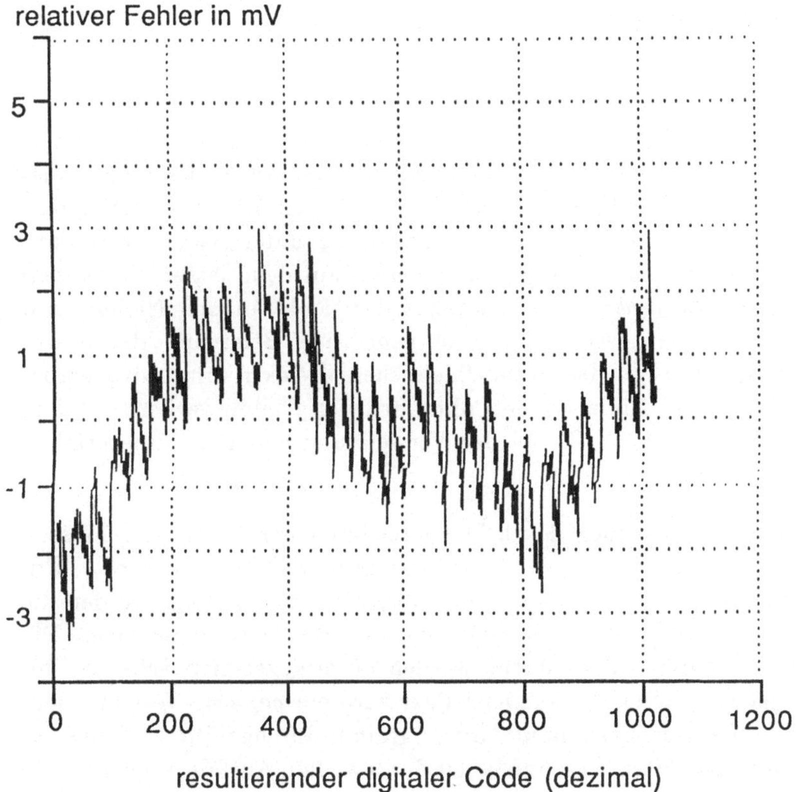

Bild 8.3. b) Abweichung der Spannung vom Sollwert für Codes 0 bis 1024

signalgrößen nicht erfaßt werden, können Abweichungen zwischen simulierter und realer Schaltung auf dem Silizium auftreten, z.B. in Bezug auf Transit- und Grenzfrequenz. Insbesondere das Schwingungsverhalten und kritische Parameter-Einstellungen können nur schwer oder gar nicht in der Simulation erfaßt werden.

Eine Abhilfe schafft hier nur eine Testschaltung, anhand derer die simulierte Schaltung verifiziert und mit dem simulierten Ergebnis verglichen werden kann. So können Korrekturen in die Schaltungsentwicklung des gesamten Designs einfließen. Weiterhin bietet eine Testschaltung die Möglichkeit, Meßgrößen, die in der endgültigen Schaltung für Messungen nicht mehr zugänglich sind, belastungsfrei aufzunehmen. Denn im Gegensatz zum endgültigen Design können hier alle wichtigen Signale über Buffer ausgekoppelt und auf interne *test pads* oder auf *bond pads* nach außen geführt werden. Nicht simulationsfähige Effekte wie Kleinsignalrauschen und Störungen oder Übersprechen von benachbarten Leitungen können verifiziert werden.

8.2 Charakterisierung

8.2.1 Funktionsbereich

Im Gegensatz zur Verifikation müssen die charakterisierenden Messungen ausschließlich an montierten, d.h. in Gehäuse verpackten Mustern vorgenommen werden. Dies ist erforderlich, um die Schaltung unter realen Bedingungen betreiben zu können. Einflüsse wie Lichteinfall auf dem Wafer, Störungen auf den Zuleitungen zur *probe card*, Kontaktwiderstände an den Nadeln und Feuchtigkeit werden so ausgeschlossen, die kapazitive Belastung durch das Umhüllungsmaterial aufgrund des unterschiedlichen Dielektrikums wird einbezogen, Temperatur bzw. Klima können ohne Schwierigkeiten variiert werden. Gehäuseeinflüsse machen sich z.B. bei der Verwendung von Plastikmaterialien frequenzmindernd bemerkbar.

Zur Erfassung des tatsächlichen Funktionsbereiches einer Schaltung müssen die Parameter Spannung, Frequenz und Temperatur verändert werden. Um eine möglichst übersichtliche Darstellung der Meßwerte zu erhalten, werden die Meßdaten zweidimensional in Form von *shmoo plots* (Bild 8.2) aufgetragen. Die Eingangsgrößen Spannung und Frequenz werden in vorgegebenen Schritten inkrementiert, für jedes Spannungs-Frequenz-Paar wird ein *go/nogo*-Test mit dem bereits aus der Verifikation bekannten Testprogramm durchgeführt. Wahlweise können bei einem fehlerhaften Ergebnis auch der jeweilige Ausfall in Form einer Adresse ausgegeben werden.

Um das Temperaturverhalten der Schaltung zu untersuchen, werden diese Funktionstests bei verschiedenen Temperaturen in einer Temperaturkammer durchgeführt. Der abzudeckende Temperaturbereich orientiert sich dabei einerseits an der Spezifikation, andererseits an den physikalischen Grenzen der Schaltung oder der Meßapparatur. Die Temperaturobergrenze wird durch die maximal zulässige Sperrschichttemperatur im Kristall - bei CMOS-Schaltungen liegt dieser Wert bei ca. $T_j = 150°C$ - bestimmt. Diese errechnet sich aus der Umgebungstemperatur ϑ, der maximalen Verlustleistung der Schaltung P_{vmax} und dem thermischen Widerstand des Gehäuses R_{th} zu:

$$T_j = (R_{th} \cdot P_{vmax}) + \vartheta.$$

Der Einsatz von Temperaturkammern begrenzt aus technischen Gründen die minimale Temperatur auf ca. $\vartheta = -60°C$. Hier treten aber bereits starke Vereisungen an den Pins auf, die zu Leckströmen und somit zu Fehlmessungen führen können. Ebenfalls an physikalische Grenzen stößt man bei der Versorgungsspannung. Die maximale Spannung wird beispielsweise durch die Schwellspannung der parasitären Transistoren bestimmt; wird diese überschritten, so werden diese

Parasiten leitend, und die Schaltung kann zerstört werden. Diese Grenze ist prozeßabhängig.

8.2.2 DC-Parameter

Zu den DC-Parametern einer Schaltung gehören in erster Linie die Stromaufnahme der Schaltung in allen Betriebsarten, Input- und Output-Level-Ströme aller I/O (Input/Output) -Pins und Leckströme von *tristate*-Stufen. Auch diese Parameter müssen als Funktionen von der Versorgungsspannung und der Temperatur gemessen werden. Als Beispiel für eine DC-Parametermessung zeigt Bild 8.4 die Aufnahme der Output-Level-Kennline $V_{ol} = f(Vdd)$ als Funktion der Versorgungsspannung bei konstantem Output-Strom einer Ausgangstreiberstufe eines Mikrocontrollers.

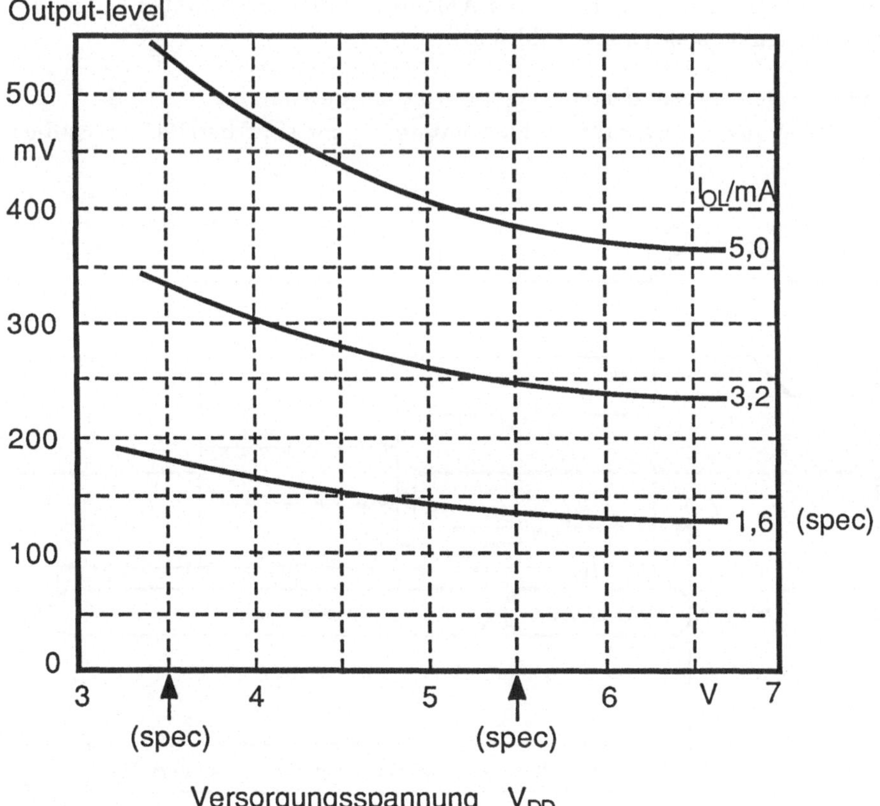

Bild 8.4. V_{OL}-Kennlinien einer Portstufe

Für die Level-Messungen müssen die I/O-Stufen zunächst in definierte Anfangszustände versetzt werden, Zustand 'high' für die Output-High-Level-Messung, entsprechend Zustand 'low' für die Output-Low-Level-Messung. Während der 'high'-Zustand bei den hier angesprochenen Schaltungen im Reset-Fall vorliegt, muß der 'low'-Zustand erst durch Ausführung einer entsprechender Programmsequenz eingestellt werden. Mit Hilfe einer Stromquelle kann dann der spezifizierte Output-Strom eingestellt und der sich einstellende Output-Level statisch gemessen werden. Nur indirekt lassen sich dagegen die Input-Level einer Eingangsstufe messen. Welcher Pegel - logisch '0' oder logisch '1' - von der Eingangsstufe erkannt wird, kann nur durch eine interne Reaktion auf die angelegte Information ausgewertet werden. Dies läßt sich bei Ports einfach durch eine kleine Programmsequenz erreichen, mit der die Eingangsinformation abgefragt und auf einem anderen Port zur Anzeige gebracht wird.

8.2.3 AC-Parameter

Als AC-Parameter werden die zeitlichen Abläufe (*timing*) bestimmter Eingangs- und Ausgangssignale bezeichnet (Bild 8.5).

Zur Prüfung der spezifizierten Werte von Impulsweiten, -perioden und zeitlicher Beziehungen mehrerer Signale untereinander sind bereits aufwendige

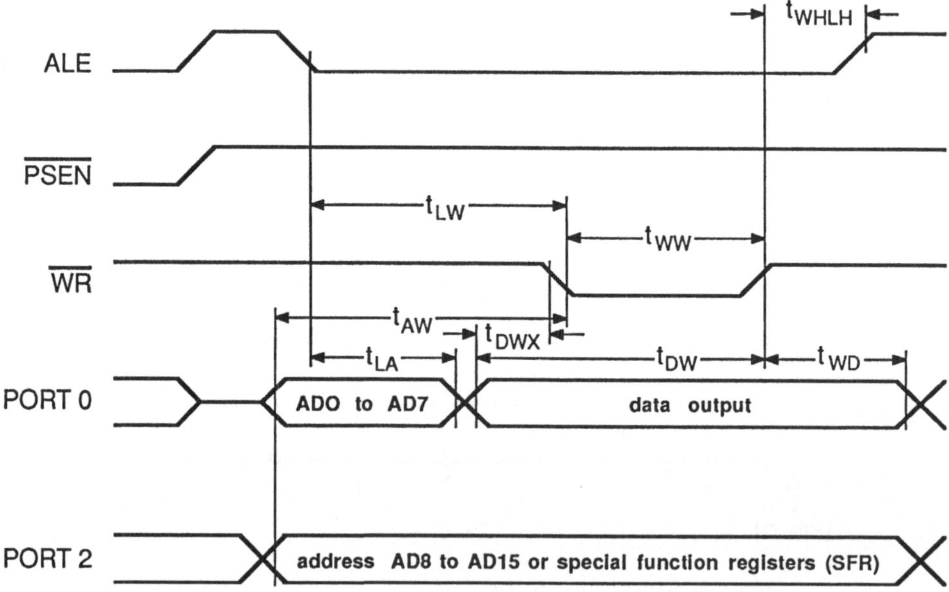

Bild 8.5. Darstellung der AC-Parameter für einen Schreibzugriff auf ein externes RAM am Beispiel des Mikrocontrollers 80C51

Meßaufbauten mit zugehöriger Software erforderlich. Nur in wenigen Fällen reichen hier noch Messungen mit einem Logikanalysator oder gar einem Oszilloskop aus. Hier läßt sich eine exakte Zeitmessung aufeinanderfolgender Signalflanken nur noch mit intelligenten Testsystemen durchführen (Bild 8.6).

```
    TIMING TEST PARAMETER:

    FREQUENCY VIL    VIH   VOL   VOH   IOL          IOH          VCC

    7.81 MHZ  0.45V  2.4V  0.8V  2.0V  3.2/1.6 MA  -400/-80 UA  VCCMIN

  E X T E R N A L   D A T A   M E M O R Y   T I M I N G

              S P E C         MEASURED     DIFF (- = FAIL)

TWW  :6TCK-100NS MIN     (-  5.0NS)          95.0NS
TLA  : TCK- 35NS MIN     (-  4.7NS)          39.7NS
TLW  :3TCK- 50NS MIN/MAX (  14.3NS)          35.7NS
TAW  :4TCK-130NS MIN     (   5.4NS)         135.4NS
TWHLH: TCK- 40NS MIN/MAX (- 15.9NS)          24.1NS
TDWX : TCK- 60NS MIN     (- 20.1NS)          39.9NS
TDW  :7TCK-150NS MIN     (-  4.7NS)         145.3NS
TWD  : TCK- 50NS MIN     (- 15.6NS)          34.4NS

*****  8 0 C 5 1         *****
```

Bild 8.6. Meßwerte der AC-Parameter für EXTERNAL DATA MEMORY TIMING (vgl. Bild 8.5), gemessen mit einem VLSI-Testsystem

8.2.4 Latch-Up-Untersuchungen

CMOS-Schaltkreise enthalten P- und N-Kanal-Transistoren, die abhängig vom Ausgangsmaterial in P- oder N-Inseln (Wannen) liegen. Durch benachbarte komplementäre Transitoren entstehen laterale PNPN-Strukturen, die parasitäre Thyristoren bilden. Durch Strom- oder Spannungsimpulse können diese irreversibel eingeschaltet werden (Bild 8.7). Dieser Vorgang wird als Latch-Up-Effekt bezeichnet. Da dieser Zustand durch den damit verbundenen hohen Stromfluß zur Bauteilzerstörung führen kann, muß die Latch-Up-Empfindlichkeit durch geeignete Schaltungs- oder Prozeßmaßnahmen beseitigt bzw. vermindert werden.

Der Grad der Latch-Up-Empfindlichkeit einer neu entwickelten Schaltung muß ermittelt und mit den vorgegebenen Anforderungen (*targets*) verglichen werden. Es empfiehlt sich, eine komplette Latch-Up-Charakterisierung der Schaltung über alle Pins vorzunehmen, da aus diesen Ergebnissen die weitestgehenden Schlüsse gezogen werden können, um eventuelle Korrekturen, z.B. Layout-Änderungen durchzuführen.

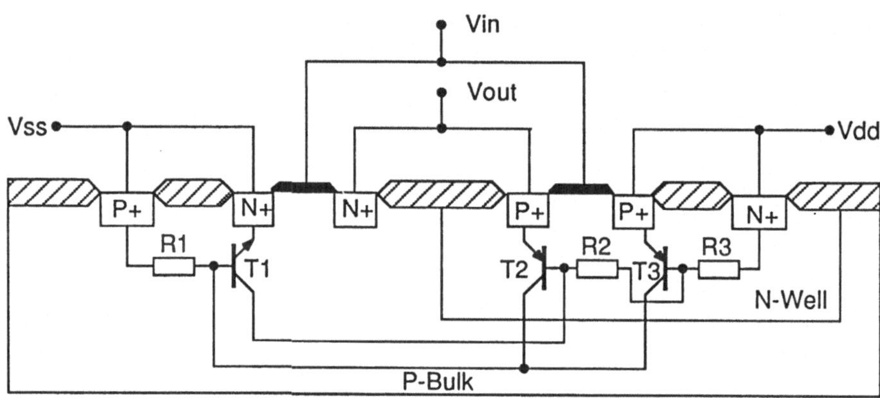

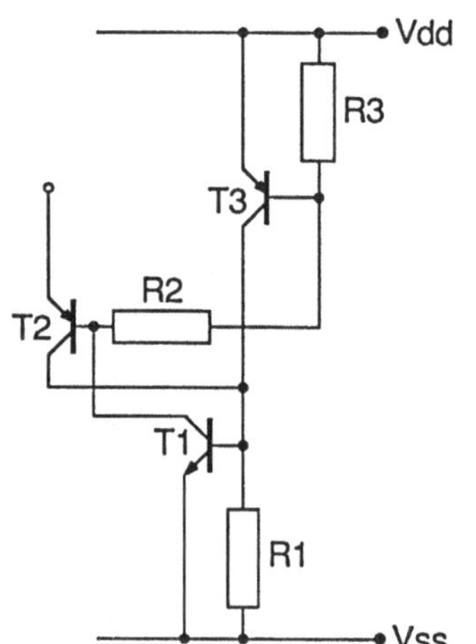

Bild 8.7. a) Querschnitt einer CMOS-Struktur mit parasitären Komponenten (Schematische Darstellung für den Fall eines positiven Spannungspulses am Ausgang), **b)** Äquivalenter Schaltkreis der parasitären Komponenten

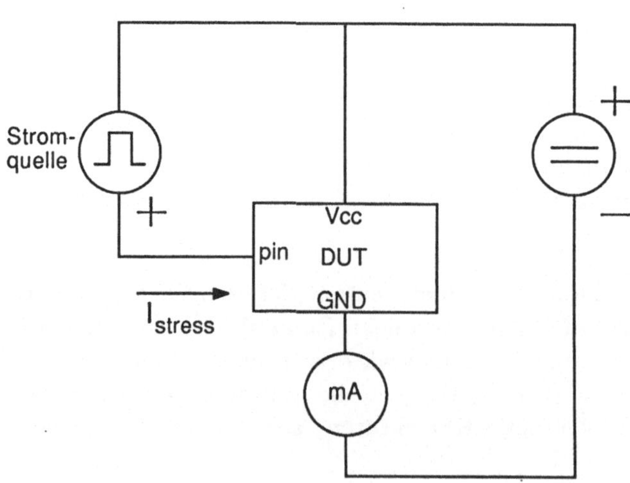

Bild 8.8. Schaltkreis zur Latch-Up-Messung

Zur Latch-Up-Verifikation werden Störimpulse, die während des Betriebes der Schaltung in der Applikation auftreten können, simuliert. Pulsweite und Periode, Anstiegs- und Abfallzeit, Polarität sowie die externe Beschaltung sind international standardisiert (Bild 8.8). Sämtliche Ein- und Ausgänge einer Schaltung werden nacheinander mit Strompulsen beaufschlagt, wobei die Amplitude schrittweise erhöht wird, bis Latch-Up eintritt. Dieser Zustand liegt vor, wenn der Versorgungsstrom sprunghaft angestiegen ist. Diejenige Stromamplitude, die ausreicht um Latch-Up zu erzeugen, wird festgehalten.

Als Freigabe-Kriterium für ein neues Produkt gilt, daß alle Aus- und Eingänge der Schaltung die spezifizierten Grenzwerte für die Latch-Up-Festigkeit erreichen.

8.2.5 ESD (Electrostatic Discharge) -Untersuchungen

Hochintegrierte Halbleiterbauelemente sind aufgrund der kleinen Dimensionen der internen Schaltungselemente im allgemeinen empfindlich gegen elektrostatische Aufladungen, wie sie bei ihrer Weiterverarbeitung und Handhabung ohne vorherigen allmählichen Potentialausgleich auftreten können.

Zum Schutz der Bauelemente werden besondere Maßnahmen beim Schaltungsentwurf ergriffen, um die Anschlüsse zur Außenwelt gegen Beschädigung durch ESD zu desensibilisieren. Im Einzelnen sind dies:

- Spezielle Entwurfsregeln für Schaltungselemente in I/O-Stufen,
- Einbau additioneller Schutzschaltungen an reinen Inputs und sonstigen gefährdeten Strukturen.

Die Aufgabe dieser Elemente ist es,

- bei Spannungen, die niedrig sind gegen die Durchbruchspannung, z.B. von Gate-Oxiden, leitfähig zu werden und
- im Fall eines (Über-) Spannungsimpulses einen entsprechenden Querschnitt für den auftretenden Stromimpuls zur Verfügung zu stellen, um den Strom ohne lokale Überhitzung abführen zu können, denn diese kann ebenfalls zur irreversiblen Schädigung der Schaltung führen.

8.2.5.1 Prüfeinrichtung und -strategie

Die Überprüfung erfolgt unter Anwendung international genormter Testverfahren. Eines der am weitesten verbreiteten ist der MIL-Standard 883C / Methode 3015, der im folgenden kurz beschrieben wird (Bild 8.9). Ein auf eine definierte

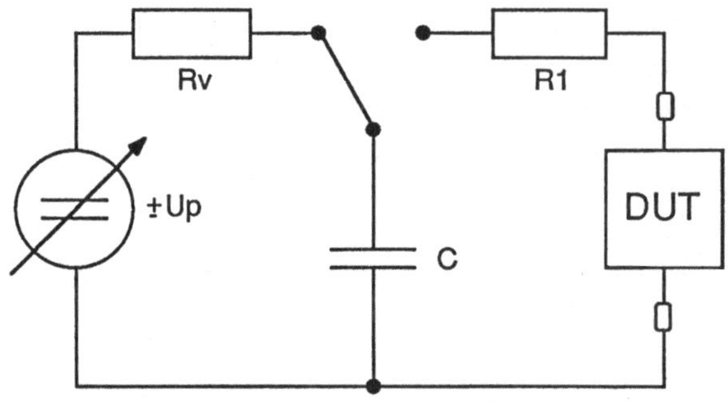

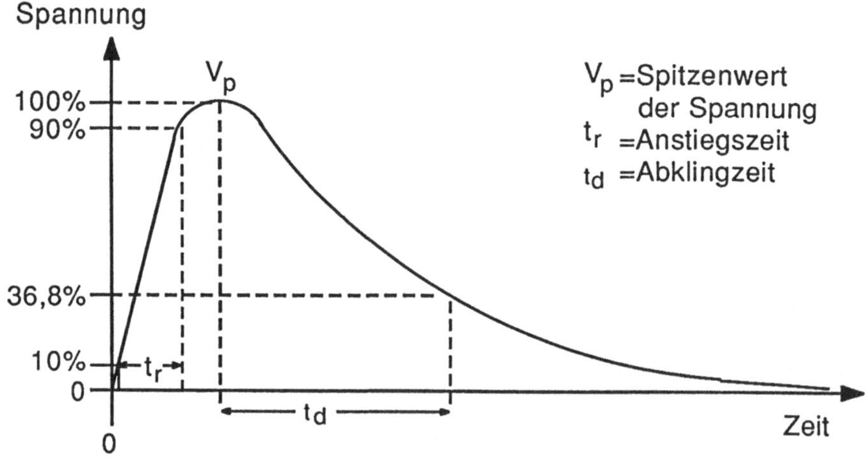

Bild 8.9. **a)** Schaltkreis für ESD-Test (Prinzipschaltbild), **b)** Entladeimpuls bei der ESD-Prüfung

Hochspannung aufgeladener Kondensator wird über einen Widerstand in den zu testenden Pin des Bauteils entladen. Die RC-Kombination ist nach dem MIL-Standard festgelegt wie folgt:

$$R = \frac{100 \text{ pF}}{C} = 1,5 \text{ k}\Omega.$$

Je Pin werden 5 Impulse angelegt. Als Bezugs-Pins werden die Versorgungs-Pins Vcc bzw. Vss gewählt. Dies stellt zwar eine Einschränkung gegenüber dem allgemeinsten Fall dar, daß eine Entladung zwischen beliebigen Gehäuseanschlüssen auftreten kann, demonstriert jedoch die grundsätzliche Stabilität der verwendeten Schaltungen und gewährleistet normalerweise auch ohne explizite Prüfung entsprechenden Schutz bei anderer Definition des Bezugs-Pins.

Bei der Prüfung nach MIL wird die Pulsform weitestgehend von dem Vorwiderstand R bestimmt, da die entsprechenden Strukturen des Bauelementes im durchgeschalteten Zustand mit typischerweise $R_i < 100\ \Omega$ keinen signifikanten Einfluß haben.

Daneben gibt es andere Modelle, die z.T. Widerstände im Bereich von wenigen Ω spezifizieren. Die Spannungen, die dann zur Beschädigung des Bauelementes ausreichen, sind i.a. wesentlich geringer; die eigentliche Pulsform bei der Durchführung des Tests wird dann letzlich bestimmt von

- Induktivitäten, Kapazitäten und Restwiderständen (Dämpfung) des verwendeten Testaufbaus

sowie

- der Charakteristik der internen Schaltung im Überspannungsfall.

Für die Freigabe einer Schaltung wird der Test nach MIL-Standard 883C / Methode 3015 durchgeführt. Die Bauteile müssen nach diesem Test die volle Spezifikation in Bezug auf alle AC- und DC-Parameter erfüllen.

8.2.5.2 Charakterisierung

Charakterisierungstests bieten die Möglichkeit, die tatsächliche Hochspannungsfestigkeit der einzelnen Anschlüsse eines Bauteils quantitativ zu erfassen. Jeder Pin wird bis zu seiner Beschädigung bzw. bis zu der durch das benutzte Gerät vorgegebenen Hochspannung (typisch $V_s = 4$ kV) getestet.

Eine Untersuchungsreihe mit mehreren Mustern einer Schaltung zeigt als Ergebnis, ob die erzielten Werte eine Gleichverteilung aufweisen und ob z.B. Pin-Gruppen typisch abweichende Spannungsfestigkeiten gegenüber den übrigen Pins erwarten lassen. Als geeignete Darstellungen stehen statistische Auswertungen als Balkendiagramm (Bild 8.10) zur Verfügung.

8.2.5.3 Testablauf

Zu späteren Vergleichszwecken wird zunächst an ausgewählten Pins durch zweimalige Aufnahme der Kennlinie die sog. Urkurve ermittelt und gespeichert. Hierbei wird geprüft, ob die während der Aufnahme der ersten Kennline injizierten Ladungsträger zu einer Lageveränderung bzw. Degradation einer oder mehrerer Kennlinien geführt hat. Danach erfolgt pro Entlade-Pin der erste Spannungsstoß. Die Amplitude des Entladeimpulses entspricht der gewählten Startspannung von z.B $\pm$ 400 V. Die erneute Aufnahme der Kennlinien und der Vergleich mit den

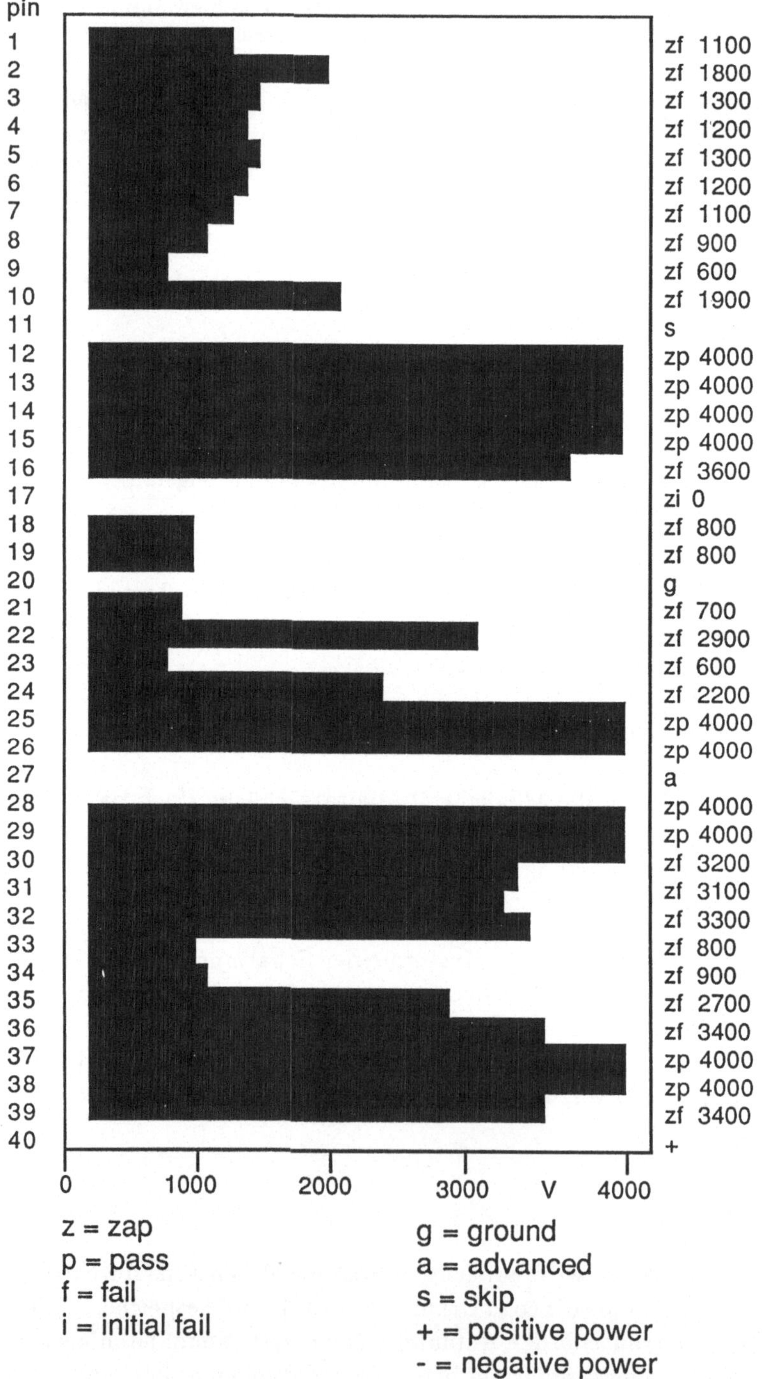

Bild 8.10. Ergebnisse eines Charakterisierungstests bezüglich der ESD-Spannungsfestigkeit aller getesteten Pins an einem Bauelement

Urkurven gibt Aufschluß darüber, ob eine Beschädigung an der entsprechenden Eingangsstufe eingetreten ist. Pins, die hierbei eine signifikante Abweichung von ihrer Urkurve aufweisen, werden nicht weiter gestreßt (Bild 8.11).

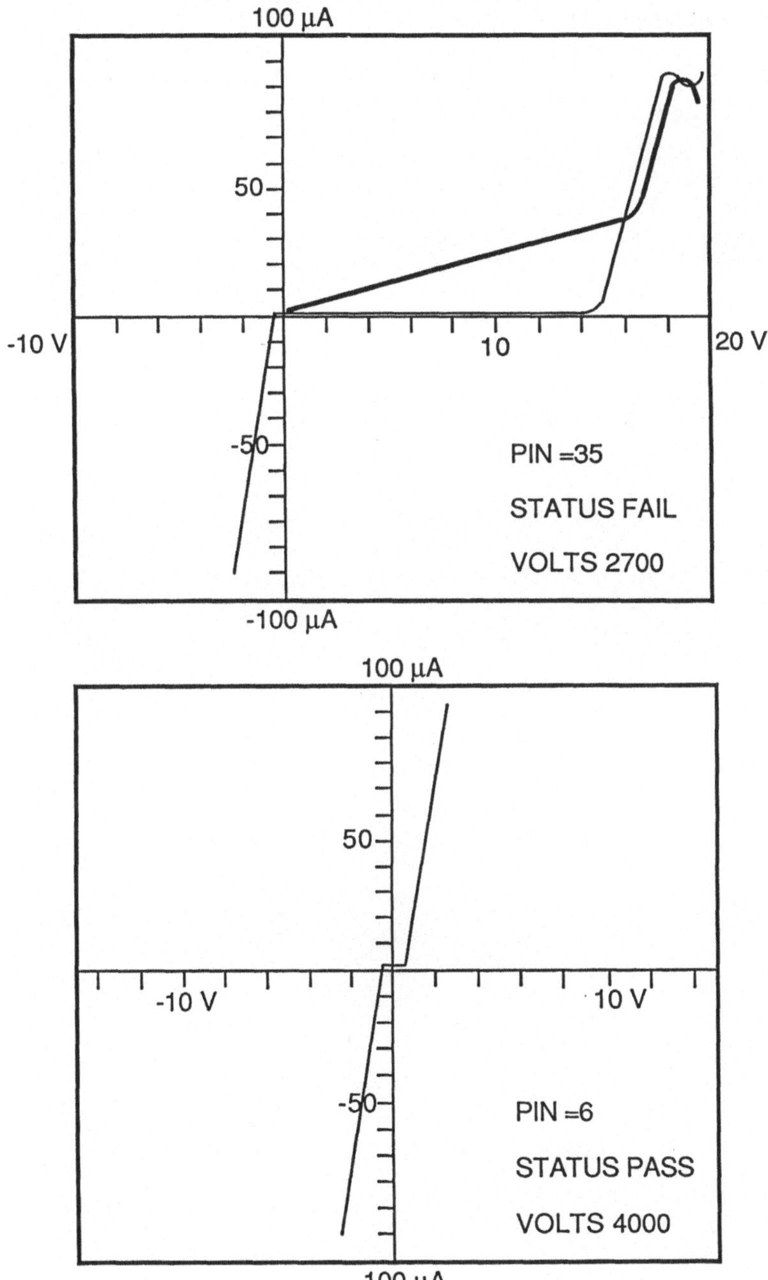

Bild 8.11. Kennlinienvergleich vor und nach dem ESD-Test. **a**) Pin 35 zeigt bei 2700V einen Defekt, **b**) Pin 6 zeigt, daß der Versuch schadlos überstanden wurde

Die Erhöhung der Amplitude um ein Spannungsinkrement von z.B. 100 V und die Entladung des HV-Impulses in die Test-Pins mit anschließendem Kennlinienvergleich wiederholt sich so oft, bis entweder alle getesteten Bauteileanschlüsse einen Defekt aufweisen, oder aber die maximale Hochspannung des benutzten Gerätes (z.B. 4000 V) erreicht ist.

9 Physikalische Analyseverfahren

In diesem Kapitel soll ein Überblick vermittelt werden, mit welchen apparativen Verfahren die physikalischen Ursachen von Fehlern und Schwachstellen auf einem integrierten Schaltkreis zu entdecken sind. Es sind in den vergangenen Jahren eine ganze Reihe von Analysetechniken sowohl weiter- als auch neu entwickelt worden, so daß dem Fehleranalytiker damit ein umfangreiches Instrumentarium zur Verfügung steht. An dieser Stelle können allerdings nur einige wichtige Verfahren angesprochen und andere nur erwähnt werden. Auch eine tiefergehende Beschreibung muß zwangsläufig zu kurz kommen. Vielmehr sollen die Möglichkeiten der physikalischen Fehleranalyse anhand beispielhafter Fotos illustriert werden. Sehr gute und ausführliche Beschreibungen der physikalischen Prinzipien und technischen Einsatzmöglichkeiten findet der interessierte Leser in [9.1, 9.2].

Die notwendigen Schwerpunktbildungen stützen sich auf die am häufigsten angewendeten Techniken bei der **physikalischen Fehleranalyse** .
Das **Lichtmikroskop** wird sowohl als rein optisches Instrument zur raschen und systematischen Kontrolle von integrierten Schaltungen genutzt als auch in Verbindung mit einem elektrischen Meßaufbau, dem Spitzennadelmeßplatz. Dabei ermöglicht die Anwendung des Liquid-Crystal-Verfahrens (Abschnitt 9.2.3) die Lokalisierung von Leckströmen und die Messung von Latch-Up-Phänomen (Abschnitt 8.2.4).
Ein zweiter Schwerpunkt ist die Beschreibung der **Rasterelektronenmikroskopie** , die sich als Untersuchungsmethode nicht nur in der Halbleitertechnologie etabliert hat. Auch hier gibt es die Nutzung als optisches Meßinstrument und die elektronische Anwendung in Form des Elektronenstrahl-Testers (E-Beam-Tester), mit dem unterschiedliche Potentiale auf dem Chip sichtbar gemacht werden können.
Die **Laser-Scan-Mikroskopie** stellt eine relativ junge Anwendung dar. Sie erlaubt die Lokalisierung von Störungen an pn-Übergängen und Latch-Up-Effekten und verspricht für die Zukunft noch interessante Möglichkeiten der Weiterentwicklung.

Der Zweck einer physikalischen Fehleranalyse an integrierten Schaltungen besteht ohne Frage darin, eventuell vorhandene Schwachstellen eines Produktes aufzudecken mit dem Ziel, ein notwendiges Redesign oder prozeßtechnologische

Korrekturmaßnahmen einleiten zu können. Die Analyse ist also nicht eine Abschlußarbeit, sondern es findet eine Rückkopplung statt mit der Absicht der Produktverbesserung. Gerade im Fall der applikationsspezifischen integrierten Schaltungen (ASIC's) kommt es dabei auf eine schnelle Umsetzung von Verbesserungmaßnahmen an.

Umfassende Funktionsprüfungen und Schwachstellenanalysen sind natürlich besonders bei neuentwickelten Bauelementen notwendig. Darüberhinaus werden auch Routinekontrollen an handelsfähigen Produkten durchgeführt. Dies geschieht in Form von Belastungstests unter definierten Bedingungen. Von großem Interesse schließlich sind Bauteile, die in Kundenapplikationen ausfallen und von denen der Käufer eine Ausfallanalyse fordert. Die Arbeit der physikalischen Fehleranalyse wird im wesentlichen aus diesen drei Quellen gespeist.

9.1 Verlauf einer Analyse

Zu Beginn einer Fehler- oder Schwachstellenanalyse steht in der Regel die elektrische Charakterisierung des Fehlers mit Hilfe bestehender Testaufbauten einschließlich geeigneter Testprogramme. Aus den daraus gewonnenen Daten ergeben sich erste Ansätze für eine Lokalisierung. Der weitere Ablauf erfolgt nach einem mehr oder weniger festen Schema [9.3]. Prinzipiell gibt es zwei verschiedene Möglichkeiten der Analyse:

- Auf der Siliziumscheibe (Wafer), d.h. nach dem Herstellungsprozeß und der ersten Funktionsprüfung (Bild 9.1)
- Am fertig montierten Halbleiterbaustein (Bild 9.2).

9.1.1 Analyse auf dem Wafer

Im ersten Fall wird das Produkt aus dem Fertigungsprozeß entnommen, so daß die Untersuchungen an den Chips auf dem Wafer durchgeführt werden können. Dies hat zwei Vorteile: Erstens ergibt sich dadurch eine Zeitersparnis, weil auf die Montage verzichtet wird, und zweitens sind Analysen an bereits fehlerhaften Schaltungen möglich, die nach dem Vormessen aussortiert werden.

Wegen der noch fehlenden Kontaktierungen der Schaltungen sind allerdings auch komplizierte Meßaufbauten nötig. Eine Kontaktierung läßt sich mit Hilfe von sogenannten *probe cards* erreichen, wobei jeder einzelne *bond pad* durch eine Nadel angeschlossen wird. Dieser Aufbau besitzt den Nachteil, nicht überall einsetzbar zu sein. Die Unterbringung in einer Vakuumkammer eines Rasterelektronenmikroskops erfordert eine entsprechend große Dimensionierung.

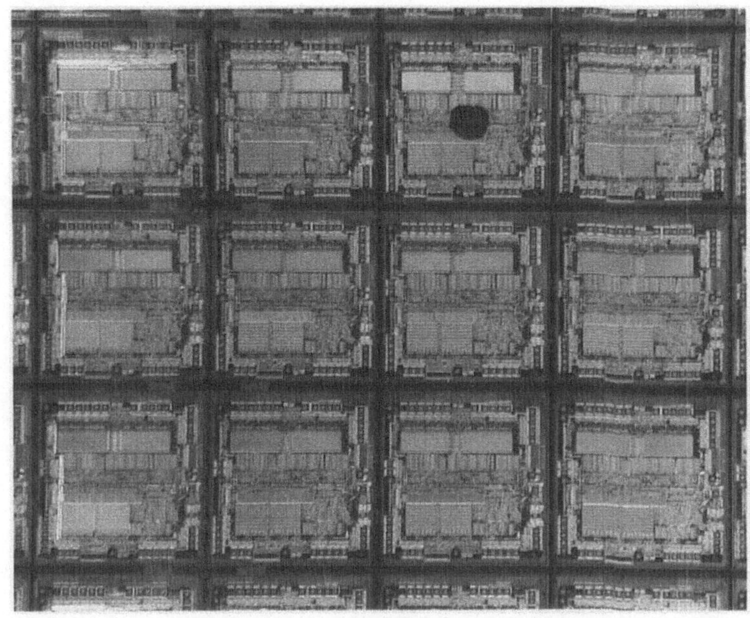

Bild 9.1. Ausschnitt eines Wafers mit mehreren IC's eines 8-Bit-Mikrocontrollers. Das mit einem Punkt (Farbfleck) gekennzeichnete System ist bei der ersten Funktionsprüfung ausgefallen und wird nicht weiter verarbeitet.

Bild 9.2. Foto von einem fertigen Bauteil in Kunstoffgehäuse, das zu Analysezwecken naßchemisch freigelegt wurde. Deutlich sichtbar sind die Goldanschlußdrähte

9.1.2 Analyse am montierten IC

Ein anderer Weg wird bei der Behandlung von verkaufsfähigen Produkten beschritten. Um Schwachstellen herauszufinden, werden die Teile verschiedenen Streßtests unterworfen, z.B. Temperaturschocks, Feuchtigkeitseinflüssen, künstlicher Alterung bei hohen Temperaturen oder ESD-Tests (Electro Static Discharge). Diese Tests dienen der Simulation von realistischen Umgebungs- und Einsatzbedingungen der Bauteile. Aus den Testergebnissen lassen sich Aussagen über die Zuverlässigkeit eines Produkts gewinnen.

Sollte die anschließende Funktionsprüfung ein fehlerhaftes Verhalten der gestreßten Schaltungen ergeben, so muß für eine Analyse der Chip freigelegt, d.h. das Umhüllungsmaterial entfernt werden. Dies geschieht mit chemischen Ätzlösungen - für Epoxid-Kunststoffgehäuse eignet sich z.B. Salpetersäure - in einer **Jet-Etch-Anlage**. Dabei wird ein Säurestrahl auf einen bestimmten Bereich der Plastikverkapselung gelenkt und der Chip trichterförmig freigelegt. Das Verfahren garantiert fast immer, daß die elektronische Funktion nicht verändert wird - bis auf einen geringfügig höheren Stromfluß, der durch Lichteinfall entsteht. Nach dem Öffnen wird zunächst eine lichtoptische Inspektion des Chips vorgenommen. Die anschließende Fehlersuche richtet sich nach der Art des elektrischen Ausfalls. Bei Leckströmen bietet sich z.B. das **Liquid-Crystal-Verfahren** an, in Fällen komplizierter Funktionalfehler wird man auf die Möglichkeiten des **E-Beam-Testers** zurückgreifen.

Ist es schließlich gelungen, die Fehlerstelle zu lokalisieren, so wird versucht, die physikalische Ausfallursache festzustellen. Dazu kann es nötig sein, die einzelnen Schichten des Chips selektiv zu entfernen. Man bedient sich dafür verschiedener chemischer Ätzmethoden, je nach Art der abzutragenden Schicht (Passivierung, Aluminium, Isolationsoxid, Polysilizium, Gate-Oxid).

Nach jedem Präparationsschritt findet wiederum eine Kontrolle im Lichtmikroskop und bei Bedarf auch im Rasterelektronenmikroskop statt. Die elektrische Funktionsfähigkeit wird bei der Präparation natürlich zerstört, spätestens mit dem Entfernen der obersten Leiterbahnebene (Aluminium). Die Ätztechniken sind prinzipiell die gleichen wie diejenigen, die in der Prozeßtechnologie angewandt werden.

9.2 Das Lichtmikroskop

Das optische Mikroskop stellt eines der wichtigsten Hilfsmittel in der Fertigung von Halbleiterbauelementen dar. Dies beginnt mit der prozeßbegleitenden Kontrolle bei der Herstellung, geht über die Überwachung des Montagevorgangs und endet bei der Qualitätskontrolle des fertigen Produkts.

Während das Lichtmikroskop in den meisten Anwendungen für Stichprobenuntersuchungen eingesetzt wird, benutzt man es im Falle einer Fehleranalyse zum gezielten Suchen eines möglichst genau lokalisierten Defekts. Dies stellt naturgemäß besondere Ansprüche an die optische Qualität.

9.2.1 Lichtoptische Instrumente

Da das menschliche Auge nur ein begrenztes Auflösungsvermögen besitzt, zieht man optische Instrumente zur Objektvergrößerung heran. Ein einfaches Instrument, die Lupe, besteht nur aus einer Sammellinse und erlaubt Vergrößerungen im allgemeinen bis zu einem Faktor 25. Das Prinzip des Mikroskops beruht auf einer zweistufigen Abbildung mit Hilfe eines Objektivs und eines Okulars. Unter optimalen Bedingungen, d.h. Minimierung von Linsenfehlern, lassen sich Strukturen auflösen, die im Wellenlängenbereich des sichtbaren Lichts (0,4 bis 0,7 μm) liegen [9.1]. Diese Wellenlänge ist der Grenzbereich des lichtoptischen Auflösungsvermögens und stellt eine von der Natur vorgegebene Barriere dar. Die Bilder 9.3 und 9.4 sind Aufnahmen von einem CMOS-Mikrocontroller. Die

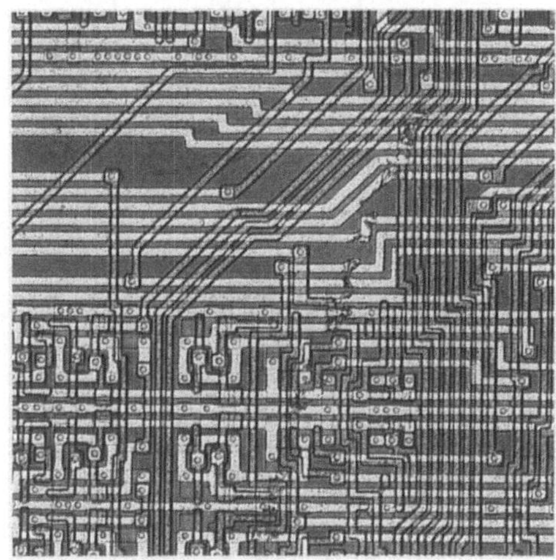

Bild 9.3. Lichtmikroskopaufnahme von einer Struktur eines 8-Bit-Mikrocontrollers in 500facher Vergrösserung. Die hellen Bahnen sind Aluminiumbahnen, die dunkel umrandeten sind Polysiliziumleitbahnen in einer tieferliegenden Ebene. Von oben nach unten zieht sich die Spur einer mechanisch verursachten Beschädigung (Kratzer)

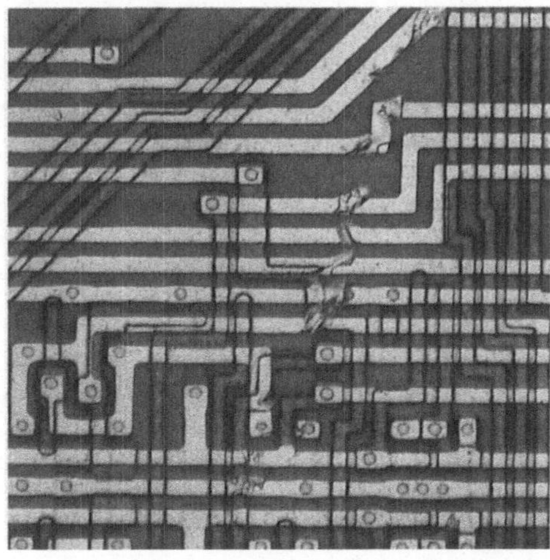

Bild 9.4. Die gleiche Stelle wie Bild 9.3 bei 1000facher Vergrösserung. Die Verschmierung der Aluminiumbahn wird deutlicher

1000-fache Vergrößerung zeigt wegen der topologischen Struktur des Chips schon eine deutliche Begrenzung der Tiefenschärfe, denn bei Fokossierung auf die Aluminiumebene erscheinen die Polysiliziumbahnen schon etwas unscharf.

Das Lichtmikroskop besitzt zur optimalen Objektausleuchtung eine Beleuchtungseinrichtung, die mit Hilfe einer großflächigen Sammellinse (Kondensor) die Probe gleichmäßig und ausreichend hell beleuchtet.
Bei dieser sogenannten **Hellfeld-Beleuchtung** ist zu unterscheiden zwischen dem **Durchlicht-** und dem **Auflichtverfahren**. Ersteres wird z.B. bei Untersuchungen an Masken verwendet, die Beleuchtungsoptik ist unter dem Probentisch angeordnet und erlaubt die Betrachtung von dünnen Proben. Zur Kontrolle von integrierten Schaltungen wird dagegen das Auflichtprinzip benutzt, wobei das beleuchtende Licht in den Abbildungsstrahlengang eingekoppelt wird.

Eine Abbildung im **Dunkelfeld** ergibt sich, wenn nur das am Objekt gebeugte Licht in das Objektiv gelangt. Dies wird erreicht durch eine geeignete Ringblende. Die Dunkelfeldmikroskopie zeigt ein helles Objektbild auf dunklem Hintergrund. Das Objekt erscheint nur in Konturen. Partikel, Kanten und Risse werden gut sichtbar (Bild 9.5).

Bild 9.5. Dunkelfeld-Aufnahme von der gleichen Stelle wie in Bild 9.4

Hellfeld- und Dunkelfeldmikroskopie sind in der Halbleiterkontrolle die gebräuchlichsten Verfahren [9.1].

9.2.2 Der Spitzennadelmeßplatz

In diesem Aufbau wird ein optisches Mikroskop mit einem elektrischen Meßplatz kombiniert.

Mit Hilfe von Nadeln, die an sogenannten Manipulatoren angebracht sind, können einzelne Leiterbahnen auf der Chipoberfläche gezielt kontaktiert werden, z.B. zur Messung von Transistorkennlinien. Die handelsüblichen Nadeln bestehen aus Wolfram und haben an der Spitze einen Radius von größer als 1 μm.
Manipulatoren heißen die mechanischen Vorrichtungen, mit denen die Nadeln in alle Richtungen sehr genau bewegt und positioniert werden.
Der Spitzennadelmeßplatz ist ein Präzisionsinstrument und muß durch schwingungsdämpfende Unterlagen vor Stößen geschützt werden, die unweigerlich die Zerstörung von Nadeln und Probe zur Folge hätten.

9.2.3 Liquid-Crystal-Verfahren

Der Meßplatz eignet sich gut für die Anwendung des Liquid-Crystal-Verfahrens zur Lokalisierung von Leckströmen auf integrierten Schaltungen. Dabei nutzt man die Eigenschaften von Flüssigkristallen aus. Bestimmte Substanzen gehen beim Schmelzen nicht sofort in eine isotrope flüssige Phase über, sondern befinden sich in einer Zwischenphase mit geordneter Orientierung der Moleküle, bevor sie bei noch höherer Temperatur zu isotropen Flüssigkeiten werden [9.4].

Für die Fehlersuche wird die Schaltung mit einem Tröpfchen Flüssigkristall benetzt [9.5] und elekrisch so kontaktiert, daß der Leckstrom reproduzierbar ist. Der Phasenübergang wird durch Zuführung von Wärme erzeugt. Die Probe wird bis kurz vor den Umschlagpunkt der Substanz aufgeheizt. Dazu ist der Probenteller mit einer Heizplatte ausgestattet, deren Steuerung die Temperatur auf $0,1°$C genau stabilisiert.

In den Strahlengang des Lichtmikroskops sind ein Polarisator und ein Analysator in einer geeigneten Orientierung zueinander eingebaut. Der Flüssigkristall hat die Eigenschaft, die Polarisationsebene zu drehen. Solange sich die Substanz in der geordneten Phase befindet, erscheint sie transparent. Wenn es aufgrund eines Leckstroms in der Schaltung zu einer lokalen Erwärmung kommt, so daß der Flüssigkristall in die isotrope Phase übergeht, wird das polarisierte Licht nicht mehr gedreht. Der Analysator absorbiert das gestreute Licht aus diesem Bereich, d.h. dem Betrachter bietet sich der Anblick eines schwarzen Flecks (Bild 9.6). Die Schwärzung lokalisiert also den Leckstrom bzw. die defekte Stelle. Die für dieses Verfahren benutzbaren Flüssigkristalle haben in der Regel Übergangstemperaturen zwischen Raumtemperatur und ca. 70°C.

Prinzipiell sind mit dem Versuchsaufbau auch **Latch-Up**-Erscheinungen (vgl. Abschnitt 8.2.4) meßbar, doch wird die Lokalisierung in der Praxis durch den plötzlichen Vorgang der Thyristorzündung erschwert. Außerdem läßt sich der Ort der Zündung nur indirekt erschließen, da der durch Latch-Up bedingte Stromfluß und damit auch die Erwärmung meist an einer anderen Stelle auftritt. Die Ursache liegt darin, daß der Latch-Up-Effekt nicht an der Chipoberfäche, sondern in den tieferliegenden Schichten der Schaltung auftritt.

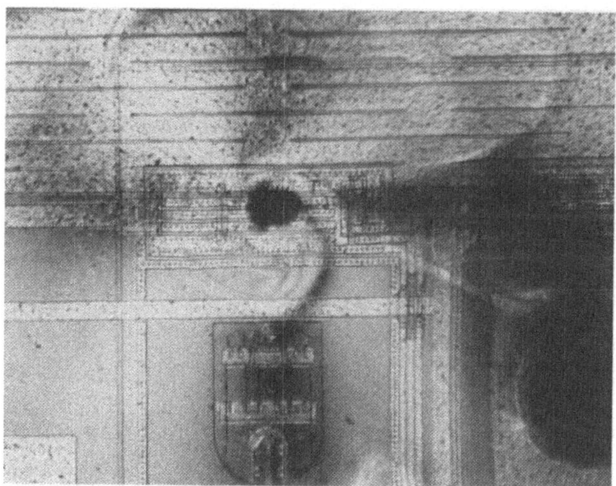

Bild 9.6. Lichtmikroskopaufnahme von einem L.C.-Versuch. Das Bauteil wurde einem ESD-Festigkeitstest unterzogen und war dabei ausgefallen. Der schwarze Fleck markiert ein Stromleck in einem Schutztransistor. Am rechten Bildrand ist ein Bondpad mit Goldanschlußdraht zu sehen

9.3 Das Rasterelektronenmikroskop

9.3.1 Grundlagen, Aufbau und Funktionsweise

In der Elektronenmikroskopie sind verschiedene Verfahren entwickelt worden:

- Transmissionsmikroskope (TEM) nutzen die Elektronenbeugung am Objekt.
- Oberflächenmikroskope arbeiten mit der Emission der sekundären Elektronenstrahlung.
- Rasterelektronenmikroskope (SEM = Scanning Electron Microscope) sind eine Anwendungsform von letzterem.

Bei der Beschreibung der Rasterelektronenmikroskopie ist es sehr anschaulich, einen Vergleich mit der Lichtmikroskopie anzustellen. Dort treten bei hohen Vergrößerungen Unschärfen in der Abbildung auf. Demgegenüber besitzt das SEM mit einem Elektronenstrahl als Sonde ein wesentlich größeres Auflösungsvermögen und bessere Tiefenschärfe. Die Erklärung dafür liefert der quantenmechanische Dualismus zwischen Welle und Teilchen. Demnach kann

jedem bewegten Teichen eine Wellenlänge zugeordnet werden, was durch die deBroglie-Beziehung ausgedrückt wird.
Für Elektronen gilt:

$$\lambda = \frac{h}{m_0 \cdot v} = \frac{h}{\sqrt{2 \cdot m_0 \cdot e \cdot U}} = 1,23 \cdot \frac{1}{\sqrt{U}} \qquad \text{(nm)},$$

wobei h das Planck'sche Wirkungsquantum, m_0 die Ruhemasse des Elektrons, e die Elementarladung und U die Beschleunigungsspannung in V ist. Das bedeutet z.B., daß Elektronen eine Wellenlänge von λ = 0,0123 nm haben, wenn sie einer Beschleunigungsspannung von 10 kV ausgesetzt werden. Moderne Rasterelektronenmikroskope erreichen inzwischen Vergrößerungen von mehreren 100 000 und Auflösungen im Bereich von nm, also ca. um den Faktor 100 höhere Werte als beim Lichtmikroskop. Der praktisch übliche Arbeitsbereich bei der Untersuchung von Halbleiterbauelementen liegt in der Größenordnung bis zu etwa 30 000-facher Vergrößerung. Die Probenuntersuchung wird in einer Hochvakuumkammer bei einem Druck kleiner als 10^{-2} Pa durchgeführt. Objekte aus isolierendem Material werden mit einer dünnen leitfähigen Schicht, z.B. aus Kohlenstoff, Gold oder Silber überzogen, um die durch den Elektronenstrahl bewirkte Aufladung auszuschließen.

Das SEM ist so aufgebaut, daß von einer Kathode Elektronen durch thermische Emission oder Feldemission erzeugt, durch einen Wehnelt-Zylinder gebündelt und durch eine Anode beschleunigt werden. Die Kathode besteht in der Regel aus Lanthanhexaborid (LaB_6) oder aus Wolfram. Wolframkathoden erreichen eine Lebensdauer bis zu 40 Stunden, LaB_6 kommen auf das 20-fache, benötigen aber ein besseres Vakuum.

Elektromagnetische Linsen und Ablenkspulen sorgen für die Fokussierung bzw. die zeilenförmige Rasterung des Strahls (Bild 9.7). Die Primärelektronen verursachen beim Eindringen in die Probe unterschiedliche Wechselwirkungen mit dem Probenmaterial [9.1, 9.2]: unelastische und elastische Streuungen.

Der **unelastischen Streuung** liegen Wechselwirkungen zwischen den Primärelektronen und den Elektronen des Festkörpers zugrunde. Im Prinzip gibt es vier verschiedene Mechanismen:

1. Sekundärelektronen : Ein Primärelektron trifft auf ein in der Atomhülle gebundenes Elektron und schlägt dieses aus dem Verbund heraus. Das Atom wird ionisiert. Wenn das Elektron genügend Energie zur Überwindung der Austrittsarbeit bekommen hat (eV-Bereich) und sich nahe genug der Oberfläche befindet (kleiner 10 nm), kann es die Probe verlassen.

2. Röntgenemission : Ein Primärelektron verursacht durch seine Energieabgabe an das Atom eine Anregung desselben, d.h. ein oder mehrere

Hüllenelektronen werden auf ein höheres Energieniveau gebracht. Bei der anschließenden Abgabe der überschüssigen Energie fallen diese Elektronen wieder zurück unter gleichzeitiger Emission von Röntgenquanten mit bestimmten für das jeweilige Element charakteristischen Energiebeträgen.

3. Auger-Elektronen : Statt Röntgenstrahlung wird ein Hüllenelektron emittiert. Dieser Effekt wird ausgenutzt bei der Auger-Elektronen-Spektroskopie (AES) zur Elementbestimmung von Materialien [9.1, 9.2].

4. Katodolumineszenz : Sekundärelektronen können mit Löchern rekombinieren und Strahlung im infraroten und sichtbaren Spektralbereich abgegeben [9.1, 9.2].

Bei **elastischen Streuprozessen** findet eine Wechselwirkung zwischen Elektronen und Atomkernen der Probe statt. Die Elektronen werden durch die Coulombkraft der Atome beeinflußt, d.h. auf Hyperbelbahnen abgelenkt. Auf

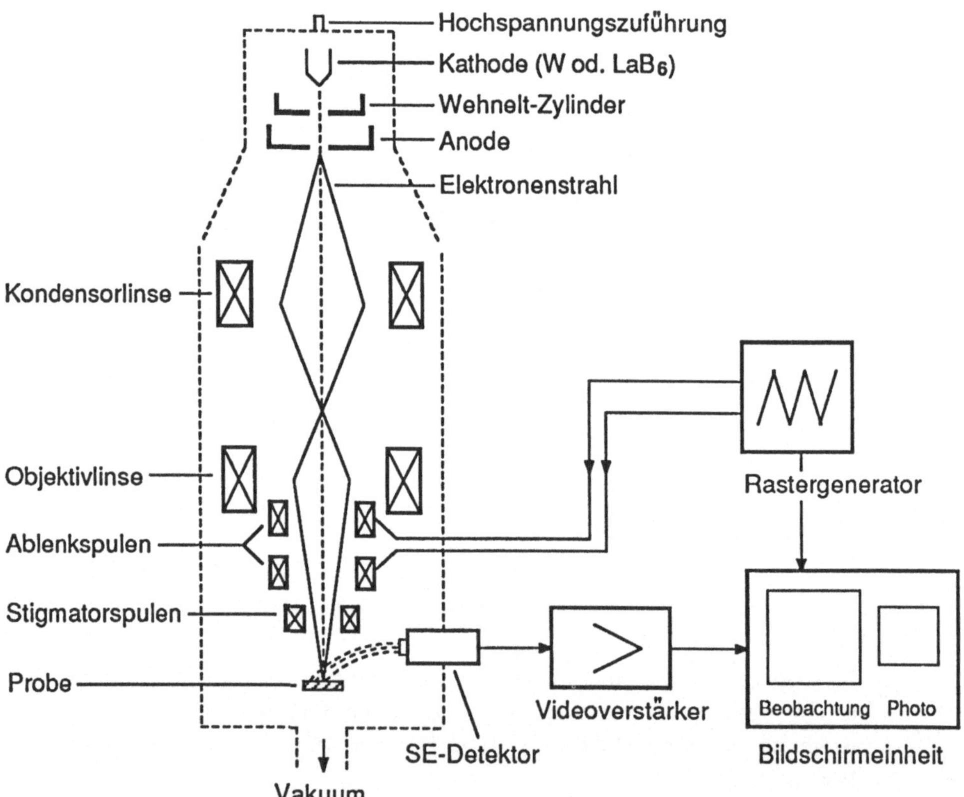

Bild 9.7. Prinzipieller Aufbau eines Rasterelektronenmikroskops [9.1], Erklärung im Text

ihrem Weg durch den Festkörper verändern sie ihre Energie kaum, wohl aber stark die Richtung. Sie können aus der Probe wieder austreten und liefern als zurückgestreute Elektronen ein Bild von der Zone unterhalb des Erzeugungsbereichs von Sekundärelektronen.

Die häufigste Anwendung findet das SEM in der Bilddarstellung mittels **Sekundärelektronen** (Bild 9.8). Sie werden von einem Detektor durch Anlegen einer positiven Spannung von der Probenoberfäche "abgesaugt". In einem Detektor treffen die Elektronen auf eine Szintillationsschicht. Das dadurch entstehende Signal wird in einem Photomultiplier verstärkt und zum Bildschirm geleitet, der es zur Bildmodulation verwendet. Mit dem Einsatz von TV-Monitoren sind SEM-Abbildungen auch von zeitlich veränderlichen Vorgängen auf dem Chip möglich, wie z.B. beim Potentialkontrastverfahren.

Bild 9.8. SEM-Aufnahme mit Sekundärelektronen bei 10000facher Vergrösserung. Es handelt sich um den beim L.C.-Versuch (Bild 9.6) lokalisierten Fehler. Bei dem Bauteil wurden die Passivierungsschicht, das Aluminium und das Isolationsoxid abgetragen. Zwischen einem Kontaktloch und dem Gate des Transistors ist ein Überschlagskanal entstanden. Wegen des geringen Abstandes besteht eine mangelhafte ESD-Festigkeit in dieser Struktur, die aufgrund dieser Analyse verändert wurde

Die Helligkeit des Bildes ist abhängig von der Anzahl der aufgefangenen Sekundärelektronen. Dies hat den Effekt zur Folge, daß Kanten heller als ebene Flächen dargestellt werden, da die Elektronenausbeute aus der relativ größeren Kantenfläche höher liegt. Außerdem wird dadurch die Schattenbildung erheblich reduziert, was sich in manchen Fällen als nachteilig erweist. Ein kontrastreicheres Bild erhält man durch die Detektion von **Rückstreuelektronen** , das Anhaltspunkte für die Elementverteilung liefert (Bild 9.9), weil die Anzahl der detektierten Rückstreuelektronen von der Ordnungszahl des Elements abhängt.

Für genauere Aussagen von Elementverteilungen wird die **Röntgenemission** eingesetzt. Jedes Element zeigt in Lage und Intensität charakteristische Spektrallinien und ist damit bei Anregung zu Röntgenstrahlung nachweisbar.

Bild 9.9. SEM-Aufnahme von der gleichen Stelle wie Bild 9.8 mit Rückstreuelektronen

Die bisher genannten Eigenschaften eines SEM zeigen also einen recht breiten Anwendungsbereich auf. Das beginnt bei der einfachen Inspektion von Halbleiterbauelementen mit der Überprüfung auf Beschädigungen und Verschmutzungen an der Oberfläche. Als nächstes ist die Suche nach eventuellen Diffusionsfehlern und Leiterbahnschäden zu nennen. Quantitative Aussagen lassen sich durch Messung von Linienbreiten, Schichtdicken sowie Stufenbedeckungen und Kantenstrukturverläufen der Chip-Topographie gewinnen.

9.3.2 Der E-Beam-Tester

In seiner optischen Kontrollfunktion stellt das SEM gewissermaßen eine Verbesserung der Lichtmikroskopie dar. Darüberhinaus sind in der Halbleiterindustrie einige Methoden für elektrische Funktionsprüfungen entwickelt worden, die die Fehlersuche und -lokalisierung auf komplexen integrierten Schaltungen ermöglichen. Der Elektronenstrahl wird dabei als berührungsfreie Meßsonde eingesetzt. Als bedeutender Vorteil erweist sich die Belastungsfreiheit der Schaltung, wenn die Beschleunigungsspannung weniger als 3 kV beträgt. Damit wird im Gegensatz zum Nadelmeßplatz gewährleistet, daß die elektrischen Eigenschaften nicht beeinflußt werden und der Chip unversehrt bleibt.

Beim **EBIC** (Electron Beam Induced Current) -Verfahren wird der Effekt ausgenutzt, daß sich pn-Übergänge als Helligkeitsänderungen im Sekundärelektronenbild bemerkbar machen, wenn von außen eine Spannung an das Schaltelement gelegt wird. Durch den Elektronenstrahl wird ein meßbarer Strom induziert [9.1, 9.2, 9.7]. Ein ähnliches Prinzip wird im OBIC-Verfahren realisiert (vgl. Abschnitt 9.4.2).

Die Spannungsmeßverfahren umfassen eine ganze Reihe verschiedener Anwendungen [9.8], die entweder mit kontinuierlichem oder mit gepulstem (stroboskopischem) Elektronenstrahl möglich sind.

Mit dem **Potentialkontrastverfahren** eröffnet sich ein breiter Anwendungsbereich zum Testen integrierter Schaltungen. Voraussetzung ist die Entfernung

der Passivierung, so daß die oberste Leiterbahnebene freiliegt. Die Methode erlaubt die Darstellung unterschiedlicher Potentiale auf dem Chip, indem eine Versorgungsspannung (typisch etwa 5 V) angelegt wird. Dadurch baut sich über den mit dieser Spannung belegten Leiterbahnen ein elektrisches Feld auf. Die niederenergetischen Elektronen müssen dieses Feld überwinden, um in den Detektor zu gelangen. Für viele Elektronen stellt das Feld eine unüberwindbare Barriere dar, und sie fallen in die Probe zurück. Die Elektronenausbeute aus diesen Bereichen ist damit geringer als aus geerdeten Leiterbahnen, so daß eine Kontrastdarstellung auf dem Bildschirm entsteht:
Geerdete Leiterbahnen erscheinen hell, mit positiver Spannung belegte dagegen dunkel. Oder anders ausgedrückt: Die hellen Leiterbahnen symbolisieren den logischen Zustand '0', die dunklen dokumentieren den Zustand '1' (Bild 9.10).

Bild 9.10. Photo eines integrierten Schaltkreises im statischen Potentialkontrast. Dabei wird nur eine Betriebsspannung von 5 Volt an das Bauteil gelegt. Der Bildausschnitt zeigt einen Teil eines Funktionsregisters eines 8-Bit-CMOS-Mikrocontrollers und illustriert die verschiedenen Potentiale. Vergrösserung: ca. 550fach

Diese Art der Potentialkontrastdarstellung ist statisch und kann als die einfachste Form der elektrischen Funktionsprüfung im SEM bezeichnet werden. Das statische Verfahren gestattet nur das Auffinden von Leiterbahnunterbrechungen und Kurzschlüssen zwischen Leiterbahnen.

Zur Erfassung von dynamischen Abläufen ist das **Voltage-Coding-Verfahren** entwickelt worden. Dabei wird der Elektronenstrahl über den Rastergenerator mit der Taktfrequenz des zu betreibenden Bauteils synchronisiert. Auf dem Bildschirm erscheint dann eine zeitliche Zuordnung der Schaltzustände, die sich auf den einzelnen Leiterbahnen abspielen. Sehr anschaulich ist z.B. die Signalübertragung auf dem internen Datenbus eines Mikrocontrollers (Bild 9.11). Mit Hilfe

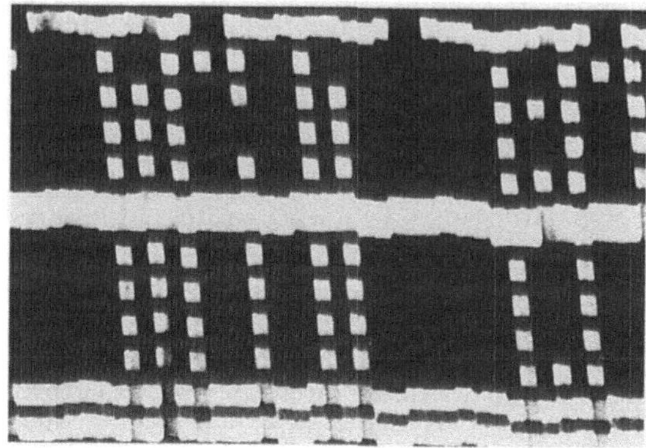

Bild 9.11. Darstellung einer kurzen Programmsequenz auf dem internen Datenbus eines 8-Bit-CMOS-Mikrocontrollers. Mit einer zeitlichen Abfolge von links nach rechts erscheinen die Maschineninstruktionen im Binärcode. Oben und unten verlaufen Steuerungssignale, in der Mitte befindet sich eine Massebahn. Die leichte Deformierung wird durch lokale Mikrofelder auf dem Chip verursacht. Vergrösserung: ca. 1000fach

eines mechanischen xy-Vortriebs am Rasterelektronenmikroskop lassen sich die Signale über den ganzen Chip verfolgen und erlauben so eine übersichtliche Funktionskontrolle.

Beide Methoden lassen sich in einem Rasterelektronenmikroskop relativ einfach realisieren, wenn die elektrischen Anschlußmöglichkeiten zum Betreiben des Bauelements vorhanden sind. Sie genügen jedoch nicht zur Abbildung schnellerer Schaltvorgänge, weil die Arbeitsfrequenz durch die laterale Auflösung des Bildschirms auf ca. 2 MHz begrenzt wird. Während dieses für eine reine Fehleranalyse ausreichen mag, ist man bei der Chipverifikation neuentwickelter Schaltungen daran interessiert, Messungen auch bei höheren Frequenzen vorzunehmen [9.9].

In solchen Fällen wird die Technik des **stroboskopischen Potentialkontrastes** angewendet, die eine Testerweiterung bis in den GHz-Bereich ermöglicht. Die Entwicklung des E-Beam-Testens hat dazu geführt, daß viele Vorgänge mit Rechnerunterstützung ablaufen können [9.10]. Der Elektronenstrahl wird bei der Stroboskopietechnik periodisch ausgeblendet, er "beleuchtet" die Probe also nur zu einem bestimmten Zeitpunkt in jedem Triggerzyklus. So ergibt sich eine quasistatische Abbildung von zeitlich wiederholten Schaltvorgängen. Mit der Veränderung des Einschaltzeitpunktes kann die Phase verschoben werden, so daß eine zeitlupenartige Darstellung entsteht. Die Pulslänge des Elektronenstrahls (und damit auch die zeitliche Auflösung) liegt im Bereich von 1 ns.

Beim **Logic State Mapping** wird die Stroboskoptechnik genutzt, um logische Zustände darzustellen. Es handelt sich also praktisch um eine Erweiterung des Voltage-Coding-Verfahrens. Dazu wird die Phasenlage des Elektronenpulses verändert, was zu einer höheren Zeitauflösung führt. Der gepulste Elektronenstrahl fährt als Linienraster über den Chip, während die Bildröhre die übliche zweidimensionale Abbildung zeigt. Dadurch wird eine Zeitachse erzeugt, d.h. mit der Verschiebung des Einschaltzeitpunkts bei jeder neuen Zeile um einen bestimmten Betrag erhält man eine Darstellung der logischen Zustandsänderungen im zeitlichen Ablauf.

Dieses Verfahren ist sehr nützlich für die Untersuchung des Zusammenhangs von Signalverläufen und Frequenz in Mikroprozessoren. Die Bilder 9.12 und 9.13 zeigen einen Signalverlauf auf dem internen Datenbus eines 8-Bit-CMOS-Mikrocontrollers. Durch Vergleich des Defektzustandes (Bild 9.12) mit dem korrekten Verhalten (Bild 9.13) lassen sich häufig Hinweise für eine weitere Vorgehensweise gewinnen. In diesem Fall ist am linken Bildrand zu erkennen, daß das Signal einer Steuerleitung zu früh kommt. Die Signale auf dem Datenbus geraten in der Folge durcheinander und sind nur noch verschwommen sichtbar. Außerdem stimmt die erste Instruktion auf dem Datenbus (am oberen Bildrand) nicht überein mit dem korrekten Zustand, weil ein Bit auf "0" gesetzt ist. Aufgrund dieses Vergleichs kann noch nicht unterschieden zwischen Ursache und Wirkung des Fehlers, und es ist daher nur eine Zwischenetappe bei der Fehlersuche, doch es ergibt sich meist ein Ansatz für die weitere Analyse, z.B. mit Hilfe einer veränderten Programmsequenz.

Die bisher beschriebenen Verfahrensweisen liefern ausschließlich qualitative Informationen. Sehr oft ist es aber notwendig, auch quantitative Messungen

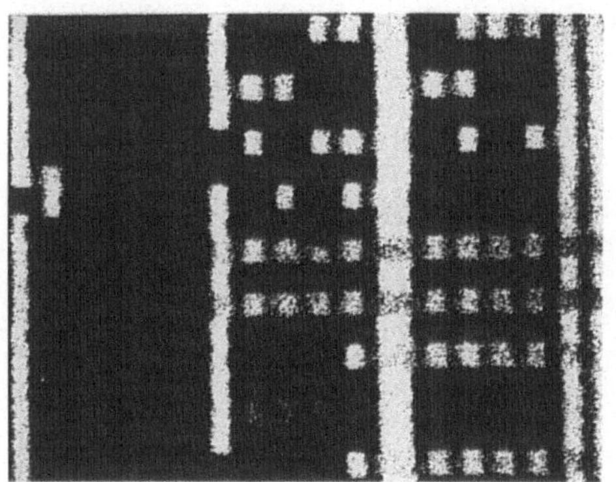

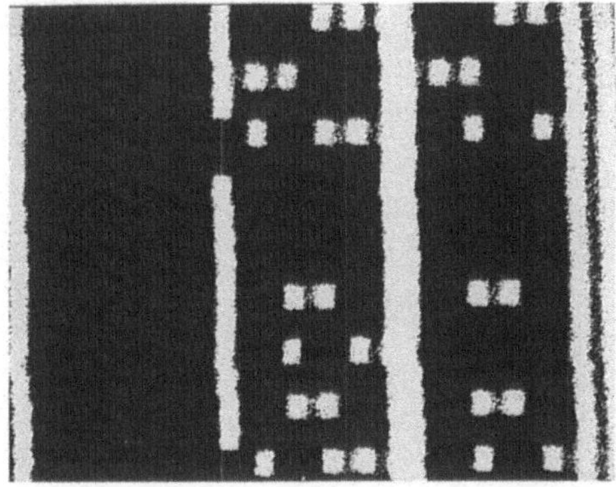

Bild 9.12., 9.13. Untersuchung eines Bauteils im Logic State Mapping mit Zeitachse nach unten. Der links gezeigte Zustand ist fehlerhaft, der im rechten Bild korrekt. Die Informationen sind wieder durch Hell-Dunkel-Bereiche gekennzeichnet, entsprechend "0" bzw. "1", z.B. lautet die erste Instruktion in Bild 9.12 im Binärcode 1100 1000 (=C8 im Hexadezimalcode), in Bild 9.13 dagegen 1100 1100 (=CC im Hexadezimalcode). Vergrösserung: ca. 1000fach

durchzuführen, z.B. um möglichen Level-Problemen auf die Spur zu kommen. In der Praxis kommt es gerade bei neuen Produkten durch schaltungstechnische Besonderheiten immer wieder zu Belastungen auf Leiterbahnen, die einen Potentialabfall zur Folge haben, so daß dahinterliegende Schaltelemente nicht mehr angesprochen werden.

Zur Gewinnung von quantitativen Aussagen benutzt man das Verfahren des **Waveform Measurement**. Wie bei den qualitativen Potentialkontrastverfahren gibt es auch hier die Unterscheidung zwischen den Techniken mit kontinuierlichem und mit stroboskopischem Elektronenstrahl.

Der gemeinsame Ansatz aller Verfahren besteht darin, daß sämtliche Sekundärelektronen eines bestimmten Potentials mit unterschiedlichen An-

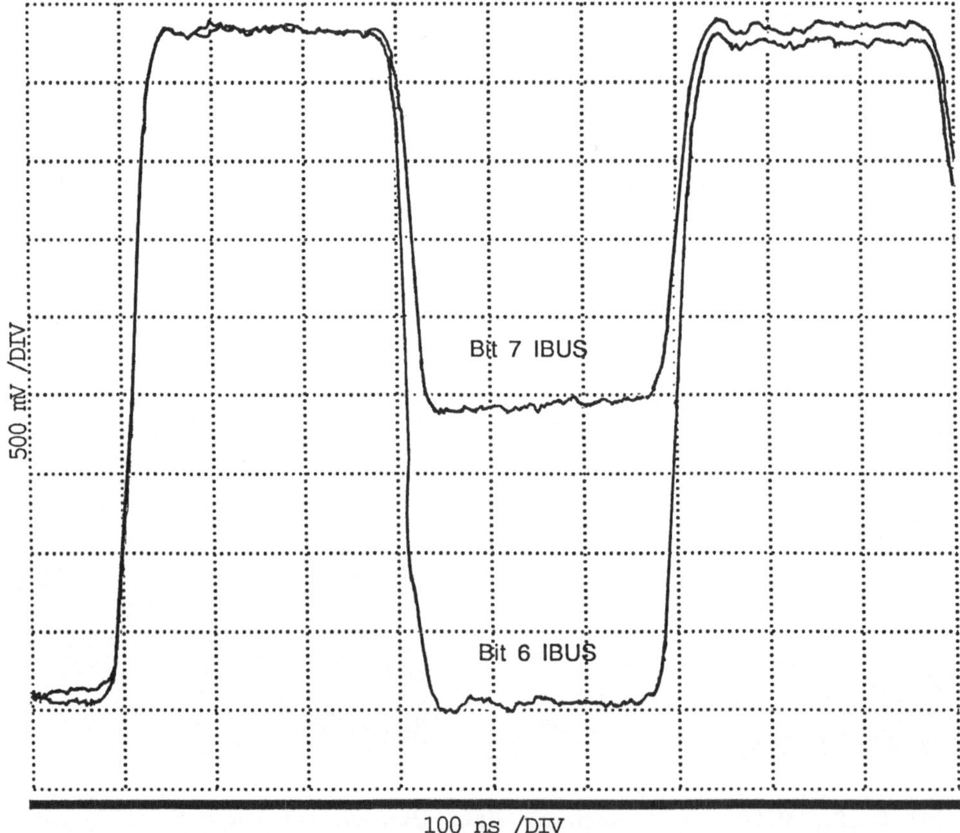

Bild 9.14. Diagramm eines Waveform Measurement. In diesem Beispiel wurden die Signalverläufe von zwei Leitungen des internen Bus gemessen. Der Vergleich zeigt, daß eine der Leitungen nicht abgeschaltet werden kann und ein Zwischenlevel von etwa 2 Volt einnimmt

fangsenergien einen linearen Zuwachs an kinetischer Energie auf dem Weg zum Detektor erfahren. Nun wird diese Linearverschiebung als Maß für das Probenpotential angesehen. Durch die Existenz von lokalen Mikrofeldern zwischen Leiterbahnen werden die Messungen allerdings verfälscht. Es bedarf daher einiger technischer Anordnungen, um die Auswirkungen dieser Mikrofelder zu unterdrücken [9.1].

Von mehreren Varianten quantitativer Potentialkontrastmethoden soll nur eine kurz angesprochen werden. Ausgehend von der Stroboskopietechnik mit Linienrasterung bleibt dabei der Elektronenstrahl immer auf einem Punkt der zu untersuchenden Leiterbahn, und die Spannung wird in jeder Phasenlage gemessen. So entsteht eine genaue Abtastung des Signalverlaufs mit Anstieg und Abfall eines Potentials (Bild 9.14). Die Auflösung beträgt maximal etwa 10 mV bei 1 ns.

9.4 Das Laser-Scan-Mikroskop

9.4.1 Aufbau und Eigenschaften

Rasterverfahren werden nicht nur in der Elektonenstrahltechnik, sondern auch in der optischen Mikroskopie angewendet. Die Technologie wurde in den vergangenen fünf Jahren so weit entwickelt, daß ein Einsatz in der Kontrolle von Halbleiterbauelementen zweckmäßig wird.

Der Gesamtaufbau besteht aus einem optischen und einem elektrischen Teil. Das optische System ist im einfachsten Fall ein Lichtmikroskop (bzw. Nadelmeßplatz), an das ein Laser mit der zugehörigen Strahlablenkungs- und Fokussierungseinrichtung angebaut wird (Bild 9.15) [9.1, 9.11, 9.12].

Der lichtmikroskopische Teil wird im Laser-Raster-Betrieb abgeschaltet. Als Lichtquelle dient der Laserstrahl selbst, der über ein geeignetes Strahlführungssystem in die Objektivöffnung eingeschaltet wird. Mit der Ansteuerung des XY-Scanners durch einen Rastergenerator läßt sich das Objekt Punkt für Punkt abtasten. Der Laserstrahl wird auf dem Objekt zu einer feinen Sonde fokussiert, so daß ein Strahldurchmesser von einer Wellenlänge erreichbar ist. Bei Verwendung von HeNe-Laser (633 nm), HeCd-Laser (442 nm) oder Argonionen-Laser (458, 514 nm) sind Auflösungen um 0,5 μm möglich.

9.4.2 Anwendungen

Neben der reinen Oberflächenabbildung von Halbleiterbauelementen wird das System für elektronische Meßzwecke eingesetzt. Dabei nutzt man den vom Laserstrahl induzierten Strom, ähnlich wie beim EBIC-Verfahren.

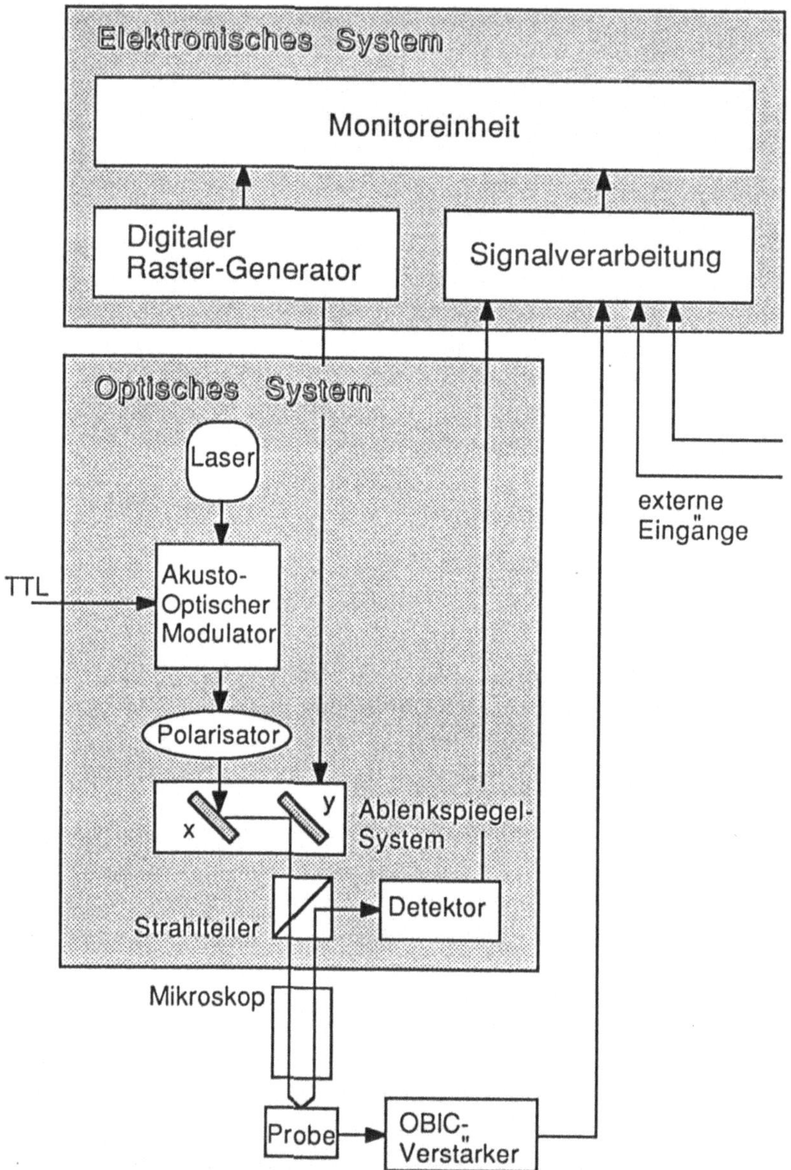

Bild 9.15. Schematischer Aufbau eines Laser-Scan-Mikroskops [9.12]

Bei der sogenannten **OBIC** (Optical Beam Induced Current) -Methode werden unter dem Einfluß des Laserstrahls Elektronen-Loch-Paare im Halbleiter erzeugt. In einem homogenen Material rekombinieren diese Ladungen nach kurzer Zeit, doch in der Raumladungszone von gesperrten pn-Übergängen findet eine Ladungstrennung statt, wenn eine äußere Spannung angelegt wird. So wird im Stromkreis des pn-Übergangs ein Photostrom meßbar, der eine Information für die Bildentstehung liefert.

Das elektronische System generiert aus dem OBIC-Signal eine Abbildung der lokal induzierten Ströme. Bei paralleler optischer Darstellung aus dem reflektierten Laserlicht von dem Objekt gewinnt man eine überlagerte Aufnahme. Damit ist es möglich, Fehlerquellen zu lokalisieren, die durch einen erhöhten Stromfluß in der Schaltung auffallen.

Unkontrollierte Ströme treten z.B. beim Latch-Up-Effekt in CMOS-Schaltungen auf. Dabei kommt es wie in einem Thyristor zur Zündung in pnpn-Zonen, die den Baustein zerstören können. Gerade bei neuentwickelten Produkten ist es daher wichtig, die Latch-Up empfindlichen Bereiche zu finden und durch entsprechende Design-Veränderungen zu entschärfen.

Ebenso lassen sich mit OBIC Kurzschlüsse (z.B. ESD-Schäden) und ähnliche Defekte lokalisieren. Diese Punkte mit geringem Widerstand erwärmen sich stärker als die Umgebung und heißen daher auch **Hot Spots** . Die Änderung des Widerstands führt zu einem Spannungsabfall und verändertem elektrischen Feld, was als Kontraständerung im OBIC-Signal erscheint.

Die Liquid-Crystal-Methode (vgl. Abschnitt 9.3) kann Hot Spots nur bei Widerständen kleiner als ca. 30 kΩ nachweisen, so daß man OBIC als das sensiblere Verfahren bezeichnen kann. Eine weitere Anwendung findet OBIC bei Marginaltests, d.h. beim Betrieb der integrierten Schaltung an den Grenzbereichen von Frequenz, Spannung und Temperatur. Wenn Schwachstellen vorhanden sind, machen sie sich zuerst bei den extremen Betriebsbedingungen bemerkbar.

Abschließend sei bemerkt, daß die Laser-Raster-Verfahren in der Kontrolle von Halbleiterbauelementen bemerkenswerte Möglichkeiten aufzeigen und noch ausbaufähig sein dürften. Ihre Vorteile liegen vor allem darin, zerstörungsfrei zu arbeiten. Demgegenüber steht eine geringere Auflösung, die aber für Strukturen bis unter 1 μm (Submikron) ausreicht.

10 Design Information Management

Dieses Kapitel behandelt den Bereich der Informationen, die vor, während und nach einem IC-Entwicklunsprojekt bearbeitet werden. Es wird erläutert, was **Design-Informationen** nach dem Verständnis des Autors sind und was deren **Management** ist. Dabei werden die Hauptprobleme in dieser Disziplin genannt. Die Aussagen basieren auf dem aktuellen Ansatz, bei Philips 'Design Information Management' einzusetzen. Die Architektur des dazu entstandenen Softwaresystems ist in diesem Kapitel skizziert.

Die grundlegende Problematik, die sich hinter 'Design Information Management' verbirgt, ist unter verschiedenen Bezeichnungen in vielen technischen Entwicklungsbereichen relevant. Begriffe wie **Bürointegration**, **Code** und **Module Management** und **Configuration Management** fallen ebenso in diesen Bereich wie **Datenbanken.**

Alles zielt darauf ab, die unternehmensrelevanten Informationen besser und effektiver verwalten zu können und innerbetriebliche Abläufe zu kontrollieren. Damit möchte man Rationalisierungseffekte erzielen. 'Design Information Management' soll eben dies für IC-Entwicklungsprojekte leisten.

In diesem Kapitel wird das Design Information Management praxisbezogen dargestellt. Die theoretischen Grundlagen dazu können leider nicht konzentriert in spezieller Literatur gefunden werden. Einige Veröffentlichungen finden sich unter [10.1-10.6].

10.1 Die Aufgaben

Einleitend sollen einige Probleme bei der IC-Entwicklung aufgezeigt werden, zu deren Lösung ein Design Information Management-System beitragen kann, wobei zunächst der Informationsfluß betrachtet wird. Die Weitergabe von Informationen ist z.B. notwendig, wenn sich an der Spezifikation für das IC, oder Teilen davon, etwas ändert. Die Aufgabenstellung besteht darin, diese Informationen schnellstmöglich an alle betroffenen Stellen gelangen zu lassen, um

Arbeit in falsche Richtungen zu vermeiden. Eine andere Notwendigkeit für die Weitergabe von Informationen liegt bei der Wartung (d.h. Modifikation) von Bibliotheken für integrierte Schaltungen. Den einzelnen Entwicklungsprojekten muß jeweils Zugang zu den für sie brauchbaren Bibliotheken verschafft werden. Dabei müssen die Projekte einerseits die Möglichkeit haben, die Bibliotheksinhalte nach bestimmten Kriterien abzufragen und andererseits sie zu verändern, wenn sie allgemein verwendbare Produkte erzeugt haben. Eine andere Aufgabe besteht darin, Veränderungen an Bibliotheken zu propagieren. Alle Verwender eines veränderten Bibliothekselements müssen informiert werden. Bedarf für Informationsfluß besteht sicher auch zwischen Projektleitung und den Mitgliedern eines Projektteams. Ihnen müssen rechtzeitig sie beeinflußende Informationen bekannt gemacht werden. Weiterhin ist die Projektleitung objektiv über den Projektstand zu informieren.

Ein anderer Aufgabenbereich für Design Information Management ist die IC-Projektdurchführung. Die Anforderung liegt darin, die richtigen Schritte zur rechten Zeit und in der richtigen Reihenfolge zu tun. Auch sollen bereits getane Schritte nicht wiederholt werden und für nicht durchführbare Schritte Alternativen vorhanden sein. Bei Fehlern in späteren Schritten müssen Rückkopplungen zu früheren möglich sein. Bekannte Schrittfolgen müssen ohne unnötigen Personeneingriff automatisch ausführbar sein, abhängig vom Ergebnis des vorangegangenen Schrittes usw.

Der dritte Bereich, der in IC-Entwicklungsprojekten Schwierigkeiten bringen kann, ist die Datenhaltung. Erzeugte Daten müssen unterschieden werden in temporäre und permanente. Sie müssen sicher aufbewahrt werden und leicht wieder auffindbar sein. Temporäre Daten müssen irgendwann wieder gelöscht werden. Permanente Daten müssen archiviert werden. Zueinandergehörende Datensätze müssen richtig zusammengeführt werden. Der Entwicklungsstand von Datensätzen muß bekannt sein usw.

Mit dem vierten Aufgabenbereich für Design Information Management in der IC-Entwicklung, den Werkzeugen, soll die Aufzählung zunächst beendet sein. Mit Werkzeugen sind die verwendeten Rechner und Programme gemeint. Eine Schwierigkeit ist, diese Werkzeuge den Projektmitarbeitern leicht erlernbar und komfortabel verwendbar zu machen, obwohl sie von verschiedenen Herstellern nach unterschiedlichen Konzepten hergestellt wurden; eine andere die Programme zu integrieren, obwohl unterschiedliche Datenformate eine Zusammenarbeit zwischen ihnen eigentlich verbieten.

10.2 Begriffsklärung

Das Thema 'Design Information Management' läßt sich über die Teilbegriffe 'Design', 'Information' und 'Management' am besten erläutern. Zweckmäßigerweise werden die Themen 'Design' und 'Information' gemeinsam betrachtet. Es sollen keine vollständigen und allgemein gültigen Definitionen der Teilbegriffe geliefert werden, vielmehr wird sich auf jene Begriffe beschränkt, die zu dem zugrundeliegenden Philips 'Design Information Management-System' geführt haben.

Design Information sind Informationen, die in IC-Entwicklungsprojekten verarbeitet oder erzeugt werden. Für das Philips Design Information Management gibt es IC-relevante-, personenrelevante- und projektrelevante Design-Informationen.
IC-relevant sind solche Informationen, die sich auf die Daten beziehen, die direkt oder indirekt ein IC beschreiben. Dazu zählen Informationen über Spezifikationen, Netzwerke, geometrische Layouts, Simulationsmodelle, Design Rules usw.
Personenrelevant sind Informationen über die an IC-Entwicklungsprojekten beteiligten Personen. Dazu gehören Namen, Kompetenzen, Privilegien, Gruppenzugehörigkeiten, Rechte, Aufgabenlisten, Benachrichtigungsverteiler usw.
Projektrelevante Design-Informationen sind die, die sich auf die Regeln eines IC-Entwicklungsprojekts beziehen. Das wesentliche Stichwort hier ist **Design Trajectory** (s.a. Kapitel 2, Design Flow). Design Trajectories kann man als Regeln auffassen, nach denen IC-Entwicklungsprojekte ablaufen sollen. Sie bestimmen die Arbeitsreihenfolge eines Projekts.

Design-Informationen sind zusammengefaßt Informationen über IC-Entwicklungsprojekte. Sie betreffen das Projektergebnis, den Ablauf und die beteiligten Personen. Man muß sich klar machen, daß es sich bei diesen Informationen in unserem Sinne "nur" um administrative oder Metadaten handelt. D. h. für Design Information Management sind die eigentlichen IC-Schaltungsdaten nur **Black Boxes**, in die es niemals hineinschaut. Es ist jetzt zu klären, welche Elemente im einzelnen die Menge der drei Arten von Design-Informationen bilden.

Die Einheit, auf die sich die IC-relevanten Informationen beziehen, ist eine der schon erwähnten Black Boxes. IC-Schaltungsdaten, z.B. ein elektrisches Netzwerk, werden in Dateien gehalten. Das Design Information Management interessiert, zu welchen anderen Dateien Abhängigkeiten bestehen, aus welcher anderen Datei eine neue Datei entstanden ist, welche weiteren Dateien aus einer Datei hervorgingen, wer der Besitzer einer Datei ist, wie der Bearbeitungszustand einer Datei ist (welche Programme wurden mit welchem Erfolg darauf angewendet), welche Personen welche Zugriffsrechte auf eine Datei haben usw.

Die personenrelevanten Design-Informationen machen bestimmte Aktionen innerhalb eines IC-Entwicklungsprojekts unter bestimmten Bedingungen personenabhängig. Die beteiligten Personen sollen unterschiedliche Rollen spielen. Dazu brauchen sie unterschiedliche Privilegien, etwas tun zu dürfen. Personenrelevant sind auch die Informationen über Zugriffsrechte auf IC-Dateien. Damit möchte man bestimmten Personen oder Personengruppen unterschiedliche Möglichkeiten geben, IC-Daten zu manipulieren (nur lesen, lesen und schreiben, kein Zugang usw.). Bestimmte Zustände und Vorgänge innerhalb eines IC-Entwicklungsprojekts erfordern die Benachrichtigung bestimmter Personen. Es müssen andere Personen informiert werden, wenn sich an Bibliothekszellen etwas ändert als wenn ein bestimmter Projektmeilenstein erreicht wurde. Deshalb gehören die Benachrichtigungsverteiler auch zu den personenrelevanten Design-Informationen. In jeder Organisation spielen Kompetenzen eine wichtige Rolle. Bei der IC-Entwicklung muß man diese zu den personenrelevanten Design-Informationen zählen, da es darum geht, wer die Regeln für den Ablauf von IC-Entwicklungsprojekten unter welchen Umständen aufstellen, verändern und möglicherweise brechen darf.

Die eben erwähnten Regeln hatten wir bereits als Design Trajectories in die projektrelevanten Design-Informationen eingeordnet. Die projektrelevanten Design-Informationen bestimmen also die Reihenfolge der Aktivitäten in einem IC-Entwicklungsprojekt. In ihnen ist festgelegt, daß es z.B. wenig sinnvoll ist, Netzwerkanalyse zu betreiben, wenn noch keine Spezifikation vorliegt oder,daß Maskendaten nicht aus einem geometrischen Layout erzeugt werden dürfen, das noch nicht gegen die Design Rules geprüft wurde.

Nachdem nun der Begriff Design-Information umrissen wurde, kommen wir zum **Management**, also der Handhabung oder Behandlung der Design-Informationen. Management bedeutet hier einerseits das Ablegen und Wiederauffinden, andererseits aber auch die Verknüpfung und Interpretation von Design-Informationen. Das erste ist ein relativ einfaches Datenverwaltungsproblem. Das zweite ist wegen der Fülle von Verknüpfungs- und Interpretationsmöglichkeiten wesentlich komplizierter. Daher ist der wesentliche Schritt zur Lösung von Design Information Management, eine Möglichkeit zu schaffen, Regeln für die Verknüpfung und Interpretation der verfügbaren Design-Informationen zu formulieren. Es soll, um die Begriffsklärung zu 'Management' abzurunden, je ein Beispiel aus den drei Arten der Design-Information betrachtet werden.

Beispiel personenrelevant: Wenn eine bestimmte Person IC-Daten manipulieren möchte, wozu sie nach den Design-Informationen aber nicht berechtigt ist, dann wird 'Management' verhindern, daß diese Person Zugriff erhält.

Beispiel IC-relevant: Wenn jemand einen Design Rule Check auf ein geometrisches Layout in einem bestimmten Prozeß anwenden möchte, dann wird 'Management' dafür sorgen, daß die zu dem Prozeß gehörenden Design Rule-Parameter verwendet werden.

Beispiel projektrelevant: Wenn ein bestimmter Arbeitsschritt nach der Design Trajectory eines IC-Entwicklungsprojekts getan werden muß, dann wird 'Management' dafür sorgen, daß er veranlaßt wird und andere Aktionen unterbinden.

Das folgende Bild 10.1 verdeutlicht noch einmal die Bereiche, aus denen die Design-Informationen hervorgehen und in die deren Management eingreift.

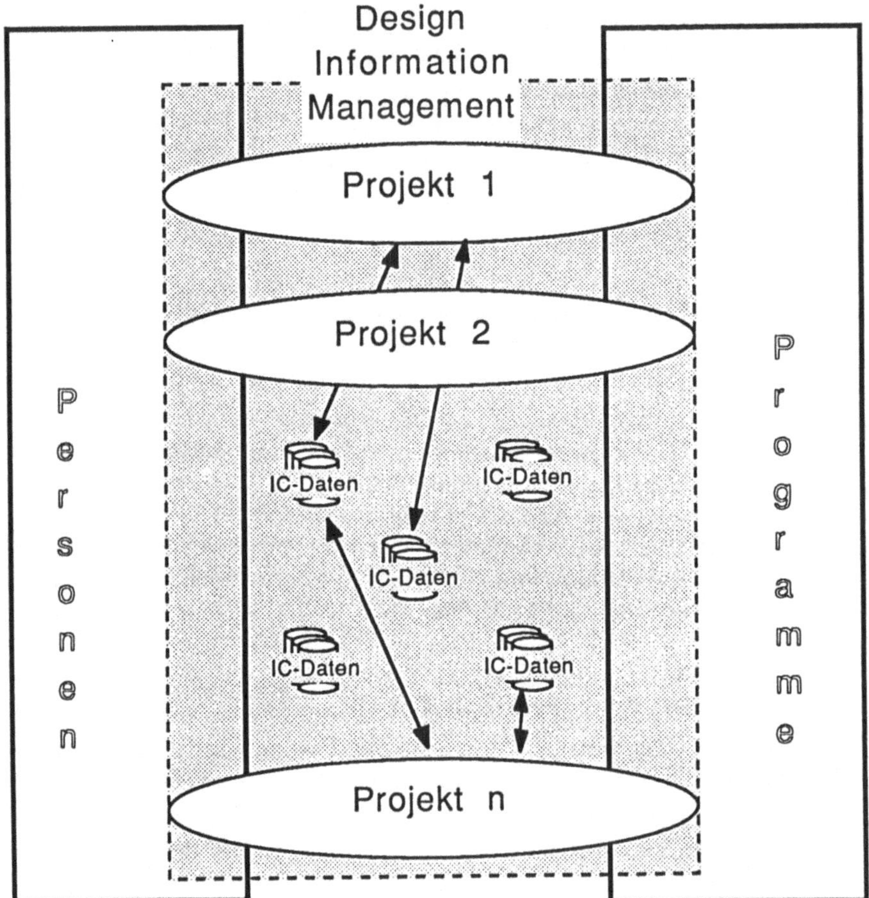

Bild 10.1. Einflußbereich "Design Information Management"

10.3 Die Hauptprobleme

Nach diesen Begriffsklärungen soll als nächstes auf die Hauptprobleme eingegangen werden, die während der Problemanalyse zu dem Thema Design Information Management zu Tage traten. Als ein wesentliches Problem erwies sich, daß in der Einsatzumgebung, also in der Philips IC-Entwicklung, Projekte nicht nur lokal stattfinden. IC-Entwicklungen sind längst so komplex geworden, daß ihre Durchführung die Resourcen von mehreren Design-Zentren benötigen. Außerdem ist Zusammenarbeit und Informationsaustausch nicht nur innerhalb einzelner Projekte nötig, sondern auch zwischen mehreren Projekten, denn Daten, die von einem Projekt erzeugt werden, können durchaus für andere Projekte verwendbar sein. Das bedeutet aber, daß die Design-Informationen verteilt, erzeugt und verwendet werden. Ein Design Information Management-System für diese Umgebung ist also davon abhängig, daß die Träger der Design-Informationen untereinander vernetzt sind und, es muß dieses Netz für seine Aufgaben nutzen können.

Eine weitere Schwierigkeit hängt damit zusammen, daß Design-Informationen, und speziell IC-relevante, von den CAD-Programmen erzeugt und verändert werden, die auf die IC-Daten angewendet werden. Beispielsweise verändert sich die Design-Information "Bearbeitungszustand" von Schaltungsdaten nach jedem erfolgreichen Einsatz eines CAD-Programms. Das bedeutet, daß die CAD-Programme mit dem Design Information Management in einer integrierten Umgebung zusammenarbeiten müssen. Das Problem liegt darin, daß in der Philips IC-Entwicklung eine Fülle von unterschiedlichen CAD-Programmen eingesetzt wird. Eigenentwickelte Programme werden durch Software von anderen Herstellern ergänzt. Lange existierende Programme müssen ebenso berücksichtigt werden wie kurz vor dem Abschluß stehende Neuentwicklungen. Auch dürfen zukünftige Entwicklungen nicht von der Integration ausgeschlossen werden. Man kann sich leicht vorstellen, daß so eine weitverzweigte Vielfalt Schwierigkeiten beim Zusammenspiel verursacht. Auch hat sie Folgen für die Integrationsmethoden, die in Frage kommen. So darf man sich z.B. nicht darauf verlassen, daß man die zu integrierenden Programme verändern kann oder daß einzelne Programme überhaupt in der Lage sind, Design-Informationen zu kommunizieren.

Die letzte größere Schwierigkeit ergibt sich in dem Bereich der Design Trajectories. Aus Kapitel 1 geht hervor, daß der Arbeitsablauf bei IC-Entwicklungen beschrieben werden kann. Für die Praxis muß man allerdings feststellen, daß es sich dabei nur um Prinzipien handelt und nicht um Dogmen. Bei der täglichen Arbeit der Schaltungsentwickler gibt es eben nicht nur Unterschiede in den Arbeitsschritten für Full-Custom- und Semi-Custom-Schaltungen, sondern es ergeben sich in jedem IC-Entwicklungsprojekt Abweichungen von den Prinzipien, auch wenn sie nach derselben Entwicklungsmethode durchgeführt werden wie andere. An Design Information Management wird im Bereich der projektrelevanten Design-Informationen die Forderung gestellt, Design Trajectories überwachen zu können. Mit dem eben gesagten ergibt sich aber die Schwierigkeit, daß man nicht auf feste Design Trajectories zurückgreifen kann, die man sozusagen in Design Information Management einbrennen könnte. Design Information Management muß also die Arbeitsabläufe von IC-Entwicklungsprojekten flexibel halten und sie trotzdem kontrollieren können. Erschwerend kommt hinzu, daß eine gewählte Design Trajectory während des Projektverlaufs veränderbar gehalten werden muß. D.h., daß z.B. der Projektleiter durchaus in Einzelsituationen die Reihenfolge der Arbeitsschritte verändern kann, ohne damit die gesamte für das Projekt gewählte Design Trajectory ungültig zu machen.

10.4 Mögliche Konzepte

In Bild 10.2 ist ein Modell dargestellt, das sich ergibt, wenn man unternehmensweit in den möglicherweise betroffenen Organisationsbereichen die Anforderungen an ein Design Information Management-System sammelt. Danach wünscht man eine Umgebung, die es erlaubt, CAD-Programme miteinander kommunizieren zu lassen, Daten gemeinsam zu benutzen und die Programme beliebig auszutauschen. Dabei soll es völlig unerheblich sein, welcher Hersteller die CAD-Programme geliefert hat, ob man den Quellcode beeinflussen kann oder nicht, auf welchen Rechnern die Programme laufen und in welchem Teil des IC-Entwicklungsweges die Programme eingesetzt werden. Außerdem muß die Umgebung vollkommen offen sein für die Entwicklung und Einbindung neuer CAD-Programme, und es soll Schnittstellen nach außen bieten. Zusätzlich soll es eine gemeinsam nutzbare Benutzeroberfläche bieten, die möglichst auswechselbar ist. Die geforderte Umgebung muß erlauben, flexibel aus den verfügbaren Einzelprogrammen Gesamtsysteme zu konfigurieren. Alle diese Dienstleistungen sollen vor den normalen Benutzern verborgen bleiben und sie sollen sich nicht in Antwortzeiten des Systems bemerkbar machen. Es ist leicht einzusehen, daß

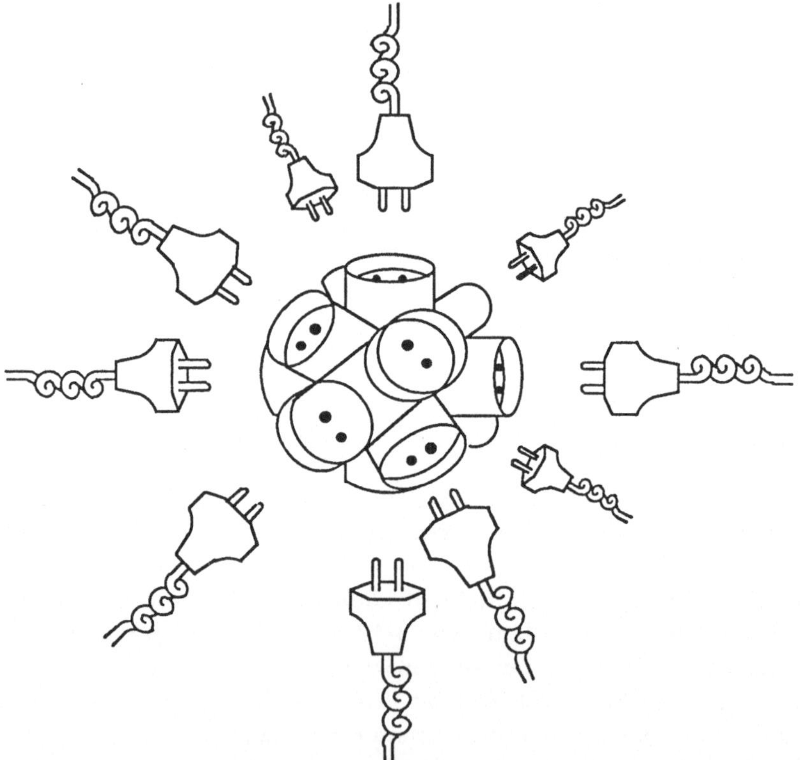

Bild 10.2. Karrikatur vom Traum des Design-Management-Systems

man bei der Umsetzung dieser Anforderungen aufgrund organisatorischer, kapazitätsbedingter und physikalischer Grenzen Abstriche machen muß. Es sollen im folgenden verschiedene Konzepte zur Realisierung von Design Information Management-Systemen andiskutiert werden. Dabei soll nicht behauptet werden, dieses seien die einzig möglichen.

Ein Ansatz, der immer wieder versucht wird, wird auch oft als **Design-System** bezeichnet. Hierfür ist charakteristisch, daß alle CAD-Programme mit dem dazwischen liegenden Design Information Management als sogenantes **Turnkey-System** gebaut werden. Das bedeutet, daß eine festgefügte Einheit entsteht, die oft sogar eine bestimmte Hardware Konfiguration einschließt. Vorteilhaft ist, daß man bei einer derartigen Lösung die einzelnen Komponenten optimal aufeinander abstimmen kann. Deshalb wird man zu sehr effektivem Design Information Management kommen. Der Nachteil ist darin zu sehen, daß ein überaus starres System entsteht. Man kann nicht flexibel auf Neuentwicklungen auf dem Markt der CAD-Programme reagieren, weil deren Einbindung in ein geschlossenes Design-System praktisch ausgeschlossen ist. Damit macht man sich aber abhängig von dem Hersteller des Design-Systems. Für eine Umgebung wie die Philips IC-Entwicklung ist das schwer denkbar.

Einen anderen Ansatz kann man als **Tool-Box-Konzept** bezeichnen. Dieses Konzept sieht eine Bibliothek mit Design Information Management-Funktionen vor. Diese Funktionen können dann von den CAD-Programmen gemeinsam benutzt werden. Der Vorteil ist, daß sich diese Funktionen beliebig in die CAD-Programme einbauen lassen und man damit nicht auf Design Information Management vor und nach einem Programmlauf angewiesen ist. Natürlich muß man für diesen Ansatz Zugriff auf den Code der CAD-Programme haben, denn es müssen die Funktionsaufrufe eingebaut werden. Das führt aber zu Problemen sowohl bei existierender als auch zugekaufter Software. Ein weiterer Nachteil liegt darin, daß man alle Verantwortung für Design Information Management auf die Entwickler der CAD-Programme abwälzt. Das erhöht einerseits die Belastung für diesen Personenkreis und andererseits macht es eine Verfolgung der Anwendung von Design Information Management schwierig. Im Fehlerfall bei den gemeinsam benutzten Design-Informationen kann dann die Ursachensuche extrem aufwendig werden.

Das diesem Kapitel zugrunde liegende System wurde nach dem **Betriebssystem-Konzept** entwickelt. Einzelheiten dazu finden sich im Abschnitt 10.5.

10.5 Die Architektur

Das folgende System kann am ehesten mit einem einfachen Betriebssystem eines Computers verglichen werden. Es bietet eine Kommandoschnittstelle für

Benutzer, Möglichkeiten, fremde Programme von außen einzubinden, und ein Dateiverwaltungssystem. Damit sind die Hauptkomponenten der Architektur unseres Design Information Management-Systems schon erwähnt.

Die **Kommandoschnittstelle** kontrolliert die Zugangsberechtigung von Benutzern (Password) und erlaubt authorisierten Personen Zugang sowohl zu den Systemfunktionen des Design Information Management-Systems als auch zu den darin eingebundenen CAD-Programmen. Dadurch, daß bei der Einbindung neuer Programme auch jeweils neue Kommandos definiert werden können, ist diese Schnittstelle zum Endbenutzer nach oben offen.

Fremde Programme, also konkret die zu integrierenden CAD-Programme, werden durch die Funktionen der sog. **Application-Integration-Komponente** behandelt. Diese Funktionen sind, wie bei einem Betriebssystem, Compiler, Lader und Runtime-System und werden ergänzt durch eine formale Sprache. In dieser Sprache kann man die Umgebung und den Ablauf von einzubindenden Programmen, wie sie sich von außen betrachtet darstellen, beschreiben (einschl. des Startkommandos). Der Compiler prüft diese Beschreibung und übersetzt sie in eine ladbare Form. Der Lader schließlich richtet die Beschreibung in der entsprechenden Integrationsumgebung ein und stellt die Verbindung zu den übrigen Design Information Management Funktionen her. Mit der Beschreibung für ein CAD-Programm hat man definiert, mit welchem Kommando das Programm gestartet werden soll, welche Daten vor dem Programmlauf vorhanden sein müssen und nach welchen Kriterien sie ausgewählt werden sollen, welche Betriebssystemeinstellung das Programm vorfinden will und was mit eventuellen Ergebnisdaten nach dem Programmlauf passieren soll. Nach dem Kompilieren und Laden der Beschreibung kann das CAD-Programm dann unter Kontrolle des Runtime-Systems ablaufen. Nach und nach können so alle zu integrierenden CAD-Programme zu einem Gesamtsystem zusammengebunden werden. Da die Integrationen einzeln erfolgen, ist auch jederzeit die Möglichkeit des Ersatzes einzelner Programme möglich und die Erweiterbarkeit garantiert.

Die dritte Hauptkomponente ist das **Dateiverwaltungssystem.** Das Verfahren, nachdem es arbeitet, funktioniert ähnlich wie eine Bücherei. Die Dateien werden zentral verwaltet. CAD-Programme können sich Dateien ausleihen, reservieren und zurückgeben. Anders als in einer Bücherei können außerdem Dateiinhalte geändert oder Dateien ganz gelöscht werden. Das Dateiverwaltungssystem besteht im wesentlichen aus einer relationalen Datenbank und einer Dateiablageumgebung. In der relationalen Datenbank werden die Kontrollstrukturen für die Dateiablageumgebung verwaltet, d.h. in der Datenbank wird die Struktur des 'Physikalischen Dateispeichers' abgebildet. Das Dateiverwaltungssystem insgesamt arbeitet nach dem **Server-Knoten-Prinzip.** Das bedeutet, daß an einer zentralen Stelle, dem Server, die physikalischen Dateien und die Kontrollstrukturen gehalten werden. In einem Netz verteilte Knoten können mit dem Server kommunizieren und haben so Zugriff auf dieselben Informationen. Damit können von den Knoten Datenanforderungen an den Server gestellt werden, und der Server kann die Daten an die Knoten verteilen oder von ihnen entgegennehmen.

Bild 10.3 veranschaulicht nochmals grob die Architektur eines Design Information Management-Systems nach dem Betriebssystem-Konzept.

Bis hierher könnte der Eindruck entstanden sein, daß unser Design Information Management-System nicht viel mehr als ein Datenverwalter ist. Die Aufgabe 'Kontrolle von Design Trajectories' ist beispielsweise noch nicht erwähnt worden. Um darzulegen, wo überall Design Information Management in dem genannten System liegt und wie es über Datenverwaltung hinaus funktioniert, müßte man sehr tief in seine technischen Details gehen. Das wäre sicherlich im Rahmen dieses Buches nicht erlaubt. Das Thema Kontrolle von Design Trajectories soll jedoch noch kurz angesprochen werden. Weiter oben wurde erwähnt, daß man Design Trajectories nicht vorne weg ein für allemal festlegen kann. Deshalb wird in dem beschriebenen Design Information Management-System dem Anwender die Möglichkeit gegeben, die Reihenfolge des Ablaufs der eingebundenen CAD-Programme zu definieren. Die Definition eines solchen Ablaufs wird Prozeß genannt. Dazu kann der Anwender einen minimalen Soll-Bearbeitungszustand der Eingangsdaten eines Prozesses definieren und er kann den Ergebnis-Bearbeitungszustand der Daten nach dem Prozeßlauf setzen lassen. Das Design Information Management-System überprüft vor jedem Start eines bestimmten CAD-Prozesses, ob der geforderte Soll-Bearbeitungszustand für die zu bearbeitenden Daten oder womöglich sogar schon der Ergebnis-Bearbeitungszustand vorliegt. Ist der Soll-Bearbeitungszustand noch nicht erreicht, wird das Design Information Management ablehnen, den Prozeß zu starten. Liegt der Ergebnis-Bearbeitungszustand bereits vor, wird es ebenfalls den Prozeßlauf unterbinden und sofort Vollzug melden. Wenn man noch die Gesamtheit der CAD-Prozesse so versteht, daß die einzelnen Komponenten jeweils ihre Ausgangsdaten als Eingangsdaten an einen anderen CAD-Prozeß weiterreichen, dann ist mit diesem Mechanismus die Ablaufkontrolle in einem durch das Design Information Management integrierten System mit einfachen Mitteln möglich und bietet die geforderte Flexibilität. Bild 10.4 veranschaulicht den Begriff "Prozeß" und die Ablaufkontrolle.

In diesem Kapitel wurde versucht, einen Eindruck zu vermitteln, was unter Design Information Management im Zusammenhang mit dem in diesem Buch beschriebenen Design-Information-System konkret zu verstehen ist. Der Einsatz wird zunächst in dem in Kapitel 6 erläuterten 'Factory Finishing System' erfolgen.

Bei der Implementierung des Design Information Management-Systems mußten weitgehende Beschränkungen der theoretischen Möglichkeiten in Kauf genommen werden. Das läßt sich leicht erkennen, wenn man sich intensiver mit diesem Thema auseinandersetzt. Denoch wurde versucht, das zu realisieren,

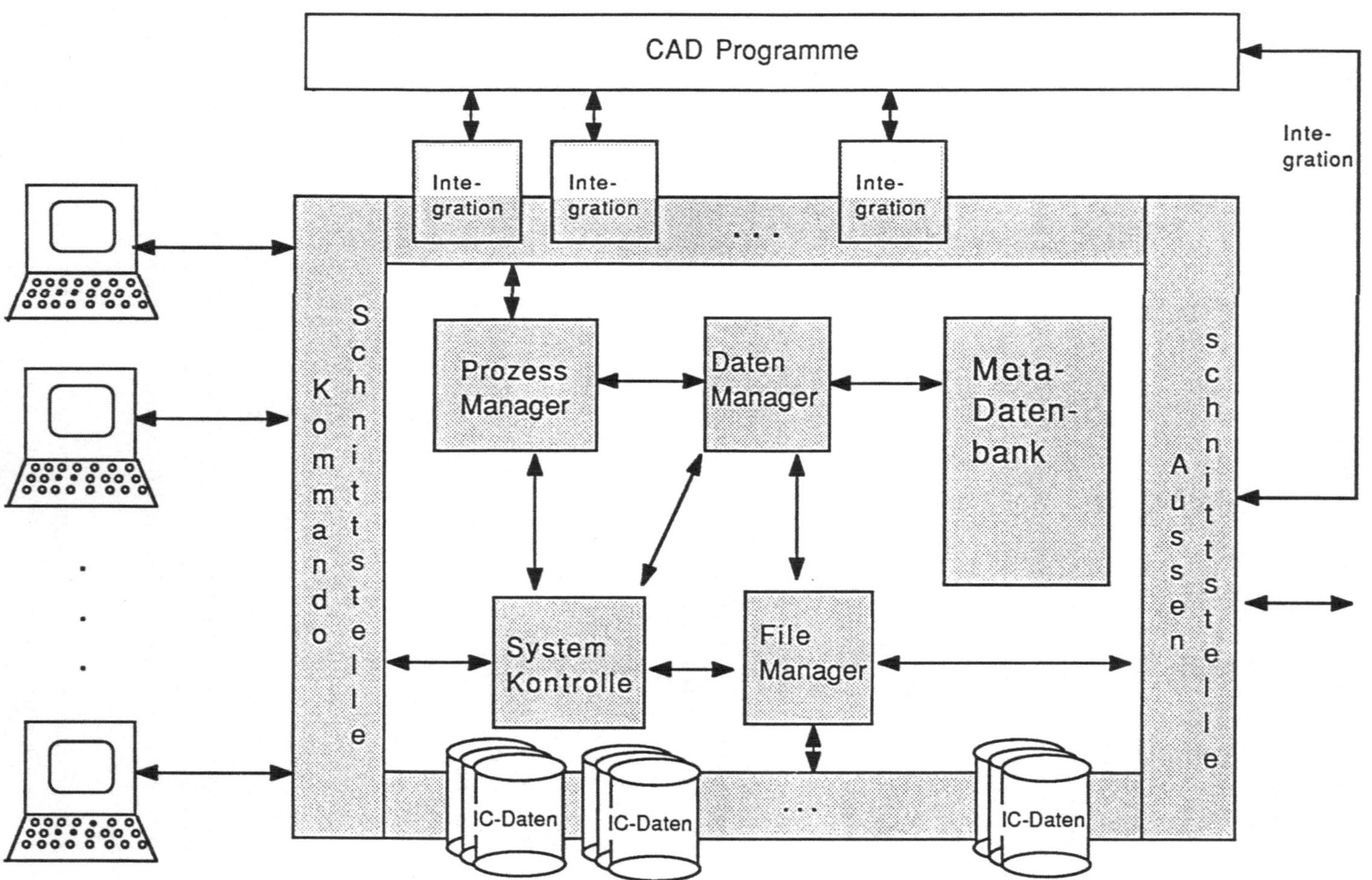

Bild 10.3. Architektur "Betriebssystemkonzept"

was zur Zeit technisch möglich ist, ohne von den Anforderungen der Philips IC-Schaltungsentwicklung an ein Design Information Management-System abzuweichen. Damit wurde der Grundstein gelegt für Weiterentwicklungen auf diesem Gebiet.

Zum Schluß wird anhand eines Beispiels die Wirkungsweise von Design Information Management in einem vereinfachten Factory Finishing System erläutert.

Gehen wir davon aus, daß ein automatisches Factory Finishing System mit Hilfe der entsprechenden Design Information Management Funktionen bereits aufgebaut wurde. Nehmen wir ferner an, daß die Eingangsschnittstelle zum Factory Finishing System eine Datei ist, die ein fertiges, korrektes Schaltungsdesign enthält und eine Parameterdatei.

Ein Benutzer des Factory Finishing System würde nun zunächst versuchen, die beiden Dateien in den Factory Finishing-Datenbereich einzutragen. Das Design Information Management überprüft, ob er dazu berechtigt ist, ob beide Dateien vorhanden sind, ob eine oder beide Dateien womöglich schon eingetragen sind. Falls die Einträge erfolgreich sind, speichert das Design Information Management für sie den Ausgangsbearbeitungszustand ab, nämlich "noch gar nicht bearbeitet". Außerdem werden die Dateien gegen unbefugte Manipulationen geschützt.

Als nächstes gibt der Benutzer des Factory Finishing System das Kommando, die Factory Finishing-Benutzerstufe für die Schaltung anlaufen zu lassen. Das Design Information Management überprüft die Korrektheit des Kommandos, die Berechtigung des Benutzers und die Verfügbarkeit aller zum Start benötigten Dateien. Wenn alles in Ordnung ist, gibt es die Startmeldung und der Benutzer kann sich anderen Dingen zuwenden.

Das Design Information Management-System überprüft jetzt zunächst, welcher Bearbeitungszustand der Schaltung eigentlich vorliegt. Damit kann es entscheiden, an welcher Stelle des Factory Finishing-Ablaufs begonnen werden muß. Dann muß es für den ersten auszuführenden Schritt die Arbeitsumgebung schaffen, d.h. das Computer-Betriebssystem vorbereiten und die Dateien bereitstellen und möglicherweise gegen Zugriff anderer schützen.

Nehmen wir an, der erste auszuführende Schritt für unsere Schaltung ist die Eingangskontrolle zu Factory Finishing, der Design Rule Check. In diesem Falle würde sich das Design Information Management die Beschreibung für den Schritt "Design Rule Check" aus der Datenumgebung holen und die Arbeitsumgebung entsprechend aufsetzen. Die benötigten Dateien würden in der Arbeitsumgebung bereitgestellt und das Design Rule Check-Programm würde gestartet. Das Design Information Management überwacht den Lauf des Programms, um Unregelmäßigkeiten oder das Ende festzustellen. Das Ergebnis des Programmlaufs wird nochmals überprüft. Ergab sich kein Design Rule-Fehler in der Schaltung,

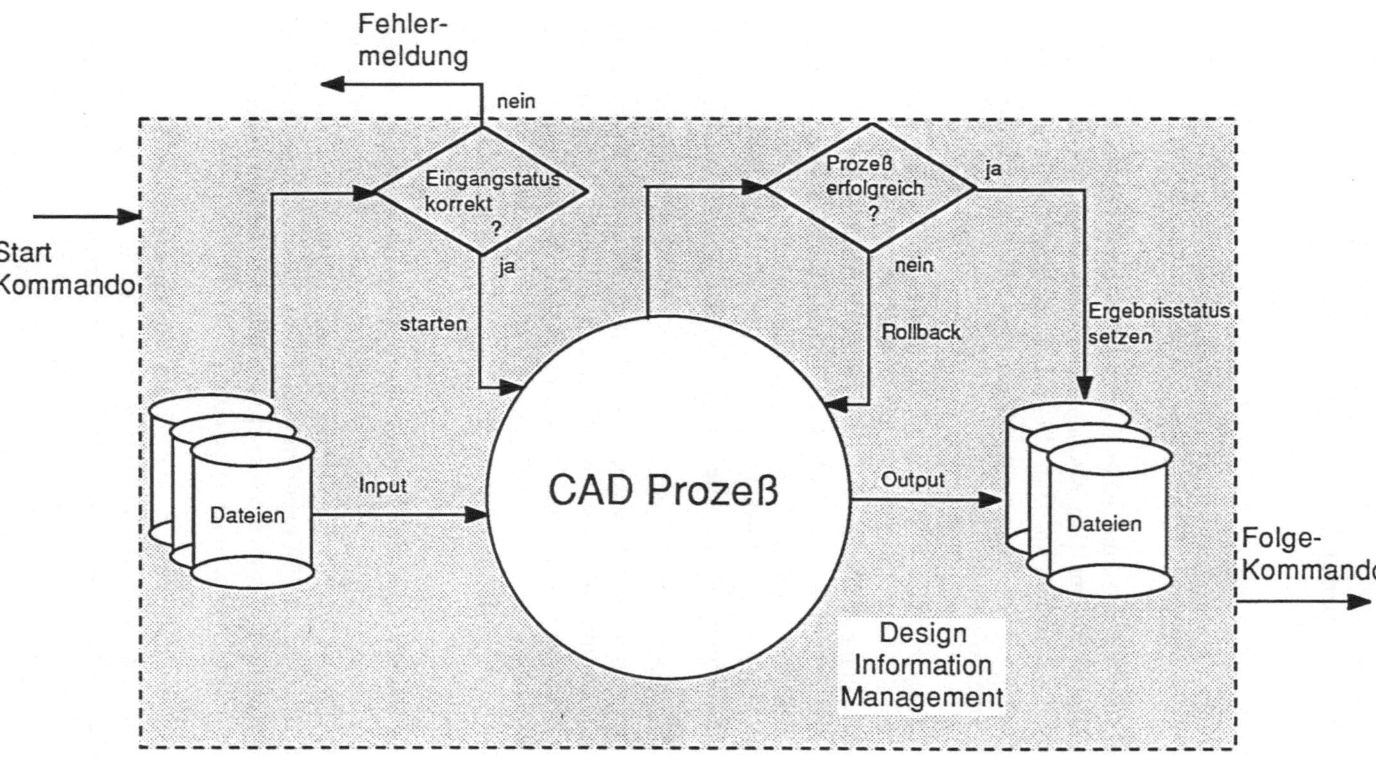

Bild 10.4. Prozeßablaufsteuerung

würde die Arbeitsumgebung aufgeräumt werden und die Schaltungsdatei mit dem Bearbeitungszustand "Design Rule korrekt" versehen und in die Factory Finishing-Datenumgebung zurückgestellt werden. Jetzt wird noch geprüft, welcher Schritt als nächstes kommt, um ihn dann einzuleiten.

Nehmen wir an, der nächste Schritt sei "Schaltungskomplettierung". Für ihn wird dann wieder geprüft, ob die Ausgangsvoraussetzungen erfüllt sind, nämlich sind alle benötigten Dateien verfügbar und ist die Schaltungsdatei in dem Bearbeitungszustand "Design Rule korrekt" aber noch nicht "komplett". Sind diese Voraussetzungen gegeben, wird wieder eine entsprechende Arbeitsumgebung geschaffen und das Programm zur Schaltungskomplettierung gestartet.

In dieser Weise werden alle Factory Finishing-Schritte durchlaufen bis die Schaltung fertig bearbeitet ist, oder bis die Kette durch fehlerhafte Ergebnisse oder nicht erfüllte Startbedingungen unterbrochen wird. In beiden Fällen kann das Design Information Management entweder einfach Informationen in Form von Nachrichten weitergeben oder z.B. Alternativschrittfolgen einleiten, je nach Definition. Auf alle Fälle sind immer alle Informationen über den Factory Finishing-Verlauf sicher durch das Design Information Management verfügbar.

Literaturverzeichnis

1.1 Schumicki, G.; Seegebrecht, P.: Prozeßtechnologie (Reihe Mikroelektronik) in Vorbereitung. Berlin, Heidelberg: Springer 1990

3.1 Rammig, F.J.: Design Languages : Concepts and Examples. Tutorial Sessions on CompEuro 87. Hamburg: 1987

3.2 Volkmann, H.: Der strategische Abakus: Leitidee und Instrumentalansatz für die Nutzung und Beherrschung der Kommunikations- und Informationstechnik in sozio-technischen Systemen. München: Drömer-Knaur 1984

3.3 Balzert, H.: Die Entwicklung von Software-Systemen. Prinzipien, Methoden, Sprachen, Werkzeuge. Mannheim: Bibliografisches Institut 1982

3.4 Hering, E.: Software Engineering. Braunschweig: Vieweg 1984

3.5 Mahnke, H.: Software Engineering kurz und bündig. Planung, Methoden, Darstellungstechniken. Würzburg: Vogel 1985

3.6 Reisig, W.: Systementwurf mit Netzen. Berlin: Springer 1985

3.7 Warner, A.: Software-Entwicklungswerkzeuge im Vergleich. Berlin: PSI GmbH 1986

3.8 Der schnelle Draht; Handbuch zur Nutzung von Datenbanken für die technische Entwicklung. Hrsg.: Der Minister für Wirtschaft, Mittelstand und Technologie des Landes Nordrhein-Westfalen. Düsseldorf: 1985

3.9 Partsch, H.: Requirements Engineering. Informatik-Spektrum 10 (1987) 334...335

3.10 Luhmann, N.: Soziale Systeme; Grundriß einer allgemeinen Theorie. Frankfurt: Suhrkamp 1984

3.11 Hofstadter, D.: Gödel, Escher, Bach; ein Endloses Geflochtenes Band. Stuttgart: Klett-Cotta 1985

3.12 Capra, F.: Wendezeit. Bern, München, Wien: Scherz 1985

3.13 Sopart, C.-M.: So steigern Sie Ihre Kreativität. IC-Wissen, Juli 1987. Würzburg: Vogel 1987

3.14 Praxis der betrieblichen Problemlösung; Analytische und kreative Problemlösung. Hamburg: Polymedia GmbH 1976

3.15 Oppenheim, A.; Schafer, R.: Digital Signal Processing. London: Prentice-Hall 1975

3.16 Azisi, S.-A.: Entwurf und Realisierung digitaler Filter. München, Wien: Oldenbourg 1987

3.17 van Cleempt, W.M.: The Role of Design Automation in the Design of Digital Systems. EH 1322-1/79/0000-0001$0075 (c) 1979 IEEE

3.18 Niessen, C.: Abstraction Requirements in Hierachical Design Methods. in: Goto, S. (Editor): Design Methodologies. North-Holland: Elsevier Science Publisher 1986

3.19 Schumann, J.; Gerisch, M.: Software Entwurf; Prinzipien, Methoden, Arbeitsschritte, Rechnerunterstützung. Köln: R.Müller, 1986

3.20 Dworatscheck, S.: Marktspiegel Projektmanagement Software; Kriterienkatalog und Leistungsprofile. Köln: Verlag TÜV Rheinland, 1987

4.1 Baudet, G.M.; Cutler, M.; Davio, M.; Peskin, A.M.; Rammig, F.J.: The Relationship between HDLs and Programming Languages. VLSI and Software Engineering Workshop Report; IEEE Computer Society Press (1982) 64...69

4.2 Cohen, B.: On the Impact of Formal Methods on the VLSI Community. Proceedings of the IFIP TC 10, VLSI 83 - VLSI Design of Digital Systems. Trondheim: North-Holland (1983) 469...479

4.3 Hill, D.D.; Coelho, D.R.: Multi-Level Simulation for VLSI Design. Kluwer Academic Publishers 1987

4.4 Hörbst, E. (Hrsg.): Logic Design and Simulation. Advances in CAD for VLSI, Vol. 2, North-Holland 1986

4.5 Mead, C.; Conway, L.: Introduction to VLSI Systems. Addison-Wesley 1980

4.6 Pantano, G.: Grundlagen der Logiksimulation. Elektronik 12 (1986) 55...60; 13 (1986) 75...80

4.7 Rammig, F.J.: Design Languages : Concepts and Examples. Tutorial Sessions on CompEuro 87. Hamburg 1987

4.8 Waxman, R.: The Many Languages of Electronic CAD. Proceedings of the International Conference on Computer Design ICCD 1984

4.9 Zimmermann, G.: Top-Down Design of Digital Systems. Hörbst,E. (Hrsg.): Logic Design and Simulation (s.o.)

4.10 Mou Hu ; Smith, C.: Ternary Scan Design for VLSI Testability. IEEE Transaction on Computers, C-35 No.2 (1986) 167...170

4.11 Ostapko, D; Hong, S.J.: Fault Analysis and Test Generation for Programmable Logic Arrays (PLAs). IEEE Transaction on Computers, C-28 No.9 (1979) 617...626

4.12 Schönemann, H.: AMSAL, ein Softwaretool zur Generierung von Testpattern für scantestfähige VLSI-Schaltungen. ITG Fachberichte 98 (ISBN 3-8007-1518-X), Berlin: VDE Verlag GmbH 1987

5.1 Nebel, W.: CAD-Entwurfskontrolle in der Mikroelektronik. Stuttgart: B.G. Teubner 1985

5.2 Ohtsuki, T.: Layout Design Verification, Kap. 7. Amsterdam: Elsevier Science Publishers B.V. 1986

5.3 Hofmann, M.; Lauther, U.: HEX: An Instruction-Driven Approach to Feature Extraction. Proc. of 20th Design Automation Conference (1983) 334...336

5.4 Baker, C.M.; Terman, C.: Tools for Verifying Integrated Circuit Designs.

5.5 Chua, L.O.; Lin, P.M.: Computer-Aided Analysis of Electronic Circuits. Prentice-Hall, Hall Inc., New Jersey, USA, 1975

5.6 Horneber, E.-H.: Simulation elektrischer Schaltungen auf dem Rechner. Berlin: Springer 1985

5.7 Nagel, L.W.; Pederson, D.O.: Simulation Program with Integrated Circuit Emphasis (SPICE). Electron. Res. Lab., Univ. of California, Memo ERL-M 382 (1973)

5.8 Nagel, L.W.: SPICE 2: A Computer Programm to Simulate Semiconductor Circuits. Electron. Res. Lab., Univ. of California, Memo ERL-M 520 (1975)

5.9 Gear, C.W.: Simultaneous Numerical Solution of Differential-Algebraic Equations. Trans. Circuit Theory. (1971) 89...95

5.10 Brayton, R.K.; Gustavson, F.G.; Hachtel, G.D.: A New Efficient Algorithm for Solving Differential-Algebraic Systems Using Backward Differentiation Formulas. Proc. IEEE (1972) 98...108

5.11 Ho, C.W.; Ruehli, A.E.; Brennan, P.A.: The Modified Nodal Approach to Network Analysis. Trans. Circuits and Systems. (1975) 504...509

5.12 Fan, S.T.; et al.: MOTIS-C: A New Simulator for MOS Circuits. Int. Symp. on Circ. and Syst. (1975) Proc. 901...909

5.13 De Micheli, G.; Sangiovanni-Vincentelli, A.; Newton, A.R.: New Algorithms for Timing Analysis of Large Circuits. IEEE Proc. Int. Symp. on Circ. and Syst. (1980) 439...443

5.14 Anheier, W.; Laur, R.; Mathes, E.: Circuit Simulation and Layoutgenerierung. BMFT, Forschungsbericht NT 2687 2 (1987)

5.15 Höpken, H.; Richter, R.: ESPICE Reference Manual. PHILIPS Components RHW, 1989

5.16 Tsividis, Yannis P.: Operation and Modelling of the MOS Transistor. McGraw-Hill (1987)

5.17 Klaassen, F.M.: "Compact MOSFET Modelling" in: Process and Device Modelling. W.L. Engl (Editor), North-Holland (1986)

5.18 Vladimirescue, A.: Circuit Simulation On Vector Processors. IEEE CH1813-5 (1982) 172...175

5.19 Vladimirescue, A.: LSI - Circuit Simulation On Attached Array Processors. Berkeley report, UCB/ERL M1984/6

5.20 Pederson, D.O.; Vladimirescue, A.: Performance Limit Of CLASSIE Circuit Simulation Program. ERL, UC Berkeley, CH1681-6 (1982)

5.21 Report Of The Working Group On Supercomputers. Philips INT-DPS/4445 Nov. 1984

5.22 Cole, C.T.: Attaching An Array Processor In The UNIX Environment. ERL M83/23, UC Berkeley April 1983

5.23 Greer, B.; Hoepken, H.: Data Structure Reordering Scheme Design Considerations. Internal Communication With FPS, Portland, Oregon: Dec. 1984

5.24 Großcurth, J.: Implementieren von parametrisierbaren Unternetzwerken und arithmetischen Ausdrücken in ESPICE. FH Wedel, Hamburg, Diplomarbeit, 1986

5.25 Markowitz, H.M.: The Elimination Form Of The Inverse And Its Application To Linear Programming. Management Science, Vol.3, April (1957) 255...269

5.26 Richter, R.: Graphische Auswertung von Simulationsergebnissen auf dem Computer, Fachtagung Mikroelektronik, Baden-Baden, 1989

5.27 SDIF, Simulation Data Interchange Format. Version 2.4. (c) Philips Corp. CAD Centre, Eindhoven

5.28 Ohse,W.–D.: GAP: Graphic/Numeric Analysis Postprocessor. Version 02.00.00V, USER GUIDE (c) Philips Export BV 1988

5.29 Ohse,W.–D.: Schnittstellen zwischen Simulationsumgebung (ESPICE) und Ergebnisnachverarbeitung (GAP). FH-Hamburg Diplomarbeit: (1986)

5.30 Ohse,W.–D.: GAP Installation Documentation. (c) Philips Export BV 1989

5.31 Wendorf, G.: Darstellung elektr. Netzwerksimulationen mit Smith-Diagrammen. FH-Hamburg Diplomarbeit: (1988)

5.32 Höpken,H.: Vectorization of Circuit Simulator ESPICE for FPS-x64. Proceedings of CompEuro87. Philips RHW Hamburg, May 11-15, (1987)

5.33 Müller,J.: Implementierung vom Funktionsblockmodellen in den Schaltungssimulator ESPICE. TU-Braunschweig Diplomarbeit (1988)

5.34 Tietze-Schenk: Halbleiterschaltungstechnik. Berlin: Springer Verlag (1988) 280ff

8.1 Sheingold, D.H.: Analog-Digital Conversion Handbook. Analog Devices 1986

8.2 Naylor, J.R.: Testing Digital/Analog and Analog/Digital Converters. IEEE Transactions on Circuits and Systems. CAS-25, No. 7 July (1987) 526...536

8.3 Wilhelm, T.: Linearitätstest bei A/D Umsetzern. Elektronik 6 (1983) 59 ff

8.4 Gößler, R.: Prüfmethoden für A/D Umsetzer Elektronik 12 (1975) 56...60

9.1 Schäfer, W.; Terlecki, G.: Halbleiterprüfung. Heidelberg: Dr. Alfred Hüthig Verlag 1986

9.2 Reimer, L.; Pfefferkorn, G.: Rasterelektronenmikroskopie. Berlin: Springer 1977

9.3 Weygang, A.: Fehleranalyse in integrierten Halbleiterschaltungen. ELEKTRONIK 12 (1979), 55-61

9.4 Gebhardt, W.; Krey, U.: Phasenübergänge und kritische Phänomene. Braunschweig/Wiesbaden: Verlag F. Vieweg & Sohn 1980

9.5 Hiatt, J.: 19th Annual Proceedings. Reliability Physics (1981) 130...133

9.6 Schäfer, W.; Niederauer, K.: Rasterelektronenmikroskopie – ein Verfahren zur Untersuchung fester Oberfächen. Messen und Prüfen, Nov. (1982) 744...749

9.7 Schäfer, W.; Niederauer, K.: Halbleiteruntersuchungsverfahren im Rasterelektronenmikroskop – EMK/EBIC und Potentialkontrast. Material- und Strukturanalyse, Dez. (1984) 5...13

9.8 Menzel, E.; Kubalek, E.: Fundamentals of electron beam testing of integrated circuits. Scanning 5 (1983) 103-122

9.9 Wolfgang, E.: Electron beam testing. Microelectronic Engineering 4 (1986) 77-106

9.10 Concina, S.; Richardson, N.: Rechnergestützter E-Beam-Chiptest. ELEKTRONIK 7 (1987), 47-56

9.11 Wilke, V.; Siegel, A.: Laser-Scan-Mikroskop – Aufbau und Anwendungen. Sonderdruck aus GIT Fachz. Lab. 28 (1984)

9.12 Ziegler, E.; Feuerbaum, H.P.: Failure Analysis of Integrated Circuits Using Optical Beam Induced Currents. Spring Meeting of the Electrochemical Society, Philadelphia, Extended Abstracts, 1 (1987) 179

10.1 Katz, R.H.: Managing the Chip Design Database. Computer, Vol.16, No.12, Dec 1983

10.2 Dittrich, Klaus R.; Kotz, Angelika M.; Mülle, Jutta A.: Database Support for VLSI Design: The DAMASCUS System. Forschungszentrum Informatik an der Universität Karlsruhe

10.3 Katz, R.H.; Weiss, S.: Design Trajectory Management. 21st ACM/IEEE Design Automation Conference, 1982

10.4 Katz, R.H.: A Database Approach for Managing VLSI Design Data. Proc. 19th ACM/IEEE Design Automation Conference, 1982

10.5 Felix, R.; Höftmann, A.; Klahold, P.; Schlageter, G.: Vergleich verschiedener CIF-Darstellungen im relationalen Datenbankmodell am

Beispiel des Layouteditors KIC. Fernuniversität Hagen, Praktische Informatik

10.6 Weber, Bernhard: Einsatz von IREEN für ein integriertes Entwurfssystem. Technische Hochschule Darmstadt Fachgebiet Rechnerorganisation

Glossar

Algorithmische Ebene Abstraktionsebene der → Logiksimulation.

Abstraktionsebene Detaillierungsgrad, in dem ein → Modell beschrieben ist.

AC Alternating Current (Kleinsignalbereich)

AD Analog-Digital

Algorithmus präzise Beschreibung dessen, *wie* etwas getan werden soll. Ein Algorithmus ist eine Verarbeitungsvorschrift, die keine Interpretation mehr zuläßt. Es wird beschrieben, auf welche Art und Weise Eingangsdaten in Ausgangsdaten umgewandelt werden.

AMSAL Ein Teil des Test-unterstützenden Softwarepakets zur automatischen Generierung von Testpattern für Scanpath- fähige Logik (siehe auch → Scan Access und → SDTB).

Application File Beschreibung der technologischen Regeln, nach denen eine Layout Extraktion durchzuführen ist, sowie des gewünschten Ausgabeformats.

BCB (Bus Control Block) Auf einem Chip integrierte Hardware zur Kontrolle der internen und externen Buszustände einer Schaltung während des Testens. Im Testmodus sind nur die Bustreiber des gerade getesteten Blocks aktiv, während der Zugriff aller anderen Blöcke gesperrt ist.

BE Backward Euler

BICAD Bipolar IC Computer Aided Design system

Bond pad Anschlußflächen der Schaltung auf dem Kristall.

CAT "Computer Aided Test"; Philips in-house Softwarepaket zur Unterstützung der Testprogrammgenerierung für VLSI Schaltungen.

Checklayer Durch logische Verknüpfung erzeugter Layer zum Zweck eines Design Rule Checks.

Conjunctive Rule Verknüpfung mehrerer Design Rule Check Befehle.

CONMAN Ein Teil des Test-unterstützenden Softwarepakets zur Generierung von Quellencode für verschiedene VLSI-Testsysteme.

Corresponding Node Pair Signal, das sowohl im Schaltplan als auch im Layout bezeichnet ist.

Crosspoint Fehlermodell Dient der Erzeugung von Testpattern für PLA's unter der Annahme, daß jede physikalische Leitungskreuzung im Layout zu einem potentiellen Kurzschluß führen kann.

CSE Circuit Simulation Environment

CTF (Chip Test File) Ausgabe-Datensatz des CAT für die komplette Schaltung eines Chips in internem Datenformat zur Weiterverarbeitung von anderen Postprozessoren.

DC Direct Current (Gleichstrombereich)

DC hysteresis Variation eines Parameters für den DC-Bereich vom Minimal- zum Maximalwert und umgekehrt.

DCB (Direct Clock Block) Auf einem Chip integrierte Hardware zur Kontrolle der internen Clockzustände während des Testens.

Debugger Programm zur Fehlersuche.

Device Exemplar der integrierten Schaltung.

Direct Access Zugriffsmethode beim Testen: interne Schaltungsblöcke sind (evtl. nur in bestimmten Testmodi) parallel über entsprechend konditionierte Pins ansprech- bzw. beobachtbar.

DTB (Definitive Test Block) Isolierbare logische Einheit auf einem Chip, für die eine bestimmte Teststrategie unveränderbar festgelegt ist. Der DTB kann im entsprechenden Testmode unabhängig von den logischen Zuständen aller anderen Schaltungsteile getestet werden.

E-beam-Tester kontaktloses, belastungsfreies Meßgerät zur Signaldarstellung auf dem Kristall nach dem Prinzip eines Elektronenstrahlmikroskopes.

Electrical Rule Check Prüfung, ob für alle Knoten eines Netzwerks die für die benutzte Technologie geltenden elektrischen Verknüpfungsregeln eingehalten sind.

ESPICE Extended Simulation Program with Integrated Circuit Emphasis

FDTB (Functional Definitive Test Block) Bezeichnet einen Block der Gesamtschaltung, dessen Teststrategie "Funktional-Test" ist, d.h. der

Block wird entsprechend seiner normalen Funktion getestet. (Bei einem Mikrocontoller z.B. dessen mögliche Befehlssequenzen).

FE Forward Euler

FFT Fast Fourier Transformation

File Datei

FPS Floating Point Systems, Inc.; trademark

FSL Fortran Subroutine Link

Funktion, Funktional Beschreibung dessen, *was* getan werden soll (Aufgabe, Tätigkeit) als vom Mensch direkt oder über ein Medium (z.B. Meßgerät) wahrnehmbare Ereignisse. Abstraktionsebene der → Simulation.

Floorplan Der Floorplan ist ein Anordnungsdiagramm der einzelnen Funktionsteile.

GAP Graphical Analysis Postprocessor

Gatter-Ebene Abstraktionsebene der → Logiksimulation.

GEAR Integrationsverfahren

Hardwarebeschreibungssprache (HDL) Formale Sprache zur Beschreibung von → Modellen logischer Schaltungen.

IC Integrated Circuit

ICB (Indirect Clock Block) Auf dem Chip integrierte Hardware zur Erzeugung von (2-Phasen-) Clocks. Der Eingang des ICB kann im Testmode so konditioniert werden, daß die Quelle des Clocks nicht mehr von einem beliebigen internen anderen Schaltungsteil (z.B. Baudrate-Generator), sondern von einem von außen kontrollierbaren Pin stammt. Auf diese Weise kann z.B. eine RS232 Schnittstelle mit dem System-Clock, d.h. wesentlich schneller überprüft werden.

IEC bus parallele Datenleitung mit festgelegtem Protokoll nach IEC-Norm.

Inputlayer Vom Designer gezeichneter Layer.

I/O Eingabe/Ausgabe

IOPC (I/O Pad Cell) Dem CAT bekannte Hardware verschiedener Pad Cell-Typen, so daß die testgenerierende Software das Interface zwischen Chip und Außenwelt "kennt". In der ASC-Bibliothek gibt es für verschiedene Anwendungen mehrere Typen für I/O-, Input- und Output-Zellen; auch gemultiplexte Strukturen stehen zur Verfügung.

IPC (Input Pad Cell) siehe "IOPC".

LAN Local Area Network

Layout Das Layout ist die geometrische Darstellungsweise aller Bauelemente und Komponenten.

Layout Extraktion Erfassung der elektrischen Elemente eines Netzwerks und deren Verknüpfungen aus der geometrischen Beschreibung des Netzwerks und die Ausgabe in einer vom Anwender gewünschten Form.

Logiksimulation Simulation logischer Schaltungen.

LTE Local Truncation Error (Zeitdiskretisierungsfehler)

MEMGEN Softwareteil des CAT zur Generierung von Testpattern für Memory-artige Blöcke der Schaltung. Diese Blöcke (ROM, RAM, PLA) müssen unabhängig von anderen Schaltungsteilen testbar sein. (DTB).

MMI Man Machine Interface

Modell, Verhaltensmodell Gesamtheit der Informationen über ein System, die zum Zwecke einer Untersuchung gesammelt wurden (je nach Untersuchungszweck gibt es daher mehrere Modelle). Modelle beschreiben das Verhalten von Systemen, ohne unbedingt deren innere Struktur äquivalent nachzubilden. Sie sind die Abbildung eines realen oder gedachten Systems in ein anderes Medium (physikalisches oder formales), gekennzeichnet durch Abstraktion (Verallgemeinerung) und Komplexitätsreduzierung.

- **Abstraktes Modell.** Vereinfachtes, durch Abstraktion und Idealisierung gewonnenes Abbild des realen Wirklichkeitsausschnittes mit den wesentlichen Eigenschaften des Systems (grafische Modelle, höhere Sprachen)
- **Gleichungsmodell.** Geschlossene mathematische Lösung (Differentialgleichung; Differenzengleichung)
- **Algorithmisches Modell.** Ausführbare Tätigkeiten, Vorschriften (A = B * Regel; TTL- Bausteine)
- **Physikalisches Modell.** Reales physikalisches Medium (TTL-Schaltung; Schiffe; Modellbahn)
- **Formales Modell.** Imaginäres Medium, Gleichungsmodell (Mathem. Gleichungen, Flußdiagramme)

Modul, Modular Auflösung eines Systems in überschaubare Teile (die verstanden werden).

Montage Die Montage ist der Vorgang des Fixierens des Chips in ein Raster, Verbinden der Anschlüsse und Umhüllen mit Plastik.

NAP Numerical Analysis Postprocessor

NRA Newton Raphson Algorithmus

OPC (Output Pad Cell) siehe "IOPC".

Opcode Operation Code, Befehlswort.

Plot Graphische zweidimensionale Darstellung des Layouts.

Plotter Zeichengerät (z.B. Farbstift, elektrostatisch).

Port Pin oder Pingruppe zur Datenein-/ausgabe.

Print plot Graphische Ausgabe auf einem Zeilendrucker mittels Druckzeichensymbolen.

Probecard Trägerkarte für Nadeln zur Kontaktierung der Bondpads von Schaltungen auf dem Wafer.

Programmiersprachen Sprache zur Formulierung einer Rechenvorschrift, d.h. von Datenstrukturen und Algorithmen.

- **Operative Sprachen.** Befehlssprachen wie FORTRAN, PASCAL, ADA
- **Funktionale Sprachen.** Funktionen von Mengen von Eingabewerten in Mengen von Ausgabewerten (auch applikative Sprachen genannt) LISP, LOGO
- **Prädikative Sprachen.** Beweis in einem System von Tatsachen und Schlußfolgerungen. PROLOG
- **Objektorientierte Sprachen.** Alle zur Lösung von Problemen notwendigen Informationen werden als Objekte definiert. Die Objekte können Nachrichten austauschen. SMALLTALK, OBJECTIVE-C

remote z.B remote workstation := Systemkomponenten sind in einem Netz miteinander gekoppelt.

Register-Transfer-Ebene Abstraktionsebene der → Logiksimulation.

RHS Right Hand Side vector (Initialisierungsvektor für Lösungsalgorithmus)

Scan Access Zugriffsmethode für das Testen von einzelnen Blöcken einer Schaltung. Die interen Anschlüsse der Schaltung werden von einem im Testmode konfigurierten Schieberegister versorgt, so daß beliebige interne Zustände der Schaltung seriell von außen erzeugt, bzw. nach außen ausgeschoben werden können.

Schaltungsebene Abstraktionsebene der → Logiksimulation.

SDIF Simulation Data Interchange Format

SDTB (Scanable Definitive Test Block) Bezeichnet einen Block der Gesamtschaltung, dessen Teststrategie "Structural-Test" ist, d.h. der Block wird im Testmode so geschaltet, daß eventuelle speichernde Elemente zu einem Schieberegister umgeschaltet werden. Dadurch ist es möglich, Testpattern auf der Basis des Stuck-at-Fehlermodells automatisch zu generieren.

Selbst-test Optionale Möglichkeit, die Hardware einer Schaltung im Testmode so zu konfigurieren, daß die Schaltung sich selbst testet. Das Testergebnis ist i.a. ein charakteristisches Bitmuster, das über Schieberegister oder im direkten Zugriff verifiziert werden kann.

SIMD Single Instruction for a Multiple Data element (arrays)

SISD Single Instruction for a Single Data element

Shmoo plot zweidimensionale Darstellung des Funktionsbereiches einer Schaltung.

Simulation Werkzeug zum Entwurf und der Analyse von Systemen aller Art, um die Evaluation des Systemverhaltens ohne tatsächliche Realisation zu ermöglichen. An einem Systemmodell werden Zustandsänderungen festgestellt, die Rückschlüsse auf das reale System erlauben. Simulation ist kein analytisches Verfahren, sondern ein Experiment (Gedankenexperiment, systematisches Probieren mit wechselnden Parametern am Systemmodell).

Spezifikation Die Spezifikation ist die vollständige Beschreibung des zu erstellenden IC's in natürlicher Sprache.

spike nadelförmiger Störimpuls.

Stickdiagramm Das Stickdiagramm ist ein abstrahierter Anordnungsplan der einzelnen Komponenten.

Struktur geometrische, räumliche und gedankliche Gliederung der Objekte eines Systems und deren Verknüpfungen.

Stuck-at-Fehlermodell Ein Fehlermodell, das von möglichen Fehlern auf der logischen Gatterebene ausgeht: Jedes Gatter kann an seinen Eingängen oder Ausgängen auf dem logischen Wert "1" oder "0" haften. Erweiterte Modelle betrachten zusätzlich Fehlermöglichkeiten wie "stuck at open" und "stuck at neighbour", d.h. der Eingang ist offen oder ist mit seinem physikalischen Nachbarsignal kurzgeschlossen. Die Testpattern generierende Software "vermutet" nun an jedem dieser Signale einen möglichen Fehler und versucht die Testpattern so zu erzeugen, daß dieser Fehlerfall von dem fehlerfreien Fall unterschieden werden kann.

Switch Level Abstraktionsebene der → Logiksimulation.

System eine abgegrenzte Anordnung aufeinander wirkender Gebilde. Gebilde können Gegenstände oder auch Denkmethoden wie Organistationsformen, mathem. Methoden oder Programmiersprachen sein. Diese Anordnung wird durch eine Hüllfläche von ihrer Umgebung abgegrenzt gedacht. Das System wird in Objekte gegliedert, deren Eigenschaften das Systemverhalten repräsentieren.

Systemanalyse Abstraktionsebene der → Simulation.

TAC (Test Access Checker) Ein Softwaremodul zur Überprüfung der Verbindung aller Schaltungsteile untereinander so, daß die Testbarkeit der einzelnen Schaltungsblöcke gewährleistet ist. Außerdem wird die Verbindung mit den notwendigen Testschaltungen (TCB, BCB usw.) geprüft.

TASS (Test ASSembler) Ein Softwaremodul, das die verschiedenen Testpattern aller Blöcke einer Schaltung zu einer kompletten Testsequenz für den fertigen Chip zusammenfügt.

TCB (Test Control Block) Hardwareblock einer Schaltung, der alle Kontrollmechanismen innerhalb der Schaltung für das Testen übernimmt. Insbesondere wird dafür gesorgt, daß jeder Schaltungsblock unabhängig von anderen Schaltungsteilen verifiziert werden kann.

Testpattern Eine Folge von Bitmustern, die an die Devicepins angelegt werden, um die Schaltung vollständig zu testen. Das Testpattern besteht aus Stimuli für alle Inputs bzw. I/O's einer Schaltung und den zugehörigen Ergebnissen (Responses). Die Testpattern beinhalten auch die internen Zustände der Schaltung, soweit sie durch eingebaute Schieberegister (Scan-access) von außen zugänglich sind. I.a. wird pro Clockzyklus einer Schaltung ein Testvektor angegeben. Die zeitliche Abfolge der einzelnen Testvektoren ergibt dann die komplette Testsequenz. Der zeitliche Abstand zwischen den Vektoren ist im allgemeinen, jedoch nicht notwendigerweise, gleich lang.

Testresponse siehe "Testpattern".

Teststimuli siehe "Testpattern".

Validation Prüfung der Stichhaltigkeit.

Verifikation Beweis der Korrektheit.

Wafer Siliziumscheibe zur Aufnahme von integrierten Schaltungen.

Waferprober Gerät zur Kontaktierung der Schaltungen auf dem Wafer.

μC Mikrocontroller.

Sachwortverzeichnis

AB-PC 194
Abstandscheck 99
Abstraktion 43
Abstraktionsebene 9, 50, 54, 56
Abstraktionsniveau 8, 25
AC-Simulation 151
ADLIB 46
algorithmische Ebene 50
Algorithmus 10
analoge Simulation 139
AND 181
Application-File 112, 121
Application-Integration-Komponente 264
asynchrones System 57
Auflichtverfahren 242
Ausgabe-Peripherie 169

BDF, backward differential formula 150
BDS, block design system 46
Beamwriter 199
Benutzerakzeptanz 168
Benutzeroberfläche 62, 165
Betriebssystem-Konzept 263
Bibliotheksblöcke 46
Bode-Diagramm 151

CAD-Werkzeuge 24
Channel to Channel Matching 223
Circuit Simulation Environment 165
CDS, chip design system 46
CD-Zelle 207
Checklayer 93
compiled code simulator 59
Conjunctive Rule 103
Corresponding Node Pairs 114
critical dimension 207
Cross talk 223

darkfield 207
Dateiverwaltungssystem 264
Datentyp 49, 52, 56, 58, 61
DC-Modell 153
DC-Simulation 151
Dekomposition 49
Design Information 258
Design Rule 93, 103
Design Rule Check 93, 176
Design-System 263
Differentielle Nichtlinearität 223
Dimensionscheck 96
DPS, Data Processing System 200
Durchlichtverfahren 242
dynamisches Netzwerk 149

EBPG, Beamwriter 184, 199
E-Beam-Tester 248
Echtzeitmodell 23
EDIF 53, 56
Eigenadmittanz 144
Electrical Rule Checking 136
elektrische Eigenschaften des Layouts 105

elektronenoptische Säule 186
Elektronen-Stepper 216
Elektronenstrahl-Lithographie 196
Elektronenstrahlschreiber 196
Element Record 123
Element Record-File 125
Entwurfskontrolle 139
Entwurfsmethode 50
Entwurfswerkzeuge 63
Entwurfszentrierung 139
ESPICE-Simulator 140
Euler-Formel 150
Extraktion der Struktur 56

Factory Finishing System 175
Fehlerplot 108
Fehlerreport 106, 114
FFS 175
Flächencheck 102
floorplanner 52, 56, 63
Fourieranalyse 152
Funktion 10, 55
Funktion eines Blockes 56
Funktionsbausteine 18
Funktionseinheit 16
Funktionsmodell 159

Gain Error 223
Gatter-Ebene 52
Gauß'sches Eliminationsverfahren 144
GEAR 162
Gegenadmittanz 144
Generator 84
geometrische Beschreibung 179
geometrisches Layout 178
Graphic Analysis Postprocessor 168
graphische Darstellung 61
graphische Eingabe (floorplanner) 52
Grow-Operation 182

Hardware-Beschreibungssprachen 53
HDL, hardware description language 43, 47, 54, 56
HELIX 52
Hellfeldbeleuchtung 242
HHDL, hierachical hardware description language 46, 48, 52
Hierarchie 54
hierarchisches Layout 180
hierarchisches Menü 170
hybride Simulation 174

Inspektionssystem 210
Integrale Nichtlinearität 222
interaktive Simulation 60
Interpolation 172
Ionen-Stepper 215
Iterationsschritt 148

Jet-Etch-Anlage 240

Kanallängenverkürzung 155
Kapazität 149
Kapazitätsextraktion 135
Kleinsignalanalyse 151
Knotenadmittanzgleichung 144
Knotenanalyse 143
Konvergenz 141, 149

Ladungsmodell 155
Laser-Scan-Mikroskop 253
Latch-Up-Effekt 229
LAYDE 108, 116
Layerverknüpfung 94
Layoutdebugger 108, 116
Layout-Extraktion 117
LE-Glas, low expansion glas 191, 192
Lichtmikroskop 240
lightfield 207
lineares Gleichungssystem 144
lineare Ersatzschaltung 148
Liquid-Chrystal-Verfahren 243
LOCAL45 121
LOG-File 107

Logiksimulation 42, 44, 50
Logiksimulator SIMON 52

Makro-Modell 157
Mask Layer 178
Maskenbelichtungsgerät 183
Maskenformel 122
MEBES, Manufacturing Electron Beam Exposure System 184, 197
Menü 65
merge 182
Meßzelle 180
Methode 16, 17, 18
MIL-Standard 883C/Methode 3015 231, 233
mirror 182
Missing Codes 223
Mixed Level Simulation 54
Modellbeschreibung 18, 19
Modellbibliothek 43, 47, 66
Modellbildung 48, 60
Modellierung 55, 56
Modellkonzept 152
Modelle für Halbleiterbauelemente 152
Modified Nodal Analysis 143
modifizierte Knotenanalyse 144
Modul 18
Modulentwurf 22
MOS-Transistor 152
Multi-Level Simulationssystem HELIX 46

Negativ-Resist 203
Netzwerk 143
Netzwerkgraph 146
Netzwerkbeschreibung 110
Newton'sches Iterationsverfahren 147
nichtlineares Netzwerk 147
not 182
numerisches Lösungsverfahren 142

OBIC (Optical Beam Induced Current) 254
Objekt 12, 16
Offset 223
optimierter Programmkode 142
OR 181
Output-Programm 129

paralleles Verhalten 57
Parameterbestimmung 156
Parametervariation 141
Parametrisierbarkeit 47, 158
path file 64
Pflichtenheft 18
Pinholes 204, 209
Plausibilitätscheck 95
Popup-Menü 170
Positiv-Resist 203
Potentialkontrastverfahren 248
Produktionssteuerungssystem AB-PC 194
Programmiersprachen 11, 19
prozedurale Beschreibung 84
Prozessorleistung 164

Rasterelektronenmikroskopie 244
Rasterscan-Prinzip 188
Rasterscan-Methode 196
Register-Transfer-Ebene 50
Resist 191
rotate 182
Routing 194
Rückwärtssubstitution 144

SABLE, structure and behaviour linking environment 46
Sägerand 180
Sättigungsspannung 154
Schaltungssimulation 44, 142
schematic entry 48
Schwellenspannung 153
selective trace 60
sequentielles Verhalten 57
Simulation 22, 23, 42, 139

Simulationsbeschleunigung 165
Simulationsergebnis 61
Simulationskontrolle 47, 65
Simulationsmodell 43, 48
Simulationsumgebung 47, 64, 65, 163
Smith-Diagramm 171
SPC, statistische Prozeßkontrolle 196
Specification-File 133
spot 204, 209
Standardzellen 46, 48
Stern-Vieleck-Umwandlung 145
Stimuli 44, 59
Storage Label 125
stroboskopischer Potentialkontrast 250
Struktur 55
strukturierte Entwicklung 46
subcircuit structure 158
Substrat 183
Switch Level 52
synchrones System 57
Systemanalyse 16, 50
Systementwicklung 8, 22
System-Schnittstellen 12
System-Simulation 11
System-Umwelt 9

Testen 66
thermischer Widerstand 226
threshold 207
Timing-Simulation 139, 173
tone reversal 182
Tool-Box-Konzept 263
transiente Simulation 152
TR-Simulation 152

Überlappungscheck 101

Validation 43
Vectorscan-Prinzip 187
Vectorscan-Methode 198
Vektorisierung 167
Verhaltensmodell 50
Verifikation 43
Verzögerungszeit 58
Vorwärtselimination 144
VHDL 53

Waveform Display 65
Waveform-Measurement 252
Waveform-Relaxation 173
Weitencheck 96
Werkzeug 17
Wiederverwendbarkeit 46
Wiederverwendung 66
Workcentre 194

XOR 181

Zeitschritt 150
Zeitverhalten 58, 150
Zellencharakterisierung 139
Zoom-Funktion 171